微分積分とその応用

ベクトル解析・微分方程式まで

宮本雲平 著

共立出版

はじめに

　本書は理工系大学生のための微分積分の教科書である．筆者の経験を生かして，学習効果が高くなるよう可能な限りの工夫を施したが，特色を3つ挙げるとすれば次のようになる．

(1) 多くの微分積分の教科書が扱う《1変数の微分積分》《多変数の微分積分》に加え，《常微分方程式》《偏微分方程式》《ベクトル解析》という3分野の初歩も学べるようにした．これにより，物理や工学の授業で必要とされる数学の知識を，大学へ入学後，比較的早い段階で身に付けることが可能である．

(2) 通年の授業の教科書として使い易いよう全30章の構成とし，1章を90分程度で学べる分量とした．こうすることで，学ぶ側も教える側も明確な目標をもって毎回の授業に臨むことができる．

(3) 各章にバラエティに富んだ演習問題を用意したが，それら全てに詳解を付けた．これにより，自習・演習に充てられる時間・環境に応じて，多様な使い方が可能である．

　このように，通常の微分積分の教科書より大幅に扱う分野を増やしたにも関わらず，30回の授業で一通り学べるようになっている．離れ業と言えなくもない，このような構成を可能にしたのは，(A) 高校数学の復習を最小限にとどめる，(B) 非数学専攻には不要と思われる厳密性を追求しない，という2つの単純な原則である．例えば，初等関数のグラフの描き方や，イプシロン・デルタ論法を用いた厳密な極限は（本文では）扱われていない．この意味で本書は読者を選ぶが，筆者の経験では，これら2つの原則は標準的な理工系大学生が授業に夢中になるために，教える側がもつべき極めて重要な原則でもある．

　最後に，講義録をもとにした本書の執筆を勧めて下さった共立出版の木村邦光氏，筆者のわがままを快く受け入れて下さった編集部の三浦拓馬氏，草稿の段階で誤りを指摘してくれた秋田県立大学の学生諸君に，この場を借りて深く御礼を申し上げる．

2022年11月　著者

本書を使うにあたって

　全30回の授業で用いる場合，各授業で1章分を学ぶのが適当と思われる．各章に演習問題が用意されているが，各章で最初の問題は本文の理解度を確認するものであるから，授業中もしくは宿題として取り組めたら理想的である．授業の他に自習・演習の時間が確保可能な場合は，付された難易度（★☆☆から★★★まで）を参考にしながらその他の演習問題にも取り組めば，より発展的な学習ができる．もちろん，独学の際の参考書・問題集としての使用にも耐えるよう，丁寧な解説を心掛けたつもりである．

　老婆心ながら，数式の随所に $X + Y \overset{(\#)}{=} Z$ というかたちで，その式変形の根拠となった数式の番号 $(\#)$ を付した．どうして $X + Y$ が Z になったのか疑問が生じたときは，式 $(\#)$ やその周辺を復習すると理解できるようになっている．また，本書の内容に関連するが，少し専門的と思われる話題を【研究】として随所に載せた．より進んだ学習への動機付けとなったら幸いである．

目次

第I部

準備

第1章　関数と微分

1.1　関数の分類

● 偶奇性

関数のうち，任意の x について $f(-x) = f(x)$ を満たすものを**偶関数**，$f(-x) = -f(x)$ を満たすものを**奇関数**という．偶関数のグラフは y 軸に関して線対称であり，奇関数のグラフは原点に関して点対称である．任意の関数 $f(x)$ は次のように**偶部** $f_e(x)$ と**奇部** $f_o(x)$ に分解することができる．

$$f(x) = \frac{f(x) + f(-x)}{2} + \frac{f(x) - f(-x)}{2} = f_e(x) + f_o(x),$$
$$f_e(x) := \frac{f(x) + f(-x)}{2}, \quad f_o(x) := \frac{f(x) - f(-x)}{2}. \tag{1.1}$$

$f_e(-x) = f_e(x), f_o(-x) = -f_o(x)$ は容易に確かめられる．偶関数を (偶)，奇関数を (奇) で表すと，偶関数と奇関数の定数倍と和について

$$\alpha(\text{偶}) + \beta(\text{偶}) = (\text{偶}), \quad \alpha(\text{奇}) + \beta(\text{奇}) = (\text{奇})$$

が成り立つ．ここで，α, β は任意の実定数である．また，偶関数と奇関数の積について

$$(\text{偶}) \times (\text{偶}) = (\text{偶}), \quad (\text{偶}) \times (\text{奇}) = (\text{奇}), \quad (\text{奇}) \times (\text{奇}) = (\text{偶}) \tag{1.2}$$

が成り立つ．$f(x)$ と $1/f(x)$ の偶奇は一致するから，商に関しても式 (1.2) と同様の規則が成り立つ．規則 (1.2) は，偶数と奇数の和に関する規則（偶数 + 偶数 = 偶数，偶数 + 奇数 = 奇数，奇数 + 奇数 = 偶数）に類似している．

【例題 1.1】 偶奇性の規則 (1.2) を示せ．

【解】 $e_1(x), e_2(x)$ を偶関数，$o_1(x), o_2(x)$ を奇関数とすれば，$e_1(-x)e_1(-x) = e_1(x)e_2(x)$，$e_1(-x)o_1(-x) = -e_1(x)o_1(x), o_1(-x)o_2(-x) = o_1(x)o_2(x)$ となることより示された．▮

● 陰関数

$y = f(x)$ のような関数の表し方を**陽関数**表示といい，$F(x, y) = 0$ のような表し方を**陰関数**表示という．例えば，単位円は $y = \pm\sqrt{1 - x^2}$ または $x^2 + y^2 - 1 = 0$ と表示される．

1つの x について，n 個 $(n \geq 1)$ の y が対応する関数 $y = f(x)$ を **n 価関数**という．$n \geq 2$ のものを総称して**多価関数**という．例えば，$y = x^2$ の逆関数 $y = \pm\sqrt{x}$ は2価関数である．

● 代数関数

$a_i,\ (i = 0, 1, \cdots, n)$ を定数として

$$y = a_0 x^n + a_1 x^{n-1} + \cdots + a_{n-1}x + a_n, \quad a_0 \neq 0$$

を n 次の**多項式**という．また，$P(x), Q(x)$ を多項式として $P(x)/Q(x)$ で表される関数を**有理関数**という．

$P_i(x),\ (i = 0, 1, \cdots, n)$ を多項式として，y に関する方程式

$$P_0(x)y^n + P_1(x)y^{n-1} + \cdots + P_{n-1}(x)y + P_n(x) = 0 \tag{1.3}$$

で定まる関数 $y = y(x)$ を**代数関数**という．そのうち，$y^2 - x = 0$ で定まる $y = \pm\sqrt{x}$ のような関数は代数関数であるが，有理関数ではないので**無理関数**と呼ばれる．

代数関数以外の関数を**超越関数**という．三角関数，指数関数，対数関数は超越関数である．代数関数，指数関数，対数関数，三角関数，逆三角関数および，それらの有限回の合成で得られる関数を**初等関数**という．初等関数のうち，代数関数でないものを**初等超越関数**という．

【例題 1.2】 関数 $y = x + \sqrt{x^2 + x^4}$ は，代数関数，有理関数，無理関数，超越関数のうちどれにあたるか．

【解】 与式を変形すると，$(y - x)^2 = x^2 + x^4$ より，$y^2 - 2xy - x^4 = 0$．したがって，式 (1.3) のように書かれるので代数関数である．代数関数であるが，多項式の商として書くことはできないので有理関数ではなく，無理関数である．また，代数関数であるから超越関数でない．∎

1.2 微分

関数 $f(x)$ について

$$\lim_{x \to a} f(x) = f(a) \quad \text{または} \quad \lim_{h \to 0} f(a + h) = f(a) \tag{1.4}$$

が成り立つとき，$f(x)$ は $x = a$ で**連続**であるという．$f(x)$ が領域 I の各点で連続のとき，$f(x)$ は I において連続であるという．$f(x), g(x)$ が連続のとき，$\alpha f(x) + \beta g(x)$，$f(x)g(x)$，$f(x)/g(x)$，$f(g(x))$ も連続である．ただし，α, β は任意の定数で，商については $g(x) \neq 0$ の点に限る．

関数 $f(x)$ について，**極限**

$$f'(a) = \frac{df}{dx}(a) = \lim_{x \to a} \frac{f(x) - f(a)}{x - a} = \lim_{h \to 0} \frac{f(a + h) - f(a)}{h} \tag{1.5}$$

が存在するとき，$f(x)$ は $x = a$ で**微分可能**であるといい，$f'(a)$ を a における**微分係数**という．$f(x)$ が領域 I の各点で微分可能なとき，$f(x)$ は I で微分可能であるといい，$f'(x)$ を $f(x)$ の**導関数**という．導関数を求めることを**微分する**という．

【例題 1.3】　$f(x)$ が $x = a$ で微分可能であれば，$f(x)$ は $x = a$ で連続であることを示せ．

【解】　$f(x)$ が $x = a$ で微分可能とすると，$\displaystyle \lim_{x \to a}[f(x) - f(a)] = \lim_{x \to a} \frac{f(x) - f(a)}{x - a}(x - a) \stackrel{(*)}{=} f'(a) \cdot 0 = 0$ より，$f(x)$ は $x = a$ で連続である．∎

> **【補足】**　$f(x), g(x)$ が $x \to a$ の極限において収束し，$\displaystyle \lim_{x \to a} f(x) = A, \lim_{x \to a} g(x) = B$ のとき
>
> $$\lim_{x \to a}[\alpha f(x) + \beta g(x)] = \alpha A + \beta B, \tag{1.6}$$
>
> $$\lim_{x \to a} f(x)g(x) = AB, \tag{1.7}$$
>
> $$\lim_{x \to a} \frac{f(x)}{g(x)} = \frac{A}{B} \tag{1.8}$$
>
> が成り立つ．ただし，α, β は任意の定数で，商に関しては $B \neq 0$ の場合に限る．上の解答の等号 $(*)$ では，性質 (1.7) を用いている．

一般に，例題 1.3 で述べた命題の逆は成立しない．即ち，連続であっても微分可能とは限らない．

【例題 1.4】　$f(x) = |x|$ は $x = 0$ において連続だが，微分可能でないことを示せ．

【解】　$f(x) = |x|$ は $\displaystyle \lim_{x \to 0} f(x) = 0 = f(0)$ より，$x = 0$ で連続であるが，

$$\lim_{x \to +0} \frac{f(x) - f(0)}{x - 0} = \lim_{x \to +0} \frac{|x|}{x} = \lim_{x \to +0} \frac{x}{x} = 1,$$

$$\lim_{x \to -0} \frac{f(x) - f(0)}{x - 0} = \lim_{x \to -0} \frac{|x|}{x} = \lim_{x \to -0} \frac{-x}{x} = -1$$

より，$\displaystyle \lim_{x \to 0} \frac{f(x) - f(0)}{x - 0}$ が存在しないため $x = 0$ で微分可能でない．∎

α, β を定数，$f(x), g(x)$ を微分可能な関数として，次が成立する（☞ 問題 1.3 (p.9)）．

$$[\alpha f(x) + \beta g(x)]' = \alpha f'(x) + \beta g'(x), \tag{1.9}$$

$$[f(x)g(x)]' = f'(x)g(x) + f(x)g'(x), \tag{1.10}$$

$$\left[\frac{f(x)}{g(x)}\right]' = \frac{f'(x)g(x) - f(x)g'(x)}{g(x)^2}, \quad g(x) \neq 0. \tag{1.11}$$

式 (1.9)–(1.11) は上から順に，微分の**線形性**，**積の微分法**，**商の微分法**という．積の微分法は**ライプニッツ則**ともいう．

1.3 初等関数

● 有理関数

有理関数の微分は冪^{べき}関数 x^n, $(n \in \mathbb{N})$ の微分がわかれば，微分の線形性 (1.9) と商の微分法 (1.11) を組み合わせて計算できる．

【例題 1.5】 冪関数の微分公式 $(x^n)' = nx^{n-1}$, $(n \in \mathbb{N})$ を示せ．

【解】 微分の定義 (1.5) および**二項定理** $(a+b)^n = \sum_{k=0}^{n} {}_n\mathrm{C}_k a^{n-k} b^k$ を用いると

$$(x^n)' = \lim_{h \to 0} \frac{(x+h)^n - x^n}{h} = \lim_{h \to 0} \frac{x^n + nx^{n-1}h + \cdots + h^n - x^n}{h} = nx^{n-1}. \blacksquare$$

【補足】 二項係数 ${}_n\mathrm{C}_k$ は次のように定義される．

$$ {}_n\mathrm{C}_k := \frac{n(n-1)\cdots(n-k+1)}{k(k-1)\cdots 2 \cdot 1} = \frac{n!}{(n-k)!k!}, \quad n \geq 0, \quad k = 0, 1, \cdots, n. $$

ただし，$n!$ は n の階乗で，$n! := n(n-1)\cdots 2 \cdot 1$, $(n \geq 1)$ および $0! := 1$ と定義される．

実際には，任意の実数 $a \in \mathbb{R}$ について，例題 1.5 で述べたのと同じ形の公式 $(x^a)' = ax^{a-1}$ が成り立つ（☞ 4 章）．

● 指数関数・対数関数

a を正の実数，n を自然数としたとき，a^n は a の n 乗 $a^n := \underbrace{a \times a \times \cdots \times a}_{n\,\text{個}}$ として定義され，

a を**底**^{てい}，n を**指数**という．指数を整数に拡張するには次のように定義すればよい．

$$a^0 := 1, \quad a^{-n} := \frac{1}{a^n}, (n \in \mathbb{N}).$$

指数を有理数に拡張するには，x の n 乗根を $\sqrt[n]{x}$ として，次のように定義すればよい．

$$a^{\frac{m}{n}} := \sqrt[n]{a^m}, (m \in \mathbb{Z}, n \in \mathbb{N}).$$

指数を無理数 p に拡張するには，p に収束する有理数の列 $\{p_n\}_{n=1,2,\cdots}$ が存在することを用いて

$$a^p := \lim_{n \to \infty} a^{p_n}$$

と定義する．このようにして，**指数関数** a^x, $(1 \neq a > 0, x \in \mathbb{R})$ が定義される．$y = a^x$ グラフの概形は図 1.1 のようになる．

【補足】 $p = \sqrt{3} = 1.7320508\cdots$ という無理数に収束する有理数の列として，例えば，$p_1 = 1$, $p_2 = 1.7 = 17/10$, $p_3 = 1.73 = 173/100$, $p_4 = 1.732 = 1732/1000$, $\cdots$ が存在する．

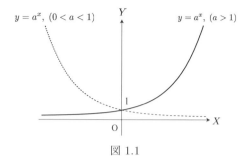

図 1.1

指数関数について，次の**指数法則**が成立する．実数 $a > 0, b > 0, x, y$ について

$$a^x a^y = a^{x+y}, \quad \frac{a^x}{a^y} = a^{x-y}, \tag{1.12}$$

$$(a^x)^y = a^{xy}, \tag{1.13}$$

$$(ab)^x = a^x b^x, \quad \left(\frac{a}{b}\right)^x = \frac{a^x}{b^x}. \tag{1.14}$$

指数関数の逆関数を**対数関数**という．即ち，$a > 0$ に対して，$y = f(x) = a^x$ を $x = f^{-1}(y) = \log_a y$ と書く．対数関数 $y = \log_a x$ において，y は a を底とする x の**対数**といわれ，x は**真数**といわれる．

a, b, X, Y を正の実数，y を実数として，次の**対数法則**が成立する（☞ 問題 1.4 (p.9)）．

$$\log_a XY = \log_a X + \log_a Y, \tag{1.15}$$

$$\log_a \frac{X}{Y} = \log_a X - \log_a Y, \tag{1.16}$$

$$\log_a X^y = y \log_a X, \tag{1.17}$$

$$\log_a X = \frac{\log_b X}{\log_b a}. \tag{1.18}$$

式 (1.18) を**底の変換公式**という．

対数関数 $\log_a x, (1 \neq a > 0, x > 0)$ の導関数は

$$(\log_a x)' = \frac{1}{x \ln a} \tag{1.19}$$

で与えられる．ここで

$$\ln x := \log_e x, \tag{1.20}$$

$$e := \lim_{x \to 0} (1 + x)^{\frac{1}{x}} = \lim_{x \to \pm\infty} \left(1 + \frac{1}{x}\right)^x \tag{1.21}$$

である．$e = 2.71828182845904523\cdots$ は**ネイピア数**または**自然対数の底**と呼ばれる無理数である．e を底とする対数を**自然対数** (natural logarithm) と呼ぶことがある．単に対数関数といった場合，$\ln x$ を示すことが多い．式 (1.19) において $a = e$ とすれば

$$(\ln x)' = \frac{1}{x} \tag{1.22}$$

が得られる.

【例題 1.6】 対数関数の微分公式 (1.19) を示せ.

【解】 $(\log_a x)' \overset{(1.5)}{=} \lim_{h \to 0} \frac{\log_a(x+h) - \log_a x}{h} \overset{(1.16)}{=} \lim_{h \to 0} \log_a \left(1 + \frac{h}{x}\right)^{\frac{x}{h} \cdot \frac{1}{x}} \overset{y := h/x}{=} \frac{1}{x} \log_a \lim_{y \to 0} (1+y)^{\frac{1}{y}} \overset{(1.21)}{=}$

$\frac{1}{x} \log_a e \overset{(1.18)}{=} \frac{1}{x} \frac{\ln e}{\ln a} \overset{(1.20)}{=} \frac{1}{x \ln a}$. ∎

　　指数関数 $a^x, (1 \neq a > 0)$ の導関数は

$$(a^x)' = a^x \ln a \tag{1.23}$$

で与えられる. 特に, 式 (1.23) において $a = e$ とすれば

$$(e^x)' = e^x$$

が得られる. 単に指数関数といった場合, $e^x =: \exp x$ を指すことが多い.

【例題 1.7】 指数関数の微分公式 (1.23) を示せ.

【解】 $(a^x)' \overset{(1.5)}{=} \lim_{h \to 0} \frac{a^{x+h} - a^x}{h} \overset{(1.12)}{=} a^x \lim_{h \to 0} \frac{a^h - 1}{h}$ となるが, $y := a^h - 1$ とおくと $h \to 0$ で $y \to 0$ かつ

$h = \frac{\ln(1+y)}{\ln a}$ であるから, $(a^x)' = a^x \ln a \lim_{y \to 0} \frac{y}{\ln(1+y)} \overset{(1.21)}{=} a^x \ln a$. ∎

● 三角関数

　　図 1.2 のように, xy 平面上で原点 O を中心とした半径 r の円 C と, C 上の点 P(x, y) を考える. x 軸の正の向きと線分 OP のなす角を $\theta \in (-\infty, \infty)$ として, **余弦** (cosine) 関数, **正弦** (sine) 関数, **正接** (tangent) 関数を次のように定義する.

$$\cos \theta := \frac{x}{r}, \quad \sin \theta := \frac{y}{r}, \quad \tan \theta := \frac{y}{x} = \frac{\sin \theta}{\cos \theta}. \tag{1.24}$$

$\cos(-\theta) = \cos \theta$, $\sin(-\pi) = -\sin \theta$, $\tan(-\theta) = -\tan \theta$ が成り立つ. 即ち, $\cos \theta$ は偶関数, $\sin \theta, \tan \theta$ は奇関数である. また, $\cos \theta, \sin \theta$ は周期 2π, $\tan \theta$ は周期 π の周期関数である.

> **【補足】** 角度は, 半径に等しい円弧の長さをもつ扇形の中心角を 1 **ラジアン** (radian) と定め, これを単位とする. 単位 rad はふつう省略される. 半円の中心角を π と定義し, **円周率**という.
>
> 　　**正割** (secant) 関数, **余割** (cosecant) 関数, **余接** (cotangent) 関数は $\sec \theta := \frac{1}{\cos \theta}$, $\mathrm{cosec}\, \theta := \frac{1}{\sin \theta}$, $\cot \theta := \frac{1}{\tan \theta}$ と定義されるが, 本書では用いない.

実数 x, y について, 次のような公式が成り立つ (☞ 問題 1.5 (p.9)).

$$\cos^2 x + \sin^2 x = 1, \quad \cos^2 x = \frac{1}{1 + \tan^2 x}, \quad \sin^2 x = \frac{\tan^2 x}{1 + \tan^2 x}, \tag{1.25}$$

$$\cos(x \pm y) = \cos x \cos y \mp \sin x \sin y, \quad \sin(x \pm y) = \sin x \cos y \pm \cos x \sin y, \tag{1.26}$$

$$\tan(x \pm y) = \frac{\tan x \pm \tan y}{1 \mp \tan x \tan y}. \tag{1.27}$$

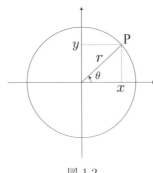

図 1.2

式 (1.26), (1.27) を三角関数の**加法定理**という.

　加法定理から直ちに導かれる公式として次のような**積和の公式**

$$\cos x \cos y = \frac{1}{2}[\cos(x+y) + \cos(x-y)], \quad \sin x \sin y = -\frac{1}{2}[\cos(x+y) - \cos(x-y)], \quad (1.28)$$

$$\cos x \sin y = \frac{1}{2}[\sin(x+y) - \sin(x-y)], \quad \sin x \cos y = \frac{1}{2}[\sin(x+y) + \sin(x-y)], \quad (1.29)$$

および,**和積の公式**

$$\cos x + \cos y = 2\cos\frac{x+y}{2}\cos\frac{x-y}{2}, \quad \cos x - \cos y = -2\sin\frac{x+y}{2}\sin\frac{x-y}{2}, \quad (1.30)$$

$$\sin x + \sin y = 2\sin\frac{x+y}{2}\cos\frac{x-y}{2}, \quad \sin x - \sin y = 2\cos\frac{x+y}{2}\sin\frac{x-y}{2} \quad (1.31)$$

がある.

　三角関数に関する極限として次が基本的である（☞ 問題 1.5 (p.9)）.

$$\lim_{x\to 0}\frac{\sin x}{x} = 1, \quad \lim_{x\to 0}\frac{\cos x - 1}{x} = 0. \quad (1.32)$$

これらを用いると三角関数の導関数が得られる.

$$(\cos x)' = -\sin x, \quad (\sin x)' = \cos x, \quad (\tan x)' = \frac{1}{\cos^2 x}. \quad (1.33)$$

【例題 1.8】 $\sin x$ の導関数 (1.33) を導け.

【解】 $(\sin x)' \overset{(1.5)}{=} \lim_{h\to 0}\frac{\sin(x+h) - \sin x}{h} \overset{(1.26)}{=} \sin x \lim_{h\to 0}\frac{\cos h - 1}{h} + \cos x \lim_{h\to 0}\frac{\sin h}{h} \overset{(1.32)}{=} \cos x.$ ∎

■ 演習問題

【問題 1.1】 《理解度確認》（解答は ☞ p.176）

次の問いに答えよ.

　　[1] e^x を偶部と奇部に分けよ.

　　[2] 与えられた y に対して, $y = f(x) := x^2(x^2 - 1)$ を満たす x を $x = f^{-1}(y)$ と書いたとき, 関数
　　　　$y = f^{-1}(x)$ は各 x に対して何価になるか（いくつの y が対応するか）.

[3] 超越関数・代数関数・初等関数・初等超越関数の包含関係を図示せよ．また，三角関数・指数関数・対数関数・多項式・有理関数・無理関数はどこに属するか図中に示せ．

[4] 次の関数の $x = 0$ における連続性を調べよ．

(a) $f(x) = \begin{cases} x/|x| & (x \neq 0) \\ 0 & (x = 0) \end{cases}$ 　　　　(b) $g(x) = \begin{cases} \frac{\sin 2x}{x} & (x \neq 0) \\ 2 & (x = 0) \end{cases}$

[5] 次の関数の導関数を求めよ．

(a) $x^2 \log_a x$ 　　　　(b) $\dfrac{\ln x}{x^2}$ 　　　　(c) $e^{-x} \cos x$

【問題 1.2】 《微分可能性と連続性 ★★★》（解答は ☞ p.176）

関数 $f(x) = \begin{cases} x^2 \sin \frac{1}{x} & (x \neq 0) \\ 0 & (x = 0) \end{cases}$ を考える．

[1] $f(x)$ は $x = 0$ で連続であることを示せ．

[2] $f'(0)$ を求めよ．

[3] $f'(x)$ の $x = 0$ における連続性を調べよ．

【問題 1.3】 《微分の性質 ★☆☆》（解答は ☞ p.177）

微分可能な関数 $f(x), g(x)$ について次を示せ．

[1] $[f(x)g(x)]' = f'(x)g(x) + f(x)g'(x)$ （☞ 式 (1.10)）

[2] $\left[\dfrac{f(x)}{g(x)}\right]' = \dfrac{f'(x)g(x) - f(x)g'(x)}{g(x)^2}$ （☞ 式 (1.11)）

【問題 1.4】 《対数法則 ★★☆》（解答は ☞ p.177）

対数法則（☞ 式 (1.15)–(1.18)）を示せ．

[1] $\log_a XY = \log_a X + \log_a Y$ 　　　　[2] $\log_a \dfrac{X}{Y} = \log_a X - \log_a Y$

[3] $\log_a X^y = y \log_a X$ 　　　　[4] $\log_a X = \dfrac{\log_b X}{\log_b a}$

【問題 1.5】 《三角関数の性質 ★★☆》（解答は ☞ p.178）

三角関数について次の問いに答えよ．

[1] 図 1.3(a) を用いて，三角関数の加法定理 (1.26)（の正符号の方）が成立することを確かめよ．ただし，OA $= 1$ とする．

[2] 図 1.3(b) を用いて，三角関数の極限の公式 (1.32) が成立することを確かめよ．ただし，OA $=$ OB $= 1$ とする．

【研究】ε-N 論法

　微分や積分は極限を用いて定義される．したがって，微分積分学，より一般には解析学をどのくらい厳密に学び進めるかは，極限という概念をどこまで厳密に扱うかによって決まる．そして，極限を厳密に扱うか否かの大きな分岐点となるのが，ε-N 論法や ε-δ 論法を用いた極限の定義を採用するか否かという点である．本書ではこれらの定義を採用しなかったが，ここでは，ε-N 論法とはどのようなものかを見てみよう．

　実数列 $\{a_n\}_{n=1,2,\cdots}$ が $n \to \infty$ である実数値 a に収束することを，$\lim\limits_{n \to \infty} a_n = a$ と書くのであった．そして，a_n が a に収束するとは，n が増えるにつれて a_n が a に「限りなく近づくこと」と教わる．しかし，よくよく考えてみると，これはわかるようなわからないような曖昧な言い方である．これに対して厳密な数学では，次のように定義される．

準備

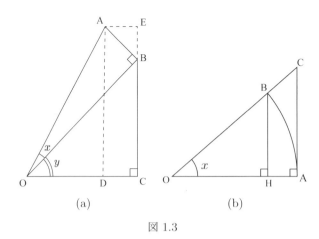

図 1.3

【定義】「$\lim_{n\to\infty} a_n = a$ とは，任意の正の数 ε に対して，ある自然数 N が存在して，$n \geq N$ ならば $|a_n - a| < \varepsilon$ とできることである.」

非常にわかりにくいので言い換えれば，次のようになる.

【定義（口語体）】「$\lim_{n\to\infty} a_n = a$ とは，どんなに小さい正の数 ε に対しても，それに応じて十分大きな自然数 N をもってくれば，N 番目以降の項 $a_N, a_{N+1}, a_{N+2}, \cdots$ は全て，$(a - \varepsilon, a + \varepsilon)$ という区間に入っているようにできることである.」

これを図示したのが図 1.4 である．具体例で考えてみよう．一般項が $a_n = 2 + \frac{1}{n}$ で与えられる数列 $\{a_n\}_{n=1,2,\cdots}$ は $n \to \infty$ で $a = 2$ に収束しそうである．これを ε-N 論法を用いて証明すると次のようになる.

【証明】「任意の正の数 ε について，$N > 1/\varepsilon$ なる自然数 N が存在し，$n \geq N$ ならば $|a_n - 2| = |(2 + \frac{1}{n}) - 2| = \frac{1}{n} \leq \frac{1}{N} < \varepsilon$ とすることができる．したがって，$\lim_{n\to\infty} a_n = 2.$」

この場合，例えば，$\varepsilon = 10^{-2}$ という小さい数に対しても，$N = 10^2 + 1$ とすれば $N > 1/\varepsilon$ を満たす．そして，N 番目以降の項 $a_{101} = 2.0099\cdots, a_{102} = 2.0098\cdots, a_{103} = 2.0097\cdots, \cdots$ は全て数直線上で $(2 - \varepsilon, 2 + \varepsilon) = (1.99, 2.01)$ という区間に入っている．この議論は，ε を $\varepsilon = 10^{-3}, 10^{-4}, \cdots$ と，どんなに小さくしていっても可能である．それを簡潔に述べたのが上の証明となっている.

ところで，「$\lim_{n\to\infty} a_n = a$，$\lim_{n\to\infty} b_n = b$ ならば，$\lim_{n\to\infty} (a_n + b_n) = a + b$」という高校でも教わる数列の極限に関する基本的定理がある．しかし，このように一見「当たり前」に見える事柄ほど証明が難しいというのは，数学では往々にしてある．ε-N 論法を用いた証明は次のようになる.

【証明】「$\lim_{n\to\infty} a_n = a$，$\lim_{n\to\infty} b_n = b$ ならば，任意の正の数 ε について，自然数 N_1, N_2 が存在し，$n \geq N_1$ なら $|a_n - a| < \varepsilon/2$ かつ $n \geq N_2$ なら $|b_n - b| < \varepsilon/2$ とできる．よって，$N = \max\{N_1, N_2\}$ とすれば，$n \geq N$ なら $|(a_n + b_n) - (a + b)| \leq |a_n - a| + |b_n - b| < \varepsilon/2 + \varepsilon/2 = \varepsilon$ とできる．したがって，$\lim_{n\to\infty} (a_n + b_n) = a + b.$」

どんな天才・秀才でも一度はつまずくと言われる ε-N 論法であるから，すんなり理解できなくても少しも落ち込む必要はないが，このような厳密な扱いに少しでも興味が湧いた読者は，純粋数学の世界に足を踏み入れてみるのもよいかも知れない.

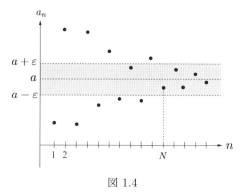

図 1.4

第2章 ベクトル代数

2.1 ベクトル

ベクトルは $\vec{A}$（矢印）でなく $\boldsymbol{A}$（太字）で書くことにする．ただし，点 P を始点，点 Q を終点とするベクトルは $\overrightarrow{\mathrm{PQ}}$ と書く．デカルト座標[*1]における基底ベクトルを $\boldsymbol{i}, \boldsymbol{j}, \boldsymbol{k}$ と書き，ベクトル $\boldsymbol{A}$ の成分を A_x, A_y, A_z と書くと

$$\boldsymbol{A} = A_x \boldsymbol{i} + A_y \boldsymbol{j} + A_z \boldsymbol{k} \tag{2.1}$$

が成り立つ（☞ 図 2.1）．基底ベクトルを省略して $\boldsymbol{A} = (A_x, A_y, A_z)$ と書くこともある．ベクトル $\boldsymbol{A} = (A_x, A_y, A_z), \boldsymbol{B} = (B_x, B_y, B_z)$ の和は $\boldsymbol{A} + \boldsymbol{B} := (A_x + B_x, A_y + B_y, A_z + B_z)$ と定義され，実数倍は $\alpha\boldsymbol{A} := (\alpha A_x, \alpha A_y, \alpha A_z), (\alpha \in \mathbb{R})$ と定義される．ベクトルのノルム（大きさ，長さ）を $\|\boldsymbol{A}\|$ と書くが，ピタゴラス（三平方）の定理より

$$\|\boldsymbol{A}\| = \sqrt{A_x^2 + A_y^2 + A_z^2} \tag{2.2}$$

である．これより，任意の実数 α について

$$\|\alpha\boldsymbol{A}\| = |\alpha|\|\boldsymbol{A}\| \tag{2.3}$$

が成り立つこともわかる．ノルムが 1 のベクトルを単位ベクトルという．$\boldsymbol{A} \neq \boldsymbol{0}$（$\boldsymbol{0}$ は零ベクトル）である任意のベクトルに対して，$\boldsymbol{e} := \frac{1}{\|\boldsymbol{A}\|}\boldsymbol{A}$ は単位ベクトルである．

2.2 内積

ベクトル $\boldsymbol{A}, \boldsymbol{B}$ の内積は，$\boldsymbol{A}, \boldsymbol{B}$ のなす角を $\theta \in [0, \pi]$ として

$$\boldsymbol{A} \cdot \boldsymbol{B} := \|\boldsymbol{A}\|\|\boldsymbol{B}\|\cos\theta \tag{2.4}$$

と定義される[*2]．内積はベクトル $\boldsymbol{A}$ を $\boldsymbol{B}$ に正射影したものの符号付き長さ $\|\boldsymbol{A}\|\cos\theta$ と $\|\boldsymbol{B}\|$ の積である（☞ 図 2.2）．θ が鈍角（$\theta \in (\pi/2, \pi]$）のとき内積は負となる．任意のベクトル $\boldsymbol{A}, \boldsymbol{B}, \boldsymbol{C}$

[*1] 通常の (x, y, z) 座標のことをデカルト座標と呼ぶ.

[*2] $\boldsymbol{A}, \boldsymbol{B}$ のどちらかが零ベクトルだとなす角が定義できないが，そのときは $\boldsymbol{A} \cdot \boldsymbol{B} = 0$ と約束する.

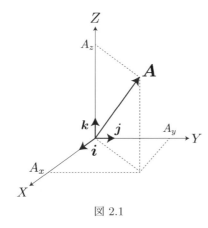

図 2.1

と実数 α に対して次が成立する.

$$A \cdot A = \|A\|^2 \geq 0, \quad 等号は A = 0 のときのみ成立, \tag{2.5}$$

$$A \cdot B = B \cdot A, \tag{2.6}$$

$$(A + B) \cdot C = A \cdot C + B \cdot C, \tag{2.7}$$

$$\alpha(A \cdot B) = (\alpha A) \cdot B = A \cdot (\alpha B). \tag{2.8}$$

$A \cdot A$ を省略して A^2 と書く.

基底ベクトル i, j, k はノルムが 1 で互いに直交するから

$$i \cdot i = j \cdot j = k \cdot k = 1, \quad i \cdot j = j \cdot k = k \cdot i = 0. \tag{2.9}$$

内積の性質 (2.6)–(2.8) と (2.9) を用いると

$$\begin{aligned} A \cdot B &= (A_x i + A_y j + A_z k) \cdot (B_x i + B_y j + B_z k) \\ &= A_x B_x i \cdot i + A_x B_y i \cdot j + A_x B_z i \cdot k + \cdots + A_z B_z k \cdot k \\ &= A_x B_x + A_y B_y + A_z B_z \end{aligned} \tag{2.10}$$

と内積の成分表示が得られる.

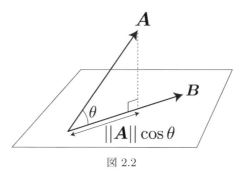

図 2.2

【例題 2.1】 $A = -i$, $B = 2i + 2j$ について, A, B のなす角を求めよ.

【解】 なす角を θ とすると $\cos\theta = \frac{A \cdot B}{\|A\|\|B\|} = \frac{-2}{1 \cdot 2\sqrt{2}} = -\frac{1}{\sqrt{2}}$. したがって, $\theta = 3\pi/4$. ∎

2.3 外積

　ベクトル A, B の外積 $A \times B$ は, A から B に向かって右ネジ*3を回したときネジが進む方向を向いており, ノルムが A, B の張る平行 4 辺形の面積に等しいベクトルとして定義される (☞ 図 2.3). つまり, A, B のなす角を θ としたとき*4

$$\|A \times B\| := \|A\|\|B\| \sin\theta.$$

任意のベクトル A, B, C と実数 α について次が成立する.

$$A \times A = 0, \tag{2.11}$$
$$A \times B = -B \times A, \tag{2.12}$$
$$(A + B) \times C = A \times C + B \times C, \tag{2.13}$$
$$\alpha(A \times B) = (\alpha A) \times B = A \times (\alpha B). \tag{2.14}$$

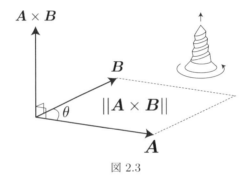

図 2.3

　基底ベクトル i, j, k は長さが 1 で互いに直交しており

$$i \times i = j \times j = k \times k = 0, \quad i \times j = k, \quad j \times k = i, \quad k \times i = j \tag{2.15}$$

が成立する. 外積の性質 (2.11)–(2.14) と (2.15) を用いると

$$\begin{aligned}
A \times B &= (A_x i + A_y j + A_z k) \times (B_x i + B_y j + B_z k) \\
&= A_x B_x i \times i + A_x B_y i \times j + A_x B_z i \times k + \cdots + A_z B_z k \times k \\
&= (A_y B_z - A_z B_y)i + (A_z B_x - A_x B_z)j + (A_x B_y - A_y B_x)k \tag{2.16} \\
&= \det \begin{pmatrix} i & j & k \\ A_x & A_y & A_z \\ B_x & B_y & B_z \end{pmatrix} \tag{2.17}
\end{aligned}$$

と外積の成分表示が得られる. 最後の表式における det は**行列式** (determinant) を意味している.

---

*3 時計回りに回すと締め付けられる普通のネジを右ネジという. この世には左ネジも存在する.

*4 A, B のどちらかが零ベクトルだとなす角が定義できないが, そのときは $A \times B = 0$ と約束する.

【補足】 2次正方行列および3次正方行列の行列式は次のように与えられる.

$$\det \begin{pmatrix} a_{11} & a_{12} \\ a_{21} & a_{22} \end{pmatrix} = a_{11}a_{22} - a_{12}a_{21}, \tag{2.18}$$

$$\det \begin{pmatrix} a_{11} & a_{12} & a_{13} \\ a_{21} & a_{22} & a_{23} \\ a_{31} & a_{32} & a_{33} \end{pmatrix} = a_{11}a_{22}a_{33} + a_{12}a_{23}a_{31} + a_{13}a_{21}a_{32}$$

$$- a_{11}a_{23}a_{32} - a_{12}a_{21}a_{33} - a_{13}a_{22}a_{31}. \tag{2.19}$$

【例題 2.2】 $A = -i$, $B = 2i + 2j$ について, A, B が張る3角形の面積を求めよ.

【解】 $\frac{1}{2}\|A \times B\| = \frac{1}{2}\|-2k\| = 1.$ ▮

ベクトル A, B, C の**スカラー3重積**とは次式で与えられる量である.

$$A \cdot (B \times C) = B \cdot (C \times A) = C \cdot (A \times B) \tag{2.20}$$

$$= \det \begin{pmatrix} A_x & A_y & A_z \\ B_x & B_y & B_z \\ C_x & C_y & C_z \end{pmatrix}. \tag{2.21}$$

スカラー3重積の絶対値はベクトル A, B, C が張る平行6面体の体積を表している (☞ 図 2.4).

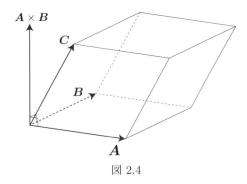

図 2.4

【例題 2.3】 $A = -i + j$, $B = i + j$, $C = i + j + 2k$ について, A, B, C が張る平行6面体の体積を求めよ.

【解】 $|(A \times B) \cdot C| = |-2k \cdot (i + j + 2k)| = |-4| = 4.$ ▮

【補足】 実数や複素数のように1つの数として表され, 向きをもたない量を**スカラー**という.

スカラー3重積の絶対値が平行6面体の体積 V を表すことは次のように示される. $V =$ (底面積 $\|A \times B\|$) × (高さ h) と書けるが, $e := \frac{A \times B}{\|A \times B\|}$ とすれば $h = |C \cdot e|$ であるから, $V = \|A \times B\| \times |C \cdot e| = |C \cdot (A \times B)|$.

■ 演習問題

【問題 2.1】《理解度確認》（解答は ☞ p.178）

$A = i + j,\ B = j + k,\ C = i + 2k$ について次の問いに答えよ.

[1] A, B, C を図示せよ.

[2] $\|A\|, \|B\|, \|C\|$ を求めよ.

[3] $A \cdot B$ を求めよ.

[4] A, B がなす角を求めよ.

[5] $A \times B$ を求め図示せよ.

[6] A, B, C が張る平行 6 面体の体積を求めよ.

【問題 2.2】《三角不等式 ★☆☆》（解答は ☞ p.179）

ベクトル A, B について，次の三角不等式が成り立つことを示せ.

$$\|A + B\| \leq \|A\| + \|B\|. \tag{2.22}$$

【問題 2.3】《直線のベクトル表示 ★☆☆》（解答は ☞ p.179）

点 r_0 を通り，ベクトル ℓ に平行な直線を ℓ とする. ℓ 上の任意の点を r として次の問いに答えよ.

[1] ℓ の方程式はパラメータ（媒介変数）$t \in \mathbb{R}$ を用いて，$r = r_0 + t\ell$ で与えられることを図を用いて示せ.

[2] ℓ は 2 つの平面の交線として与えられる. 2 つの平面の方程式を求めよ.

【問題 2.4】《平面のベクトル表示 ★★★》（解答は ☞ p.179）

点 r_0 を通り，平行でない 2 つのベクトル ℓ, m に平行な平面を Π とする. Π 上の任意の点を r として次の問いに答えよ.

[1] Π の方程式はパラメータ $u, v \in \mathbb{R}$ を用いて $r = r_0 + u\ell + vm$ で与えられることを図を用いて示せ.

[2] $n = \ell \times m$ として，Π 方程式は $n \cdot (r - r_0) = 0$ で与えられることを設問 [1] の結果から導け.

【問題 2.5】《ベクトル多重積 ★★☆》（解答は ☞ p.180）

$A \times (B \times C)$ のような 3 つのベクトルの外積を**ベクトル 3 重積**という. また，$(A \times B) \cdot (C \times D)$ や $(A \times B) \times (C \times D)$ は **4 重積**といわれる. ベクトルの 3 重積と 4 重積について，以下の公式が成り立つことを示せ.

[1] $A \times (B \times C) = (A \cdot C)B - (A \cdot B)C$

[2] $A \times (B \times C) + B \times (C \times A) + C \times (A \times B) = 0$（ヤコビの恒等式）

[3] $(A \times B) \cdot (C \times D) = (A \cdot C)(B \cdot D) - (A \cdot D)(B \cdot C)$

[4] $(A \times B) \times (C \times D) = [(A \times B) \cdot D]C - [(A \times B) \cdot C]D$

第3章　複素数

3.1　演算

2つの実数 x, y と虚数単位 $i := \sqrt{-1}$ を用いて，$z = x + iy$ と表される数を**複素数**といい，複素数全体の集合を $\mathbb{C}$ と書く．x を z の**実部**といい，$x = \mathrm{Re}\, z$ と書く．また，y を z の**虚部**といい，$y = \mathrm{Im}\, z$ と書く．虚部が 0 の複素数 $z = x + i0$ は実数 x と同一視され，実部が 0 の複素数 $z = 0 + iy$ は**純虚数**と呼ばれる．実部と虚部が 0 の複素数 $0 + i0$ を複素数の 0 とする．

2つの複素数 $z_1 = x_1 + iy_1$, $z_2 = x_2 + iy_2$, $(x_1, y_1, x_2, y_2 \in \mathbb{R})$ が等しい $(z_1 = z_2)$ とは，実部と虚部がそれぞれ等しい $(x_1 = x_2, y_1 = y_2)$ ことと定義される．また，四則演算は次のように定義される．

$$z_1 \pm z_2 := (x_1 \pm x_2) + i(y_1 \pm y_2), \tag{3.1}$$

$$z_1 z_2 := (x_1 x_2 - y_1 y_2) + i(x_1 y_2 + y_1 x_2), \tag{3.2}$$

$$\frac{z_1}{z_2} := \frac{x_1 x_2 + y_1 y_2}{x_2^2 + y_2^2} + i \frac{y_1 x_2 - x_1 y_2}{x_2^2 + y_2^2}, \quad z_2 \neq 0. \tag{3.3}$$

これらは i を通常の文字として左辺を計算し，$i^2 = -1$ と置き換えたものと一致する．

複素数の積と和については実数と同様，結合則・交換則・分配則が成り立つ（☞ 問題 3.2 (p.21)）．

$$(z_1 + z_2) + z_3 = z_1 + (z_2 + z_3), \quad z_1 + z_2 = z_2 + z_1, \tag{3.4}$$

$$(z_1 z_2) z_3 = z_1 (z_2 z_3), \quad z_1 z_2 = z_2 z_1, \tag{3.5}$$

$$z_1 (z_2 + z_3) = z_1 z_2 + z_1 z_3. \tag{3.6}$$

【例題 3.1】 (3.5) 第 2 式を示せ．

【解】 実数どうしの和や積は交換するから，$z_1 z_2 \overset{(3.2)}{=} (x_1 x_2 - y_1 y_2) + i(x_1 y_2 + y_1 x_2) = (x_2 x_1 - y_2 y_1) + i(x_2 y_1 + y_2 x_1) \overset{(3.2)}{=} z_2 z_1$. ∎

●複素共役

$z^* := x - iy$ を $z = x + iy$ の**複素共役**または**共役複素数**という[*1]．複素共役について次が成

[*1] 複素共役は $z^* = x - iy$ のように $*$（アスタリスク）で表されること以外に，$\bar{z} = x - iy$ のように $-$（バー）で表されることもある．

立する（☞ 問題 3.1 (p.21)）.

$$(z^*)^* = z, \quad (z_1 \pm z_2)^* = z_1^* \pm z_2^*, \tag{3.7}$$

$$(z_1 z_2)^* = z_1^* z_2^*, \quad \left(\frac{z_1}{z_2}\right)^* = \frac{z_1^*}{z_2^*}. \tag{3.8}$$

【例題 3.2】 (3.8) 第 1 式を示せ.

【解】 $(z_1 z_2)^* \overset{(3.2)}{=} [(x_1 x_2 - y_1 y_2) + i(x_1 y_2 + y_1 x_2)]^* = (x_1 x_2 - y_1 y_2) - i(x_1 y_2 + y_1 x_2) \overset{(3.2)}{=} (x_1 - iy_1)(x_2 - iy_2) = z_1^* z_2^*.$ ∎

　また，任意の複素数は次のように変形すると実部と虚部に分離することができる.

$$z = \mathrm{Re}\, z + i\, \mathrm{Im}\, z, \quad \mathrm{Re}\, z = \frac{z + z^*}{2}, \quad \mathrm{Im}\, z = \frac{z - z^*}{2i}.$$

z が実数のとき $z = z^*$，純虚数のとき $z = -z^*$ が成立する.

● 絶対値

　複素数 $z = x + iy$ の**絶対値**は次のように定義される.

$$|z| := \sqrt{x^2 + y^2}. \tag{3.9}$$

実数 $z = x$ に関しては，

$$|z| = \sqrt{x^2} = \begin{cases} x & (x \geq 0) \\ -x & (x < 0) \end{cases}$$

となるから，定義 (3.9) は実数の絶対値の自然な拡張になっている. $zz^* = (x + iy)(x - iy) = x^2 + y^2$ が成り立つので，絶対値は次のようにも書ける.

$$|z| = \sqrt{zz^*}. \tag{3.10}$$

　複素数 $z = x + iy$ を xy 平面上の点 $\mathrm{P}(z) := \mathrm{P}(x, y)$ と同一視することができる. このときの xy 平面を**複素平面**といい，x 軸を**実軸**，y 軸を**虚軸**という（☞ 図 3.1）. 絶対値 $|z|$ は原点 O と $\mathrm{P}(z)$ の距離に対応する.

3.2　極形式

　複素数 $\mathrm{P}(x, y)$ は，絶対値 $r := \sqrt{x^2 + y^2}$ と $\overrightarrow{\mathrm{OP}}$ の実軸から測った角度 $\theta \in (-\infty, \infty)$ を用いて

$$x = r\cos\theta, \quad y = r\sin\theta$$

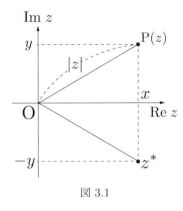

図 3.1

とおくと

$$z = x + iy = r(\cos\theta + i\sin\theta) \tag{3.11}$$

と表すことができる. θ を**偏角** (argument) といい, $\theta = \arg z$ と書く. 与えられた複素数 z について, 偏角には 2π の整数倍を加える不定性があるが, $0 \le \theta < 2\pi$ や $-\pi < \theta \le \pi$ などの制限を設けると一通りに定まる. このように制限された偏角の値を**主値**という.

複素数の絶対値と偏角に関して次のような性質があることが式 (3.11) からわかる.

$$|z_1 z_2| = |z_1||z_2|, \quad \arg z_1 z_2 = \arg z_1 + \arg z_2, \tag{3.12}$$

$$\left|\frac{z_1}{z_2}\right| = \frac{|z_1|}{|z_2|}, \quad \arg\frac{z_1}{z_2} = \arg z_1 - \arg z_2. \tag{3.13}$$

式 (3.12) より, 複素数 $P(z_2)$ に z_1 を乗じることは, $\overrightarrow{OP}$ の長さを $|z_1|$ 倍して, $\overrightarrow{OP}$ を $\theta_1 = \arg z_1$ 回転することに対応することがわかる (☞ 図 3.2).

ド・モアブルの定理と呼ばれる次の定理が成立する.

$$(\cos\theta + i\sin\theta)^n = \cos n\theta + i\sin n\theta, \quad n \in \mathbb{Z}. \tag{3.14}$$

ここで, $\mathbb{Z}$ は整数全体の集合である. 式 (3.14) の証明は数学的帰納法による.

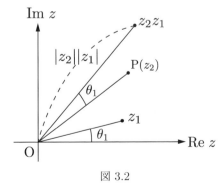

図 3.2

● オイラーの公式

指数関数 e^x の純虚数 $x = i\theta,\ (\theta \in \mathbb{R})$ における値を

$$e^{i\theta} := \cos\theta + i\sin\theta \tag{3.15}$$

と形式的に定義する．これを**オイラーの公式**という．オイラーの公式は後でマクローリン級数
（☞ 11.2 節 (p.61)）で正当化される．

$e^{i\theta}$ は次のような性質をもっている．

$$|e^{i\theta}| = 1, \quad (e^{i\theta})^* = e^{-i\theta}, \quad e^{i(\theta+2n\pi)} = e^{i\theta},\ (n \in \mathbb{Z}), \tag{3.16}$$

$$e^{i\theta_1}e^{i\theta_2} = e^{i(\theta_1+\theta_2)}, \quad \frac{e^{i\theta_1}}{e^{i\theta_2}} = e^{i(\theta_1-\theta_2)}. \tag{3.17}$$

ド・モアブルの定理 (3.14) は $(e^{i\theta})^n = e^{in\theta},\ (n \in \mathbb{Z})$ と表される．また，オイラーの公式を用いれば，三角関数を指数関数で表すこともできる．

$$\cos\theta = \frac{e^{i\theta} + e^{-i\theta}}{2}, \quad \sin\theta = \frac{e^{i\theta} - e^{-i\theta}}{2i}. \tag{3.18}$$

これは，後に学ぶ双曲線関数の定義 (6.1), (6.2) (☞ p.33) と比較すべき式である．

【例題 3.3】 (3.17) 第 1 式が成立することを示せ．

【解】 三角関数の加法定理 (1.26) を用いると

$$e^{i\theta_1}e^{i\theta_2} \overset{(3.15)}{=} (\cos\theta_1 + i\sin\theta_1)(\cos\theta_2 + i\sin\theta_2)$$

$$\overset{(3.2)}{=} (\cos\theta_1\cos\theta_2 - \sin\theta_1\sin\theta_2) + i(\cos\theta_1\sin\theta_2 + \sin\theta_1\cos\theta_2)$$

$$\overset{(1.26)}{=} \cos(\theta_1+\theta_2) + i\sin(\theta_1+\theta_2) \overset{(3.15)}{=} e^{i(\theta_1+\theta_2)}. \blacksquare$$

式 (3.11) にオイラーの公式 (3.15) を代入すると，複素数は

$$z = re^{i\theta} \tag{3.19}$$

と表すことができる．これを複素数の**極形式**と呼ぶ[*2].

● 複素指数関数

一般の複素数 $z = x + iy \in \mathbb{C}$ に対して指数関数がとる値 $e^z = \exp z$ は

$$e^z := e^x e^{iy} \overset{(3.15)}{=} e^x(\cos y + i\sin y) \tag{3.20}$$

[*2] 高校数学では (3.11) 右辺を極形式と呼んだかもしれないが，本書では (3.19) を極形式と呼ぶことにする．

と定義される．すると

$$|e^z| = e^x, \quad (e^z)^* = e^{z^*}, \tag{3.21}$$

$$e^{z_1}e^{z_2} = e^{z_1+z_2}, \quad \frac{e^{z_1}}{e^{z_2}} = e^{z_1-z_2} \tag{3.22}$$

が成立する（☞ 問題 3.2 (p.21)）．また，複素定数 $\lambda \in \mathbb{C}$ と実変数 $x \in \mathbb{R}$ について次の微分公式が成立する．

$$\frac{d}{dx}(e^{\lambda x}) = \lambda e^{\lambda x}. \tag{3.23}$$

【例題 3.4】 式 (3.23) を示せ．

【解】 $\lambda = a + ib, \ (a, b \in \mathbb{R})$ とおくと，$(e^{\lambda x})' = (e^{(a+ib)x})' \overset{(3.20)}{=} [e^{ax}(\cos bx + i \sin bx)]' \overset{(1.10)}{=} ae^{ax}(\cos bx + i \sin bx) + e^{ax}(-b \sin bx + ib \cos bx) = (a + ib)e^{ax}(\cos bx + i \sin bx) \overset{(3.20)}{=} \lambda e^{\lambda x}.$ ∎

■ 演習問題

【問題 3.1】 《理解度確認》（解答は ☞ p.180）

[1] $z_1 := -\sqrt{3} + i, \ z_2 := 1 + i$ について次の問いに答えよ．
　(a) z_1, z_2, z_1^*, z_2^* を複素平面に図示せよ．
　(b) $z_1, z_2, z_1 z_2, z_1/z_2$ を極形式 $re^{i\theta}, \ (0 \le \theta < 2\pi)$ で表せ．
　(c) $(z_1 z_2)^{12}, (z_1/z_2)^6$ を求めよ．

[2] 次の公式を示せ．
　(a) $\left(\frac{z_1}{z_2}\right)^* = \frac{z_1^*}{z_2^*}$　（☞ 式 (3.8)）
　(b) $\frac{e^{i\theta_1}}{e^{i\theta_2}} = e^{i(\theta_1-\theta_2)}$　（☞ 式 (3.17)）
　(c) $\frac{e^{z_1}}{e^{z_2}} = e^{z_1-z_2}$　（☞ 式 (3.22)）

【問題 3.2】 《諸性質の証明 ★☆☆》（解答は ☞ p.181）

次の公式を示せ．
　[1] $(z_1 z_2)z_3 = z_1(z_2 z_3)$　（☞ 式 (3.5)）
　[2] $|e^{i\theta}| = 1, (e^{i\theta})^* = e^{-i\theta}, e^{i(\theta+2n\pi)} = e^{i\theta}$　（☞ 式 (3.16)）
　[3] $|e^z| = e^x, (e^z)^* = e^{z^*}, e^{z_1}e^{z_2} = e^{z_1+z_2}$　（☞ 式 (3.21), (3.22)）

【問題 3.3】 《複素指数関数 ★☆☆》（解答は ☞ p.182）

次の複素数を $x + iy, \ (x, y \in \mathbb{R})$ の形で表せ．
　[1] $e^{(1+i)\pi/2}$　　　　　　[2] $\exp\left(4\pi e^{i\pi/6}\right)$　　　　　　[3] $\exp\left(\sqrt{2}\pi i e^{i\pi/4}\right)$

【問題 3.4】 《三角不等式 ★★☆》（解答は ☞ p.182）

複素数 z_1, z_2 の絶対値に関して次の三角不等式が成り立つことを示せ．

$$|z_1 + z_2| \le |z_1| + |z_2|. \tag{3.24}$$

【問題 3.5】《線形微分方程式 ★☆☆》（解答は ☞ p.182）

関数 $y = y(x)$, $(x \in \mathbb{R}, y \in \mathbb{C})$ に関する次の方程式を考える.

$$y''(x) + 2ay'(x) + by(x) = 0. \tag{3.25}$$

ここで，a, b は与えられた複素定数である．式 (3.25) のような関数の微分を含む方程式を**微分方程式**という（☞ III 部）．次の問いに答えよ.

[1] $y(x) = e^{\lambda x}$ が式 (3.25) を満たすとき複素定数 λ を求めよ.

[2] $a = 0$, $b = 4$ のとき，設問 [1] における $y(x) = e^{\lambda x}$ を三角関数を用いて表せ.

【問題 3.6】《行列表現 ★★☆》（解答は ☞ p.182）

複素数 $z = x + iy$, $(x, y \in \mathbb{R})$ に 2 次正方行列 $A(z) := \begin{pmatrix} x & -y \\ y & x \end{pmatrix}$ を対応させる．次が成立することを示せ．ただし，$A^\top$ は行列 A の**転置行列**（行と列を入れ替えた行列）である.

[1] $A(z_1 \pm z_2) = A(z_1) \pm A(z_2)$　　　　　　[2] $A(z_1 z_2) = A(z_1) A(z_2)$

[3] $A(z^{-1}) = A(z)^{-1}, (z \neq 0)$　　　　　　　[4] $A(z^*) = A(z)^\top$

【研究】オイラーの関係式

オイラーの公式 $e^{i\theta} = \cos\theta + i\sin\theta$ に $\theta = \pi$ を代入すると

$$e^{i\pi} + 1 = 0 \tag{3.26}$$

が得られる．これは**オイラーの関係式**と呼ばれ，この世で最も美しい数式といわれる.

数学という学問は**代数学・幾何学・解析学**の 3 つに大別される．代数学は，我々が小学校から学び始める四則演算や中学校から学び始める方程式などを扱う数学，幾何学は図形を扱う数学，解析学は狭義には高校から学び始める微分積分のことで，極限や無限小を扱う数学である.

虚数単位 i を導入して実数を複素数にまで拡張すると，2 次方程式はいつでも解をもつのであった．しかし実際には，**代数学の基本定理**というものがあり，n 次方程式 $a_0 x^n + a_1 x^{n-1} + \cdots + a_{n-1} x + a_n = 0$, $(n \geq 1)$ には，複素数の範囲に必ず n 個の解がある．その意味で複素数は「万能」であり，i は代数学における最も重要な数である.

円周率 $\pi = 3.14159\cdots$ は円周の直径に対する比である．円は高い対称性をもつ最も普遍的な図形の 1 つであるから，その意味で，π は幾何学における最も重要な数である.

ネイピア数 $e = 2.71828\cdots$ は，微分しても変わらない指数関数の底として導入されるが，複素関数（☞ p.131）を学ぶとよくわかるように，対数関数・三角関数・冪関数など殆ど全ての初等関数は指数関数と関係している．その意味で，e は解析学における最も重要な数である.

このように，i, π, e は数学の 3 大分野を代表する数であるが，その出所を見る限り，全く独立に導入された数であり，それらが互いに関係しているとは思えない．しかし，オイラーの関係式 (3.26) が教えてくれるのは，3 つの数がこれでもかと言うほど短い 1 つの式に収まり，深く関係していることである．これで，最も美しいと言われる所以を理解頂けただろうか.

ところで，0 は任意の数に加えても相手を変化させない数（加法の単位元），1 は任意の数に乗じても相手を変化させない数（乗法の単位元）である．そのような 0 と 1 という基本的な数が含まれるのも，式 (3.26) が美しい理由である．因みに，+1 を右辺に移項して $e^{i\pi} = -1$ とすると負符号が付くので多少美しさが損なわれるが，もし仮に $e^{i\pi} = +1$ だったら，それは式 (3.26) と同程度かそれ以上に美しいと言えるのではないだろうか．実は，これを実現するには円周率を円周の半径に対する比と定義し直せばよい（つまり，$\pi' := 2\pi = 6.28\cdots$ とすれば，$e^{i\pi'} = \cos(2\pi) + i\sin(2\pi) = +1$）．これをもって，「円周率を円周の直径に対する比として定義したことが人類最大の過ちだった」と言う人もいる.

第Ⅱ部

1変数の微分積分

第 4 章　微分

4.1　合成関数の微分法

$y_1 = y_1(x),\ y_2 = y_2(y_1)$ の合成関数 $y_2(x) = (y_2 \circ y_1)(x) := y_2(y_1(x))$ の微分は

$$\frac{dy_2}{dx} = \frac{dy_2}{dy_1}\frac{dy_1}{dx} \quad \text{または} \quad [y_2(y_1(x))]' = y_2'(y_1)y_1'(x) \tag{4.1}$$

で与えられる．これを**合成関数の微分法**または**連鎖律**という．

より一般には，n 個の関数 $y_1 = y_1(x),\ y_2 = y_2(y_1),\ \cdots,\ y_n = y_n(y_{n-1})$ の合成 $y_n(x) := (y_n \circ y_{n-1} \circ \cdots \circ y_1)(x)$ に関して，次が成立する．

$$\frac{dy_n}{dx} = \frac{dy_n}{dy_{n-1}}\frac{dy_{n-1}}{dy_{n-2}}\cdots\frac{dy_2}{dy_1}\frac{dy_1}{dx}. \tag{4.2}$$

【例題 4.1】 $y = \exp\!\big(\cos^6 x\big)$ の導関数を求めよ．

【解】 $y_1 = \cos x,\ y_2 = y_1^6,\ y_3 = \exp y_2$ とすると，$y = (y_3 \circ y_2 \circ y_1)(x)$．したがって，$\frac{dy}{dx} \overset{(4.2)}{=} \frac{dy_3}{dy_2}\frac{dy_2}{dy_1}\frac{dy_1}{dx} = \exp y_2 \cdot 6y_1^5 \cdot (-\sin x) = -6\cos^5 x \sin x \exp\!\big(\cos^6 x\big).$ ∎

式 (4.1) の成立は次のように理解できる．x の微小変化 Δx に対する y_1 の変化を Δy_1，それに対する y_2 の変化を Δy_2 とすると，微分の定義 (1.5) より

$$\Delta y_2 \simeq y_2'(y_1)\Delta y_1, \quad \Delta y_1 \simeq y_1'(x)\Delta x$$

が成り立つ．これらより Δy_1 を消去すれば，$\Delta y_2 \simeq y_2'(y_1)y_1'(x)\Delta x$ を得る．両辺を Δx で割り $\Delta x \to 0$ の極限をとれば

$$\frac{dy_2}{dx} = \lim_{\Delta x \to 0}\frac{\Delta y_2}{\Delta x} = y_2'(y_1)y_1'(x).$$

● 逆関数の微分法

$y = f(x)$ の逆関数を $y = f^{-1}(x)$ と書く．$y = f^{-1}(x)$ のとき $x = f(y)$ であるが，この式の両辺を x で微分し合成関数の微分法 (4.1) を用いると，$1 = f'(y)\frac{dy}{dx}$ を得る．したがって，$f'(y) \neq 0$ のとき

$$\frac{dy}{dx} = \frac{1}{f'(y)} = \frac{1}{\frac{dx}{dy}} \tag{4.3}$$

が成立する．これを**逆関数の微分法**という．式 (4.3) から，「逆関数の微分は微分の逆数」といえる．

【例題 4.2】 $(\ln|x|)' = \dfrac{1}{x}, \ (x \neq 0)$ を示せ （☞ 式 (1.22), p.6）.

【解】 $y = \ln|x|$ とおく．$x > 0$ のとき $x = e^y$ であるから，$\frac{dy}{dx} \overset{(4.3)}{=} \frac{1}{\frac{dx}{dy}} = \frac{1}{e^y} = \frac{1}{x}$．同様に，$x < 0$ のとき $x = -e^y$ であるから，$\frac{dy}{dx} \overset{(4.3)}{=} \frac{1}{\frac{dx}{dy}} = -\frac{1}{e^y} = \frac{1}{x}$．したがって与式が成り立つ．∎

● 対数微分法

関数 $y(x) \ (> 0)$ の自然対数をとってから微分する方法を**対数微分法**という．合成関数の微分法 (4.1) より

$$[\ln y(x)]' \overset{(4.1)}{=} \frac{d\ln y}{dy}\frac{dy}{dx} \overset{(1.22)}{=} \frac{y'}{y} \quad \Rightarrow \quad y'(x) = y(x)\,[\ln y(x)]'. \tag{4.4}$$

この方法は，$y'(x)$ よりも $[\ln y(x)]'$ の方が計算しやすい場合に有効である．

【例題 4.3】 次の微分公式を示せ．

[1] $(x^a)' = ax^{a-1}, \ (a \in \mathbb{R})$ 　　　　　　[2] $(a^x)' = a^x \ln a, \ (a > 0)$

【解】 [1] $y = x^a$ とおくと $\ln y = \ln x^a \overset{(1.17)}{=} a\ln x$．両辺を x で微分すると $y'/y = a/x$．よって，$y' = ay/x = ax^{a-1}$．[2] 同様に，$y = a^x$ とおくと $\ln y = \ln a^x \overset{(1.17)}{=} x\ln a$．両辺を x で微分すると $y'/y = \ln a$．よって，$y' = y\ln a = a^x \ln a$．∎

4.2 高階微分

導関数を微分したものを **2 階導関数**，$(n-1)$ 階導関数を微分したものを **n 階導関数**といい，次のように書く．

$$f''(x) = \frac{d^2 f}{dx^2} = \frac{d}{dx}\left(\frac{df}{dx}\right), \ \cdots, \ f^{(n)}(x) = \frac{d^n f}{dx^n} = \frac{d}{dx}\left(\frac{d^{n-1}f}{dx^{n-1}}\right). \tag{4.5}$$

ただし，$f^{(0)}(x) := f(x)$ と約束する．

$f(x)$ が n 回まで微分可能であるとき，$f(x)$ は **n 回微分可能**であるといい，$f^{(n)}(x)$ が連続であるとき $f(x)$ は **n 回連続微分可能**であるという．n 回連続微分可能な関数は **C^n 級**に属するといわれる．連続関数は C^0 級，何度でも微分できる関数は C^∞ 級に属するといわれる．

> **【補足】** 関数 $f(x)$ が十分大きな n について C^n 級に属するとき，$f(x)$ は**滑らか**であるということがある．本書では，特に断らない限り，滑らかな関数のみを考える．つまり，特段の事情がない限り，微分不可能性や不連続性が問題になるような状況を考えない．

a, α を実数, n を自然数として, 基本的な関数の n 階導関数は次のように与えられる.

$$[(x+a)^\alpha]^{(n)} = \alpha(\alpha-1)\cdots(\alpha-n+1)(x+a)^{\alpha-n}, \quad (e^{\alpha x})^{(n)} = \alpha^n e^{\alpha x}, \tag{4.6}$$

$$[\ln|x+a|]^{(n)} = (-1)^{n-1}(n-1)!(x+a)^{-n}, \tag{4.7}$$

$$(\cos x)^{(n)} = \cos\left(x + \frac{n\pi}{2}\right), \quad (\sin x)^{(n)} = \sin\left(x + \frac{n\pi}{2}\right). \tag{4.8}$$

【例題 4.4】 式 (4.7) および式 (4.8) 第 2 式を示せ.

【解】 $[\ln|x+a|]' = (x+a)^{-1}$, $[\ln|x+a|]'' = -(x+a)^{-2} = (-1)^1 1!(x+a)^{-2}$, $[\ln|x+a|]^{(3)} = 2(x+a)^{-3} = (-1)^2 2!(x+a)^{-3}$ を得る. これを繰り返せば $[\ln|x+a|]^{(n)} = (-1)^{n-1}(n-1)!(x+a)^{-n}$ を得る. 同様に, 任意の θ について $\cos\theta = \sin\left(\theta + \frac{\pi}{2}\right)$ が成り立つことに注意すれば, $(\sin x)' = \cos x = \sin\left(x + \frac{\pi}{2}\right)$, $(\sin x)'' = \cos\left(x + \frac{\pi}{2}\right) = \sin\left(x + \frac{2\pi}{2}\right)$. これを繰り返せば, $(\sin x)^{(n)} = \cos\left(x + \frac{(n-1)\pi}{2}\right) = \sin\left(x + \frac{n\pi}{2}\right)$ を得る. ∎

【補足】 n 階導関数に関する式 (4.6),(4.7),(4.8) の, より厳密な証明は数学的帰納法による.

● 一般のライプニッツ則

関数の積 $f(x)g(x)$ の微分公式（ライプニッツ則）(1.10) の両辺を更に微分すると

$$(fg)'' = f''g + 2f'g' + fg'',$$
$$(fg)^{(3)} = f^{(3)}g + 3f''g' + 3f'g'' + fg^{(3)},$$
$$\vdots$$

のように $f(x)g(x)$ の高階導関数が得られ, 次の**一般のライプニッツ則**に拡張される.

$$[f(x)g(x)]^{(n)} = \sum_{k=0}^{n} {}_nC_k f^{(n-k)}(x)g^{(k)}(x) = \sum_{k=0}^{n} {}_nC_k f^{(k)}(x)g^{(n-k)}(x). \tag{4.9}$$

証明は数学的帰納法による (☞ 問題 4.5 (p.27)).

【例題 4.5】 $x^2 e^x$ の n 階導関数を求めよ $(n \geq 2)$.

【解】 x^2 の 3 階微分以上は 0 であることに気を付けて, $(x^2 e^x)^{(n)} \overset{(4.9)}{=} \sum_{k=0}^{n} {}_nC_k (x^2)^{(k)}(e^x)^{(n-k)} \overset{(4.6)}{=} {}_nC_0 x^2 e^x + {}_nC_1(x^2)'e^x + {}_nC_2(x^2)''e^x = [x^2 + 2nx + n(n-1)]e^x$. ∎

■ 演習問題 ■

【問題 4.1】《理解度確認》（解答は ☞ p.183）

次の問いに答えよ.

[1] $y = (\ln|\sin e^x|)^2$ を微分せよ.

[2] $x = \sin y, \ (-\pi/2 < y < \pi/2)$ のとき, $y'(x)$ を求めよ.

[3] $y = x^{x^2}, \ (x > 0)$ を微分せよ.

[4] $(\cos x)^{(n)} = \cos\left(x + \frac{n\pi}{2}\right)$ を示せ（☞ 式 (4.8)）.

[5] $(x^2 \ln x)^{(n)}, (n \geq 3)$ を求めよ.

【問題 4.2】《合成関数の高階導関数 ★★☆》（解答は ☞ p.184）

合成関数 $y_2(x) = (y_2 \circ y_1)(x) = y_2(y_1(x))$ の高階導関数は次のように与えられることを示せ.

[1] $y_2''(x) = y_2''(y_1)y_1'(x)^2 + y_2'(y_1)y_1''(x)$

[2] $y_2^{(3)}(x) = y_2^{(3)}(y_1)y_1'(x)^3 + 3y_2''(y_1)y_1''(x)y_1'(x) + y_2'(y_1)y_1^{(3)}(x)$

【問題 4.3】《陰関数の微分法 ★☆☆》（解答は ☞ p.184）

$x^2 + xy + y^2 = 3$ で陰関数表示された関数 $y(x)$ について次の問いに答えよ.

[1] $y'(x)$ を求め, x, y を用いて表せ.

[2] $y''(x)$ を求め, x, y を用いて（y' を含まない式で）表せ.

【問題 4.4】《n 階導関数 ★★☆》（解答は ☞ p.184）

n 階導関数に関する次の等式を示せ.

[1] $(e^x \sin x)^{(n)} = 2^{n/2} e^x \sin\left(x + \frac{n\pi}{4}\right)$

[2] $(\sin^2 x)^{(n)} = 2^{n-1} \sin\left(2x + \frac{n-1}{2}\pi\right)$

[3] $\left(\dfrac{1}{x^2 - (a+b)x + ab}\right)^{(n)} = \dfrac{(-1)^n n!}{a-b}\left(\dfrac{1}{(x-a)^{n+1}} - \dfrac{1}{(x-b)^{n+1}}\right), \ (a \neq b)$

【問題 4.5】《一般のライプニッツ則 ★★★》（解答は ☞ p.185）

一般のライプニッツ則 (4.9) を示せ.

【研究】 ε-δ 論法

数列の極限を厳密に定義することができる ε-N 論法について p.9 で見た. ここでは, 関数の極限を厳密に定義するのに必要な ε-δ 論法について見ることにする.

$x \to a$ において, $f(x)$ がある値 A に収束することを, $\lim\limits_{x \to a} f(x) = A$ と書くのであった. そして, $f(x)$ が A に収束するとは, x が（$x \neq a$ を保ちながら）a に近づいていくとき $f(x)$ が A に「限りなく近づくこと」と教わる. 数列の極限の場合と同様, これもわかるようなわからないような曖昧な表現である. これに対して, 厳密な定義は次のようになる.

【定義】「$\lim\limits_{x \to a} f(x) = A$ とは, 任意の正の数 ε に対して, ある正の数 δ が存在して, $0 < |x - a| < \delta$ ならば $|f(x) - A| < \varepsilon$ とできることである.」

これまた解りにくいので, 砕けた表現にすると次のようになる.

【定義（口語体）】「$\lim\limits_{x \to a} f(x) = A$ とは, どんなに小さい正の数 ε に対しても, それに応じて十分小さな数 δ をもってくれば, 区間 $(a - \delta, a + \delta)$ に入っている $x \, (\neq a)$ については, $f(x)$ が区間 $(A - \varepsilon, A + \varepsilon)$

に入っているようにできることである.」

これを図示したのが図 4.1 である. 具体例で考えよう. 関数 $f(x) = 2x$ は $x \to 3$ において 6 に収束しそうであるが, $\varepsilon\text{-}\delta$ 論法を用いた証明は次のようになる.

【証明】「任意の正の数 ε について, $\delta = \varepsilon/2$ とすれば, $0 < |x - 3| < \delta$ ならば $|f(x) - 6| = |2x - 6| = 2|x - 3| < 2\delta = \varepsilon$ とすることができる. したがって, $\lim_{x \to 3} f(x) = 6.$」

例えば, $\varepsilon = 10^{-2}$ という小さい数に対しても, $\delta = 10^{-2}/2 = 0.005$ とすれば, $(3 - \delta, 3 + \delta) = (2.995, 3.005)$ という区間内の x ($\neq 3$) については, $2x$ が区間 $(6 - \varepsilon, 6 + \varepsilon) = (5.99, 6.01)$ に入っている. 同様の議論は, ε を $\varepsilon = 10^{-3}, 10^{-4}, \cdots$ と, どんなに小さくしていっても可能である. それを簡潔に述べたのが上の証明になっている.

ところで, 「$\lim_{x \to a} f(x) = A$, $\lim_{x \to a} g(x) = B$ ならば, $\lim_{x \to a}[f(x) + g(x)] = A + B$」という関数の極限に関する基本的定理がある. この定理の $\varepsilon\text{-}\delta$ 論法を用いた証明は次のようになる.

【証明】「$\lim_{x \to a} f(x) = A$, $\lim_{x \to a} g(x) = B$ ならば, 任意の正の数 ε について, 正の数 δ_1, δ_2 が存在し, $0 < |x - a| < \delta_1$ なら $|f(x) - A| < \varepsilon/2$ かつ $0 < |x - a| < \delta_2$ なら $|g(x) - B| < \varepsilon/2$ とできる. したがって, $\delta = \min\{\delta_1, \delta_2\}$ と選べば, $0 < |x - a| < \delta$ なら $|[f(x) + g(x)] - (A + B)| \leq |f(x) - A| + |g(x) - B| < \varepsilon/2 + \varepsilon/2 = \varepsilon$ とできる. したがって, $\lim_{x \to a}[f(x) + g(x)] = A + B.$」

また, $f(x)$ が $x = a$ において連続であるとは, $\lim_{x \to a} f(x) = f(a)$ が成り立つこととして極限を用いて定義されるのだった (☞ 1.2 節). すると, $\varepsilon\text{-}\delta$ 論法を用いた連続性の定義は次のようになる.

【定義】「$f(x)$ が $x = a$ において連続であるとは, 任意の正の数 ε に対して, ある正の数 δ が存在して, $|x - a| < \delta$ ならば $|f(x) - f(a)| < \varepsilon$ とできることである.」

この定義が理にかなっていることは, 連続でない関数, 例えば

$$f(x) = \begin{cases} 2x & (x \neq 3) \\ 7 & (x = 3) \end{cases}$$

などについて考えると納得できるはずである. また, 上の連続性の定義を用いれば, 連続関数の和・積・合成関数などが再び連続関数となるなどの基本的定理を証明することができる.

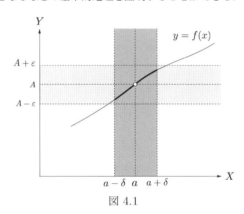

図 4.1

第5章　逆三角関数

5.1　定義

三角関数の逆関数は**逆三角関数**と呼ばれる．具体的には，**逆余弦** (arc cosine) 関数，**逆正弦** (arc sine) 関数，**逆正接** (arc tangent) 関数が次のように定義される．

$$
\begin{aligned}
y &= \cos^{-1} x = \arccos x \quad \Leftrightarrow \quad x = \cos y, \\
y &= \sin^{-1} x = \arcsin x \quad \Leftrightarrow \quad x = \sin y, \\
y &= \tan^{-1} x = \arctan x \quad \Leftrightarrow \quad x = \tan y.
\end{aligned} \tag{5.1}
$$

$\cos^{-1} x$, $\sin^{-1} x$ の定義域は $[-1, 1]$, $\tan^{-1} x$ の定義域は $(-\infty, \infty)$ である．$\cos^{-1} x \neq (\cos x)^{-1} = \frac{1}{\cos x}$ であることに注意が必要である．

【補足】その他にも，**逆正割** (arc secant) 関数，**逆余割** (arc cosecant) 関数，**逆余接** (arc cotangent) 関数が次のように定義されるが，本書では用いない．

$$
\begin{aligned}
y &= \sec^{-1} x = \operatorname{arcsec} x \quad \Leftrightarrow \quad x = \sec y = \frac{1}{\cos y}, \\
y &= \csc^{-1} x = \operatorname{arccsc} x \quad \Leftrightarrow \quad x = \csc y = \frac{1}{\sin x}, \\
y &= \cot^{-1} x = \operatorname{arccot} x \quad \Leftrightarrow \quad x = \cot y = \frac{1}{\tan y}.
\end{aligned}
$$

逆三角関数は多価関数（☞ 1.1 節）であるため，適当に値域を制限し 1 価関数にして扱うことが多い．そのときの関数の値を**主値**といい，関数の頭文字を大文字で書くことがある．本書では，一貫して次のように値域を制限することにする（☞ 図 5.1）．

$$
\begin{aligned}
y &= \operatorname{Cos}^{-1} x = \operatorname{Arccos} x, \quad (0 \leq y \leq \pi), \\
y &= \operatorname{Sin}^{-1} x = \operatorname{Arcsin} x, \quad \left(-\frac{\pi}{2} \leq y \leq \frac{\pi}{2}\right), \\
y &= \operatorname{Tan}^{-1} x = \operatorname{Arctan} x, \quad \left(-\frac{\pi}{2} < y < \frac{\pi}{2}\right).
\end{aligned} \tag{5.2}
$$

単位円上に点 P(x, y) をとったとき，x 軸と直線 OP がなす角度が $\operatorname{Cos}^{-1} x = \operatorname{Sin}^{-1} y = \operatorname{Tan}^{-1} \frac{y}{x}$ である（☞ 図 5.2）．

三角関数のよく知られた値として，$\cos \frac{\pi}{6} = \frac{\sqrt{3}}{2}$, $\sin \frac{\pi}{6} = \frac{1}{2}$ などがあるが，それらに対応して次のような逆三角関数の値を直ちに求めることができる（☞ 問題 5.2 (p.32)）．

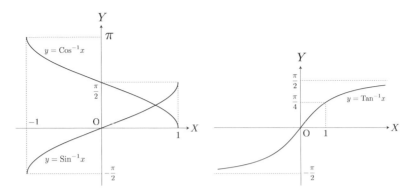

図 5.1

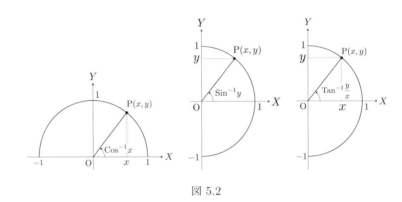

図 5.2

$$\mathrm{Cos}^{-1}\, 0 = \frac{\pi}{2}, \quad \mathrm{Cos}^{-1}\, \frac{1}{2} = \frac{\pi}{3}, \quad \mathrm{Cos}^{-1}\, \frac{1}{\sqrt{2}} = \frac{\pi}{4}, \quad \mathrm{Cos}^{-1}\, \frac{\sqrt{3}}{2} = \frac{\pi}{6}, \quad \mathrm{Cos}^{-1}\, 1 = 0,$$

$$\mathrm{Sin}^{-1}\, 0 = 0, \quad \mathrm{Sin}^{-1}\, \frac{1}{2} = \frac{\pi}{6}, \quad \mathrm{Sin}^{-1}\, \frac{1}{\sqrt{2}} = \frac{\pi}{4}, \quad \mathrm{Sin}^{-1}\, \frac{\sqrt{3}}{2} = \frac{\pi}{3}, \quad \mathrm{Sin}^{-1}\, 1 = \frac{\pi}{2}, \quad (5.3)$$

$$\mathrm{Tan}^{-1}\, 0 = 0, \quad \mathrm{Tan}^{-1}\, \frac{1}{\sqrt{3}} = \frac{\pi}{6}, \quad \mathrm{Tan}^{-1}\, 1 = \frac{\pi}{4}, \quad \mathrm{Tan}^{-1}\, \sqrt{3} = \frac{\pi}{3}, \quad \mathrm{Tan}^{-1}\, \infty = \frac{\pi}{2}.$$

【例題 5.1】 次の値を求めよ.

[1] $\mathrm{Cos}^{-1}\, \frac{1}{2}$ 　　　　　　　[2] $\mathrm{Sin}^{-1}\, \frac{1}{\sqrt{2}}$ 　　　　　　　[3] $\mathrm{Tan}^{-1}\, \sqrt{3}$

【解】[1] $\mathrm{Cos}^{-1}\, \frac{1}{2} = \theta \in [0, \pi]$ とおくと $\cos\theta = \frac{1}{2}$. したがって $\theta = \pi/3$. [2] $\mathrm{Sin}^{-1}\, \frac{1}{\sqrt{2}} = \phi \in [-\pi/2, \pi/2]$ とおくと $\sin\phi = \frac{1}{\sqrt{2}}$. したがって $\phi = \pi/4$. [3] $\mathrm{Tan}^{-1}\, \sqrt{3} = \psi \in (-\pi/2, \pi/2)$ とおくと $\tan\psi = \sqrt{3}$. したがって $\psi = \pi/3$. ∎

【例題 5.2】 $y = \mathrm{Sin}^{-1}(x-1) + \frac{\pi}{2},\ (0 \le x \le 2)$ のグラフを描け.

【解】　与式より $x = \sin(y - \pi/2) + 1$. したがって, 描くべきグラフは $x = \sin y$ のグラフを y 方向に $\pi/2$, x 方向に 1 平行移動したものである. また, $\mathrm{Sin}^{-1}(x-1) \in [-\pi/2, \pi/2]$ より, $y \in [0, \pi]$ の値をとる（☞ 図 5.3）. ∎

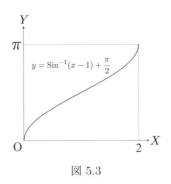

$$y = \mathrm{Sin}^{-1}(x-1) + \frac{\pi}{2}$$

図 5.3

5.2 性質

逆三角関数には定義から導かれる多くの恒等式がある. まず, 適切な x の範囲において $\cos(\mathrm{Cos}^{-1} x) = \mathrm{Cos}^{-1}(\cos x) = x$ などが成り立つ. Sin^{-1}, Tan^{-1} についても同様である. その他に

$$\mathrm{Cos}^{-1}(-x) = \pi - \mathrm{Cos}^{-1} x, \quad \mathrm{Sin}^{-1}(-x) = -\mathrm{Sin}^{-1} x, \quad \mathrm{Tan}^{-1}(-x) = -\mathrm{Tan}^{-1} x, \tag{5.4}$$

$$\cos(\mathrm{Sin}^{-1} x) = \sqrt{1 - x^2}, \quad \sin(\mathrm{Cos}^{-1} x) = \sqrt{1 - x^2}, \tag{5.5}$$

$$\mathrm{Cos}^{-1} x + \mathrm{Sin}^{-1} x = \frac{\pi}{2}. \tag{5.6}$$

などが成立する. 式 (5.4) は, $\mathrm{Sin}^{-1} x$ と $\mathrm{Tan}^{-1} x$ が奇関数であり, $\mathrm{Cos}^{-1} x$ は偶関数でも奇関数でもないことを表している.

【例題 5.3】 (5.4) 第 1 式および (5.5) 第 1 式を示せ.

【解】 恒等式 $\cos(\pi - \theta) = -\cos\theta$ において, $x = \cos\theta \in [-1, 1]$ とおくと $\cos(\pi - \mathrm{Cos}^{-1} x) = -x$. したがって $\pi - \mathrm{Cos}^{-1} x = \mathrm{Cos}^{-1}(-x)$. 次に, $\phi = \mathrm{Sin}^{-1} x \in [-\pi/2, \pi/2]$ とおくと, $\cos(\mathrm{Sin}^{-1} x) = \cos\phi = +\sqrt{1 - \sin^2\phi} = \sqrt{1 - x^2}$. ∎

● 導関数

逆三角関数の導関数は次のように与えられる.

$$(\mathrm{Cos}^{-1} x)' = -\frac{1}{\sqrt{1 - x^2}}, \quad (-1 < x < 1), \tag{5.7}$$

$$(\mathrm{Sin}^{-1} x)' = \frac{1}{\sqrt{1 - x^2}}, \quad (-1 < x < 1), \tag{5.8}$$

$$(\mathrm{Tan}^{-1} x)' = \frac{1}{1 + x^2}, \quad (-\infty < x < \infty). \tag{5.9}$$

【例題 5.4】 式 (5.7) を導け.

【解】　$y = \mathrm{Cos}^{-1} x \in (0, \pi)$ とおくと $x = \cos y$. 逆関数の微分法 (4.3) を用いると，$(\mathrm{Cos}^{-1} x)' \overset{(4.3)}{=}$
$\frac{1}{\frac{dx}{dy}} = -\frac{1}{\sin y} \overset{(*)}{=} -\frac{1}{\sqrt{1 - \cos^2 y}} = -\frac{1}{\sqrt{1 - x^2}}$. ∎

【補足】　上の例題の解答における等号 $(*)$ において，$0 < y < \pi$ であるから $\sin y = +\sqrt{1 - \cos^2 y}$ であることに注意．仮に，$y = \cos^{-1} x$ の主値のとり方が $\pi \le y \le 2\pi$ であったならば，$\sin y = -\sqrt{1 - \cos^2 y}$ となり導関数の符号も異なるものになる．

■ 演習問題

【問題 5.1】《理解度確認》(解答は ☞ p.185)

次の問いに答えよ．

[1] △ABC の辺の長さは AB $= 3$, BC $= 4$, CA $= 5$ で与えられる．∠CAB を逆三角関数で表せ．

[2] 次の値を求めよ．

  (a) $\mathrm{Sin}^{-1} \frac{\sqrt{3}}{2}$ (b) $\mathrm{Tan}^{-1}\left(-\frac{1}{\sqrt{3}}\right)$ (c) $\mathrm{Cos}^{-1}\left(\sin \frac{\pi}{6}\right)$ (d) $\cos\left(\mathrm{Sin}^{-1} \frac{3}{5}\right)$

[3] $y = \mathrm{Tan}^{-1}\left(\frac{x}{2}\right) + \frac{\pi}{2}$, $(-\infty < x < \infty)$ のグラフを描け．

[4] $\sin\left(\mathrm{Cos}^{-1} x\right) = \sqrt{1 - x^2}$ を示せ（☞ 式 (5.5)）．

[5] $(\mathrm{Tan}^{-1} x)' = \frac{1}{1 + x^2}$ を示せ（☞ 式 (5.9)）．

【問題 5.2】《逆三角関数の値 ★★☆》(解答は ☞ p.185)

次の値を求めよ．

[1] $\mathrm{Tan}^{-1} \frac{1}{2} + \mathrm{Tan}^{-1} \frac{1}{3}$ [2] $2\,\mathrm{Tan}^{-1} \frac{1}{3} + \mathrm{Tan}^{-1} \frac{1}{7}$

【問題 5.3】《恒等式 ★★☆》(解答は ☞ p.186)

次の等式を証明せよ．

[1] $\mathrm{Cos}^{-1} x + \mathrm{Sin}^{-1} x = \frac{\pi}{2}$ （☞ 式 (5.6)） [2] $\mathrm{Tan}^{-1} x = \frac{1}{2} \mathrm{Cos}^{-1} \frac{1 - x^2}{1 + x^2}$

【問題 5.4】《極限 ★☆☆》(解答は ☞ p.186)

次の極限を調べよ．

[1] $\displaystyle\lim_{x \to 0} \frac{\mathrm{Sin}^{-1} x}{x}$ [2] $\displaystyle\lim_{x \to 0} \frac{\mathrm{Tan}^{-1} 2x}{x}$ [3] $\displaystyle\lim_{x \to 0} \mathrm{Tan}^{-1} \frac{1}{x}$

【問題 5.5】《導関数 ★☆☆》(解答は ☞ p.186)

次の微分公式を示せ．ただし，a は正の定数とする．

[1] $\left(\mathrm{Cos}^{-1} \frac{x}{a}\right)' = -\frac{1}{\sqrt{a^2 - x^2}}$ [2] $\left(\mathrm{Sin}^{-1} \frac{x}{a}\right)' = \frac{1}{\sqrt{a^2 - x^2}}$ [3] $\left(\frac{1}{a} \mathrm{Tan}^{-1} \frac{x}{a}\right)' = \frac{1}{a^2 + x^2}$

第6章 双曲線関数

6.1 定義

指数関数 e^x の偶部と奇部（☞ 1 章）を用いて，**双曲線関数**を定義する.

$$\cosh x := \frac{1}{2}(e^x + e^{-x}), \tag{6.1}$$

$$\sinh x := \frac{1}{2}(e^x - e^{-x}), \tag{6.2}$$

$$\tanh x := \frac{\sinh x}{\cosh x} = \frac{e^x - e^{-x}}{e^x + e^{-x}}. \tag{6.3}$$

式 (6.1), (6.2), (6.3) はそれぞれ，**双曲線余弦** (hyperbolic cosine) 関数，**双曲線正弦** (hyperbolic sine) 関数，**双曲線正接** (hyperbolic tangent) 関数と呼ばれる．グラフの概形は図 6.1 のようになる．双曲線余弦関数のグラフは**懸垂線**と呼ばれる（☞ 問題 28.5）．また，式 (6.1), (6.2) より

$$e^{\pm x} = \cosh x \pm \sinh x. \tag{6.4}$$

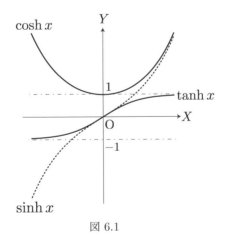

図 6.1

【補足】 **双曲線正割** (hyperbolic secant) 関数，**双曲線余割** (hypoerbolic cosecant) 関数，**双曲線余接** (hyperbolic cotangent) 関数も次のように定義されるが，本書では用いない.

$$\operatorname{sech} x := \frac{1}{\cosh x}, \quad \operatorname{cosech} x := \frac{1}{\sinh x}, \quad \coth x := \frac{1}{\tanh x}.$$

6.2 性質

$\cosh x$ は偶関数, $\sinh x$, $\tanh x$ は奇関数である.

$$\cosh(-x) = \cosh x, \quad \sinh(-x) = -\sinh x, \quad \tanh(-x) = -\tanh x. \tag{6.5}$$

双曲線関数の最も基本的な性質として次が成立する.

$$\cosh^2 x - \sinh^2 x = 1, \tag{6.6}$$

$$\cosh^2 x = \frac{1}{1 - \tanh^2 x}, \quad \sinh^2 x = \frac{\tanh^2 x}{1 - \tanh^2 x}. \tag{6.7}$$

【例題 6.1】 式 (6.6), (6.7) を示せ.

【解】 定義 (6.1), (6.2) に従えば, $\cosh^2 x - \sinh^2 = (\frac{e^x + e^{-x}}{2})^2 - (\frac{e^x - e^{-x}}{2})^2 = 1$ となり, 式 (6.6) が得られる. 式 (6.6) の両辺を $\cosh^2 x$ または $\sinh^2 x$ で除することで式 (6.7) が得られる. ▮

● 加法定理

双曲線関数に関して, 次のような**加法定理**が成立する.

$$\cosh(x \pm y) = \cosh x \cosh y \pm \sinh x \sinh y, \tag{6.8}$$

$$\sinh(x \pm y) = \sinh x \cosh y \pm \cosh x \sinh y, \tag{6.9}$$

$$\tanh(x \pm y) = \frac{\tanh x \pm \tanh y}{1 \pm \tanh x \tanh y}. \tag{6.10}$$

【例題 6.2】 式 (6.8) を示せ.

【解】 定義 (6.1),(6.2) に従って右辺から計算すると, $\cosh x \cosh y + \sinh x \sinh y = \frac{e^x + e^{-x}}{2} \cdot \frac{e^y + e^{-y}}{2} + \frac{e^x - e^{-x}}{2} \cdot \frac{e^y - e^{-y}}{2} = \frac{e^{x+y} + e^{x-y} + e^{-x+y} + e^{-x-y}}{4} + \frac{e^{x+y} - e^{x-y} - e^{-x+y} + e^{-x-y}}{4} = \frac{e^{x+y} + e^{-(x+y)}}{2} = \cosh(x+y)$ と左辺を得る. 負符号の式は上式で $y \to -y$ とし, 偶奇性 (6.5) を用いると得られる. ▮

● 導関数

双曲線関数の導関数は次のように与えられる.

$$(\cosh x)' = \sinh x, \tag{6.11}$$

$$(\sinh x)' = \cosh x, \tag{6.12}$$

$$(\tanh x)' = \frac{1}{\cosh^2 x} \overset{(6.7)}{=} 1 - \tanh^2 x. \tag{6.13}$$

【例題 6.3】 式 (6.11) を示せ.

【解】 定義 (6.1),(6.2) と合成関数の微分法 (4.1) を用いて，$(\cosh x)' = \frac{1}{2}(e^x + e^{-x})' = \frac{1}{2}(e^x - e^{-x}) = \sinh x.$ ∎

6.3　逆双曲線関数

双曲線関数の逆関数は**逆双曲線関数**と呼ばれ，次のように与えられる．

$$\cosh^{-1} x = \text{arccosh}\, x = \ln\left(x + \sqrt{x^2 - 1}\right), \quad x \geq 1, \tag{6.14}$$

$$\sinh^{-1} x = \text{arcsinh}\, x = \ln\left(x + \sqrt{x^2 + 1}\right), \quad -\infty < x < \infty, \tag{6.15}$$

$$\tanh^{-1} x = \text{arctanh}\, x = \frac{1}{2} \ln \frac{1 + x}{1 - x}, \quad |x| < 1. \tag{6.16}$$

関数 (6.14),(6.15),(6.16) はそれぞれ，**逆双曲線余弦**関数，**逆双曲線正弦**関数，**逆双曲線正接**関数と呼ばれる．$\cosh^{-1} x \neq (\cosh x)^{-1} = \frac{1}{\cosh x}$ に注意が必要．グラフの概形は図 6.2 のようになる．

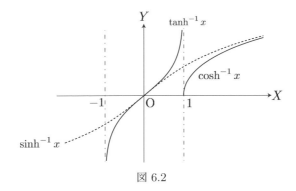

図 6.2

【例題 6.4】 式 (6.14) を示せ．

【解】 $y = \cosh x = \frac{1}{2}(e^x + e^{-x})$ とおくと $e^{2x} - 2ye^x + 1 = 0$. これを e^x に関する 2 次方程式として解けば $e^x = y \pm \sqrt{y^2 - 1}$. したがって，$x = \ln\left(y \pm \sqrt{y^2 - 1}\right)$ であるから，x と y を入れ替えれば $y = \ln\left(x \pm \sqrt{x^2 - 1}\right)$ が得られる．ただし，元の関数 $y = \cosh x$ が単調でないため 2 価関数になってしまっている．そこで，正符号の方を選べば式 (6.14) を得る．∎

$\sinh x, \tanh x$ は単調であるから逆関数は自動的に 1 価関数となる．

逆双曲線関数の導関数は次のように与えられる．

$$(\cosh^{-1} x)' = \frac{1}{\sqrt{x^2 - 1}}, \quad x > 1, \tag{6.17}$$

$$(\sinh^{-1} x)' = \frac{1}{\sqrt{x^2 + 1}}, \quad -\infty < x < \infty, \tag{6.18}$$

$$(\tanh^{-1} x)' = \frac{1}{1 - x^2}, \quad |x| < 1. \tag{6.19}$$

【例題 6.5】　式 (6.17) を示せ.

【解】　$y = \cosh^{-1} x,\ (x > 1)$ とおくと $x = \cosh y,\ (y > 0)$. 逆関数の微分法 (4.1) を用いると,
$(\cosh^{-1} x)' \overset{(4.1)}{=} \frac{1}{\frac{dx}{dy}} \overset{(6.11)}{=} \frac{1}{\sinh y} \overset{(6.6)}{=} \frac{1}{+\sqrt{\cosh^2 y - 1}} = \frac{1}{\sqrt{x^2 - 1}}$. ∎

■ 演習問題

【問題 6.1】　《理解度確認》（解答は ☞ p.186）

次を示せ.
    [1] $\sinh(x \pm y) = \sinh x \cosh y \pm \cosh x \sinh y$　（☞ 式 (6.9)）
    [2] $(\sinh x)' = \cosh x$　（☞ 式 (6.12)）
    [3] $\tanh^{-1} x = \frac{1}{2} \ln \frac{1+x}{1-x}, (|x| < 1)$　（☞ 式 (6.16)）
    [4] $(\tanh^{-1} x)' = \frac{1}{1-x^2}, (|x| < 1)$　（☞ 式 (6.19)）

【問題 6.2】　《倍角・積和の公式 ★☆☆》（解答は ☞ p.186）

次の公式を示せ.
    [1] 倍角の公式
        (a) $\cosh 2x = 2\cosh^2 x - 1 = 2\sinh^2 x + 1$　　(b) $\sinh 2x = 2\sinh x \cosh x$
    [2] 積和の公式
        (a) $\cosh x \cosh y = \frac{1}{2}\left[\cosh(x+y) + \cosh(x-y)\right]$
        (b) $\sinh x \sinh y = \frac{1}{2}\left[\cosh(x+y) - \cosh(x-y)\right]$
        (c) $\sinh x \cosh y = \frac{1}{2}\left[\sinh(x+y) + \sinh(x-y)\right]$

【問題 6.3】　《三角関数との関係 ★☆☆》（解答は ☞ p.187）

双曲線関数と三角関数には次の関係があることを示せ. ただし, $x \in \mathbb{R}$ とする.
    [1] $\cosh(ix) = \cos x$　　　　　　[2] $\sinh(ix) = i\sin x$　　　　　　[3] $\tanh(ix) = i\tan x$

【問題 6.4】　《恒等式 ★★☆》（解答は ☞ p.187）

次の恒等式を示せ.
    [1] $\cosh\left(\sinh^{-1} x\right) = \sqrt{1 + x^2}$　　　　　　[2] $\cosh\left(\tanh^{-1} x\right) = \frac{1}{\sqrt{1 - x^2}},\ (|x| < 1)$

【問題 6.5】　《導関数 ★☆☆》（解答は ☞ p.187）

次の微分公式を示せ. ただし, $a > 0$ は定数とする.
    [1] $\left(\cosh^{-1} \frac{x}{a}\right)' = \frac{1}{\sqrt{x^2 - a^2}}$　　[2] $\left(\sinh^{-1} \frac{x}{a}\right)' = \frac{1}{\sqrt{x^2 + a^2}}$　　[3] $\left(\frac{1}{a}\tanh^{-1} \frac{x}{a}\right)' = \frac{1}{a^2 - x^2}$

第7章 積分

7.1 定積分

区間 $[a, b]$ で連続な関数 $f(x)$ を考える．$x_0 := a$, $x_n := b$ として $[a, b]$ を n 個の微小区間 $[x_{k-1}, x_k]$, $(k = 1, 2, \cdots, n)$ に分割し，次のような矩形領域の面積の和を考える（☞ 図 7.1）．

$$S_n := \sum_{k=1}^{n} f(\xi_k) \Delta x_k, \quad \xi_k \in [x_{k-1}, x_k], \quad \Delta x_k := x_k - x_{k-1}. \tag{7.1}$$

式 (7.1) は，グラフ $y = f(x)$，x 軸，直線 $x = a$, $x = b$ に囲まれた領域の面積を近似しており，**リーマン和**と呼ばれる．

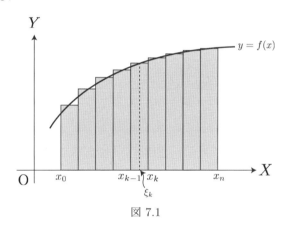

図 7.1

全ての分割の幅 Δx_k が 0 になるような極限 $n \to \infty$ において，分割の仕方や ξ_k のとり方によらず S_n が一定の値に収束するとき，$f(x)$ は $[a, b]$ で**積分可能**であるといい，次のように書く．

$$\int_a^b f(x)dx := \lim_{n \to \infty} S_n. \tag{7.2}$$

式 (7.2) を，**被積分関数** $f(x)$ の**積分区間** $[a, b]$ での**定積分**といい，a を積分の**下端**，b を積分の**上端**という．

a, b, c, α, β を任意の定数，$f(x), g(x)$ は積分可能であるとして，定積分には次のような性質がある．

$$\int_a^b f(x)dx = -\int_b^a f(x)dx, \tag{7.3}$$

$$\int_a^b f(x)dx = \int_a^c f(x)dx + \int_c^b f(x)dx, \tag{7.4}$$

$$\int_a^b \{\alpha f(x) + \beta g(x)\}\, dx = \alpha \int_a^b f(x)dx + \beta \int_a^b g(x)dx. \tag{7.5}$$

また，偶関数 $f_e(x)$ および奇関数 $f_o(x)$ については以下の性質がある．

$$\int_{-a}^a f_e(x)dx = 2\int_0^a f_e(x)dx, \quad \int_{-a}^a f_o(x)dx = 0. \tag{7.6}$$

● 初等関数の定積分

式 (7.1) において，分割を n 等分 (全ての k について $\Delta x_k = \frac{b-a}{n}$) とし，$\xi_k = x_k$ とすると

$$\int_a^b f(x)dx = \lim_{n\to\infty} \sum_{k=1}^n f\left(a + \frac{b-a}{n}k\right)\frac{b-a}{n} \tag{7.7}$$

を得る．式 (7.7) の右辺を計算することで，いくつかの初等関数の定積分を計算できる (☞ 問題 7.2 (p.42))．$[F(x)]_a^b := F(b) - F(a)$ という記号を用いると

$$\int_a^b x^m dx = \left[\frac{1}{m+1}x^{m+1}\right]_a^b, \ (m = 0,1,2,\cdots), \quad \int_a^b e^x dx = [e^x]_a^b, \tag{7.8}$$

$$\int_a^b \cos x dx = [\sin x]_a^b, \quad \int_a^b \sin x dx = [-\cos x]_a^b. \tag{7.9}$$

【例題 **7.1**】　(7.8) 第 1 式において $m = 1$ としたものが成立することを示せ．

【**解**】　和の公式 $\sum_{k=1}^n k = n(n+1)/2$ を用いれば，$\int_a^b x dx = \lim_{n\to\infty} \sum_{k=1}^n \left(a + \frac{b-a}{n}k\right)\frac{b-a}{n} = \lim_{n\to\infty}\left(an + \frac{b-a}{n}\cdot\frac{n(n+1)}{2}\right)\frac{b-a}{n} = \frac{1}{2}b^2 - \frac{1}{2}a^2$. ∎

7.2　微分積分学の基本定理 I

a を実定数として

$$G(x) := \int_a^x f(t)dt \tag{7.10}$$

を $f(x)$ の **不定積分** と呼ぶ．また，$F'(x) = f(x)$ となる関数 $F(x)$ を $f(x)$ の **原始関数** という．

【補足】　高校数学では，原始関数の全体を不定積分と定義したりする．しかし，本書では，この時点で不定積分と原始関数には全く関連がないという点を強調しておきたい．

連続関数 $f(x)$ の不定積分 $G(x)$ は，$f(x)$ の原始関数の 1 つである．即ち，次が成立する．

$$G'(x) = \frac{d}{dx} \int_a^x f(t)dt = f(x). \tag{7.11}$$

式 (7.11) は**微分積分学の基本定理**といわれ，連続関数を積分してから微分すると元に戻ることを表している．

【例題 7.2】 $\displaystyle\int_0^x f(t)dt = \cosh x^2 + C$ を満たす関数 $f(x)$ と定数 C を求めよ．

【解】 与式の両辺を微分すると $f(x) = (\cosh x^2)' = 2x \sinh x^2$．また，与式に $x = 0$ を代入すると，$0 = \cosh 0 + C$．したがって，$C = -\cosh 0 = -1$．∎

> 【補足】 例題 7.2 で考えたような未知関数の積分を含む方程式を**積分方程式**という．

式 (7.11) は次のように示される．不定積分の定義 (7.10) および定積分の性質 (7.3),(7.4) を用いると

$$\frac{G(x + \Delta x) - G(x)}{\Delta x} \overset{(7.10)}{=} \frac{1}{\Delta x} \left(\int_a^{x+\Delta x} f(t)dt - \int_a^x f(t)dt \right) \overset{(7.3)(7.4)}{=} \frac{1}{\Delta x} \int_x^{x+\Delta x} f(t)dt \tag{7.12}$$

となるが，連続関数については図 7.2 のように，式 (7.12) の右辺が $f(\xi)$ と等しくなるような点 $\xi \in (x, x + \Delta x)$ が存在する．したがって，式 (7.12) で $\Delta x \to 0$ とすると，左辺は $G'(x)$ に，右辺は $f(x)$ に収束し式 (7.11) を得る．

> 【補足】 一般に，$f(x)$ が区間 $[a, b]$ で連続かつ積分可能ならば，$\frac{1}{b-a} \int_a^b f(x)dx = f(c)$ となる $c \in (a, b)$ が存在する．これを**積分の平均値の定理**という．$\frac{1}{b-a} \int_a^b f(x)dx$ を $f(x)$ の区間 $[a, b]$ における**平均値**という．

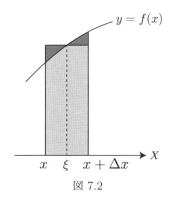

図 7.2

7.3 微分積分学の基本定理 II

式 (7.11) から，定積分 $\int_a^b f(x)dx$ は $f(x)$ の任意の原始関数 $F(x)$ を用いて

$$\int_a^b f(x)dx = [F(x)]_a^b \tag{7.13}$$

で与えられることが導かれる．式 (7.13) において，$f(x) \to f'(x), F(x) \to f(x)$ と置き換えると

$$\int_a^b f'(x)dx = [f(x)]_a^b \tag{7.14}$$

と書くこともできる．式 (7.11) と共に，式 (7.13),(7.14) も微分積分学の基本定理と呼ばれる．式 (7.13),(7.14) は微分と積分が逆操作であることを述べると同時に，リーマン和で定義された定積分 (7.2) の実践的な計算方法を与えている．

【例題 7.3】 $\displaystyle\int_0^{1/2} \frac{dx}{\sqrt{1-x^2}}$ を求めよ．

【解】 $(-\mathrm{Cos}^{-1} x)' = \frac{1}{\sqrt{1-x^2}}$ (☞ 式 (5.7) (p.31)) より $\int_0^{1/2} \frac{dx}{\sqrt{1-x^2}} = [-\mathrm{Cos}^{-1} x]_0^{1/2} = \pi/6$. ▮

式 (7.13) は次のようにして示される．$F(x)$ を $f(x)$ の任意の原始関数とすると $F'(x) = f(x)$ であるが，式 (7.11) からこの式を引くと $[G(x) - F(x)]' = 0$ を得る．微分すると恒等的に 0 となる関数は定数関数であることから，$G(x)$ と $F(x)$ には C を定数として

$$G(x) = F(x) + C \tag{7.15}$$

の関係がある．ところで，式 (7.10) から

$$G(a) = 0 \quad \overset{(7.15)}{\Rightarrow} \quad C = -F(a) \tag{7.16}$$

を得る．以上，式 (7.10),(7.15),(7.16) より

$$\int_a^b f(x)dx \overset{(7.10)}{=} G(b) \overset{(7.15)}{=} F(b) + C \overset{(7.16)}{=} F(b) - F(a).$$

こうして，式 (7.13) が得られた．

7.4 微分公式から積分公式へ

式 (7.15) からもわかるように，連続な関数 $f(x)$ に関して，不定積分 $\int_a^x f(t)dt$ と任意の原始関数 $F(x)$ には定数 C の違いしかない．そこで，不定積分と原始関数を区別せず両者を $\int f(x)dx$ と書くことにする．任意定数を加える不定性は常にあるが，それを表す定数 C は必要のない限り省略するものとする．また，ある関数の定積分・不定積分・原始関数を求めることをその関数を積分するという．

微分積分学の基本定理から，$f(x)$ を積分するには原始関数 $F(x)$ を求めればよいことがわかる．逆に言えば，与えられた関数 $F(x)$ について導関数 $F'(x) = f(x)$ を計算することで，不定積分の公式 $\int f(x)dx = F(x)$ および定積分の計算方法 $\int_a^b f(x)dx = [F(x)]_a^b$ が得られたことになる．

【例題 7.4】 次の不定積分の公式を示せ．ただし，$a > 0$ は定数とする．

$$\int \frac{1}{\sqrt{a^2 - x^2}}dx = -\mathrm{Cos}^{-1}\frac{x}{a}, \tag{7.17}$$

$$\int \frac{1}{\sqrt{a^2 - x^2}}dx = \mathrm{Sin}^{-1}\frac{x}{a}, \tag{7.18}$$

$$\int \frac{1}{a^2 + x^2}dx = \frac{1}{a}\mathrm{Tan}^{-1}\frac{x}{a}. \tag{7.19}$$

【解】 問題 5.5 (p.32) の逆三角関数の微分公式と微分積分学の基本定理から得られる． ▮

> **【補足】** より機械的に導くには次のようにする．微分公式 $\left(-\mathrm{Cos}^{-1}\frac{x}{a}\right)' = \frac{1}{\sqrt{a^2-x^2}}$ の両辺を積分し，$\int f'(x)dx = f(x)$ が成立することを用いれば
>
> $$\int \frac{1}{\sqrt{a^2 - x^2}}dx = \int \left(-\mathrm{Cos}^{-1}\frac{x}{a}\right)' dx = -\mathrm{Cos}^{-1}\frac{x}{a}.$$
>
> 本書でも以後，このように微分公式から積分公式を導くことにする．
> 式 (7.17) と式 (7.18) は同じ問題に対して異なる答えを与えているように見えるが，恒等式 (5.6) によって，両者には定数の違いしかない．
> また，不定積分の公式 (7.17)–(7.19) は，置換積分の方法で再び導かれる（☞ p.44）．

合成関数の微分法 (4.1) を用いると，微分可能な関数 $f(x)$ について次の公式が成り立つことがわかる．

$$\int f'(x)f(x)^\alpha dx = \frac{1}{\alpha + 1}f(x)^{\alpha+1},\ (\alpha \neq -1), \tag{7.20}$$

$$\int f'(x)e^{f(x)}dx = e^{f(x)},\quad \int \frac{f'(x)}{f(x)}dx = \ln|f(x)|, \tag{7.21}$$

$$\int f'(x)\cos f(x)dx = \sin f(x),\quad \int f'(x)\sin f(x)dx = -\cos f(x). \tag{7.22}$$

■ 演習問題

【問題 7.1】《理解度確認》（解答は ☞ p.187）
次の問いに答えよ．

[1] 定積分・不定積分・原始関数とは何か．また，微分積分学の基本定理とはどのような定理か．

[2] リーマン和を計算することで，$\int_a^b x^2 dx = \left[\frac{1}{3}x^3\right]_a^b$ を示せ（☞ 式 (7.8)）．

[3] $\int_\pi^x f(t)dt = \cos^2 x + C$ を満たす関数 $f(x)$ と定数 C を求めよ．

[4] 微分積分学の基本定理を用いて次の積分を求めよ.

(a) $\displaystyle\int x\sqrt[3]{x^2+1}\,dx$　　(b) $\displaystyle\int x^2\exp x^3\,dx$　　(c) $\displaystyle\int_0^1\frac{x^3}{x^4+1}\,dx$　　(d) $\displaystyle\int_0^{\pi^2}\frac{\sin\sqrt{x}}{\sqrt{x}}\,dx$

【問題 7.2】《リーマン和 ★★★》（解答は ☞ p.188）

定積分のリーマン和による表現 (7.7) について，次の問いに答えよ.

[1] $\displaystyle\int_a^b e^x\,dx=[e^x]_a^b$ を示せ（☞ 式 (7.8)）.

[2] $\displaystyle\int_a^b\cos x\,dx=[\sin x]_a^b$ を示せ（☞ 式 (7.9)）. ただし，θ を実定数として次式が成立することを用いてよい.

$$\sum_{k=1}^n\cos k\theta=\frac{\sin\frac{n\theta}{2}\cos\frac{(n+1)\theta}{2}}{\sin\frac{\theta}{2}},\quad\sum_{k=1}^n\sin k\theta=\frac{\sin\frac{n\theta}{2}\sin\frac{(n+1)\theta}{2}}{\sin\frac{\theta}{2}}.\tag{7.23}$$

【問題 7.3】《積分方程式 ★★☆》（解答は ☞ p.188）

次の積分方程式を満たす $f(x)$ を求めよ.

[1] $\displaystyle\int_0^x(x-t)f(t)\,dt=(2x-1)e^{2x}$　　　　　　[2] $\displaystyle\int_0^{x^2}f(t)\,dt=\ln(1+x^2)$

【問題 7.4】《級数の定積分による計算 ★★☆》（解答は ☞ p.189）

定積分のリーマン和による表現 (7.7) において，$a=0$，$b=1$ とすると

$$\lim_{n\to\infty}\sum_{k=1}^n f\left(\frac{k}{n}\right)\frac{1}{n}=\int_0^1 f(x)\,dx\tag{7.24}$$

が得られる. 式 (7.24) を用いると，ある種の**級数**（数列の和）を定積分として計算できる. これを利用して次の級数を求めよ.

[1] $\displaystyle\lim_{n\to\infty}\sum_{k=1}^n\frac{n}{n^2+k^2}$　　　　[2] $\displaystyle\lim_{n\to\infty}\sum_{k=1}^n\frac{k}{n^2}\exp\left(\frac{k^2}{n^2}\right)$　　　　[3] $\displaystyle\lim_{n\to\infty}\sum_{k=1}^n\frac{1}{n}\cos\frac{k\pi}{n}$

【問題 7.5】《逆双曲関数と積分 ★☆☆》（解答は ☞ p.189）

次の不定積分の公式を示せ. ただし，$a>0$ は定数である.

$$\int\frac{1}{\sqrt{x^2-a^2}}\,dx=\cosh^{-1}\frac{x}{a},\tag{7.25}$$

$$\int\frac{1}{\sqrt{x^2+a^2}}\,dx=\sinh^{-1}\frac{x}{a},\tag{7.26}$$

$$\int\frac{1}{a^2-x^2}\,dx=\frac{1}{a}\tanh^{-1}\frac{x}{a}.\tag{7.27}$$

第8章 部分積分と置換積分

8.1 部分積分

関数 $f(x), g(x)$ は微分可能で導関数は連続であるとする．積の微分法 (1.10) より

$$f'(x)g(x) = [f(x)g(x)]' - f(x)g'(x)$$

が成り立つ．両辺を積分すると（原始関数を考えると）

$$\int f'(x)g(x)dx = f(x)g(x) - \int f(x)g'(x)dx \tag{8.1}$$

を得る．式 (8.1) を**部分積分**の公式という．また，微分積分学の基本定理より定積分に関しても同様の公式が成り立つ．

$$\int_a^b f'(x)g(x)dx = [f(x)g(x)]_a^b - \int_a^b f(x)g'(x)dx. \tag{8.2}$$

部分積分は，$f'(x)g(x)$ の原始関数が不明だが $f(x)g'(x)$ の原始関数がわかる場合など，様々な場面で有効である．

逆三角関数の不定積分は部分積分を用いて次のように求められる．

$$\int \mathrm{Cos}^{-1} x\, dx = x\,\mathrm{Cos}^{-1} x - \sqrt{1-x^2}, \tag{8.3}$$

$$\int \mathrm{Sin}^{-1} x\, dx = x\,\mathrm{Sin}^{-1} x + \sqrt{1-x^2}, \tag{8.4}$$

$$\int \mathrm{Tan}^{-1} x\, dx = x\,\mathrm{Tan}^{-1} x - \frac{1}{2}\ln(1+x^2). \tag{8.5}$$

【例題 8.1】 式 (8.3) を示せ．

【解】 被積分関数に $x'=1$ が隠れていると考え，式 (8.1)において $f(x) = x$, $g(x) = \mathrm{Cos}^{-1} x$ とすれば
$\int \mathrm{Cos}^{-1} x\, dx = \int x' \mathrm{Cos}^{-1} x\, dx \overset{(8.1),(5.7)}{=} x\,\mathrm{Cos}^{-1} x - \int x\left(-\frac{1}{\sqrt{1-x^2}}\right)dx = x\,\mathrm{Cos}^{-1} x - \sqrt{1-x^2}.$ ∎

逆双曲線関数の不定積分も部分積分によって得られる．

$$\int \cosh^{-1} x dx = x \cosh^{-1} x - \sqrt{x^2 - 1}, \tag{8.6}$$

$$\int \sinh^{-1} x dx = x \sinh^{-1} x - \sqrt{1 + x^2}, \tag{8.7}$$

$$\int \tanh^{-1} x dx = x \tanh^{-1} x + \frac{1}{2} \ln(1 - x^2). \tag{8.8}$$

【例題 8.2】 式 (8.6) を示せ.

【解】 前問と同様に, $\int \cosh^{-1} x dx = \int x' \cosh^{-1} x dx \overset{(8.1),(6.17)}{=} x \cosh^{-1} x - \int x \cdot \frac{1}{\sqrt{x^2-1}} dx = x \cosh^{-1} x - \sqrt{x^2 - 1}$. ∎

8.2 置換積分

$f(x)$ の原始関数を $F(x) = \int f(x) dx$ とする. x が実変数 t の関数として $x = x(t)$ と表されたとすると, 合成関数の微分法 (4.1) より次が成立する.

$$\frac{d}{dt} F(x(t)) \overset{(4.1)}{=} F'(x) \frac{dx}{dt} = f(x(t)) \frac{dx}{dt}.$$

この式の両辺を t で積分すると

$$\int f(x) dx = \int f(x(t)) \frac{dx}{dt} dt \tag{8.9}$$

を得る. 式 (8.9) を**置換積分**という. また, 微分積分学の基本定理を用いれば, 同様の公式が定積分についても成り立つことがわかる.

$$\int_a^b f(x) dx = \int_\alpha^\beta f(x(t)) \frac{dx}{dt} dt.$$

ただし, α, β は $a = x(\alpha)$, $b = x(\beta)$ となるような t の値である. 置換積分は, $f(x)$ の原始関数は不明だが, $f(x(t)) \frac{dx}{dt}$ の原始関数がわかる場合などに有効である.

微分積分学の基本定理を用いて導いた積分公式 (7.17)–(7.19) を再掲すると

$$\int \frac{1}{\sqrt{a^2 - x^2}} dx = -\mathrm{Cos}^{-1} \frac{x}{a}, \quad [x = a \cos \theta, \, (0 \le \theta \le \pi)], \tag{8.10}$$

$$\int \frac{1}{\sqrt{a^2 - x^2}} dx = \mathrm{Sin}^{-1} \frac{x}{a}, \quad \left[x = a \sin \theta, \, \left(-\frac{\pi}{2} \le \theta \le \frac{\pi}{2}\right)\right], \tag{8.11}$$

$$\int \frac{1}{a^2 + x^2} dx = \frac{1}{a} \mathrm{Tan}^{-1} \frac{x}{a}, \quad \left[x = a \tan \theta, \, \left(-\frac{\pi}{2} < \theta < \frac{\pi}{2}\right)\right]. \tag{8.12}$$

これらは括弧内に示された置換積分によっても得られる.

【例題 8.3】 式 (8.10) を示せ.

【解】 $x = a\cos\theta, \ (0 \leq \theta \leq \pi)$ とおくと $\frac{dx}{d\theta} = -a\sin\theta$ であることを用いて, $\int \frac{1}{\sqrt{a^2-x^2}} dx \overset{(8.9)}{=}$

$\int \frac{-a\sin\theta d\theta}{\sqrt{a^2(1-\cos^2\theta)}} = -\int \frac{\sin\theta}{|\sin\theta|} d\theta = -\theta = -\cos^{-1}\frac{x}{a}$. ∎

【補足】 $\frac{dx}{d\theta} = -a\sin\theta$ という式が現れるが, これはしばしば $dx = -a\sin\theta d\theta$ と書かれる.

また, $\sqrt{\sin^2\theta} = |\sin\theta|$ という量が現れ, 絶対値を外すために $\sin\theta$ の正負が問題となるが, $0 \leq \theta \leq \pi$ と仮定してあるので $\sin\theta \geq 0$ である.

既に学んだ積分公式 (7.25)–(7.27) を再掲する.

$$\int \frac{1}{\sqrt{x^2-a^2}} dx = \cosh^{-1}\frac{x}{a}, \quad [x = a\cosh\theta, \ (\theta \geq 0)], \tag{8.13}$$

$$\int \frac{1}{\sqrt{x^2+a^2}} dx = \sinh^{-1}\frac{x}{a}, \quad [x = a\sinh\theta], \tag{8.14}$$

$$\int \frac{1}{a^2-x^2} dx = \frac{1}{a}\tanh^{-1}\frac{x}{a}, \quad [x = a\tanh\theta]. \tag{8.15}$$

これらは括弧内に示された置換積分によっても得られる.

【例題 8.4】 式 (8.13) を示せ.

【解】 $x = a\cosh\theta, \ (\theta \geq 0)$ とおくと, $dx = a\sinh\theta d\theta$ であり, $\int \frac{1}{\sqrt{x^2-a^2}} dx \overset{(8.9)}{=} \int \frac{a\sinh\theta d\theta}{\sqrt{a^2(\cosh^2\theta-1)}} \overset{(6.6)}{=}$

$\int \frac{\sinh\theta}{|\sinh\theta|} d\theta = \theta = \cosh^{-1}\frac{x}{a}$. ∎

■ 演習問題

【問題 8.1】 《理解度確認》(解答は ☞ p.189)

次の式を示せ.

  [1] $\int \sin^{-1} x dx = x\sin^{-1} x + \sqrt{1-x^2}$ (☞ 式 (8.4))
  [2] $\int \tanh^{-1} x dx = x\tanh^{-1} x + \frac{1}{2}\ln(1-x^2)$ (☞ 式 (8.8))
  [3] $\int \frac{1}{a^2+x^2} dx = \frac{1}{a}\tan^{-1}\frac{x}{a}$ (☞ 式 (8.12))
  [4] $\int \frac{1}{\sqrt{x^2+a^2}} dx = \sinh^{-1}\frac{x}{a}$ (☞ 式 (8.14))

【問題 8.2】 《指数関数と三角関数の積 ★☆☆》(解答は ☞ p.189)

$a \ (\neq 0), b$ を定数として次を示せ.

$$\int e^{ax}\cos bx dx = \frac{e^{ax}}{a^2+b^2}(a\cos bx + b\sin bx), \quad \int e^{ax}\sin bx dx = \frac{e^{ax}}{a^2+b^2}(-b\cos bx + a\sin bx).$$

【問題 8.3】 《無理関数 ★★★》(解答は ☞ p.190)

次の積分公式を括弧内に示された置換積分により示せ. ただし, $a > 0$ とする.

$$\int \sqrt{a^2 - x^2}\,dx = \frac{1}{2}\left(x\sqrt{a^2 - x^2} - a^2 \operatorname{Cos}^{-1}\frac{x}{a} \right), \quad [x = a\cos\theta, \ (0 \le \theta \le \pi)], \tag{8.16}$$

$$\int \sqrt{x^2 - a^2}\,dx = \frac{1}{2}\left(x\sqrt{x^2 - a^2} - a^2 \cosh^{-1}\frac{x}{a} \right), \quad [x = a\cosh\theta, \ (\theta \ge 0)], \tag{8.17}$$

$$\int \sqrt{x^2 + a^2}\,dx = \frac{1}{2}\left(x\sqrt{x^2 + a^2} + a^2 \sinh^{-1}\frac{x}{a} \right), \quad [x = a\sinh\theta]. \tag{8.18}$$

【問題 8.4】《有理関数の積分と漸化式 ★★☆》（解答は ☞ p.190）

不定積分

$$Q_n(x, a) = \int \frac{1}{(x^2 + a^2)^n}\,dx, \quad n = 1, 2, \cdots$$

について次の問いに答えよ. ただし, a は正の定数とする.

　[1] 次式が成立することを示せ.

$$Q_{n+1}(x, a) = \frac{1}{2na^2}\left[\frac{x}{(x^2 + a^2)^n} + (2n - 1)Q_n(x, a) \right], \quad n = 1, 2, \cdots.$$

　[2] $Q_2(x, a)$ を求めよ.

【問題 8.5】《ウォリス積分 ★★☆》（解答は ☞ p.190）

次のように定積分で定義される数列 $\{C_n\}, \{S_n\}$ を考える.

$$C_n := \int_0^{\frac{\pi}{2}} \cos^n x\,dx, \quad S_n := \int_0^{\frac{\pi}{2}} \sin^n x\,dx, \quad n = 0, 1, 2, \cdots.$$

これらは**ウォリス積分**と呼ばれる. 次の問いに答えよ.

　[1] $C_n = S_n$, $(n = 0, 1, 2, \cdots)$ を示せ.
　[2] $C_n = \frac{n-1}{n}C_{n-2}$, $(n = 2, 3, \cdots)$ を示せ.
　[3] C_0, C_1 を求めよ.
　[4] $n = 2, 3, \cdots$ のとき, 一般項は次式で与えられることを示せ.

$$C_n = S_n = \begin{cases} \dfrac{n-1}{n} \cdot \dfrac{n-3}{n-2} \cdots \dfrac{3}{4} \cdot \dfrac{1}{2} \cdot \dfrac{\pi}{2} & (n : 偶数) \\[2mm] \dfrac{n-1}{n} \cdot \dfrac{n-3}{n-2} \cdots \dfrac{4}{5} \cdot \dfrac{2}{3} & (n : 奇数) \end{cases}. \tag{8.19}$$

【問題 8.6】《三角関数の有理関数 ★★☆》（解答は ☞ p.191）

$\cos x, \sin x$ の有理関数の積分は, $t = \tan\frac{x}{2}$ と置換することで t に関する有理関数の積分に帰着する. 次の問いに答えよ.

　[1] $t = \tan\frac{x}{2}$ すると, 次が成立することを示せ.

$$\cos x = \frac{1 - t^2}{1 + t^2}, \quad \sin x = \frac{2t}{1 + t^2}, \quad \frac{dx}{dt} = \frac{2}{1 + t^2}.$$

　[2] $\displaystyle\int \frac{1}{5 + 4\sin x}\,dx$ を求めよ.

第 9 章　ベクトルの微分積分

9.1　微分

x, y, z 成分がそれぞれパラメータ（媒介変数）$t \in \mathbb{R}$ の関数であるベクトル $\boldsymbol{A}(t) = A_x(t)\boldsymbol{i} + A_y(t)\boldsymbol{j} + A_z(t)\boldsymbol{k}$ をベクトル関数という．$\boldsymbol{A}(t)$ の始点を原点に固定し，終点の軌跡をたどるとそれは曲線になる（☞ 図 9.1）．その曲線 $C(t)$ を $\boldsymbol{A}(t)$ のホドグラフと呼ぶ．

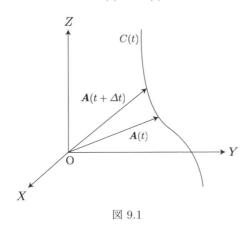

図 9.1

$\boldsymbol{A}(t)$ の導関数は，パラメータが t から $t + \Delta t$ へ変化したときの $\boldsymbol{A}$ の変化率 $\frac{\boldsymbol{A}(t+\Delta t)-\boldsymbol{A}(t)}{\Delta t}$ の極限 $\Delta t \to 0$ で定義される．

$$
\begin{aligned}
\boldsymbol{A}'(t) &:= \lim_{\Delta t \to 0} \frac{\boldsymbol{A}(t + \Delta t) - \boldsymbol{A}(t)}{\Delta t} \\
&= \lim_{\Delta t \to 0} \frac{A_x(t + \Delta t) - A_x(t)}{\Delta t}\boldsymbol{i} + \lim_{\Delta t \to 0} \frac{A_y(t + \Delta t) - A_y(t)}{\Delta t}\boldsymbol{j} + \lim_{\Delta t \to 0} \frac{A_z(t + \Delta t) - A_z(t)}{\Delta t}\boldsymbol{k} \\
&= A_x'(t)\boldsymbol{i} + A_y'(t)\boldsymbol{j} + A_z'(t)\boldsymbol{k}.
\end{aligned}
\tag{9.1}
$$

式 (9.1) からわかるように，ベクトル関数の微分は成分を微分すればよい．$\boldsymbol{A}'(t)$ は $C(t)$ 上の各点で $C(t)$ に接する**接ベクトル**である．

【補足】　ベクトルを微分するとき，成分だけ微分すればよいのは基底ベクトル $\boldsymbol{i}, \boldsymbol{j}, \boldsymbol{k}$ が定ベクトルだからである．極座標など基底ベクトルが定ベクトルでない座標では，基底ベクトルの微分も考慮しなければならない（☞ 問題 9.6 (p.51)）．

任意の定数 α, β, 微分可能な関数 $\varphi(t)$, ベクトル関数 $\boldsymbol{A}(t), \boldsymbol{B}(t)$ について次が成り立つ（☞ 問題 9.2 (p.50)）.

$$(\alpha\boldsymbol{A} + \beta\boldsymbol{B})' = \alpha\boldsymbol{A}' + \beta\boldsymbol{B}', \tag{9.2}$$

$$(\varphi\boldsymbol{A})' = \varphi'\boldsymbol{A} + \varphi\boldsymbol{A}', \tag{9.3}$$

$$(\boldsymbol{A} \cdot \boldsymbol{B})' = \boldsymbol{A}' \cdot \boldsymbol{B} + \boldsymbol{A} \cdot \boldsymbol{B}', \tag{9.4}$$

$$(\boldsymbol{A} \times \boldsymbol{B})' = \boldsymbol{A}' \times \boldsymbol{B} + \boldsymbol{A} \times \boldsymbol{B}'. \tag{9.5}$$

また, 定ベクトル $\boldsymbol{\alpha}$ については $\boldsymbol{\alpha}' = \boldsymbol{0}$ が成立する. 式 (9.3)–(9.5) は積の微分法（ライプニッツ則）(1.10) のベクトル版である.

【例題 9.1】 式 (9.3) を示せ.

【解】 ベクトルの微分は成分の微分であるから, $(\varphi\boldsymbol{A})' \overset{(9.1)}{=} (\varphi A_x)'\boldsymbol{i} + (\varphi A_y)'\boldsymbol{j} + (\varphi A_z)'\boldsymbol{k} \overset{(4.1)}{=} (\varphi' A_x + \varphi A_x')\boldsymbol{i} + (\varphi' A_y + \varphi A_y')\boldsymbol{j} + (\varphi' A_z + \varphi A_z')\boldsymbol{k} = \varphi'\boldsymbol{A} + \varphi\boldsymbol{A}'$. ∎

【例題 9.2】 $\boldsymbol{A}(t) = t\boldsymbol{i} + t^2\boldsymbol{j}, \boldsymbol{B}(t) = \cos t\boldsymbol{i} + \sin t\boldsymbol{j}$ について, $\boldsymbol{A}, \boldsymbol{B}$ のホドグラフはどのような曲線か. また, $(\boldsymbol{A} \cdot \boldsymbol{B})', (\boldsymbol{A} \times \boldsymbol{B})'$ を求めよ.

【解】 $\boldsymbol{A}, \boldsymbol{B}$ のホドグラフはそれぞれ xy 平面上の放物線 $y = x^2$, 単位円 $x^2 + y^2 = 1$ である. $(\boldsymbol{A} \cdot \boldsymbol{B})' \overset{(2.10)}{=} (t\cos t + t^2 \sin t)' = (1+t^2)\cos t + t\sin t$. また, $(\boldsymbol{A} \times \boldsymbol{B})' \overset{(2.16)}{=} [(t\sin t - t^2\cos t)\boldsymbol{k}]' \overset{(9.1)}{=} [(1+t^2)\sin t - t\cos t]\boldsymbol{k}$（式 (9.4), (9.5) の右辺を用いて計算してもよい）. ∎

● 速度・加速度

パラメータ t が時間を表し, 始点が原点に固定されたベクトル関数 $\boldsymbol{r}(t) = x(t)\boldsymbol{i} + y(t)\boldsymbol{j} + z(t)\boldsymbol{k}$ の成分を動点の位置座標と見なしたとき, $\boldsymbol{r}(t)$ を**位置ベクトル**, $\boldsymbol{v}(t) = \boldsymbol{r}'(t)$ を**速度**, $\boldsymbol{a}(t) = \boldsymbol{v}'(t) = \boldsymbol{r}''(t)$ を**加速度**という. 速度のノルム $\|\boldsymbol{v}(t)\|$ を**速さ**という.

【例題 9.3】 A, ω, v_0 を正の定数として, 位置ベクトルが $\boldsymbol{r}(t) = A\cos\omega t\boldsymbol{i} + A\sin\omega t\boldsymbol{i} + v_0 t\boldsymbol{k}$ で与えられる点の運動を考える. $\boldsymbol{r}(t)$ の軌跡はどのような曲線か. また, 速度 $\boldsymbol{v}(t)$ と加速度 $\boldsymbol{a}(t)$ およびそれらのノルムを求めよ.

【解】 軌跡は xy 平面上の円運動に z 軸方向への**等速直線運動**を重ね合わせた**螺旋運動**となる（☞ 図 9.2）. 速度と加速度はそれぞれ $\boldsymbol{v}(t) = \boldsymbol{r}'(t) = -A\omega\sin\omega t\boldsymbol{i} + A\omega\cos\omega t\boldsymbol{j} + v_0\boldsymbol{k}$, $\boldsymbol{a}(t) = \boldsymbol{v}'(t) = -A\omega^2\cos\omega t\boldsymbol{i} - A\omega^2\sin\omega t\boldsymbol{j}$. それらのノルムは $\|\boldsymbol{v}(t)\| = \sqrt{A^2\omega^2 + v_0^2}, \|\boldsymbol{a}(t)\| = A\omega^2$. ∎

9.2　積分

連続なベクトル関数 $\boldsymbol{A}(t), t \in [a, b]$ を考える. $t_0 := a, t_n := b$ として, 区間 $[a, b]$ を n 個の小区間 $[t_{k-1}, t_k], (k = 1, 2, \cdots, n)$ に分割し, 次のようなリーマン和を考える.

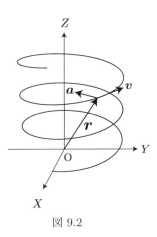

図 9.2

$$\boldsymbol{S}_n := \sum_{k=1}^{n} \boldsymbol{A}(\xi_k)\Delta t_k, \quad \xi_k \in [t_{k-1}, t_k], \quad \Delta t_k := t_k - t_{k-1}.$$

分割の仕方や ξ_k の選び方によらず，$n \to \infty$ の極限において $\boldsymbol{S}_n$ があるベクトルに収束するとき

$$\int_a^b \boldsymbol{A}(t)dt := \lim_{n \to \infty} \boldsymbol{S}_n \tag{9.6}$$

と書き，これを $\boldsymbol{A}(t)$ の $[a, b]$ での定積分という．$\boldsymbol{A}(t) = A_x(t)\boldsymbol{i} + A_y(t)\boldsymbol{j} + A_z(t)\boldsymbol{k}$ について

$$\int_a^b \boldsymbol{A}(t)dt = \int_a^b A_x(t)dt\boldsymbol{i} + \int_a^b A_y(t)dt\boldsymbol{j} + \int_a^b A_z(t)dt\boldsymbol{k} \tag{9.7}$$

が成り立つ．即ち，ベクトル関数の積分は成分を積分すればよい（微分 (9.1) のときと同様，これが正しいのも基底ベクトルが定ベクトルのときに限る）．

任意の定数 α, β と，連続なベクトル関数 $\boldsymbol{A}(t), \boldsymbol{B}(t)$ と関数 $\varphi(t), \psi(t)$，定ベクトル $\boldsymbol{\alpha}, \boldsymbol{\beta}$ について次が成り立つ（☞ 問題 9.2 (p.50)）．

$$\int_a^b (\alpha\boldsymbol{A} + \beta\boldsymbol{B})dt = \alpha \int_a^b \boldsymbol{A}dt + \beta \int_a^b \boldsymbol{B}dt, \tag{9.8}$$

$$\int_a^b (\boldsymbol{\alpha}\varphi + \boldsymbol{\beta}\psi)dt = \boldsymbol{\alpha} \int_a^b \varphi dt + \boldsymbol{\beta} \int_a^b \psi dt, \tag{9.9}$$

$$\int_a^b \boldsymbol{\alpha} \cdot \boldsymbol{A}dt = \boldsymbol{\alpha} \cdot \int_a^b \boldsymbol{A}dt, \tag{9.10}$$

$$\int_a^b \boldsymbol{\alpha} \times \boldsymbol{A}dt = \boldsymbol{\alpha} \times \int_a^b \boldsymbol{A}dt. \tag{9.11}$$

【例題 9.4】 式 (9.10) を示せ．

【解】 $\boldsymbol{\alpha} = \alpha_x\boldsymbol{i} + \alpha_y\boldsymbol{j} + \alpha_z\boldsymbol{k}$ として，内積の成分表示 (2.10) を用いると，$\int_a^b \boldsymbol{\alpha} \cdot \boldsymbol{A}dt \overset{(2.10)}{=} \int_a^b (\alpha_x A_x + \alpha_y A_y + \alpha_z A_z)dt = \alpha_x \int_a^b A_x dt + \alpha_y \int_a^b A_y dt + \alpha_z \int_a^b A_z dt \overset{(2.10)}{=} \boldsymbol{\alpha} \cdot \int_a^b \boldsymbol{A}dt.$ ∎

● 微分積分学の基本定理

ベクトル関数 $\boldsymbol{A}(t)$ の不定積分 $\boldsymbol{G}(t) := \int_a^t \boldsymbol{A}(\tau)d\tau$, 任意の原始関数 $\boldsymbol{F}(t)$（つまり，$\boldsymbol{F}'(t) = \boldsymbol{A}(t)$）に対して，微分積分学の基本定理

$$\boldsymbol{G}'(t) = \frac{d}{dt}\int_a^t \boldsymbol{A}(\tau)d\tau = \boldsymbol{A}(t), \qquad \int_a^b \boldsymbol{A}(t)dt = \left[\boldsymbol{F}(t)\right]_a^b \tag{9.12}$$

が成立する．したがって，積分可能なベクトル関数に関しては，不定積分と原始関数は定ベクトルを加える違いしかなく，両者を区別せず $\int \boldsymbol{A}(t)dt$ と書く．

【例題 9.5】　$\boldsymbol{A}(t) = t\boldsymbol{i} + t^2\boldsymbol{j}$, $\boldsymbol{B}(t) = \cos t\boldsymbol{i} + \sin t\boldsymbol{j}$, $\boldsymbol{\alpha} = 2\boldsymbol{i} + 3\boldsymbol{j}$ について，次の量を求めよ．

[1] $\int_0^1 \boldsymbol{A}dt$ 　　　　　　　　[2] $\int_0^1 \boldsymbol{\alpha}\cdot\boldsymbol{A}dt$ 　　　　　　　[3] $\int_0^\pi \boldsymbol{A}\times\boldsymbol{B}dt$

【解】　[1] $\int_0^1 \boldsymbol{A}dt = \int_0^1 (t\boldsymbol{i} + t^2\boldsymbol{j})dt \overset{(9.7)}{=} [\frac{1}{2}t^2]_0^1\boldsymbol{i} + [\frac{1}{3}t^3]_0^1\boldsymbol{j} = \frac{1}{2}\boldsymbol{i} + \frac{1}{3}\boldsymbol{j}$. [2] $\int_0^1 \boldsymbol{\alpha}\cdot\boldsymbol{A}dt \overset{(9.10)}{=} \boldsymbol{\alpha}\cdot\int_0^1 \boldsymbol{A}dt = 2\cdot\frac{1}{2} + 3\cdot\frac{1}{3} = 2$. [3] $\int_0^\pi \boldsymbol{A}\times\boldsymbol{B}dt \overset{(2.16)}{=} \int_0^\pi (t\sin t - t^2\cos t)dt\boldsymbol{k} \overset{(8.2)}{=} 3\pi\boldsymbol{k}$. ∎

【例題 9.6】　加速度が $\boldsymbol{a}(t) = -\cos t\boldsymbol{i} - \sin t\boldsymbol{j}$, 初速度が $\boldsymbol{v}(0) = \boldsymbol{j} + \boldsymbol{k}$, 初期位置が $\boldsymbol{r}(0) = \boldsymbol{i}$ で与えられる点について，次の量を求めよ．

[1] 速度 $\boldsymbol{v}(t)$ 　　　　　　　　　　　　[2] 位置ベクトル $\boldsymbol{r}(t)$

【解】　[1] $\boldsymbol{v}(t) = \int \boldsymbol{a}(t)dt = \int(-\cos t\boldsymbol{i} - \sin t\boldsymbol{j})dt = -\sin t\boldsymbol{i} + \cos t\boldsymbol{j} + \boldsymbol{C}$. ここで，$\boldsymbol{C}$ は定ベクトル（積分定数）．$\boldsymbol{v}(0) = \boldsymbol{j} + \boldsymbol{C} = \boldsymbol{j} + \boldsymbol{k}$ より，$\boldsymbol{C} = \boldsymbol{k}$. [2] $\boldsymbol{r}(t) = \int \boldsymbol{v}(t)dt = \int(-\sin t\boldsymbol{i} + \cos t\boldsymbol{j} + \boldsymbol{k})dt = \cos t\boldsymbol{i} + \sin t\boldsymbol{j} + t\boldsymbol{k} + \boldsymbol{D}$. ここで，$\boldsymbol{D}$ は定ベクトル．$\boldsymbol{r}(0) = \boldsymbol{i} + \boldsymbol{D} = \boldsymbol{i}$ より，$\boldsymbol{D} = \boldsymbol{0}$. ∎[*1]

▓ 演習問題 ▓

【問題 9.1】《理解度確認》（解答は ☞ p.191）

$\boldsymbol{A}(t) = \boldsymbol{i} + t\boldsymbol{j} + t^2\boldsymbol{k}$, $\boldsymbol{B}(t) = \cos t\boldsymbol{i} + \sin t\boldsymbol{j}$, $\boldsymbol{\alpha} = \boldsymbol{i} + 2\boldsymbol{j}$ について，次の問いに答えよ．

[1] $\boldsymbol{A}, \boldsymbol{B}$ のホドグラフはどのような曲線か．

[2] $\boldsymbol{A}'(t), \boldsymbol{B}'(t)$ を求めよ．

[3] $(\boldsymbol{A}\times\boldsymbol{B})' = \boldsymbol{A}'\times\boldsymbol{B} + \boldsymbol{A}\times\boldsymbol{B}'$ の成立を確かめよ．

[4] $\int_0^\pi \boldsymbol{\alpha}\times\boldsymbol{B}dt = \boldsymbol{\alpha}\times\int_0^\pi \boldsymbol{B}dt$ の成立を確かめよ．

【問題 9.2】《微分積分の性質 ★☆☆》（解答は ☞ p.191）

次を証明せよ．

[1] $(\boldsymbol{A}\cdot\boldsymbol{B})' = \boldsymbol{A}'\cdot\boldsymbol{B} + \boldsymbol{A}\cdot\boldsymbol{B}'$ （☞ 式 (9.4)）

[2] $(\boldsymbol{A}\times\boldsymbol{B})' = \boldsymbol{A}'\times\boldsymbol{B} + \boldsymbol{A}\times\boldsymbol{B}'$ （☞ 式 (9.5)）

[3] $\int_a^b \boldsymbol{\alpha}\times\boldsymbol{A}dt = \boldsymbol{\alpha}\times\int_a^b \boldsymbol{A}dt$ （☞ 式 (9.11)）

[*1] この運動は例題 9.3 の螺旋運動において，$A = \omega = v_0 = 1$ としたものである．

【問題 9.3】《等加速度運動 ★★☆》（解答は ☞ p.192）

$\boldsymbol{a}_0, \boldsymbol{v}_0, \boldsymbol{r}_0$ を定ベクトルとする．加速度が $\boldsymbol{a}(t) = \boldsymbol{a}_0$，$t = 0$ における速度と位置ベクトルがそれぞれ $\boldsymbol{v}(0) = \boldsymbol{v}_0, \boldsymbol{r}(0) = \boldsymbol{r}_0$ で与えられる**等加速度運動**を考える．次の問いに答えよ．

- [1] 速度は $\boldsymbol{v}(t) = t\boldsymbol{a}_0 + \boldsymbol{v}_0$ で与えられることを示せ．
- [2] 位置ベクトルは $\boldsymbol{r}(t) = \frac{1}{2}t^2\boldsymbol{a}_0 + t\boldsymbol{v}_0 + \boldsymbol{r}_0$ で与えられることを示せ．
- [3] v_0, θ, g を定数として，$\boldsymbol{a}_0 = -g\boldsymbol{k}, \boldsymbol{v}_0 = v_0\cos\theta\boldsymbol{j} + v_0\sin\theta\boldsymbol{k}, \boldsymbol{r}_0 = \boldsymbol{0}$ のとき，位置ベクトル $\boldsymbol{r}(t)$ の成分 $x(t), y(t), z(t)$ を求めよ．また，位置ベクトルの軌跡（ホドグラフ）はどのような曲線か．

【問題 9.4】《積の微分法と部分積分 ★☆☆》（解答は ☞ p.192）

ベクトル関数 $\boldsymbol{A}(t), \boldsymbol{B}(t)$ と関数 $\varphi(t)$ について，次が成立することを示せ．

- [1] $(\boldsymbol{A} \cdot \boldsymbol{A})' = 2\boldsymbol{A} \cdot \boldsymbol{A}'$
- [2] $\|\boldsymbol{A}\|' = \frac{\boldsymbol{A} \cdot \boldsymbol{A}'}{\|\boldsymbol{A}\|}$
- [3] $\boldsymbol{A} \cdot \boldsymbol{A}' = 0$ ならば $\|\boldsymbol{A}\|$ は定数．
- [4] $\boldsymbol{A} \times \boldsymbol{A}' = \boldsymbol{0}$ ならば $\frac{\boldsymbol{A}}{\|\boldsymbol{A}\|}$ は定ベクトル．
- [5] $\int \varphi' \boldsymbol{A} dt = \varphi\boldsymbol{A} - \int \varphi\boldsymbol{A}' dt$
- [6] $\int \varphi \boldsymbol{A}' dt = \varphi\boldsymbol{A} - \int \varphi'\boldsymbol{A} dt$
- [7] $\int \boldsymbol{A} \cdot \boldsymbol{B}' dt = \boldsymbol{A} \cdot \boldsymbol{B} - \int \boldsymbol{A}' \cdot \boldsymbol{B} dt$
- [8] $\int \boldsymbol{A} \times \boldsymbol{B}' dt = \boldsymbol{A} \times \boldsymbol{B} - \int \boldsymbol{A}' \times \boldsymbol{B} dt$

【問題 9.5】《運動方程式と保存則 ★★☆》（解答は ☞ p.192）

質量 m の質点に外力 $\boldsymbol{F}(t)$ が働くとき，質点の運動は**ニュートンの運動方程式** $m\boldsymbol{a}(t) = \boldsymbol{F}(t)$ に従う．t_1, t_2 を定数として，次の法則を導け．

- [1] 運動量 $m\boldsymbol{v}$ の増分は外力が与えた**力積** $\int \boldsymbol{F} dt$ に等しい，

$$m\boldsymbol{v}(t_2) - m\boldsymbol{v}(t_1) = \int_{t_1}^{t_2} \boldsymbol{F} dt. \tag{9.13}$$

- [2] 運動エネルギー $\frac{1}{2}m\boldsymbol{v}^2$ の増分は外力がした**仕事** $\int \boldsymbol{F} \cdot \boldsymbol{v} dt$ に等しい，

$$\frac{1}{2}m\boldsymbol{v}(t_2)^2 - \frac{1}{2}m\boldsymbol{v}(t_1)^2 = \int_{t_1}^{t_2} \boldsymbol{F} \cdot \boldsymbol{v} dt.$$

- [3] 角運動量 $\boldsymbol{L} = \boldsymbol{r} \times (m\boldsymbol{v})$ の時間変化率は外力のトルク $\boldsymbol{r} \times \boldsymbol{F}$ に等しい，$\boldsymbol{L}' = \boldsymbol{r} \times \boldsymbol{F}$．

【問題 9.6】《極座標と速度・加速度 ★★☆》（解答は ☞ p.192）

極座標 (r, θ) において，θ を固定し r が増加する方向の単位ベクトルを $\boldsymbol{e}_r$，r を固定し θ が増加する方向の単位ベクトルを $\boldsymbol{e}_\theta$ とする（☞ 図 9.3）．次の問いに答えよ．

- [1] デカルト座標 $(x, y) = (r\cos\theta, r\sin\theta)$ における単位ベクトル $\boldsymbol{i}, \boldsymbol{j}$ と次のような関係にあることを示せ．

$$\boldsymbol{e}_r = \cos\theta\boldsymbol{i} + \sin\theta\boldsymbol{j}, \quad \boldsymbol{e}_\theta = -\sin\theta\boldsymbol{i} + \cos\theta\boldsymbol{j}. \tag{9.14}$$

- [2] 位置を $(r(t), \theta(t))$ で表したとき，$\boldsymbol{e}_r' = \theta'\boldsymbol{e}_\theta, \boldsymbol{e}_\theta' = -\theta'\boldsymbol{e}_r$ となることを示せ．
- [3] 位置ベクトルは $\boldsymbol{r}(t) = r(t)\boldsymbol{e}_r$ と表すことができる．これを用いて，速度と加速度は次のように与えられることを示せ．

$$\boldsymbol{v}(t) = r'\boldsymbol{e}_r + r\theta'\boldsymbol{e}_\theta, \quad \boldsymbol{a}(t) = (r'' - r\theta'^2)\boldsymbol{e}_r + \frac{1}{r}\left(r^2\theta'\right)'\boldsymbol{e}_\theta.$$

II

1 変数の微分積分

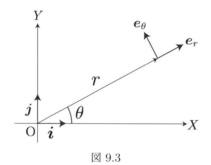

図 9.3

第 10 章　ロピタルの定理

10.1　平均値の定理

関数 $f(x)$ が $[a,b]$ で連続, (a,b) で微分可能のとき

$$\frac{f(b) - f(a)}{b - a} = f'(c), \quad a < c < b \tag{10.1}$$

となる c が少なくとも 1 つ存在する (☞ 図 10.1). これをラグランジュの平均値の定理という (証明 ☞ 問題 10.5 (p.57)).

【例題 10.1】 $f(x) = x^2$, $a = 0$, $b = 10$ のとき, 式 (10.1) における c を求めよ.

【解】 $f'(x) = 2x$ より, $\frac{f(10) - f(0)}{10 - 0} = \frac{10^2}{10} = 10 = 2c$. よって, $c = 5$. ∎

【補足】 任意の 2 次関数と任意の点 a, b に対して, $c = \frac{a+b}{2}$ (中点) となることを示すことができる. これは放物線の特徴である.

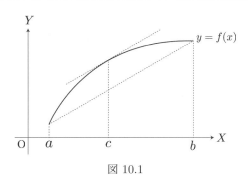

図 10.1

2 つの関数 $f(t), g(t)$ が t の区間 $[a,b]$ で連続, (a,b) で微分可能, また, (a,b) で $f'(t) \neq 0$ とする. このとき

$$\frac{g(b) - g(a)}{f(b) - f(a)} = \frac{g'(c)}{f'(c)}, \quad a < c < b \tag{10.2}$$

となる c が少なくとも 1 つ存在する. これをコーシーの平均値の定理という. 式 (10.2) は, パラメータ表示された曲線 $(x, y) = (f(t), g(t))$, $a \leq t \leq b$ における, 曲線の端点 $(f(a), g(a))$ と

$(f(b), g(b))$ を結ぶ線分の傾きと，$(f(c), g(c))$ における接線の傾き

$$\frac{dy}{dx} \overset{(4.1)}{=} \frac{dy}{dt}\frac{dt}{dx} \overset{(4.3)}{=} \frac{\frac{dy}{dt}}{\frac{dx}{dt}} = \frac{g'(t)}{f'(t)}$$

が等しいことを表している（☞ 図 10.2）.

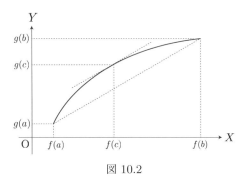

図 10.2

【例題 10.2】 $f(t) = 3\cos t$, $g(t) = 2\sin t$, $a = 0, b = \frac{\pi}{2}$ のとき，式 (10.2) における c を求めよ.

【解】 $f'(t) = -3\sin t$, $g'(t) = 2\cos t$ より，$\frac{g(\pi/2)-g(0)}{f(\pi/2)-f(0)} = \frac{2\sin(\pi/2)-2\sin 0}{3\cos(\pi/2)-3\cos 0} = \frac{2\cos c}{-3\sin c}$. よって，$\tan c = 1$ であるから $c = \frac{\pi}{4}$. ∎

> **【補足】** 例題 10.2 は，楕円 $(x/3)^2 + (y/2)^2 = 1$ 上の 2 点 $(3, 0), (0, 2)$ を結ぶ直線の傾きと楕円上の点 $\left(\frac{3}{\sqrt{2}}, \frac{2}{\sqrt{2}}\right)$ における接線の傾きが等しくなることに対応している.

コーシーの平均値の定理 (10.2) は次のように示される．ラグランジュの平均値の定理 (10.1) より $f(b) - f(a) = (b - a)f'(d)$ となる $d \in (a, b)$ が存在する．仮定より $f'(d) \neq 0$ なので $f(b) - f(a) \neq 0$. これより

$$F(x) := g(b) - g(x) - \frac{g(b) - g(a)}{f(b) - f(a)}[f(b) - f(x)]$$

が定義できるが，明らかにこの $F(x)$ は $[a, b]$ で連続，(a, b) で微分可能であり，$F(a) = F(b) = 0$ が成り立つ．よって

$$F'(x) = -g'(x) + \frac{g(b) - g(a)}{f(b) - f(a)}f'(x) \tag{10.3}$$

に注意して，$F(x)$ にラグランジュの平均値の定理 (10.1) を適用すると

$$F'(c) = \frac{F(b) - F(a)}{b - a} = 0, \quad a < c < b \tag{10.4}$$

となる c が少なくとも 1 つ存在する．式 (10.4) における $F'(c)$ を式 (10.3) を用いて書き直すと式 (10.2) が得られる.

10.2 ロピタルの定理

$f(x), g(x)$ が $x = a$ の近くで定義されており，微分可能だとする．このとき，$\lim_{x \to a} f(x) = \lim_{x \to a} g(x) = 0$ ならば

$$\lim_{x \to a} \frac{g(x)}{f(x)} = \lim_{x \to a} \frac{g'(x)}{f'(x)} \tag{10.5}$$

が成立する．これを**ロピタルの定理**という．式 (10.5) の左辺のように $\frac{0}{0}$ となり，一見して極限が定まらない極限を $\frac{0}{0}$ 型の**不定形**の極限という．$a = \pm\infty$ のとき，片側極限 ($x \to a \pm 0$)，$\frac{\infty}{\infty}$ 型の不定形の極限にも式 (10.5) と同様の定理が存在する．ただし，式 (10.5) 右辺の極限が存在しない場合には式 (10.5) は成立しないことに注意が必要である（☞ 問題 10.2）．

【例題 10.3】 次の極限を求めよ．ただし，α は正の定数とする．

[1] $\displaystyle \lim_{x \to 0} \frac{x - \sin x}{x^3}$ [2] $\displaystyle \lim_{x \to \infty} \frac{\ln x}{x}$ [3] $\displaystyle \lim_{x \to +0} x^\alpha \ln x$ [4] $\displaystyle \lim_{x \to +\infty} x^{\frac{1}{x}}$

【解】

[1] $\frac{0}{0}$ 型の不定形である．ロピタルの定理 (10.5) を 2 度用いて

$$\lim_{x \to 0} \frac{x - \sin x}{x^3} \overset{(10.5)}{=} \lim_{x \to 0} \frac{1 - \cos x}{3x^2} \overset{(10.5)}{=} \lim_{x \to 0} \frac{\sin x}{6x} \overset{(1.32)}{=} \frac{1}{6}.$$

[2] $\frac{\infty}{\infty}$ 型の不定形である．ロピタルの定理 (10.5) を用いて

$$\lim_{x \to \infty} \frac{\ln x}{x} \overset{(10.5)}{=} \lim_{x \to \infty} \frac{1/x}{1} = 0. \tag{10.6}$$

> **【補足】** この結果は，$x \to \infty$ において，$\ln x$ より x の方が強く発散することを表しており記憶に値する．また，$\ln x = y$ とおくと
>
> $$\lim_{x \to \infty} \frac{\ln x}{x} = \lim_{y \to \infty} \frac{y}{e^y} \overset{(10.5)}{=} \lim_{y \to \infty} \frac{1}{e^y} = 0.$$
>
> これは，$y \to \infty$ において，y より e^y の方が強く発散することを表している．

[3] $0 \times \infty$ 型の不定形である．この型は，$\frac{\infty}{\infty}$ 型または $\frac{0}{0}$ 型に変形してからロピタルの定理を適用する．

$$\lim_{x \to +0} x^\alpha \ln x = \lim_{x \to +0} \frac{\ln x}{x^{-\alpha}} \overset{(10.5)}{=} \lim_{x \to +0} \frac{1/x}{-\alpha x^{-\alpha-1}} = -\frac{1}{\alpha} \lim_{x \to +0} x^\alpha = 0. \tag{10.7}$$

> **【補足】** この結果は，$\ln x = -y$ とおくことで次のように求めることもできる．
>
> $$\lim_{x \to +0} x^\alpha \ln x = -\lim_{y \to \infty} \frac{y}{e^{\alpha y}} \overset{(10.5)}{=} -\lim_{y \to \infty} \frac{1}{\alpha e^{\alpha y}} = 0. \tag{10.8}$$

[4] ∞^0 型の不定形である. このような ∞^0 型や, 0^0 型, 1^∞ 型の指数が関係してくる不定形は, 対数をとることで $\frac{0}{0}$ 型もしくは $\frac{\infty}{\infty}$ 型に帰着させられることが多い.

$$\ln \lim_{x \to +\infty} x^{1/x} = \lim_{x \to +\infty} \ln x^{1/x} \overset{(1.17)}{=} \lim_{x \to +\infty} \frac{\ln x}{x} \overset{(10.6)}{=} 0.$$

よって, $\displaystyle \lim_{x \to +\infty} x^{1/x} = 1.$ ∎

> 【補足】 $\ln$ と $\lim$ の順序を交換しているが, これは対数関数が連続であるから許される操作である. 一般に, 関数 $f(x)$ が連続なら, $\displaystyle \lim_{x \to a} f(x) \overset{(1.4)}{=} f(a) = f\left(\lim_{x \to a} x\right)$ となり, f と $\lim$ の順序を交換できる.

ロピタルの定理はコーシーの平均値の定理から導かれる. $f(a) = g(a) = 0$ とする. $x > a$ のとき, コーシーの平均値の定理 (10.2) より

$$\frac{g(x)}{f(x)} = \frac{g(x) - g(a)}{f(x) - f(a)} = \frac{g'(c)}{f'(c)}, \quad a < c < x$$

となるような c が存在する. よって, $x \to a + 0$ のとき $c \to a$ であることに気を付ければ

$$\lim_{x \to a+0} \frac{g(x)}{f(x)} = \lim_{c \to a} \frac{g'(c)}{f'(c)}.$$

同様のことが $\displaystyle \lim_{x \to a-0} \frac{g(x)}{f(x)}$ についても成立するから式 (10.5) が成り立つ.

■ 演習問題

【問題 10.1】《理解度確認》(解答は ☞ p.193)

次の問いに答えよ.

  [1] $f(x) = x^3 - 4x, \, (x > 0)$ について, ラグランジュの平均値の定理 (10.1) における c を a, b を用いて表せ.

  [2] $f(\theta) = \theta - \sin\theta, \, g(\theta) = 1 - \cos\theta, \, a = 0, \, b = \pi$ について, コーシーの平均値の定理 (10.2) における c を求めよ.

  [3] 次の極限を求めよ.

    (a) $\displaystyle \lim_{x \to \infty} \frac{\ln(1 + x^2)}{x}$ (b) $\displaystyle \lim_{x \to \infty} x\left(\frac{\pi}{2} - \mathrm{Tan}^{-1} x\right)$ (c) $\displaystyle \lim_{x \to 0} (\cos x)^{1/x^2}$

【問題 10.2】《ロピタルの定理 ★★☆》(解答は ☞ p.193)

次の極限を求めよ.

  [1] $\displaystyle \lim_{x \to 0} \frac{\ln(1 + x^2)}{x}$ [2] $\displaystyle \lim_{x \to \infty} \frac{x^n}{e^x}, \, (n \in \mathbb{N})$ [3] $\displaystyle \lim_{x \to +0} x^x$ [4] $\displaystyle \lim_{x \to \infty} \frac{x - \cos x}{x}$

【問題 10.3】《平均値の定理の応用 ★☆☆》(解答は ☞ p.193)

ラグランジュの平均値の定理 (10.1) を用いて, 次の不等式を示せ.

  [1] $0 < a < b$ のとき, $\dfrac{1}{b} < \dfrac{\ln a - \ln b}{b - a} < \dfrac{1}{a}$.

  [2] $0 < a < b < \dfrac{\pi}{2}$ のとき, $0 < \sin b - \sin a < b - a$.

【問題 10.4】《平均値の定理の表現 ★☆☆》（解答は ☞ p.194）

ラグランジュの平均値の定理 (10.1) について次の問いに答えよ.

[1] $\theta := \dfrac{c-a}{b-a}$ として c を消去すると式 (10.1) は次のように書けることを示せ.

$$f(b) = f(a) + (b-a)f'\left(a + \theta(b-a)\right), \quad 0 < \theta < 1. \tag{10.9}$$

[2] $h := b-a$ として b を消去すると式 (10.9) は次のように書けることを示せ.

$$f(a+h) = f(a) + hf'(a+\theta h), \quad 0 < \theta < 1. \tag{10.10}$$

[3] $f(x) = 2x^2 + 3x - 1$ について，式 (10.10) の θ を a, h を用いて表せ.

【問題 10.5】《ラグランジュの平均値の定理の証明 ★☆☆》（解答は ☞ p.194）

$F(x)$ が $[a,b]$ で連続，(a,b) で微分可能であり，$F(a) = F(b)$ を満たすならば，$F'(c) = 0$ となる $c \in (a,b)$ が少なくとも 1 つ存在する．これを**ロルの定理**という．$f(x)$ が $[a,b]$ で連続，(a,b) で微分可能であるとき，$F(x) := f(x) - \frac{f(b)-f(a)}{b-a}(x-b)$ にロルの定理を適用することでラグランジュの平均値の定理 (10.1) を示せ.

II

1 変数の微分積分

第 11 章　テイラー展開

11.1　テイラー近似

　関数 $f(x)$ のグラフ $y = f(x)$ は微分可能な点 $x = a$ の付近で，接線 $y = f(a) + f'(a)(x - a)$ で線形近似できる．つまり

$$f(x) \simeq f(a) + f'(a)(x - a) \tag{11.1}$$

が成り立つ．式 (11.1) の両辺は $x = a$ での値と $x = a$ での微分係数が一致している．これを一般化して，グラフ $y = f(x)$ を $x = a$ で n 階微分係数まで一致するような曲線で近似することを考えよう．

　$f(x)$ が $x = a$ 付近で n 次多項式を用いて次のように近似できたとする．

$$f(x) \simeq c_0 + c_1(x - a) + c_2(x - a)^2 + \cdots + c_n(x - a)^n. \tag{11.2}$$

係数 $c_k, (k = 0, 1, \cdots, n)$ は未定の定数である．式 (11.2) に $x = a$ を代入すると，等号が成立するには $c_0 = f(a)$ でなくてはならないことがわかる．次に，式 (11.2) を微分してから $x = a$ を代入すると，$c_1 = f'(a)$ を得る．以後，微分してから $x = a$ を代入する操作を繰り返すと，未定係数が $c_k = \frac{1}{k!} f^{(k)}(a), (k = 0, 1, \cdots, n)$ と定めることができる．したがって

$$f(x) \simeq f(a) + f'(a)(x - a) + \frac{f''(a)}{2!}(x - a)^2 + \cdots + \frac{f^{(n)}(a)}{n!}(x - a)^n = \sum_{k=0}^{n} \frac{f^{(k)}(a)}{k!}(x - a)^k \tag{11.3}$$

となる．式 (11.3) を，$f(x)$ の $x = a$ 周りの n 次テイラー近似という．特に，$a = 0$ のとき n 次マクローリン近似という．

【例題 11.1】　次の問いに答えよ.
　　[1] $f(x) = x^2 + 2$ を $x = 1$ の周りで 3 次テイラー近似せよ.
　　[2] $g(x) = \cos x$ を 4 次マクローリン近似せよ.

【解】
　　[1] $f'(x) = 2x, f''(x) = 2, f^{(3)}(x) = 0$ より，$f(1) = 3, f'(1) = 2, f''(1) = 2, f^{(3)}(1) = 0$. したがって

$$x^2 + 2 \simeq f(1) + f'(1)(x - 1) + \frac{f''(1)}{2!}(x - 1)^2 = 3 + 2(x - 1) + (x - 1)^2.$$

[2] $g'(x) = -\sin x$, $g''(x) = -\cos x$, $g^{(3)}(x) = \sin x$, $g^{(4)}(x) = \cos x$ より, $g(0) = 1$, $g'(0) = 0$, $g''(0) = -1$, $g^{(3)}(0) = 0$, $g^{(4)}(0) = 1$. したがって

$$\cos x \simeq g(0) + g'(0)x + \frac{g''(0)}{2!}x^2 + \frac{g^{(3)}(0)}{3!}x^3 + \frac{g^{(4)}(0)}{4!}x^4 = 1 - \frac{1}{2!}x^2 + \frac{1}{4!}x^4. \blacksquare \quad (11.4)$$

> 【補足】 設問 [1] では，得られた結果を展開したら元の関数 $x^2 + 2$ になることが確かめられる. n 次多項式の n 次テイラー近似は近似ではない.

【例題 11.2】 $\cos 0.02$ の近似値を $\cos x$ の 2 次マクローリン近似を用いて求めよ.

【解】 $\cos x \simeq 1 - \frac{1}{2!}x^2$ に $x = 0.02$ を代入すると, $\cos 0.02 \simeq 1 - \frac{1}{2!} \times 0.02^2 = 0.9998$ を得る. $\blacksquare$[*1].

● ランダウの記号

　ある関数を n 次マクローリン近似した場合，一般には $n+1$ 次以降の項も存在する. しかし，$n+1$ 次以降の詳細を知る必要はなく，それらの項が極限 $x \to 0$ でどの程度の速さで 0 に収束するかを知れば十分な場合も多い. そこで，$x \to 0$ で関数 $r(x)$ がどのような速さで 0 に近づくかを表す記号を次のように定義する.

$$r(x) = o(x^m) \Leftrightarrow \lim_{x \to 0} \left| \frac{r(x)}{x^m} \right| = 0,$$
$$r(x) = O(x^m) \Leftrightarrow 0 < \lim_{x \to 0} \left| \frac{r(x)}{x^m} \right| < M \text{ となる定数 } M \text{ が存在}. \quad (11.5)$$

つまり，$r(x) = o(x^m)$ は，$r \to 0$ において $r(x)$ が x^m より速く 0 に収束し，$r(x) = O(x^m)$ は，$r(x)$ が x^m と同程度の速さで 0 に収束することを表している. o, O はオーダー (order) の略で，**ランダウの記号**と呼ばれる.

【例題 11.3】 $f(x) = e^x$ を 3 次マクローリン近似し，3 次以降を o, O を用いて表せ.

【解】 $f'(x) = f''(x) = f^{(3)}(x) = e^x$ より, $f(0) = f'(0) = f''(0) = f^{(3)}(0) = 1$. したがって，

$$e^x \simeq f(0) + f'(0)x + \frac{f''(0)}{2!}x^2 + \frac{f^{(3)}(0)}{3!}x^3 = 1 + x + \frac{1}{2!}x^2 + \frac{1}{3!}x^3.$$

したがって，3 次以降は $r(x) := \frac{1}{3!}x^3 + \cdots$ と書くことができるが

$$\lim_{x \to 0} \left| \frac{r(x)}{x^2} \right| = \lim_{x \to 0} \left| \frac{\frac{1}{3!}x^3 + \cdots}{x^2} \right| = 0, \quad 0 < \lim_{x \to 0} \left| \frac{r(x)}{x^3} \right| = \lim_{x \to 0} \left| \frac{\frac{1}{3!}x^3 + \cdots}{x^3} \right| = \frac{1}{3!} < M$$

となる正の定数 M が存在する. よって，次のように書くことができる.

$$e^x = 1 + x + \frac{1}{2!}x^2 + o(x^2) = 1 + x + \frac{1}{2!}x^2 + O(x^3). \blacksquare$$

[*1] 正確な値は $\cos 0.02 = \underline{0.9998}000066 \cdots$ である. 得られた近似値は下線部を正しく近似している.

11.2　テイラー級数

　テイラー近似 (11.3) において n を大きくすると，近似の精度が上がると期待できる．では，式 (11.3) で $n \to \infty$ の極限をとると両辺が厳密に一致することはあるだろうか．$n \to \infty$ で，(11.3) 右辺は x に依存する数列 $\left\{ \frac{f^{(k)}(a)}{k!}(x-a)^k \right\}_{k=0,1,2,\cdots}$ の和（級数）になっており，その収束・発散は微分係数 $f^{(k)}(a)$ の $k \to \infty$ における振る舞いおよび x の値に依存する．

　$n \to \infty$ で式 (11.3) 右辺が収束し左辺に一致する x の範囲を**収束域**と呼ぶことにする．つまり，収束域を I と書くこと，次が成立する．

$$f(x) = \sum_{n=0}^{\infty} \frac{f^{(n)}(a)}{n!}(x-a)^n$$
$$= f(a) + \frac{f'(a)}{1!}(x-a) + \frac{f''(a)}{2!}(x-a)^2 + \cdots + \frac{f^{(n)}(a)}{n!}(x-a)^n + \cdots, \quad x \in I. \tag{11.6}$$

(11.6) 右辺を $f(x)$ の**テイラー級数**という．特に，$a = 0$ のとき，**マクローリン級数**という．また，与えられた関数のテイラー近似・級数やマクローリン近似・級数を求めることをそれぞれ，**テイラー展開する**，**マクローリン展開**するという．

● 初等関数

　主な初等関数のマクローリン級数とその収束域は次のようになる．$\alpha \in \mathbb{R}$ として，

$$e^x = 1 + \frac{1}{1!}x + \frac{1}{2!}x^2 + \cdots + \frac{1}{n!}x^n + \cdots, \quad x \in I = (-\infty, \infty), \tag{11.7}$$

$$\cos x = 1 - \frac{1}{2!}x^2 + \frac{1}{4!}x^4 + \cdots + \frac{(-1)^n}{(2n)!}x^{2n} + \cdots, \quad x \in I = (-\infty, \infty), \tag{11.8}$$

$$\sin x = x - \frac{1}{3!}x^3 + \frac{1}{5!}x^5 + \cdots + \frac{(-1)^n}{(2n+1)!}x^{2n+1} + \cdots, \quad x \in I = (-\infty, \infty), \tag{11.9}$$

$$(1+x)^\alpha = 1 + \alpha x + \frac{\alpha(\alpha-1)}{2!}x^2 + \cdots + \frac{\alpha(\alpha-1)\cdots(\alpha-n+1)}{n!}x^n + \cdots, \quad x \in I = (-1, 1), \tag{11.10}$$

$$\ln(1+x) = x - \frac{1}{2}x^2 + \frac{1}{3}x^3 + \cdots + \frac{(-1)^{n-1}}{n}x^n + \cdots, \quad x \in I = (-1, 1]. \tag{11.11}$$

式 (11.7)–(11.11) 右辺において，n を用いて表した項を**一般項**という．収束域 I の外では，マクローリン近似の次数 n を上げても級数は左辺の関数に近づかない（☞ 図 11.1）．式 (11.10) は二項定理 (☞ p.5) の拡張である．$f(x)$ が偶関数の場合は偶数冪の項だけ，奇関数の場合は奇数冪の項だけが現れている．$\cosh x, \sinh x$ は e^x の偶部と奇部である（☞ 6 章）ことから次のようになる．

$$\cosh x = 1 + \frac{1}{2!}x^2 + \frac{1}{4!}x^4 + \cdots + \frac{1}{(2n)!}x^{2n} + \cdots, \quad x \in I = (-\infty, \infty), \tag{11.12}$$

$$\sinh x = x + \frac{1}{3!}x^3 + \frac{1}{5!}x^5 + \cdots + \frac{1}{(2n+1)!}x^{2n+1} + \cdots, \quad x \in I = (-\infty, \infty). \tag{11.13}$$

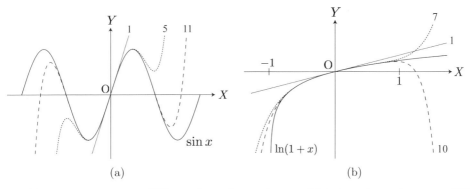

図 11.1 (a) $\sin x$ のマクローリン級数の 1 次, 5 次, 11 次まで. (b) $\ln(1+x)$ のマクローリン級数の 1 次, 7 次, 10 次まで.

【補足】 マクローリン級数の収束域 I がどうして式 (11.7)–(11.13) のように与えられるかについては, p.63 および p.106 の研究を参照のこと.

【例題 11.4】 $\cos x$ のマクローリン級数 (11.8) を（一般項を含めて）求めよ.

【解】 $f(x) = \cos x$ とおくと, $f^{(n)}(x) = \cos\left(x + \frac{n\pi}{2}\right)$ (☞ p.26) より

$$f^{(n)}(0) = \cos\left(\frac{n\pi}{2}\right) = \begin{cases} (-1)^m & (n = 2m) \\ 0 & (n = 2m+1) \end{cases}, \quad m = 0, 1, 2, \cdots.$$

したがって

$$\cos x = \sum_{m=0}^{\infty} \left(\frac{f^{(2m)}(0)}{(2m)!} x^{2m} + \frac{f^{(2m+1)}(0)}{(2m+1)!} x^{2m+1} \right) = \sum_{m=0}^{\infty} \frac{(-1)^m}{(2m)!} x^{2m}. \blacksquare$$

● オイラーの公式（再考）

式 (11.7) において $x = i\theta$, $\theta \in \mathbb{R}$ とおき, 式 (11.8),(11.9) を用いると

$$e^{i\theta} = 1 - \frac{1}{2!}\theta^2 + \frac{1}{4!}\theta^4 + \cdots + i\left(\theta - \frac{1}{3!}\theta^3 + \frac{1}{5!}\theta^5 - \cdots\right) = \cos\theta + i\sin\theta \qquad (11.14)$$

を得る. こうして, 定義であったオイラーの公式 (3.15) に根拠が与えられる.

■ 演習問題

【問題 11.1】《理解度確認》（解答は ☞ p.194）
次の問いに答えよ.
  [1] $x^3 - x$ を $x = 1$ の周りに 4 次テイラー近似せよ.

[2] $\sin 2x$ を $x = \frac{\pi}{4}$ の周りに 4 次テイラー近似し，5 次以降の項をランダウの記号 o を用いて表せ.

[3] $(1+x)^{\alpha}, (\alpha \in \mathbb{R})$ の 2 次マクローリン近似を用いて，$\sqrt{102}$ の近似値を求めよ.

[4] $\sin x$ のマクローリン級数を（一般項を含めて）求めよ.

【問題 11.2】《マクローリン級数の一般項 ★★☆》（解答は ☞ p.195）

次の関数のマクローリン級数を（一般項を含めて）求めよ.

[1] $(1+x)^{\alpha}, (\alpha \in \mathbb{R})$（☞ 式 (11.10)）　　　[2] $\ln(1+x)$（☞ 式 (11.11)）

【問題 11.3】《公式の利用 ★☆☆》（解答は ☞ p.195）

式 (11.7)–(11.11) を用いて，次の関数の 2 次マクローリン近似を求め，3 次以降を設問 [1],[2] は o を，[3],[4] は O を用いて表せ.

[1] $(4+8x)^{\frac{3}{2}}$　　　[2] $\ln(4+8x)^{\frac{3}{2}}$　　　[3] $e^{-x}\sin 2x$　　　[4] $\dfrac{\exp x^2}{1-x}$

【問題 11.4】《極限への応用 ★★☆》（解答は ☞ p.195）

次の問いに答えよ.

[1] $\sqrt{1+x^2}$ の 4 次マクローリン近似を求めよ.

[2] $\displaystyle\lim_{x \to 0} \dfrac{\cosh x - \sqrt{1+x^2}}{x^4}$ を求めよ.

【問題 11.5】《逆三角関数のマクローリン近似 ★★☆》（解答は ☞ p.196）

次の問いに答えよ.

[1] $y = \mathrm{Tan}^{-1}\,x$ は漸化式 $(1+x^2)y^{(n+1)}(x) + 2nxy^{(n)}(x) + n(n-1)y^{(n-1)}(x) = 0, (n = 1, 2, \cdots)$ を満たすことを示せ.

[2] $\mathrm{Tan}^{-1}\,x$ の 5 次マクローリン近似を求めよ.

【問題 11.6】《テイラーの定理 ★★★》（解答は ☞ p.196）

$f(x)$ が $[a, x]$ で連続，(a, x) で $n+1$ 回微分可能なとき

$$f(x) = \sum_{k=0}^{n} \frac{f^{(k)}(a)}{k!}(x-a)^k + \frac{f^{(n+1)}(c)}{(n+1)!}(x-a)^{n+1}, \quad a < c < x \tag{11.15}$$

を満たす c が存在する．これを**テイラーの定理**という．また，(11.15) 右辺の最後の項を**剰余項**という．ここで，$\xi \in [a, x]$ として次の関数を定義する.

$$g(\xi) := \sum_{k=0}^{n} \frac{f^{(k)}(\xi)}{k!}(x-\xi)^k + \frac{A}{(n+1)!}(x-\xi)^{n+1} - f(x). \tag{11.16}$$

ただし，A は $g(a) = 0$ となるように定める定数とする．次の問いに答えよ.

[1] 導関数 $g'(\xi)$ を求めよ.

[2] $g(a) = g(x) = 0$ であることを利用して $g(\xi)$ にロルの定理（☞ 問題 10.5 (p.57)）を適用し，テイラーの定理を示せ.

[3] テイラーの定理は，特別な場合としてラグランジュの平均値の定理（☞ p.53）を含むことを示せ.

【問題 11.7】《剰余項の具体形 ★☆☆》（解答は ☞ p.197）

与えられた関数と点 a について，テイラーの定理 (11.15) で $n = 2$ としたときの右辺の表式を求めよ.

[1] $f(x) = e^x, \quad a = 0$　　　　　　　　[2] $g(x) = \cos x, \quad a = \dfrac{\pi}{4}$

【研究】テイラー近似の誤差

応用上，テイラー近似 (11.3) の最もよくある使い方は，x が十分 a に近いときの $f(x)$ の多項式による近似である．そのようなとき，多項式を適当な次数 n で打ち切って使うが，場合によっては誤差の大きさを評価する必要が出てくる．また，極限 $n \to \infty$ をとったときの級数 $\sum_{k=0}^{\infty} \frac{f^{(k)}(a)}{k!}(x-a)^k$ が厳密に $f(x)$ に一致するのかが重要となるような場面（例えば，オイラーの公式の正当化 ☞ p.61）では，誤差が $n \to \infty$ で 0 に収束するか否かが問題となる．

残念ながら，本文では誤差について詳しく述べることができなかった．ここでは，誤差の評価方法やその意義を例を用いて考える．

テイラー近似を n 次で打ち切ったときの誤差は剰余項 $R_{n+1}(x)$ と呼ばれ，その具体形がテイラーの定理（☞ 問題 11.6）によって次のように与えられる．

$$R_{n+1}(x) := \frac{f^{(n+1)}(a + \theta(x-a))}{(n+1)!}(x-a)^{n+1} = f(x) - \sum_{k=0}^{n} \frac{f^{(k)}(a)}{k!}(x-a)^k. \tag{11.17}$$

ただし，剰余項における未知の定数 $c \in (a, x)$ を未知の定数 $\theta \in (0, 1)$ を用いて $c = a + \theta(x - a)$ と書いた．簡単のため，$f(x) = e^x, a = 0$ の場合を考えると，式 (11.17) は

$$R_{n+1}(x) = \frac{e^{\theta x}}{(n+1)!}x^{n+1} = e^x - \sum_{k=0}^{n} \frac{x^k}{k!} \tag{11.18}$$

となる．x を固定すれば，式 (11.18) の両辺は n に依存する数列である．もし，$n \to \infty$ において，ある x について $R_{n+1}(x) \to 0$ ならば，右辺も 0 に収束しなくてはならないから，その x については $e^x = \sum_{k=0}^{\infty} \frac{x^k}{k!}$ が厳密に成立することになる．

では，この例における剰余項の $n \to \infty$ での振る舞いを調べてみよう．式 (11.18) より

$$0 \le |R_{n+1}(x)| = \left| \frac{e^{\theta x}}{(n+1)!}x^{n+1} \right| \le e^{|x|} \frac{|x|^{n+1}}{(n+1)!} \tag{11.19}$$

が成り立つ．ここで，指数関数の性質と $\theta \in (0, 1)$ より，$e^{\theta x} \le e^{|\theta x|} \le e^{|x|}$ が成立することを用いた．ところで，任意の $a > 0$ について，$\lim_{n \to \infty} \frac{a^n}{n!} = 0$ であることが知られているから，不等式 (11.19) で $n \to \infty$ とすれば，挟み撃ちの原理より $\lim_{n \to \infty} R_{n+1}(x) = 0, x \in I = (-\infty, \infty)$ が示される．つまり，$e^x = \sum_{k=0}^{\infty} \frac{x^k}{k!}$ が任意の実数 x について成立することがわかる．

上の例では，全ての実数 x について剰余項が 0 に収束した．しかし，他の関数 $f(x)$ について上と同様の議論をしたとき，x が有限な領域 I にあるときだけ剰余項が 0 に収束する場合は，そのような範囲 I が収束域となる．何れにせよ，$x \in I$ でのみ $f(x) = \sum_{k=0}^{\infty} \frac{f^{(k)}(a)}{k!}(x-a)^k$ が成立する．例えば，$\ln(1 + x) = \sum_{k=1}^{\infty} \frac{(-1)^{k-1}}{k}x^k$ が成立するのは，$x \in I = (-1, 1]$ という収束域内だけである（☞ p.60）．

第12章 広義積分

12.1 定義

次のような定積分を考える.

$$I(1/2) := \int_0^1 \frac{1}{\sqrt{x}}dx, \quad I(2) := \int_0^1 \frac{1}{x^2}dx, \tag{12.1}$$

$$J(1/2) := \int_1^\infty \frac{1}{\sqrt{x}}dx, \quad J(2) := \int_1^\infty \frac{1}{x^2}dx. \tag{12.2}$$

$I(*), J(*)$ という記号は後の一般的考察のためである. $I(1/2), I(2)$ では被積分関数が下端 $x = 0$ で発散しており，$J(1/2), J(2)$ では積分区間が無限である. これらの定積分は 7 章で考えたようなリーマン和の極限として定義することができない. したがって，微分積分学における基本定理も用いることができないため，このままでは計算を進めることができない. ここでは，これらも計算できるように定積分の定義を拡張する.

● 非有界関数

定積分 $\int_a^b f(x)dx$ において，$f(x)$ が積分の端点で非有界となる（不連続となる）ような 3 つの場合，$\lim_{x \to a+0} |f(x)| = \infty$, $\lim_{x \to b-0} |f(x)| = \infty$, $\lim_{x \to a+0} |f(x)| = \lim_{x \to b-0} |f(x)| = \infty$ それぞれに対応して，**広義積分**を次のように定義する（☞ 図 12.1）.

$$\int_a^b f(x)dx := \lim_{\alpha \to a+0} \int_\alpha^b f(x)dx, \tag{12.3}$$

$$\int_a^b f(x)dx := \lim_{\beta \to b-0} \int_a^\beta f(x)dx, \tag{12.4}$$

$$\int_a^b f(x)dx := \lim_{\substack{\alpha \to a+0 \\ \beta \to b-0}} \int_\alpha^\beta f(x)dx. \tag{12.5}$$

式 (12.3)–(12.5) の右辺において，極限をとるまえの積分領域内では $f(x)$ が有界（連続）であるから，これまで学んできた積分計算が可能である. 右辺の極限が有限の値に収束するとき，$f(x)$ は（広義）積分可能であるといい，広義積分は**収束**するという. 収束しないとき，**発散**するという.

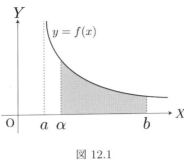

図 12.1

Ⅱ

1
変
数
の
微
分
積
分

【例題 12.1】 次の広義積分を求めよ.

[1] $I(1/2) = \int_0^1 \frac{1}{\sqrt{x}} dx$ (☞ 式 (12.1))　　　　　[2] $I(2) = \int_0^1 \frac{1}{x^2} dx$ (☞ 式 (12.1))

【解】

[1] 定義 (12.3) に従えば, $I(1/2) = \lim_{\alpha \to +0} \int_\alpha^1 \frac{1}{\sqrt{x}} dx = \lim_{\alpha \to +0} \left[2\sqrt{x} \right]_\alpha^1 = \lim_{\alpha \to +0} 2(1 - \sqrt{\alpha}) = 2$ となり, 収束する.

[2] 同様にして, $I(2) = \lim_{\alpha \to +0} \int_\alpha^1 \frac{1}{x^2} dx = \lim_{\alpha \to +0} \left[-\frac{1}{x} \right]_\alpha^1 = \lim_{\alpha \to +0} -\left(1 - \frac{1}{\alpha}\right) = \infty$ となり, 発散する. ∎

【補足】 慣れてきたら, lim を省略して $\int_0^1 \frac{1}{\sqrt{x}} dx = [2\sqrt{x}]_0^1 = 2$, $\int_0^1 \frac{1}{x^2} dx = \left[-\frac{1}{x} \right]_0^1 = \infty$ としてよい.

【例題 12.2】 $\int_0^1 x^a \ln x\, dx,\ (-1 < a < 0)$ を求めよ.

【解】 ($\int_0^1$ は $\lim_{\alpha \to +0} \int_\alpha^1$ の意味であるとして) 部分積分 (8.2) を用いると

$$\int_0^1 x^a \ln x\, dx \overset{(8.2)}{=} \left[\frac{x^{a+1}}{a+1} \ln x \right]_0^1 - \int_0^1 \frac{x^{a+1}}{a+1} \cdot \frac{1}{x} dx \overset{(10.7)}{=} -\left[\frac{x^{a+1}}{(a+1)^2} \right]_0^1 = -\frac{1}{(a+1)^2}. \quad ∎$$

● 無限区間

無限区間 $(-\infty, b],\ [a, \infty),\ (-\infty, \infty)$ に関する広義積分を次のように定義する (☞ 図 12.2).

$$\int_{-\infty}^b f(x)dx := \lim_{\alpha \to -\infty} \int_\alpha^b f(x)dx, \tag{12.6}$$

$$\int_a^\infty f(x)dx := \lim_{\beta \to \infty} \int_a^\beta f(x)dx, \tag{12.7}$$

$$\int_{-\infty}^\infty f(x)dx := \lim_{\substack{\alpha \to -\infty \\ \beta \to \infty}} \int_\alpha^\beta f(x)dx. \tag{12.8}$$

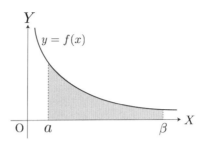

図 12.2

【例題 12.3】　次の広義積分を求めよ.

　[1]　$J(1/2) = \displaystyle\int_1^\infty \frac{1}{\sqrt{x}} dx$　（☞ 式 (12.2)）　　　　　[2]　$J(2) = \displaystyle\int_1^\infty \frac{1}{x^2} dx$　（☞ 式 (12.2)）

【解】

　[1]　定義 (12.7) に従えば，$J(1/2) = \displaystyle\lim_{\beta\to\infty}\int_1^\beta \frac{1}{\sqrt{x}} dx = \lim_{\beta\to\infty}\left[2\sqrt{x}\right]_1^\beta = \lim_{\beta\to\infty} 2\left(\sqrt{\beta}-1\right) = \infty$ となり，
　　　発散する.

　[2]　同様にして，$J(2) = \displaystyle\lim_{\beta\to\infty}\int_1^\beta \frac{1}{x^2} dx = \lim_{\beta\to\infty}\left[-\frac{1}{x}\right]_1^\beta = \lim_{\beta\to\infty} -\left(\frac{1}{\beta}-1\right) = 1$ となり，収束する.　∎

> **【補足】**　慣れてきたら，lim を省略して $\displaystyle\int_1^\infty \frac{1}{\sqrt{x}} dx = \left[2\sqrt{x}\right]_1^\infty = \infty$, $\displaystyle\int_1^\infty \frac{1}{x^2} dx = \left[-\frac{1}{x}\right]_1^\infty = 1$ として
> よい.

【例題 12.4】　$\displaystyle\int_0^\infty \frac{\ln\left(1+x^2\right)}{x^2} dx$ を求めよ.

【解】　（$\int_0^\infty$ は $\displaystyle\lim_{\beta\to\infty}\int_0^\beta$ の意味であるとして）部分積分 (8.2) を用いると

$$\int_0^\infty \frac{\ln\left(1+x^2\right)}{x^2} dx \overset{(8.2)}{=} \left[-\frac{\ln\left(1+x^2\right)}{x}\right]_0^\infty + \int_0^\infty \frac{1}{x}\cdot\frac{2x}{1+x^2} dx \overset{(7.19)}{=} 2\left[\mathrm{Tan}^{-1} x\right]_0^\infty \overset{(5.3)}{=} \pi.$$

ここで，$\displaystyle\lim_{x\to\infty}\frac{\ln\left(1+x^2\right)}{x} = 0$, $\displaystyle\lim_{x\to 0}\frac{\ln\left(1+x^2\right)}{x} = 0$ であることを用いた（☞ 問題 10.1 および問題 10.2
(p.56)）.　∎

12.2　収束・発散の判定法

　冪関数 $f(x) = x^{-\mu}$, $(\mu \in \mathbb{R})$ の広義積分について，次が成立する（☞ 問題 12.2 (p.68)）.

$$I(\mu) := \int_0^1 \frac{1}{x^\mu} dx = \begin{cases} \frac{1}{1-\mu} & (\mu < 1) \\ \infty & (1 \le \mu) \end{cases}, \tag{12.9}$$

$$J(\mu) := \int_1^\infty \frac{1}{x^\mu} dx = \begin{cases} \infty & (\mu \le 1) \\ \frac{1}{\mu-1} & (1 < \mu) \end{cases}. \tag{12.10}$$

冒頭の積分 (12.1),(12.2) は，これらの特別な場合になっている．判定条件 (12.9) および (12.10) の両者において，$\mu = 1$ が発散と収束の境界になっている．$I(\mu)$ における積分範囲の上端 1 や $J(\mu)$ における積分範囲の下端 1 に本質的な意味はない（収束・発散に関与しない）．

【補足】 収束・発散の判定条件 (12.9) と (12.10) は同じことの言い換えに過ぎない．何故なら，$J(\mu)$ において $x = t^{-1}$ と置換すると

$$J(\mu) = \int_1^0 \frac{1}{(t^{-1})^\mu} \cdot (-t^{-2})dt = \int_0^1 \frac{1}{t^{2-\mu}}dt = I(2-\mu) \stackrel{(12.9)}{=} \begin{cases} \frac{1}{1-(2-\mu)} & (2-\mu < 1) \\ \infty & (1 \le 2-\mu) \end{cases}.$$

これを整理すると判定条件 (12.10) が得られるからである．

● 優関数定理

関数 $f(x), g(x)$ は $x \in [a,b]$ において連続（$b = \infty$ のときも含む）で，$0 \le f(x) \le g(x)$ が成り立っているとする．このとき，次が成立する．

$$\int_a^b g(x)dx：収束 \quad \Rightarrow \quad \int_a^b f(x)dx：収束, \tag{12.11}$$

$$\int_a^b f(x)dx：発散 \quad \Rightarrow \quad \int_a^b g(x)dx：発散. \tag{12.12}$$

これを**優関数定理**という．$(a,b]$，(a,b) における場合（$a = -\infty$ のときも含む）にも同様の定理が成り立つ．

式 (12.9),(12.10) と優関数定理 (12.11),(12.12) などを組み合わせることで，広義積分の値を求めなくても，収束や発散を評価できることがある．

【例題 12.5】 次の広義積分の収束・発散を調べよ．

[1] $\displaystyle \int_0^1 \frac{1}{\sqrt{\tan x}}dx$ 　　　　　　　　　　　　[2] $\displaystyle \int_1^\infty \frac{x}{\sqrt{1+x^4}}dx$

【解】

[1] $0 < x < 1$ では，$0 < x < \tan x$ より $\frac{1}{\sqrt{\tan x}} < \frac{1}{\sqrt{x}}$．右辺の積分は $\int_0^1 \frac{1}{\sqrt{x}}dx \stackrel{(12.9)}{=} I(1/2) \stackrel{(12.9)}{<} \infty$ と収束する．したがって，優関数定理 (12.11) より $\int_0^1 \frac{1}{\sqrt{\tan x}}dx$ も収束する．

[2] $x > 1$ では，$\sqrt{2}x^2 > \sqrt{1+x^4}$ より $\frac{x}{\sqrt{1+x^4}} > \frac{1}{\sqrt{2}x}$．右辺の積分は $\int_1^\infty \frac{1}{\sqrt{2}x}dx = \frac{1}{\sqrt{2}}J(1) \stackrel{(12.10)}{=} \infty$ と発散する．したがって，優関数定理 (12.12) より $\int_1^\infty \frac{x}{\sqrt{1+x^4}}dx$ も発散する．∎

【補足】 少し難しいので，上のような解答を書くまでの発想法を書いておこう．設問 [1] においては $\tan 0 = 0$ であるから，積分の下端が問題になる．ところで，$x \to 0$ において $\tan x = x + o(x)$ であるから，被積分関数は $x = 0$ 付近で $\frac{1}{\sqrt{x}}$ のように振る舞う．したがって，式 (12.9) より与えられた積分は有限になると予想できる．この予想を優関数定理を用いて示している．設問 [2] においては，$x \to \infty$ の極限で，被積分関数が $\frac{1}{x}$ のように振る舞う．したがって，式 (12.10) より与えられた積分は発散すると予想できる．この予想を優関数定理を用いて示している．

■ **演習問題** ■

【問題 12.1】《理解度確認》（解答は ☞ p.197）

次の問いに答えよ.

[1] $\displaystyle\int_0^1 \ln x\, dx$ を求めよ.

[2] $\displaystyle\int_0^\infty \frac{1}{\sqrt{x^2+4}}\, dx$ を求めよ.

[3] $\displaystyle\int_0^{\pi/2} \frac{1}{\sqrt{\sin x}}\, dx$ の収束・発散を調べよ.

[4] $\displaystyle\int_1^\infty \frac{x}{1+x^3}\, dx$ の収束・発散を調べよ.

【問題 12.2】《冪関数の広義積分 ★★☆》（解答は ☞ p.197）

次の問いに答えよ.

[1] 判定条件 (12.9) を示せ.

[2] 判定条件 (12.10) を示せ.

【問題 12.3】《広義積分の例 ★★☆》（解答は ☞ p.197）

次の広義積分を求めよ. ただし, $a < b$ とする.

[1] $\displaystyle I_1 = \int_a^b \frac{1}{\sqrt{(x-a)(b-x)}}\, dx$

[2] $\displaystyle I_2 = \int_{-\infty}^\infty \frac{1}{x^2+2ax+b^2}\, dx$

【問題 12.4】《優関数定理 ★★★》（解答は ☞ p.197）

次の広義積分の収束・発散を判定せよ.

[1] $\displaystyle I_1 = \int_1^\infty \frac{\ln x}{x^2}\, dx$

[2] $\displaystyle I_2 = \int_0^1 \frac{1}{\sqrt{x}(1-x)^2}\, dx$

[3] $\displaystyle I_3 = \int_0^\infty \frac{1}{e^x x}\, dx$

【問題 12.5】《ガンマ関数 ★★☆》（解答は ☞ p.198）

ガンマ関数は広義積分を用いて次のように定義される.

$$\Gamma(x) := \int_0^\infty e^{-t} t^{x-1}\, dt, \quad x > 0. \tag{12.13}$$

次の問いに答えよ.

[1] $\Gamma(x+1) = x\Gamma(x)$ を示せ.

[2] $n \in \mathbb{N}$ に対して, $\Gamma(n+1) = n!$ を示せ.

[3] **ガウス積分の公式**（導出 ☞ 26.2 節 (p.148)）

$$\int_{-\infty}^\infty e^{-ax^2}\, dx = \sqrt{\frac{\pi}{a}}, \quad (a > 0) \tag{12.14}$$

を既知として, ガンマ関数の**半整数**[*1]での値が次のように与えられることを示せ.

$$\Gamma\left(n+\frac{1}{2}\right) = \frac{(2n-1)!!}{2^n}\sqrt{\pi}, \quad n \in \mathbb{N}.$$

ここで, $(2n-1)!! := (2n-1)(2n-3)\cdots 3\cdot 1$ は **2 重階乗**である.

【問題 12.6】《ベータ関数 ★★☆》（解答は ☞ p.199）

ベータ関数は広義積分を用いて次のように定義される[*2].

[*1] n を整数として, $n+\frac{1}{2}$ で表される数を半整数という.

[*2] $B(x,y)$ の B はギリシャ文字 $\overset{\text{ベータ}}{\beta}$ の大文字.

$$B(x,y) := \int_0^1 t^{x-1}(1-t)^{y-1}dt, \quad x > 0, \ y > 0. \tag{12.15}$$

次の問いに答えよ.

[1] $B(x,y) = 2\int_0^{\frac{\pi}{2}}(\cos\theta)^{2x-1}(\sin\theta)^{2y-1}d\theta$ を示せ.

[2] $B(m+1, n+1) = \dfrac{m!n!}{(m+n+1)!}, \ (m, n = 0, 1, 2, \cdots)$ を示せ.

[3] $\int_0^{\frac{\pi}{2}} \cos^7\theta \sin^5\theta d\theta$ を求めよ.

【研究】質量とエネルギーの等価性

オイラーの関係式 (3.26) は最も美しい数式と言われるが，その美しさを理解するのに些か高度な知識を要することから，誰もが知っているというほど有名ではない.

恐らく，一番有名な式といったら質量 m の物体がもつ**静止エネルギー**の公式

$$E = mc^2 \tag{12.16}$$

だろう. ここで，$c = 299792458$ m/s は真空中の**光速**である. この式は 1905 年にアインシュタインが発表した時間と空間を論じる**特殊相対論**に含まれる物理公式であり，**質量とエネルギーの等価性**ともいわれる.

我々は力学で，速さ v の物体は運動エネルギー $\frac{1}{2}mv^2$ をもつと学ぶ. また，物体が落下すると運動エネルギーを得ることより，地面より高いところにある物体は潜在的に運動エネルギーをもつのと同等であるから，ポテンシャルエネルギーなるものをもつと学ぶ.

この論理でいくと，地面に置かれた静止した物体は，運動エネルギーもポテンシャルエネルギーももっていない. しかし，式 (12.16) が教えてくれるのは，物体はたとえ静止していて，高い場所になくても，静止エネルギー mc^2 を潜在的にもっていることである.

もし何らかのメカニズムで静止エネルギー mc^2 を運動エネルギーや熱エネルギーに変換できれば，それらは途轍もない大きさに成り得る. 何故なら，c が 1 秒間に地球 7 周半するほどの途轍もない速さだからである. それを悪用したのが原爆である. 第 2 次世界大戦で広島に落とされた原爆のエネルギーは，式 (12.16) を用いて質量に換算すれば 1 g にも満たないといわれている.

実は，特殊相対論でまず登場するのは式 (12.16) ではなく

$$E = \frac{mc^2}{\sqrt{1 - (v/c)^2}}$$

という式である. この式で $x = (v/c)^2$ とおけば，$E = mc^2(1-x)^{-1/2}$ と書ける. これを x が小さいとして 1 次マクローリン近似すると $E = mc^2(1 + \frac{1}{2}x + O(x^2))$ を得る. x を元に戻せば，$E = mc^2 + \frac{1}{2}mv^2 + \cdots$ となり，第 1 項が静止エネルギー，第 2 項が運動エネルギーとなる. 式 (12.16) が最も有名な式ならば，ここで述べたことは，テイラー近似の最も有名な応用と言えるかも知れない.

第Ⅲ部

常微分方程式

第 13 章　変数分離形

13.1　微分方程式とは

$y(x)$ を未知関数として，$y(x)$ の導関数を含む式

$$F\left(x, y(x), y'(x), \cdots, y^{(n)}(x)\right) = 0, \quad (n \geq 1) \tag{13.1}$$

を $y(x)$ に関する**微分方程式**という．特に，式 (13.1) は，微分の最高階数が n であることから，**n 階微分方程式**ともいわれる．x を**独立変数**，y を**従属変数**という．独立変数が複数ある場合（☞ 23 章–24 章）と区別したいときは，式 (13.1) を**常微分方程式**と呼ぶ．また，式 (13.1) を満たす $y(x)$ を微分方程式 (13.1) の**解**という．

例として，次の 1 階微分方程式を考える．

$$y' = 2x. \tag{13.2}$$

式 (13.2) は y が $2x$ の原始関数（☞ p.38）であることを表しているから，C を任意定数として

$$y = x^2 + C \tag{13.3}$$

が微分方程式 (13.2) の解であることがわかる．解 (13.3) ように，微分方程式の階数と同じ個数（いまの場合は 1 つ）の任意定数を含む解を**一般解**という．

微分方程式 (13.2) に加えて，例えば，グラフ $y = y(x)$ が点 $(0, 1)$ を通るという条件

$$y(0) = 1 \tag{13.4}$$

が与えられれば，式 (13.3) における任意定数が $C = 1$ と定まり，解は

$$y = x^2 + 1 \tag{13.5}$$

となる．式 (13.4) のような条件を**初期条件**，式 (13.5) のように一般解に含まれる任意定数にある値を代入したものを**特殊解**という．

一般に，n 階微分方程式 (13.1) の一般解は n 個の任意定数を含むから，それらの値を決めるには，$y_i,\ (i = 0, 1, 2, \cdots, n-1)$ を定数として，次のような n 個の初期条件

$$y(x_0) = y_0, \quad y'(x_0) = y_1, \quad \cdots, \quad y^{(n-1)}(x_0) = y_{n-1}$$

が必要である．また，一般解における任意定数を可能な範囲で動かしても得られない解を**特異解**という．微分方程式から一般解と全ての特異解を求めることを，微分方程式を**解く**，または，**積分する**という．

【例題 13.1】 2 階微分方程式 $y''(x) = 1$ を初期条件 $y'(0) = 2$, $y(0) = 3$ の下で解け．

【解】 与えられた微分方程式の両辺を積分すると，$y' = x + C_1$．ここで，C_1 は任意定数である[*1]．この式の両辺をもう 1 度積分すると，$y = \frac{1}{2}x^2 + C_1 x + C_2$．これらに初期条件を代入すると $y'(0) = 0 + C_1 = 2$, $y(0) = \frac{1}{2} \cdot 0^2 + C_1 \cdot 0 + C_2 = 3$．これらを解いて $C_1 = 2$, $C_2 = 3$．したがって，$y = \frac{1}{2}x^2 + 2x + 3$. ∎

13.2 変数分離形

f, g を与えられた関数として

$$y'(x) = \frac{dy}{dx} = f(x)g(y) \tag{13.6}$$

の形をした $y(x)$ に関する微分方程式を**変数分離形微分方程式**という．微分方程式 (13.2) も $f(x) = 2x$, $g(y) = 1$ という変数分離形である．

$g(y) \neq 0$ だと仮定して，式 (13.6) の両辺を $g(y)$ で割り，x で積分すると

$$\int \frac{1}{g(y)} \frac{dy}{dx} dx = \int f(x) dx + C$$

を得る．左辺に置換積分 (8.1) を適用すると

$$\int \frac{1}{g(y)} dy = \int f(x) dx + C \tag{13.7}$$

を得る．したがって，この式の両辺の積分が遂行できれば一般解が得られたことになる．

慣れてきたら次のようにしてよい．式 (13.6) より

$$\frac{dy}{g(y)} = f(x) dx$$

と書けるから，この式の両辺を積分して式 (13.7) を得る．

【補足】 $\frac{dy}{dx}$ は $dy \div dx$（割り算）ではないから，このような扱い方は厳密なものではないが，正しい結果が得られるので以後用いることにする．

さて，上で $g(y) \neq 0$ を仮定したが，仮に $g(y_0) = 0$ となる定数 y_0 があれば，$y = y_0$（定数関数）は明らかに微分方程式 (13.6) の解である．この解は，一般解 (13.7) に含まれることもあるし，特異解であることもある．

[*1] 以後，特に断らない限り，任意定数に関するこのような文言を省略する．

【例題 13.2】 微分方程式 $y'(x) = (2x+1)y$ を初期条件 $y(0) = 3$ の下で解け.

【解】 与えられた微分方程式を変形すると $\frac{dy}{y} = (2x+1)dx$. 両辺を積分すると, $\int \frac{dy}{y} = \int (2x+1)dx + C$ であるから $\ln y = x^2 + x + C$. したがって一般解は $y = e^{x^2+x+C} = De^{x^2+x},\ (D := e^C)$. 初期条件より $y(0) = De^0 = 3$ であるから $D = 3$. よって, $y = 3e^{x^2+x}$. ∎

> **【補足】** 上の解答の, 初めから $y = 0$ という解を排除している（両辺を y で割っている）点や $\int \frac{dy}{y} = \ln|y|$（絶対値付き）としていない点が気になったかも知れない. そこで少し冗長だが, 以下に正確な別解を書いておく. ただし, 結果は同じになるので, 本書では以後も上のような解き方を採用する.
>
> （別解）$y = 0$ は与えられた微分方程式を満たす. $y \neq 0$ と仮定すると $\frac{dy}{y} = (2x+1)dx$. 両辺を積分すれば $\int \frac{dy}{y} = \int (2x+1)dx + C$ であるから $\ln|y| = x^2 + x + C$ を得る. よって一般解は $y = \pm e^{x^2+x+C} = De^{x^2+x},\ (D := \pm e^C \geqq 0) \cdots (*)$. ところで, 最初に除外した解 $y = 0$ は一般解 $(*)$ で $D = 0$ としたもので表せる. したがって, 与えられた微分方程式の一般解と特異解は $(*)$ で $D \in \mathbb{R}$ としたものに含まれる. 初期条件より $y(0) = De^0 = 3$ であるから $D = 3$. よって, $y = 3e^{x^2+x}$.

■ 演習問題

【問題 13.1】 《理解度確認》（解答は ☞ p.199）

次の微分方程式を解け.

[1] $y''(x) = 6x,\ y'(0) = 1,\ y(0) = 2$ [2] $y''(x) = 4\sin 2x,\ y'(0) = 1,\ y(0) = 1$

[3] $y'(x) = 2y,\ y(0) = 3$ [4] $y'(x) = 2xy,\ y(0) = 5$

【問題 13.2】 《変数分離形 ★★☆》（解答は ☞ p.200）

次の微分方程式を解け.

[1] $y'(x) = y^2 - 3y + 2,\ y(0) = -1$ [2] $y'(x)\sin y + \cos x = 0,\ y(0) = \frac{\pi}{2}$

[3] $y'(x) + \sqrt{1-y^2} = 0,\ y(0) = \frac{1}{2}$ [4] $y'(x) - \sqrt{y^2-1} = 0,\ y(0) = 1$

【問題 13.3】 《生物個体数の数理モデル ★★☆》（解答は ☞ p.200）

時刻 t における生物の個体数 $N(t)$ を考える. $N(t)$ は連続量として扱えるとして次の問いに答えよ.

[1] 単位時間当たりの個体数の増加 $\frac{dN}{dt}$ が, その時刻における個体数 $N(t)$ に比例すると仮定するのが**マルサス・モデル**であり, $N(t)$ は次の微分方程式に従う.

$$N'(t) = kN, \quad N(0) = N_0. \tag{13.8}$$

ただし, $k\,(> 0)$ はマルサス係数とよばれる比例定数, N_0 は初期の個体数である. $N(t)$ を求めよ. また, 任意の時刻から個体数が 2 倍になるまでの時間 Δt（倍加時間）を求めよ.

[2] 個体数には上限 $N_1\,(> N_0)$ があり, 式 (13.8) において比例定数 k が, N の増大と共に $k(1 - N/N_1)$ のように減少するように修正すると, N は**ロジスティック方程式**と呼ばれる次の微分方程式に従う.

$$N'(t) = k\left(1 - \frac{N}{N_1}\right)N, \quad N(0) = N_0. \tag{13.9}$$

$N(t)$ および $\lim_{t \to \infty} N(t)$ を求めよ. N_1 は**環境収容力**と呼ばれる.

【問題 13.4】 《物理・工学への応用★★☆》(解答は ☞ p.201)

微分方程式の物理学・工学への応用に関して, 次の問いに答えよ.

[1] 貯水タンクの底に穴が開いており, 単位時間に穴から流出する水の量がその時刻における底からの水位 $h(t)$ の平方根に比例することから, 次式が成立する.

$$h'(t) = -k\sqrt{h}, \quad h(0) = h_0.$$

ここで, $k \,(> 0)$ は定数, h_0 は初期の水位である. $h(t)$ を求めよ. また, 貯水タンクが空になるまでの時間を求めよ.

[2] 質量 m の物体の鉛直方向の落下運動を考える. 時刻 t における物体の下向きの速さを $v(t)$ とする. この物体が重力 mg, および, 速度に比例する空気抵抗 kv を受けて運動するとき, 速度 $v(t)$ に関するニュートンの運動方程式は次のようになる.

$$mv'(t) = mg - kv, \quad v(0) = 0. \tag{13.10}$$

$v(t)$ を求めよ. また, **終端速度** $v_\infty := \lim_{t \to \infty} v(t)$ を求めよ.

[3] 抵抗値 R の抵抗, 電気容量 C のコンデンサ, 外部電圧 V, スイッチ S からなる RC 直列回路を考える (☞ 図 13.1). ただし, R, C, V は正の定数である. 時刻 $t = 0$ においてスイッチを入れ, コンデンサに充電し始めたとする. コンデンサに蓄えられた電荷を $Q(t)$, 回路に流れる電流を $I(t)$ とすると, **キルヒホッフの法則**を用いて次が得られる.

$$RI(t) + \frac{Q(t)}{C} = V, \quad I(t) = Q'(t) \quad Q(0) = 0.$$

このとき, $Q(t)$ を求めよ. また, コンデンサに蓄えられる電荷が最大値の $100\alpha\%, \,(0 < \alpha < 1)$ になるまでの時間 t_α を求めよ.

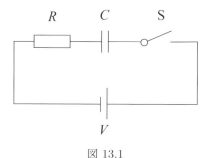

図 13.1

【問題 13.5】 《同次形微分方程式★★☆》(解答は ☞ p.201)

f を与えられた関数として

$$y'(x) = f\left(\frac{y}{x}\right) \tag{13.11}$$

の形をした微分方程式を**同次形微分方程式**という.

[1] $z(x) := \frac{y(x)}{x}$ とおくと, 同次形は変数分離形に帰着することを示せ.

[2] 微分方程式 $xy' = y + \sqrt{x^2 + y^2}$ の一般解を求めよ.

【研究】高校物理と大学物理

「大学では生物は化学に，化学は物理に，物理は数学に，数学は哲学になる」という冗談を聞いたことがある．何れの学問においても専門性が増すにつれ物事の根源的理由を探るようになるから，それが抽象性を高める方向に向かわせるのだろうか．あるいは，分野間の垣根がなくなり，学問が本当の姿を現すということかも知れない．

いずれにせよ，大学では物理が数学的になるのは紛れもない事実で，多くの人が高校物理と大学物理のギャップに戸惑うのは昔から変わらない．その主な理由は，高校物理では微分積分が使われないが，大学物理では躊躇なく使われるからである．

例えば，質量 m の物体に外力 F が働いているときのニュートンの運動方程式 $ma = F$ は，大学では

$$m\frac{d^2\boldsymbol{r}(t)}{dt^2} = \boldsymbol{F}(\boldsymbol{r}(t), t) \tag{13.12}$$

とベクトルと微分で書かれる．数学的には，これは 3 つの未知関数 $\boldsymbol{r}(t) = (x(t), y(t), z(t))$ に関する連立の微分方程式に他ならない．力学には他にも，**運動量保存の法則や力学的エネルギー保存の法則**（☞ 問題 28.3）など様々な保存則も現れるが，実はそれらは式 (13.12) を時刻 t で積分したものに過ぎず，それらが運動方程式と独立に存在するわけではない．

例えば，質量 m_A, m_B の 2 つの物体 A, B が互いに力を及ぼし合っているとき，運動方程式はそれぞれ $m\boldsymbol{r}_A''(t) = \boldsymbol{F}$, $m_B\boldsymbol{r}_B''(t) = -\boldsymbol{F}$ と書ける．ここで，B が A に及ぼす力が $\boldsymbol{F}$ のとき，A が B に及ぼす力は $-\boldsymbol{F}$ であること（運動の第 3 法則）を用いた．これら 2 つの運動方程式を加えて，時刻 t_1 から t_2 まで積分すれば，$\boldsymbol{v}(t) = \boldsymbol{r}'(t)$ を速度として，次の運動量保存の法則を得る．

$$m_A\boldsymbol{v}_A(t_1) + m_B\boldsymbol{v}_B(t_1) = m_A\boldsymbol{v}_A(t_2) + m_B\boldsymbol{v}_B(t_2). \tag{13.13}$$

残念ながら，現在高校では微分方程式を学ばないので，式 (13.12) を積分するだけで得られる式 (13.13) のような「副次的な」関係式が公式という名の下に教科書に多数羅列されることになる．そうなると，「物理の学力たるは公式を暗記して使いこなす力なり」と信じる者が現れても無理はない．しかし，それは大きな勘違いで，大学の力学で覚えておかなくてはならないのは運動方程式 (13.12) だけで，本当に必要なのは，運動方程式を微分方程式として解く数学の力ということになる．学べば学ぶほど覚えるべきことが減るという事実は，数学や物理という学問の本質を表している．

ここでは力学の話をしたが，実はその他の物理分野（流体力学，電磁気学，量子力学，相対性理論，$\cdots$）でも事情は同じである．各分野には運動方程式かそれに準ずる微分方程式があり，殆ど全ての法則はそれを積分して得られるので，覚える公式など数える程しかない．本書の読者には，微分方程式やベクトルにいち早く慣れ，理路整然とした物理学の美しさに触れてもらいたい．

第 14 章　斉次線形微分方程式

14.1　定義

a, b を定数，$f(x)$ を与えられた関数として

$$y'' + 2ay' + by = f(x) \tag{14.1}$$

を $y(x)$ に関する定数係数 2 階線形微分方程式という．特に，$f(x) = 0$ とおいた

$$y'' + 2ay' + by = 0 \tag{14.2}$$

は斉次な定数係数 2 階線形微分方程式であるといい，$f(x) \neq 0$ であるとき微分方程式 (14.1) は非斉次であるという．本章で斉次微分方程式 (14.2) の解法を学び，次章で非斉次微分方程式 (14.1) の解法を学ぶ．

y_1, y_2 が微分方程式 (14.2) の解のとき，C_1, C_2 を任意定数として，線形結合 $y_3 := C_1 y_1 + C_2 y_2$ も微分方程式 (14.2) の解である．何故なら

$$\begin{aligned} y_3'' + 2ay_3' + by_3 &= (C_1 y_1 + C_2 y_2)'' + 2a(C_1 y_1 + C_2 y_2)' + b(C_1 y_1 + C_2 y_2) \\ &= C_1(y_1'' + 2ay_1' + by_1) + C_2(y_2'' + 2ay_2' + by_2) = 0 \end{aligned}$$

だからである．これを微分方程式 (14.2) の線形性という．したがって，微分方程式 (14.2) の一般解を求めるには，(14.2) の相異なる 2 つの解 y_1, y_2 を見つけ，それらの線形結合を作ればよい．

> 【補足】 2 つのベクトル $\boldsymbol{A}, \boldsymbol{B}$ のそれぞれに定数を乗じて加えたもの $\alpha \boldsymbol{A} + \beta \boldsymbol{B}$ をベクトル $\boldsymbol{A}, \boldsymbol{B}$ の線形結合という．関数もベクトルである（☞ 研究 p.95）から，y_3 は y_1, y_2 の線形結合である．

【例題 14.1】 $y_1 = e^x$, $y_2 = e^{2x}$, $y_3 = 4y_1 - 10y_2$ は $y'' - 3y' + 2y = 0$ の解であることを示せ．

【解】 $y_1'' - 3y_1' + 2y_1 = e^x - 3e^x + 2e^x = 0$, $y_2'' - 3y_2' + 2y_2 = 4e^{2x} - 6e^{2x} + 2e^{2x} = 0$. また，$y_3'' - 3y_3' + 2y_3 = (4e^x - 10e^{2x})'' - 3(4e^x - 10e^{2x})' + 2(4e^x - 10e^{2x}) = (4 - 12 + 8)e^x + (-40 + 60 - 20)e^{2x} = 0$. ∎

14.2　解法

式 (14.2) の解として $y = e^{\lambda x}$（λ は未定の複素数）を仮定する．微分公式 (3.23) に注意して，

式 (14.2) に代入すると，$(\lambda^2 + 2a\lambda + b)e^{\lambda x} = 0$ より

$$\lambda^2 + 2a\lambda + b = 0 \tag{14.3}$$

を得る．これを**特性方程式**という．特性方程式の解は 2 次方程式の解の公式より

$$\lambda = -a \pm \sqrt{D} =: \begin{cases} \lambda_2 \\ \lambda_1 \end{cases}, \quad D := a^2 - b$$

となる．以降，判別式 D が負・0・正の場合に分けて考える．

● $D < 0$ のとき

λ_1, λ_2 は互いに共役な複素数となる．$D = -\beta^2, (\beta > 0)$ とすると，一般解は

$$y = A_1 e^{(-a-i\beta)x} + A_2 e^{(-a+i\beta)x} = e^{-ax}(A_1 e^{-i\beta x} + A_2 e^{i\beta x}).$$

ここで，オイラーの公式 (3.15) を用いると

$$y = e^{-ax}\left[A_1(\cos\beta x - i\sin\beta x) + A_2(\cos\beta x + i\sin\beta x)\right] = e^{-ax}(B_1\cos\beta x + B_2\sin\beta x). \tag{14.4}$$

ただし，最後の等号では $B_1 := A_1 + A_2, B_2 := i(A_2 - A_1)$ とした．さらに，三角関数の合成を行うと

$$y = C_1 e^{-ax}\sin(\beta x + C_2) \tag{14.5}$$

と書くこともできる．ただし，$C_1 := \sqrt{B_1^2 + B_2^2}, \tan C_2 := B_1/B_2$ である．

【**例題 14.2**】　$y'' + 4y' + 5y = 0, y(0) = 0, y'(0) = 1$ を解け．

【**解**】　特性方程式 $\lambda^2 + 4\lambda + 5 = 0$ を解いて $\lambda = -2 \pm i$．したがって一般解は式 (14.4) を用いて，$y = e^{-2x}(B_1\cos x + B_2\sin x)$．これを微分して，$y' = -2e^{-2x}(B_1\cos x + B_2\sin x) + e^{-2x}(-B_1\sin x + B_2\cos x)$．初期条件より，$y(0) = B_1 = 0$．また，$y'(0) = -2B_1 + B_2 = 1$．したがって，求める特殊解は $y = e^{-2x}\sin x$．∎

● $D = 0$ のとき

$\lambda_1 = \lambda_2 = -a$ であるから，$y_1 = e^{\lambda_1 x}, y_2 = e^{\lambda_2 x}$ が同一の解になってしまう．そこで，解 $y = Ae^{-ax}$ の定数 A を関数 $A(x)$ にして，$A(x)$ を求めることで一般解を探す．これを**定数変化法**という．$y = A(x)e^{-ax}$ に積の微分法 (1.10) を用いれば

$$y' = (A' - aA)e^{-ax}, \quad y'' = (A'' - 2aA' + a^2 A)e^{-ax}. \tag{14.6}$$

式 (14.2) で $b = a^2 (\Leftrightarrow D = 0)$ としたものに式 (14.6) などを代入すると

$$0 = y'' + 2ay' + a^2 y = (A'' - 2aA' + a^2 A)e^{-ax} + 2a(A' - aA)e^{-ax} + a^2 Ae^{-ax} = A'' e^{-ax}.$$

よって，微分方程式 $A'' = 0$ を得るが，その一般解として $A(x) = A_1 + A_2 x$ を得る．したがって，微分方程式 (14.2) の一般解は

$$y = (A_1 + A_2 x)e^{-ax}. \tag{14.7}$$

● $D > 0$ のとき

λ_1, λ_2 は相異なる実数となり，式 (14.2) の一般解は $y_1 = e^{\lambda_1 x}$, $y_2 = e^{\lambda_2 x}$ の線形結合

$$y = A_1 e^{\lambda_1 x} + A_2 e^{\lambda_2 x} = A_1 e^{(-a - \sqrt{a^2 - b})x} + A_2 e^{(-a + \sqrt{a^2 - b})x} \tag{14.8}$$

で与えられる．

【補足】 $\gamma = \sqrt{a^2 - b}$ とおくと，一般解 (14.8) は $y = e^{-ax}(A_1 e^{-\gamma x} + A_2 e^{\gamma x})$ となる．指数関数と双曲線関数の関係 (6.4) を用いると，

$$y = e^{-ax} \left[A_1 (\cosh \gamma x - \sinh \gamma x) + A_2 (\cosh \gamma x + \sinh \gamma x) \right]$$
$$= e^{-ax} (B_1 \cosh \gamma x + B_2 \sinh \gamma x)$$

と書ける（比較 ☞ 式 (14.4)）．ここで，$B_1 := A_1 + A_2$, $B_2 := A_2 - A_1$ とおいた．更に，加法定理 (6.9) を用いると

$$y = C_1 e^{-ax} \sinh(\gamma x + C_2)$$

と書くこともできる（比較 ☞ 式 (14.5)）．ただし，$C_1 = \sqrt{B_2^2 - B_1^2}$, $\tanh C_2 = B_1 / B_2$.

■ 演習問題

【問題 14.1】《理解度確認》（解答は ☞ p.202）

[1] $y_1 = \cos 2x$, $y_2 = \sin 2x$, $y_3 = 3y_1 + 5y_2$ は $y'' + 4y = 0$ の解であることを示せ．
[2] $y'' - y' - 2y = 0$, $y(0) = 3$, $y'(0) = 0$ を解け．
[3] $y'' + 4y' + 4y = 0$, $y(0) = 1$, $y'(0) = 0$ を解け．
[4] $y'' + 2y' + 5y = 0$, $y(0) = 2$, $y'(0) = 0$ を解け．

【問題 14.2】《いろいろな線形微分方程式 ★☆☆》（解答は ☞ p.202）

次の微分方程式の一般解を求めよ．
[1] $y(x)$ に関する 1 階線形微分方程式 $y' + 2y = 0$.
[2] $y(x)$ に関する 3 階線形微分方程式 $y^{(3)} + y'' - 2y = 0$.
[3] $y(x), z(x)$ に関する連立線形微分方程式 $y' = y - z$, $z' = 6y - 4z$.

【問題 14.3】《減衰振動 ★★☆》（解答は ☞ p.202）

質量 m のおもりがばね定数 k のばねに繋がれており，おもりは速度に比例する摩擦力（比例定数 $\hat{\gamma}$）を受けて運動する（☞ 図 14.1）．ここで，$m, k, \hat{\gamma}$ は正の定数とする．ばねの自然長からの伸びを $x(t)$ とする

と，ニュートンの運動方程式は

$$mx'' = -kx - \hat{\gamma}x' \tag{14.9}$$

となる．ここで，$\omega_0 := \sqrt{\frac{k}{m}}$, $\gamma := \frac{\hat{\gamma}}{2m}$ とおくと，式 (14.9) は

$$x'' + 2\gamma x' + \omega_0^2 x = 0 \tag{14.10}$$

となる．次の 3 つの場合について，微分方程式 (14.10) の一般解 $x(t)$ および極限 $\lim_{t \to \infty} x(t)$ を求めよ．

　[1]　$\gamma > \omega_0$ 　　　　　　　　　　[2]　$\gamma = \omega_0$ 　　　　　　　　　　[3]　$\gamma < \omega_0$

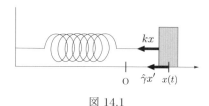

図 14.1

【**問題 14.4**】《LRC 回路★★☆》（解答は ☞ p.203）

　インダクタンス L のコイル，抵抗値 R の抵抗，電気容量 C のコンデンサ，外部電圧 V が直列に繋がれた LRC 回路を考える（☞ 図 14.2）．ただし，L, R, C, V は正の定数とする．キルヒホッフの法則を用いると，回路に流れる電流 $I(t)$ について次が成立する．

$$LI'(t) + RI(t) + \frac{Q(t)}{C} = V, \quad Q(t) = \int_0^t I(\tau)d\tau. \tag{14.11}$$

式 (14.11) を微分することで，$I(t)$ に関する線形微分方程式を求めよ．また，その線形微分方程式の特性方程式の解を $\omega_0 := \frac{1}{\sqrt{LC}}$, $\zeta := \frac{R}{2}\sqrt{\frac{C}{L}}$ で表し，解の定性的振る舞いが ζ の値に依って変化することを示せ．

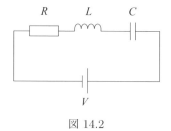

図 14.2

【**問題 14.5**】《非斉次 1 階線形微分方程式★★★》（解答は ☞ p.204）

　$P(x), Q(x)$ を与えられた関数として

$$y' + P(x)y = Q(x) \tag{14.12}$$

を $y(x)$ に関する**非斉次 1 階線形微分方程式**と呼ぶことにする．対応する斉次微分方程式を

$$y' + P(x)y = 0 \tag{14.13}$$

として，次の問いに答えよ．

[1] 式 (14.13) の一般解は, C を任意定数として $y = Ce^{-\int P dx}$ で与えられることを示せ.

[2] 設問 [1] の結果に定数変化法を適用することで, 式 (14.12) の一般解は D を任意定数として次式で与えられることを示せ.

$$y = \left(\int Q e^{\int P dx} dx + D \right) e^{-\int P dx}. \tag{14.14}$$

[3] $v(t)$ に関する微分方程式 $mv' = mg - kv$, $v(0) = 0$ を解け. ただし, m, g, k は正の定数とする (比較 ☞ 問題 13.4 (p.75)).

【研究】 次元解析

物理量には大きさと**次元** (dimension) が付随している. 例えば, $\ell_1 = 1$ cm と $\ell_2 = 1$ km は大きさが違うが, どちらも長さである. このとき, ℓ_1, ℓ_2 は長さの次元をもつという. 長さの次元を L と表し, $[\ell_1] = [\ell_2] = L$ と書く. つまり, [ ] は次元の情報を取り出す操作と約束する.

力学に限れば, 独立な次元として, 質量の M, 長さの L, 時間の T が選べ, その他の物理量はこれらの組合せで書ける. 例えば, 加速度 a は位置 x の時間 t による 2 階微分だから $[a] = \left[\frac{d^2 x}{dt^2} \right] = LT^{-2}$ なる次元をもち, 力 F は運動方程式 $ma = F$ からわかるように $[F] = [ma] = MLT^{-2}$ なる次元をもつ. 物事の個数や回数, 角度のように次元をもたない量は**無次元量**と呼ばれる. 角度 θ rad は扇型の弧の長さを ℓ, 半径を r として $\theta := \ell/r$ であることを思い出そう.

物理的に意味をなす数式には必ず満たされなければならない原則がある.

(i) 両辺・各項の次元は等しい

(ii) 超越関数 (☞ 1 章) の変数は無次元である

の 2 つである. 原則 (i) は同じ次元の量どうししか加減できないことを表している. (長さ 1 cm) + (質量 2 kg) は意味を成さないことから直ちに理解できよう. 原則 (ii) は, 三角関数なら $\sin x = x - \frac{1}{3!} x^3 + \cdots$ のようにマクローリン展開 (☞ 11 章) されることから納得できるだろう. 変数 (引数ともいう) x に次元があったら原則 (i) から右辺は意味をなさない.

例えば, 等加速度運動する質点の運動方程式 $x''(t) = a = (一定)$ を積分すれば, x_0, v_0 を初期位置・初速度として

$$x(t) = x_0 + v_0 t + \frac{1}{2} a t^2 \tag{14.15}$$

を得る. 右辺第 2, 3 項の次元を見ると, $[v_0 t] = LT^{-1} \cdot T = L$, $[\frac{1}{2} a t^2] = LT^{-2} \cdot T^2 = L$ と長さの次元をもっており, 原則 (i) が満たされている.

また, 伸び x に比例する復元力を受ける振動子の運動方程式は $mx''(t) = -kx$ であり, 初期位置・速度を x_0, v_0 とすれば, 解は

$$x = x_0 \cos \omega t + \frac{v_0}{\omega} \sin \omega t, \quad \omega := \sqrt{\frac{k}{m}} \tag{14.16}$$

となる (☞ 問題 14.3). k はばねの単位伸び当たりに働く力だからその次元は $[k] = [F/x] = MT^{-2}$ である. 三角関数の変数をみると, $[\omega t] = \sqrt{MT^{-2}/M} \cdot T = 1$ と無次元であり, 原則 (ii) が満たされている.

原則 (i),(ii) を用いると検算ができる. 例えば, 上述の等加速度運動の解 (14.15) を導いたとき, 右辺第 3 項が $\frac{1}{2} at$ となっていたら, 次元が L でないので間違っているし, 振動子の解 (14.16) で三角関数の変数が kt/m となっていたら無次元でないので間違いである. 一般に, 原則 (i),(ii) が保たれているからといって結果が正しいことは保証されないが, 原則 (i),(ii) が保たれていなかったらその結果は必ず間違っている.

　次元を利用するとある程度答えの予想もできる．振動子の周期 P は，問題に現れる定数 m, k で決まるはずだから，$P = m^{\alpha} k^{\beta}$ とおくと，$[P] = [m]^{\alpha}[k]^{\beta} = \mathsf{M}^{\alpha+\beta}\mathsf{T}^{-2\beta} = \mathsf{T}$ でなくてはならない．指数を比較すると $\alpha = -\beta = 1/2$ となり，$P = \sqrt{m/k}$ が得られる．正確には $P = 2\pi\sqrt{m/k}$ であるが，無次元係数 2π を除いて正しい答えが得られたことになる．これだけでも，ばね定数 k を 4 倍にすれば周期が $1/2$ になることなどがわかるので，場合によっては十分な情報である．このような手法は**次元解析**と呼ばれる．

第 15 章　非斉次線形微分方程式

15.1　一般解

a, b を実定数として，関数 $y(x)$ に関する次の非斉次線形微分方程式考える．

$$y'' + 2ay' + by = f(x). \tag{15.1}$$

ここで，$f(x)$ は与えられた関数であり，式 (15.1) の右辺を**非斉次項**という．この微分方程式で $f(x) = 0$ とおいた

$$y'' + 2ay' + by = 0 \tag{15.2}$$

を微分方程式 (15.1) に対応する斉次微分方程式と呼ぶことにする．

微分方程式 (15.1) の一般解 $y(x)$ は，対応する斉次微分方程式 (15.2) の一般解を $y_h(x)$，微分方程式の (15.1) の任意の特殊解を $y_p(x)$ とすると，$y = y_h + y_p$ で与えられる．何故なら

$$(y_h + y_p)'' + 2a(y_h + y_p)' + b(y_h + y_p) = (y_h'' + 2ay_h' + by_h) + (y_p'' + 2ay_p' + by_p) = f(x)$$

となるため，$y = y_h + y_p$ は式 (15.1) の解であり，任意定数を 2 つ含んでいるからである．

斉次微分方程式の一般解 y_h の求め方は前章で学んだ．したがって本章では，非斉次微分方程式 (15.1) の特殊解 y_p の求め方を学ぶ．

【例題 15.1】　$y_p = 2x + 3$ は $y'' - 3y + 2y = 4x \cdots (*)$ の解であることを示し，$(*)$ の一般解を求めよ．

【解】　$y_p'' - 3y_p' + 2y_p = 0 - 3 \cdot 2 + 2(2x + 3) = 4x$ より，y_p は $(*)$ の特殊解である．$(*)$ に対応する斉次微分方程式 (☞ 例題 14.1) の一般解は $y_h = C_1 e^x + C_2 e^{2x}$ であるから，$(*)$ の一般解は $y = y_h + y_p = C_1 e^x + C_2 e^{2x} + 2x + 3.$ ∎

15.2　未定係数法

非斉次項 $f(x)$ が簡単な場合には，微分方程式 (15.1) の特殊解 $y_p(x)$ は $f(x)$ とよく似た関数となる．以下で見るような，$y_p(x)$ の関数形を仮定し，微分方程式を満たすようにその係数を決定する方法を**未定係数法**という．

　本章では，$f(x)$ が多項式または余弦・正弦関数で与えられる場合の未定係数法を学ぶ．$f(x)$ が指数関数の場合や特別な場合の未定係数法（☞ 問題 15.2），未定係数法がなぜうまく機能するかについて（☞ 問題 15.5）は演習問題で考察する．

● $f(x)$ が冪関数

　k を実定数として，非斉次項が冪関数 $f(x) = kx^n,\ (n = 0, 1, 2, \cdots)$ であるとき，特殊解として n 次多項式

$$y_p(x) = K_n x^n + K_{n-1} x^{n-1} + \cdots + K_1 x + K_0$$

が存在する．したがって，上式を微分方程式 (15.1) へ代入し，両辺が等しくなるように未定係数 $K_i,\ (i = 0, 1, 2, \cdots, n)$ を決めればよい．ただし，対応する斉次微分方程式 (15.2) の特性方程式 $\lambda^2 + 2a\lambda + b = 0$ が解として $\lambda = 0$ をもつ場合には，特別な扱いが必要である（☞ 問題 15.2）．

【例題 15.2】 $y'' - y - 2y = 4x \cdots (*),\ y(0) = 2,\ y'(0) = 0$ を解け．

【解】 対応する斉次微分方程式の特性方程式は $\lambda^2 - \lambda - 2 = (\lambda + 1)(\lambda - 2) = 0$ であるから，斉次微分方程式の一般解は $y_h = C_1 e^{-x} + C_2 e^{2x}$．一方，式 $(*)$ の特殊解を $y_p = K_1 x + K_0$ とおき，式 $(*)$ へ代入すると

$$4x = -K_1 - 2(K_1 x + K_0) = -2K_1 x - (K_1 + 2K_0).$$

これが任意の x について成立するから $4 = -2K_1,\ 0 = -(K_1 + 2K_0)$．これらを解いて $K_1 = -2$，$K_0 = 1$．したがって，$y_p = -2x + 1$ は式 $(*)$ の特殊解．よって，$y = y_h + y_p = C_1 e^{-x} + C_2 e^{2x} - 2x + 1$ は式 $(*)$ の一般解．また，これを微分して $y' = -C_1 e^{-x} + 2C_2 e^{2x} - 2$．ここで，初期条件より

$$y(0) = C_1 + C_2 + 1 = 2, \quad y'(0) = -C_1 + 2C_2 - 2 = 0$$

を得る．これらを解いて $C_1 = 0,\ C_2 = 1$．したがって，$y = e^{2x} - 2x + 1$．∎

● $f(x)$ が余弦・正弦関数

　k_1, k_2, q を実定数として，非斉次項が $f(x) = k_1 \cos qx + k_2 \sin qx$ のときは，特殊解として $\cos qx, \sin qx$ の線形結合を考えるとよい．

【例題 15.3】 $y'' + 2y' + 5y = 10 \sin x \cdots (*)$ の一般解を求めよ．

【解】 対応する斉次微分方程式の特性方程式は $\lambda^2 + 2\lambda + 5 = 0$ であり，その解は $\lambda = -1 \pm 2i$．したがってその一般解は $y_h = e^{-x}(C_1 \cos 2x + C_2 \sin 2x)$．式 $(*)$ の特殊解として $y_p(x) = K_1 \cos x + K_2 \sin x$ を仮定し，式 $(*)$ へ代入すると

$$10 \sin x = (-K_1 \cos x - K_2 \sin x) + 2(-K_1 \sin x + K_2 \cos x) + 5(K_1 \cos x + K_2 \sin x)$$
$$= (4K_1 + 2K_2) \cos x + (-2K_1 + 4K_2) \sin x.$$

両辺の $\cos x, \sin x$ の係数を等しいとおくと $K_1 = -1$, $K_2 = 2$ を得る．したがって，式 $(*)$ の一般解は $y = y_h + y_p = e^{-x}(C_1 \cos 2x + C_2 \sin 2x) - \cos x + 2\sin x$．∎

　非斉次項が $f(x) = k_1 \cos qx + k_2 \sin qx$ であり，対応する斉次微分方程式 (15.2) の特性方程式 $\lambda^2 + 2a\lambda + b = 0$ が純虚数解 $\lambda = \pm iq$ をもつ特別な場合には，特殊解を

$$y_p = x(K_1 \cos qx + K_2 \sin qx) \tag{15.3}$$

とおくと未定係数法が機能する（証明 ☞ 問題 15.5）．これは，強制振動における共鳴という物理現象に対応している（☞ 問題 15.3）．

【例題 15.4】 $y'' + 4y = 4\sin 2x \cdots (*)$ を解け．

【解】 非斉次線形微分方程式 $(*)$ に対応する斉次微分方程式の特性方程式は $\lambda^2 + 4 = 0$ であり，その解は $\lambda = \pm 2i$．したがって，$y_p(x) = x(K_1 \cos 2x + K_2 \sin 2x)$ とおくと，$y_p' = (K_1 + 2K_2 x)\cos 2x + (-2K_1 x + K_2)\sin 2x$, $y_p'' = (-4K_1 x + 4K_2)\cos 2x - (4K_1 + 4K_2 x)\sin 2x$ である．これらを式 $(*)$ へ代入すると $4\sin 2x = 4K_2 \cos 2x - 4K_1 \sin 2x$ であるから $K_1 = -1$, $K_2 = 0$ を得る．したがって非斉次線形微分方程式 $(*)$ の一般解は $y = y_h + y_p = C_1 \cos 2x + C_2 \sin 2x - x\cos 2x$．∎

■ 演習問題

【問題 15.1】《理解度確認》（解答は ☞ p.204）

次の微分方程式を解け．
- [1] $y'' + y' - 2y = -4x^2$, $y(0) = 3$, $y'(0) = -1$
- [2] $y'' + 4y' + 5y = 65\sin 2x$, $y(0) = -6$, $y'(0) = 0$
- [3] $y'' + y = 2\cos x$, $y(0) = 1$, $y'(0) = 0$

【問題 15.2】《特別な扱いが必要な場合 ★★☆》（解答は ☞ p.204）

　非斉次線形微分方程式 (15.1) の非斉次項 $f(x)$ が冪関数 $f(x) = kx^n$ であり，かつ，対応する斉次微分方程式 (15.2) の特性方程式 $\lambda^2 + 2a\lambda + b = 0$ が $\lambda = 0$ を単解としてもつ場合には特殊解として $y_p = x(K_n x^n + K_{n-1} x^{n-1} + \cdots + K_0)$ を，重解としてもつ場合には特殊解として $y_p = x^2(K_n x^n + K_{n-1} x^{n-1} + \cdots + K_0)$ を仮定するとよい．

　$f(x)$ が指数関数 $f(x) = ke^{qx}$ （k, q は 0 でない実定数）である場合，特殊解として $y_p = Ke^{qx}$ を仮定するとよい．ただし，対応する斉次微分方程式 (15.2) の特性方程式 $\lambda^2 + 2a\lambda + b = 0$ が $\lambda = q$ を単解としてもつ場合には $y_p = x \cdot Ke^{qx}$ を，重解としてもつ場合には $y_p = x^2 \cdot Ke^{qx}$ を仮定するとよい．次の微分方程式の一般解を求めよ．

- [1] $y'' - y' = 2x$
- [2] $y'' = 6x$
- [3] $y'' + y' - 2y = 2e^{-x}$
- [4] $y'' + y' - 2y = 3e^x$
- [5] $y'' - 4y' + 4y = 4e^{2x}$
- [6] $y'' + y' - 2y = -4x^2 + 2e^{-x}$

【問題 15.3】《強制振動 ★★★》（解答は ☞ p.205）

　質量 m のおもりが，ばね定数 k のばねに繋がれており，おもりは速度に比例する摩擦力（比例定数 $\hat{\gamma}$）と外力 $F_0 \sin\omega t$ を受けて運動する（☞ 図 15.1）．ただし，m, k, F_0, ω は正の定数，$\hat{\gamma}$ は非負（$\hat{\gamma} \geq 0$）の定数とする．ばねの自然長からの伸びを $x(t)$ とすると，ニュートンの運動方程式は

$$mx'' = -kx - \hat{\gamma}x' + F_0 \sin\omega t \tag{15.4}$$

となる．ここで，$\omega_0 := \sqrt{\frac{k}{m}}$，$\gamma := \frac{\hat{\gamma}}{2m}$，$f_0 := \frac{F_0}{m}$ とおくと，微分方程式 (15.4) は

$$x'' + 2\gamma x' + \omega_0^2 x = f_0 \sin\omega t \tag{15.5}$$

と書ける．次の問いに答えよ．

[1] $\gamma \neq 0$ のとき，微分方程式 (15.5) の特殊解 $x_p(t)$ および一般解を求めよ．

[2] 設問 [1] で求めた特殊解を定数 $X(\omega), \delta$ を用いて $x_p(t) = X(\omega)\sin(\omega t - \delta)$ と書いたとき，$X(\omega)$ の最大値を求めよ．

[3] $\gamma = 0$ かつ $\omega = \omega_0$ のとき，微分方程式 (15.5) の特殊解 $x_p(t)$ を求めよ．

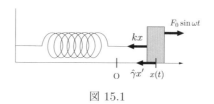

図 15.1

【問題 15.4】《RLC 回路 ★★★》（解答は ☞ p.206）

抵抗値 R の抵抗，インダクタンス L のコイル，電気容量 C のコンデンサ，外部電圧 $V = V_0 \sin\omega t$ が直列に繋がれた RLC 直列回路を考える（☞ 図 15.2）．ただし，R, L, C, V_0, ω は正の定数である．キルヒホッフの法則を用いると，回路に流れる電流 $I(t)$ について次が成立する．

$$LI'(t) + RI + \frac{Q(t)}{C} = V_0 \sin\omega t, \quad Q(t) = \int_0^t I(\tau)d\tau. \tag{15.6}$$

式 (15.6) を t で微分することで，$I(t)$ に関する 2 階線形微分方程式を求め，次の問いに答えよ．

[1] 求めた微分方程式の特殊解 $I_p(t)$ を求めよ．

[2] 設問 [1] で求めた特殊解を，定数 $I_0(\omega), \delta$ を用いて $I_p(t) = I_0(\omega)\sin(\omega t - \delta)$ と書いたとき，$I_0(\omega)$ の最大値を求めよ．

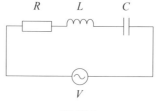

図 15.2

【問題 15.5】《定数変化法による未定係数法の正当化★★★》（解答は ☞ p.207）

非斉次線形微分方程式 (15.1) に対応する斉次微分方程式 (15.2) の 2 つの解を $y_1(x), y_2(x)$ とする．ただし，y_1, y_2 について

$$W(y_1, y_2) := \det \begin{pmatrix} y_1(x) & y_2(x) \\ y_1'(x) & y_2'(x) \end{pmatrix}$$

で定義されるロンスキアン $W(y_1, y_2)$ が 0 でないとする．そのとき，式 (15.2) の任意の解は適当な定数 C_1, C_2 を用いて $y_h(x) = C_1 y_1(x) + C_2 y_2(x)$ と表すことができる．次の問いに答えよ．

[1] 定数 C_1, C_2 を適当な関数 $C_1(x), C_2(x)$ にすることで（定数変化法），非斉次線形微分方程式 (15.1) に関して次のような一般解が得られることを示せ.

$$y(x) = -y_1(x) \int \frac{y_2(x)f(x)}{W(y_1, y_2)} dx + y_2(x) \int \frac{y_1(x)f(x)}{W(y_1, y_2)} dx. \tag{15.7}$$

ただし，$C_1(x), C_2(x)$ は $C_1'(x)y_1 + C_2'(x)y_2 = 0$ を満たすように決めるとする.

[2] $y'' + y = \dfrac{1}{\cos x}$ の一般解を求めよ.

[3] 未定係数法で仮定された解の形 (15.3) を式 (15.7) から正当化せよ.

【研究】SIR モデル

微分方程式は物理・工学だけでなく生命科学にも用いられる. ここでは，**数理疫学**において感染症流行を記述するのに用いられる **SIR モデル**を紹介する.

モデルの名は，対象とする地域の全人口を，感受性人口（Susceptables：感染する可能性のある人），感染人口（Infectives：感染している人），隔離人口（Recovered/Removed：回復して免疫を得た人ないし隔離者・死亡者）の 3 つに分けることに由来する.

時刻 t における各々のグループの人口 $S(t), I(t), R(t)$ が次の微分方程式に従うとする.

$$\begin{aligned} S'(t) &= -\beta S(t)I(t), \\ I'(t) &= \beta S(t)I(t) - \gamma I(t), \\ R'(t) &= \gamma I(t). \end{aligned} \tag{15.8}$$

第 1 式は単位時間当たりの新規感染者数 $-S'(t)$ が $S(t)$ と $I(t)$ の両方に比例することを表し，比例定数 $\beta\,(>0)$ は感染率と呼ばれる. 第 3 式は単位時間当たりの新規隔離者数 $R'(t)$ が $I(t)$ に比例することを表し，比例定数 $\gamma\,(>0)$ は隔離率と呼ばれる. 第 2 式は全人口が一定となる条件 $[S(t) + I(t) + R(t)]' = 0$ と第 1, 3 式より得られる.

簡単な考察から，初期に少数の感染者が侵入してきたとき感染が拡大する条件を知ることができる. 初期の感受性人口を $S(0)$ として，そこに少数の感染者が現れたとする. このとき，第 2 式は $I'(t) \simeq (\beta S(0) - \gamma)I(t)$ と書ける. これは変数分離形なので $I(t) \simeq I(0)\exp[(\beta S(0) - \gamma)t]$ と解ける. よって，$\beta S(0) - \gamma > 0$，即ち，$R_0 := \gamma^{-1}\beta S(0) > 1$ ならば $I(t)$ は指数関数的に増大する. R_0 は**基本再生産数**と呼ばれる. 定義から，$\beta S(0)$ は「1 人の初期感染者が単位時間に 2 次感染させる人数」，γ^{-1} は「1 人の感染者が感染状態に留まる時間」を表しているので，R_0 は「1 人の初期感染者が感染状態にある期間に 2 次感染させる人数」である.

大域的な様子を知るには式 (15.8) を数値的に解けばよい. 図 15.3 に $R_0 > 1$ の場合の計算結果を載せる. 上の考察から示唆されるように，感染人口は初期に指数関数的に増大し，その後，感受性人口の減少と隔離人口の増加に伴い鈍化し，いずれ減少に転じる.

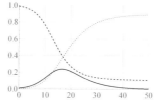

図 15.3 $S(t)$（破線），$I(t)$（実線），$R(t)$（点線）の全人口に対する割合. 横軸は時間（日）. $\beta S(0) = 0.5\,(1/$日$), \gamma^{-1} = 5$（日），$R_0 = 2.5$.

第Ⅳ部

偏微分とその応用

第 16 章　多変数関数

16.1　多変数関数とは

l, m, n を自然数とする．l 個の実数 $(x_1, x_2, \cdots, x_l)$ から n 個の実数 $(y_1, y_2, \cdots, y_n)$ への写像 F を考える．

$$F : \boldsymbol{x} = \begin{pmatrix} x_1 \\ x_2 \\ \vdots \\ x_l \end{pmatrix} \in \mathbb{R}^l \mapsto \boldsymbol{y} = \begin{pmatrix} y_1 \\ y_2 \\ \vdots \\ y_n \end{pmatrix} = F(\boldsymbol{x}) = \begin{pmatrix} f_1(x_1, x_2, \cdots, x_l) \\ f_2(x_1, x_2, \cdots, x_l) \\ \vdots \\ f_n(x_1, x_2, \cdots, x_l) \end{pmatrix} \in \mathbb{R}^n.$$

$l \geq 2$ または $n \geq 2$ のとき，F を**多変数関数**と呼ぶ．それに対して，普通の関数 $y = f(x)$ は **1 変数関数**と呼ばれ，$l = n = 1$ の場合に相当する．また，ベクトル関数（☞ 9 章）$\boldsymbol{A}(t) = (A_x(t), A_y(t), A_z(t))$ は $l = 1, n = 3$ の場合に相当する．

> 【補足】 本書では，特に断らない限り，行ベクトル $(x_1, x_2, \cdots, x_l)$ と列ベクトル $(x_1, x_2, \cdots, x_l)^\top$ を区別しない．

2 つの関数 $G : \boldsymbol{x} \in \mathbb{R}^l \mapsto \boldsymbol{u} \in \mathbb{R}^m$, $F : \boldsymbol{u} \in \mathbb{R}^m \mapsto \boldsymbol{y} \in \mathbb{R}^n$ があるとき，**合成関数** $\boldsymbol{y} = (F \circ G)(\boldsymbol{x}) = F(G(\boldsymbol{x}))$ が定義できる．

【例題 16.1】 $G : x \in \mathbb{R} \mapsto \boldsymbol{u} = (u, v) = (e^x \cos x, e^x \sin x) \in \mathbb{R}^2$, $F : \boldsymbol{u} \in \mathbb{R}^2 \mapsto y = u + v \in \mathbb{R}$ について $y = (F \circ G)(x)$ を求めよ．

【解】 $y = u + v = e^x(\cos x + \sin x)$.

● スカラー場とベクトル場

$\boldsymbol{r} = (x, y, z) \in \mathbb{R}^3$ を 3 次元空間内の点，$t \in \mathbb{R}$ を時刻としたとき，$(\boldsymbol{r}, t) \in \mathbb{R}^4$ を**時空** (spacetime) 上の点という．時空上の点 $(\boldsymbol{r}, t)$ から 1 つの実数 $f(\boldsymbol{r}, t) \in \mathbb{R}$ への写像を**スカラー 場**という．物体の温度 $T(\boldsymbol{r}, t)$ や密度 $\rho(\boldsymbol{r}, t)$ はスカラー場の例である．また，時空上の点 $(\boldsymbol{r}, t)$ から 3 次元ベクトル $A_x(\boldsymbol{r}, t)\boldsymbol{i} + A_y(\boldsymbol{r}, t)\boldsymbol{j} + A_z(\boldsymbol{r}, t)\boldsymbol{k} = (A_x, A_y, A_z) \in \mathbb{R}^3$ への写像を**ベクトル 場**という．流体の**速度場** $\boldsymbol{v}(\boldsymbol{r}, t)$ や**電場** $\boldsymbol{E}(\boldsymbol{r}, t)$ はベクトル場の例である．

2 次元空間におけるスカラー場 $f(x, y)$ について，xy 平面上の点 (x, y) を xyz 空間内の点

$(x, y, f(x, y))$ に対応させることにより，グラフ $z = f(x, y)$ が描ける．また，2次元空間における ベクトル場 $\boldsymbol{A}(x, y) = (A_x(x, y), A_y(x, y))$ について，xy 平面上の点 (x, y) にその点を始点とした ベクトル $A_x(x, y)\boldsymbol{i} + A_y(x, y)\boldsymbol{j}$ を描くことで，ベクトル場 $\boldsymbol{A}(x, y)$ を可視化できる．

【例題 16.2】

[1] 次のスカラー場 $f(x, y)$ に対してグラフ $z = f(x, y)$ を描け．
  (a) $f(x, y) = x^2 + y^2$ (b) $f(x, y) = \sqrt{1 - x^2 - y^2}, \ (x^2 + y^2 \le 1)$

[2] 次のベクトル場 $\boldsymbol{A}(x, y)$ を xy 平面上に図示せよ．
  (a) $\boldsymbol{A} = x\boldsymbol{i} + y\boldsymbol{j}$ (b) $\boldsymbol{A} = -y\boldsymbol{i} + x\boldsymbol{j}$

【解】 [1] ☞ 図 16.1. [2] ☞ 図 16.2. ∎

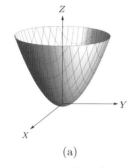 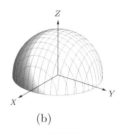

(a)   (b)

図 16.1　(a) $z = x^2 + y^2$（回転放物面）．(b) $z = \sqrt{1 - x^2 - y^2}$（半球）．

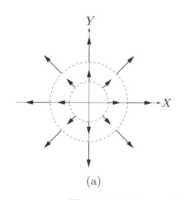 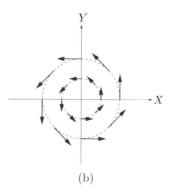

(a)   (b)

図 16.2　(a) $\boldsymbol{A} = x\boldsymbol{i} + y\boldsymbol{j}$．(b) $\boldsymbol{A} = -y\boldsymbol{i} + x\boldsymbol{j}$．

16.2　座標変換

　一般の3次元座標 (u, v, w) からデカルト座標 (x, y, z) への**座標変換**は $\mathbb{R}^3$ から $\mathbb{R}^3$ への写像であり，$(x, y, z) = (x(u, v, w), y(u, v, w), z(u, v, w))$ と表すことができる．また，ベクトル形式で

$$\boldsymbol{r}(u, v, w) = x(u, v, w)\boldsymbol{i} + y(u, v, w)\boldsymbol{j} + z(u, v, w)\boldsymbol{k} \tag{16.1}$$

と書くこともできる．座標変換を**変数変換**ともいう．

球座標（☞ 図 16.3(a)）は次のような写像として表される.

$$\boldsymbol{r}(r, \theta, \phi) = r\sin\theta\cos\phi\boldsymbol{i} + r\sin\theta\sin\phi\boldsymbol{j} + r\cos\theta\boldsymbol{k}, \tag{16.2}$$

$$0 \le r < \infty, \quad 0 \le \theta \le \pi, \quad 0 \le \phi < 2\pi. \tag{16.3}$$

3 次元空間内において, $r = r_0 =$（一定）は原点を中心とする半径 r_0 の**球面**, $\theta = \theta_0 =$（一定）は原点を頂点とした**頂角** $2\theta_0$ の**円錐面**, $\phi = \phi_0 = $（一定）は z 軸を含み zx 平面とのなす角が ϕ_0 の平面を表す. 球座標は $\theta = \frac{\pi}{2}$ に制限すると xy 平面上の極座標 $(x, y) = (r\cos\phi, r\sin\phi)$ になる.

r, θ, ϕ を不等式 (16.3) で表される範囲を動かせば, 対応する x, y, z はそれぞれ $-\infty$ から $+\infty$ まで動き, 3 次元空間 $\mathbb{R}^3$ を覆うことができる. 一方, r, θ, ϕ をある領域 $W \subset \mathbb{R}^3$ に制限すれば, それに応じて x, y, z もある領域 $V \subset \mathbb{R}^3$ に制限される.

【例題 16.3】 xyz 空間内の領域 $V = \{(x, y, z) : x^2 + y^2 + z^2 \le a^2, x \le 0, y \le 0, z \le 0\}$ に対応する $r\theta\phi$ 空間における領域 W を求めよ. ただし, a は正の定数とする.

【解】 V は原点を中心とする半径 a の球体の x, y, z が非正の領域の部分である. したがって, 対応する $r\theta\phi$ 空間の領域は, $W = \{(r, \theta, \phi) : 0 \le r \le a, \pi/2 \le \theta \le \pi, \pi \le \phi \le 3\pi/2\}$. ∎

円筒座標（☞ 図 16.3(b)）は次のような写像として表すことができる.

$$\boldsymbol{r}(\rho, \phi, z) = \rho\cos\phi\boldsymbol{i} + \rho\sin\phi\boldsymbol{j} + z\boldsymbol{k}, \tag{16.4}$$

$$0 \le \rho < \infty, \quad 0 \le \phi < 2\pi, \quad -\infty < z < \infty. \tag{16.5}$$

3 次元空間内において, $\rho = \rho_0 = $（一定）は半径 ρ_0 の**円筒**, $\phi = \phi_0 = $（一定）は z 軸を含み zx 平面とのなす角が ϕ_0 の平面, $z = z_0 = $（一定）は xy 平面に平行な平面を表す. 円筒座標は $z = 0$ に制限すると xy 平面上の極座標 $(x, y) = (\rho\cos\phi, \rho\sin\phi)$ になる.

> **【補足】** 本書では, 円筒 (cylindrical surface) は中身の詰まっていない 2 次元曲面, 円柱 (solid cylinder) は中身の詰まった 3 次元立体を表すとする.

【例題 16.4】 xyz 空間内の領域 $V = \{(x, y, z) : x^2 + y^2 \le a^2, x \ge 0, y \ge 0, -\frac{h}{2} \le z \le \frac{h}{2}\}$ に対応する $\rho\phi z$ 空間における領域 W を求めよ. ただし, a, h は正の定数とする.

【解】 V は z 軸を中心とする半径 a の円柱の $x \ge 0, y \ge 0, -\frac{h}{2} \le z \le \frac{h}{2}$ の部分である. したがって, 対応する $\rho\phi z$ 空間の領域は, $W = \{(\rho, \phi, z) : 0 \le \rho \le a, 0 \le \phi \le \pi/2, -h/2 \le z \le h/2\}$. ∎

16.3 曲面

3 次元空間内の曲面は, 2 つのパラメータ $(u, v) \in \mathbb{R}^2$ から 3 次元空間内の点 $(x, y, z) \in \mathbb{R}^3$ への写像

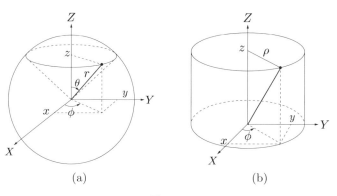

図 16.3

$$\boldsymbol{r}(u,v) = x(u,v)\boldsymbol{i} + y(u,v)\boldsymbol{j} + z(u,v)\boldsymbol{k} \tag{16.6}$$

によって表される.

例えば, 2 次元スカラー場のグラフ $z = f(x,y)$ は 3 次元空間内の曲面であり, xy 平面上の点 $(x,y) \in \mathbb{R}^2$ から 3 次元空間内の点 $(x,y,f(x,y)) \in \mathbb{R}^3$ への写像

$$\boldsymbol{r}(x,y) = x\boldsymbol{i} + y\boldsymbol{j} + f(x,y)\boldsymbol{k} \tag{16.7}$$

で表すことができる.

【例題 16.5】 曲面 $S = \{(x,y,z) : x + y + z = 1, \ x \geq 0, \ y \geq 0, \ z \geq 0\}$ を式 (16.7) の形式で表せ.

【解】 S は平面 $z = 1 - x - y$ の x, y, z が非負の部分を表している (☞ 図 16.4). したがって S 上の点は, $\boldsymbol{r}(x,y) = x\boldsymbol{i} + y\boldsymbol{j} + (1 - x - y)\boldsymbol{k}, \ (x + y \leq 1, \ x \geq 0, \ y \geq 0)$ と表すことができる. ▌

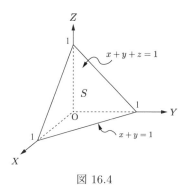

図 16.4

球座標においては, 角度座標 (θ, ϕ) をパラメータとして採用し, $R(\theta, \phi)$ を非負の任意関数として

$$\boldsymbol{r}(\theta, \phi) = R(\theta, \phi)\sin\theta\cos\phi\,\boldsymbol{i} + R(\theta, \phi)\sin\theta\sin\phi\,\boldsymbol{j} + R(\theta, \phi)\cos\theta\,\boldsymbol{k} \tag{16.8}$$

とすると，(θ,ϕ) で指定される方向にある曲面上の点の原点からの距離が $R(\theta,\phi)$ で与えられる曲面を表すことができる.

【**例題 16.6**】　曲面 $S = \{(x,y,z) : x^2 + y^2 + z^2 = a^2, z \geq 0\}$ を (θ,ϕ) をパラメータとして式 (16.8) の形式で表せ.

【**解**】　S は原点を中心とする半径 a の球面の $z \geq 0$ にある部分である. したがって，式 (16.8) において $R(\theta,\phi) = a$ として，$\boldsymbol{r}(\theta,\phi) = a\sin\theta\cos\phi\boldsymbol{i} + a\sin\theta\sin\phi\boldsymbol{j} + a\cos\theta\boldsymbol{k}, \ (0 \leq \theta \leq \pi/2, \ 0 \leq \phi < 2\pi)$. ∎

■ 演習問題

【**問題 16.1**】《理解度確認》(解答は ☞ p.208)

次の問いに答えよ.

[1] 写像 $G : t \in \mathbb{R} \mapsto \boldsymbol{r} = (x,y,z) = (e^t\cos t, e^t\sin t, t) \in \mathbb{R}^3$ と $F : \boldsymbol{r} \mapsto r = \sqrt{x^2 + y^2 + z^2} \in \mathbb{R}$ の合成写像 $r = (F \circ G)(t)$ を求めよ.

[2] スカラー場 $f(x,y) = x^2 - y^2$ について，グラフ $z = f(x,y)$ を描け.

[3] ベクトル場 $\boldsymbol{A}(x,y) = \dfrac{1}{r}(y\boldsymbol{i} - x\boldsymbol{j}), \ (r := \|x\boldsymbol{i} + y\boldsymbol{j}\| = \sqrt{x^2 + y^2} \neq 0)$ を xy 平面上に図示せよ.

[4] (r,θ,ϕ) を球座標とする. 領域 $V = \{(x,y,z) : 1 \leq x^2 + y^2 + z^2 \leq 4, z \geq 0\}$ に対応する $r\theta\phi$ 空間における領域 W を求めよ.

[5] 曲面 $S = \{(x,y,z) : 2x + 3y + z = 4, x \geq 0, y \geq 0, z \geq 0\}$ 上の点を式 (16.7) の形式で表せ.

【**問題 16.2**】《スカラー場・ベクトル場の視覚化 ★☆☆》(解答は ☞ p.209)

次の問いに答えよ. ただし，$r = \|\boldsymbol{r}\| = \|x\boldsymbol{i} + y\boldsymbol{j}\| = \sqrt{x^2 + y^2}$ とする.

[1] 次のスカラー場 $f(x,y)$ について，グラフ $z = f(x,y)$ を描け.
　(a) $f(x,y) = e^{-x^2 - y^2}$ 　　　　　　　　　(b) $f(x,y) = -\dfrac{1}{r}, \ (r \neq 0)$

[2] 次の 2 次元スカラー場 $\boldsymbol{A}(x,y) = A_x(x,y)\boldsymbol{i} + A_y(x,y)\boldsymbol{j}$ の概形を xy 平面上に描け.
　(a) $\boldsymbol{A}(x,y) = \dfrac{\boldsymbol{r}}{r}, \ (r \neq 0)$ 　　　　　　　(b) $\boldsymbol{A}(x,y) = -\dfrac{\boldsymbol{r}}{r^3}, \ (r \neq 0)$

【**問題 16.3**】《球座標と体積要素 ★★☆》(解答は ☞ p.209)

球座標について，次の問いに答えよ.

[1] デカルト座標と次の関係にあることを示せ.

$$r = \sqrt{x^2 + y^2 + z^2}, \quad \tan\theta = \frac{\sqrt{x^2 + y^2}}{z}, \quad \tan\phi = \frac{y}{x}. \tag{16.9}$$

[2] $r\theta\phi$ 空間内において，点 (r,θ,ϕ) と僅かに離れた点 $(r + \Delta r, \theta + \Delta\theta, \phi + \Delta\phi)$ を結ぶ線分を対角線とするような直方体は，xyz 空間のどのような立体に対応するか. また，その立体の体積は近似的に $\Delta V \simeq r^2\sin\theta\Delta r\Delta\theta\Delta\phi$ で与えられることを示せ.

【**問題 16.4**】《円筒座標と体積要素 ★★☆》(解答は ☞ p.210)

円筒座標について，次の問いに答えよ.

[1] デカルト座標と次の関係にあることを示せ.

$$\rho = \sqrt{x^2 + y^2}, \quad \tan\phi = \frac{y}{x}. \tag{16.10}$$

[2] $\rho\phi z$ 空間内において，点 (ρ,ϕ,z) と僅かに離れた点 $(\rho+\Delta\rho,\phi+\Delta\phi,z+\Delta z)$ を結ぶ線分を対角線とする直方体は，xyz 空間のどのような立体に対応するか．また，その立体の体積は近似的に $\Delta V \simeq \rho\Delta\rho\Delta\phi\Delta z$ で与えられることを示せ．

【問題 16.5】 《曲面のパラメータ表示 ★★★》（解答は ☞ p.210）

曲面のパラメータ表示について，次の問いに答えよ．

[1] 式 (16.8) において $R(\theta,\phi) = |\cos\theta|$ とした曲面はどのようなものか．

[2] 円筒座標における (ϕ,z) をパラメータ，$P(\phi,z)$ を任意の非負関数として[*1]

$$\boldsymbol{r}(\phi,z) = P(\phi,z)\cos\phi\boldsymbol{i} + P(\phi,z)\sin\phi\boldsymbol{i} + z\boldsymbol{k} \tag{16.11}$$

とすれば，曲面上の点が $(\rho,\phi,z) = (P(\phi,z),\phi,z)$ で指定される曲面を表すことができる．$P(\phi,z) = |z|$ とした曲面はどのようなものか．

[3] 円筒座標における (ρ,ϕ) をパラメータ，$Z(\rho,\phi)$ を任意の関数として

$$\boldsymbol{r}(\rho,\phi) = \rho\cos\phi\boldsymbol{i} + \rho\sin\phi\boldsymbol{j} + Z(\rho,\phi)\boldsymbol{k} \tag{16.12}$$

とすれば，曲面上の点が $(\rho,\phi,z) = (\rho,\phi,Z(\rho,\phi))$ で指定される曲面を表すことができる．$Z(\rho,\phi) = \phi,\ (0 \leq \rho \leq 1)$ とした曲面はどのようなものか．

【研究】関数の線形空間

IV

偏微分とその応用

微分積分と並び，理工系大学生が必ず学ぶ数学に**線形代数**がある．線形代数を学ぶ目的の 1 つは行列や行列式について理解することだが，もう 1 つ重要なのが，ベクトルの集合を一般化した**線形空間**のイメージを身に付けることである．そうでないと，後に学ぶ**フーリエ解析**や微分方程式（☞ III部）が味気ないものになってしまう．ここでは，理解の一助となるであろう関数の線形空間の話をしたい．

連続関数 f,g の和 $f+g$ とスカラー倍 αf を

$$(f+g)(x) := f(x) + g(x), \quad (\alpha f)(x) := \alpha f(x)$$

と定義すれば，これらもまた連続関数となる．更に，これらの演算は結合則や分配則など線形空間の公理を満たすから，連続関数の集合は線形空間になる（と，線形代数の本に書いてある）．関数がベクトルといわれると，初めはこじ付けだと反論したくなるが，実は関数にも矢印のイメージを付与できる．

空間を離散化して考える．関数 $f(x)$ の定義域を $[a,b]$ とし，この区間を $n-1$ 分割する点を $a = x_1 < x_2 < \cdots < x_{n-1} < x_n = b$ とする．点 $x = x_i$ における関数の値 $f_i := f(x_i)$ を $(f_1, f_2, \cdots, f_n)$ と並べて，これをベクトルの成分だと思えば，f を n 次元ベクトルと同一視したことになる．ただし実際には，$n \to \infty$ の極限をとる必要があるから，関数は**無限次元ベクトル**である．

ベクトルには内積 $\boldsymbol{A}\cdot\boldsymbol{B} = \sum_{i=1}^{3} A_i B_i$ とノルム $\|\boldsymbol{A}\| = \sqrt{\boldsymbol{A}\cdot\boldsymbol{A}}$ が定義される．するとまず，ナイーブには関数の内積を $(f,g) = \sum_{i=1}^{n} f_i g_i$ と定義したくなるが，これは $n \to \infty$ で発散する．よって，内積とノルムはそれぞれ

$$(f,g) := \int_a^b f(x)g(x)dx, \quad \|f\| := \sqrt{(f,f)}$$

などと積分で定義すればよいことがわかる．

[*1] P はギリシャ文字 ρ（ロー）の大文字．

　ベクトルには他にも，線形独立性，基底ベクトル，正規直交性，線形写像，・・・，など様々な概念があるが，それらは全て関数の線形空間にも導入される．その考え方をフル活用するのがフーリエ解析（☞ 問題 23.4）である．周期が $2L$ の連続関数 $f(x)$ は，適当な定数 a_n, b_n を用いて，次のように波長の異なる三角関数の和で表される．

$$f(x) = \frac{a_0}{2} + \sum_{n=1}^{\infty} \left(a_n \cos \frac{n\pi x}{L} + b_n \sin \frac{n\pi x}{L} \right). \tag{16.13}$$

これを $f(x)$ の**フーリエ展開**という（☞ 問題 23.4 (p.130)，問題 23.5 (p.131)，問題 24.4 (p.136)）．これが可能なのは，三角関数の集合 $\{\cos \frac{n\pi x}{L}, \sin \frac{n\pi x}{L}\}$，$(n = 0, 1, 2, \cdots)$ が，考えている周期関数の空間の基底ベクトルをなしているからである．したがって，式 (16.13) は丁度，3 次元空間ベクトル $\boldsymbol{A}$ を基底ベクトル $\{\boldsymbol{i}, \boldsymbol{j}, \boldsymbol{k}\}$ で表した式 $\boldsymbol{A} = A_x \boldsymbol{i} + A_y \boldsymbol{j} + A_z \boldsymbol{k}$ に対応している．

第17章　偏微分と全微分

17.1　偏微分

関数 $f : (x, y) \in \mathbb{R}^2 \mapsto f(x, y) \in \mathbb{R}$ について，極限

$$f_x(a, b) = \partial_x f(a, b) = \frac{\partial f}{\partial x}(a, b) = \lim_{h \to 0} \frac{f(a + h, b) - f(a, b)}{h}, \tag{17.1}$$
$$f_y(a, b) = \partial_y f(a, b) = \frac{\partial f}{\partial y}(a, b) = \lim_{k \to 0} \frac{f(a, b + k) - f(a, b)}{k}$$

が存在するとき，$f(x, y)$ は点 (a, b) で x, y により**偏微分可能**であるといい，$f_x(a, b), f_y(a, b)$ を**偏微分係数**という．$f(x, y)$ が xy 平面上の領域 D の各点 (x, y) において偏微分可能なとき，$f(x, y)$ は D で偏微分可能であるという．点 $(x, y) \in \mathbb{R}^2$ を $f_x(x, y), f_y(x, y)$ に写す関数を**偏導関数**という．x により偏微分するときは，y を定数として扱うだけでよい．

高階偏導関数も同様に定義される．

$$f_{xx}(x, y) = \partial_x^2 f(x, y) = \frac{\partial^2 f}{\partial x^2} = \frac{\partial}{\partial x}\left(\frac{\partial f}{\partial x}\right), \quad f_{xy}(x, y) = \partial_y \partial_x f(x, y) = \frac{\partial^2 f}{\partial y \partial x} = \frac{\partial}{\partial y}\left(\frac{\partial f}{\partial x}\right). \tag{17.2}$$

一般には，$f_{xy}(x, y) \neq f_{yx}(x, y)$ であるが，$f_{xy}(x, y)$ と $f_{yx}(x, y)$ がどちらも存在し，共に連続であるときは $f_{xy}(x, y) = f_{yx}(x, y)$ であることが知られている．

> 【補足】xy 平面上の点 (x, y) が定点 (a, b) に近づくとき，経路に依らず $f(x, y)$ がある値 A に近づくなら，$f(x, y)$ は A に**収束**するといい，$\displaystyle\lim_{(x,y) \to (a,b)} f(x, y) = A$ と書く．また，$\displaystyle\lim_{(x,y) \to (a,b)} f(x, y) = f(a, b)$ が成り立つとき，$f(x, y)$ は (a, b) で**連続**であるという．xy 平面上の領域 D の各点で $f(x, y)$ が連続であるとき，$f(x, y)$ は D で連続であるという（☞ 研究 p.102）．

【**例題 17.1**】 $f(x, y) = x^2 + xy - y^3$ について，点 $(1, 1)$ における 1 階および 2 階偏微分係数を求めよ．

【**解**】 $f_x(x, y) = 2x + y$, $f_y(x, y) = x - 3y^2$, $f_{xx}(x, y) = 2$, $f_{xy}(x, y) = f_{yx}(x, y) = 1$, $f_{yy}(x, y) = -6y$．これらに $(x, y) = (1, 1)$ を代入すれば，$f_x(1, 1) = 3$, $f_y(1, 1) = -2$, $f_{xx}(1, 1) = 2$, $f_{xy}(1, 1) = f_{yx}(1, 1) = 1$, $f_{yy}(1, 1) = -6$. ▮

● 接平面

$f_x(a,b)$ は平面 $y = b$ 上の曲線 $z = f(x,b)$ の $(x,z) = (a, f(a,b))$ における接線の傾き，$f_y(a,b)$ は平面 $x = a$ 上の曲線 $z = f(a,y)$ の $(y,z) = (b, f(a,b))$ における接線の傾きを表す（☞ 図 17.1）．これら 2 つの接線で張られる平面は，曲面 $z = f(x,y)$ の点 P$(a,b,f(a,b))$ における**接平面**と呼ばれ，その方程式は次式で与えられる．

$$z = f_x(a,b)(x - a) + f_y(a,b)(y - b) + f(a,b). \tag{17.3}$$

【例題 17.2】 曲面 $z = f(x,y) = x^2 + y^2$ の点 $(1, 1, f(1,1))$ における接平面を求めよ．

【解】 $f_x(x,y) = 2x$, $f_y(x,y) = 2y$ より $f_x(1,1) = f_y(1,1) = 2$. したがって，点 $(1, 1, f(1,1))$ における接平面は $z = 2(x - 1) + 2(y - 1) + 2$. ▮

接平面の方程式 (17.3) は次のように得られる．点 P の位置ベクトルを $\boldsymbol{r}_0 = a\boldsymbol{i} + b\boldsymbol{j} + f(a,b)\boldsymbol{k}$ とする．曲線 $z = f(x,b)$ と $z = f(a,y)$ の点 P における接ベクトルはそれぞれ，$\boldsymbol{\ell} = \boldsymbol{i} + f_x(a,b)\boldsymbol{k}$, $\boldsymbol{m} = \boldsymbol{j} + f_y(a,b)\boldsymbol{k}$ で与えられる．したがって，点 P における接平面の法ベクトルは

$$\boldsymbol{n} = \boldsymbol{\ell} \times \boldsymbol{m} = -f_x(a,b)\boldsymbol{i} - f_y(a,b)\boldsymbol{j} + \boldsymbol{k}$$

で与えられる．接平面上の任意の点を $\boldsymbol{r} = x\boldsymbol{i} + y\boldsymbol{i} + z\boldsymbol{i}$ とおくと，接平面の方程式は $\boldsymbol{n} \cdot (\boldsymbol{r} - \boldsymbol{r}_0) = 0$ で与えられる（☞ 問題 2.4 (p.16)）から

$$-f_x(a,b)(x - a) - f_y(a,b)(y - b) + 1 \cdot (z - f(a,b)) = 0$$

が成り立つ．これを整理すると，式 (17.3) が得られる．

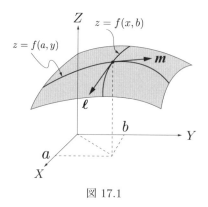

図 17.1

17.2　全微分

2 変数関数 $z = f(x,y)$ について，xy 平面上の僅かに離れた 2 点 (x,y) と $(x + \Delta x, y + \Delta y)$ における値の差 Δf は次のように書くことができる．

$$\Delta f = f(x + \Delta x, y + \Delta y) - f(x, y)$$
$$= \frac{f(x + \Delta x, y + \Delta y) - f(x, y + \Delta y)}{\Delta x} \Delta x + \frac{f(x, y + \Delta y) - f(x, y)}{\Delta y} \Delta y. \quad (17.4)$$

$\Delta x, \Delta y \to 0$ の極限をとり，Δ を d に書き換えると

$$df = \frac{\partial f}{\partial x} dx + \frac{\partial f}{\partial y} dy = f_x(x, y) dx + f_y(x, y) dy \quad (17.5)$$

を得る．df を点 (x, y) における f の**全微分**という．式 (17.5) を簡単に，$dz = z_x dx + z_y dy$ と書くこともある．全微分は x, y がそれぞれ dx, dy 変化したときの f の変化量の 1 次近似である（☞ 図 17.2）．

> 【補足】 式 (17.5) を得るのに，$f_x(x, y), f_y(x, y)$ が連続であること暗に仮定している．そうでないと，式 (17.4) から式 (17.5) を得るときに必要となる $\lim_{\Delta y \to 0} f_x(x, y + \Delta y) = f_x(x, y)$ が成り立たない．

【例題 17.3】 $f(x, y) = x^2 + y^2$ の全微分を求めよ．

【解】 $df = f_x dx + f_y dy = 2x dx + 2y dy.$

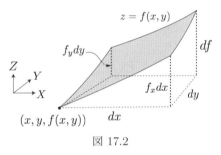

図 17.2

● 合成関数の微分法

$z = f(x, y)$ において，$x = x(t), y = y(t)$ のように x, y が t の関数である場合，合成関数 $z = f(x(t), y(t))$ も t の関数となる．このとき，z の t による微分は式 (17.4) の両辺を Δt で割り $\Delta t \to 0$ の極限をとると得られる．

$$\frac{df}{dt} = \frac{\partial f}{\partial x} \frac{dx}{dt} + \frac{\partial f}{\partial y} \frac{dy}{dt} \quad (\Leftrightarrow z'(t) = z_x x'(t) + z_y y'(t)). \quad (17.6)$$

これを，多変数関数に関する合成関数の微分法，または，連鎖律という．

【例題 17.4】 $f(x, y) = x^2 - y^2, x = \cosh t, y = \sinh t$ について，$\dfrac{df}{dt}$ を求めよ．

【解】 双曲線関数の微分公式 (6.11),(6.12) を用いると

$$\frac{df}{dt} \stackrel{(17.6)}{=} \frac{\partial f}{\partial x}\frac{dx}{dt} + \frac{\partial f}{\partial y}\frac{dy}{dt} \stackrel{(6.11)}{=} 2x\sinh t - 2y\cosh t = 2\cosh t\sinh t - 2\sinh t\cosh t = 0. \blacksquare$$

【補足】 別解として，$f(x,y) = \cosh^2 t - \sinh^2 t \stackrel{(6.6)}{=} 1$ より，$\frac{df}{dt} = 0$.

$z = f(x,y)$ において，x, y が $x = x(u,v)$, $y = y(u,v)$ のように新しい変数 (u,v) の関数で与えられている場合には，合成関数 $z = f(x(u,v), y(u,v))$ も u, v の関数になる．このとき，連鎖律 (17.6) における t を u または v に，微分を偏微分に書き換えると次の公式を得る．

$$
\begin{aligned}
\frac{\partial f}{\partial u} &= \frac{\partial f}{\partial x}\frac{\partial x}{\partial u} + \frac{\partial f}{\partial y}\frac{\partial y}{\partial u} \quad (\Leftrightarrow z_u = z_x x_u + z_y y_u), \\
\frac{\partial f}{\partial v} &= \frac{\partial f}{\partial x}\frac{\partial x}{\partial v} + \frac{\partial f}{\partial y}\frac{\partial y}{\partial v} \quad (\Leftrightarrow z_v = z_x x_v + z_y y_v).
\end{aligned}
\tag{17.7}
$$

【例題 17.5】 $f(x,y) = \sqrt{1-x^2-y^2}$, $x = r\cos\theta$, $y = r\sin\theta$ について，$\frac{\partial f}{\partial r}, \frac{\partial f}{\partial \theta}$ を求めよ．

【解】 連鎖律 (17.7) を用いて

$$
\begin{aligned}
\frac{\partial f}{\partial r} &\stackrel{(17.7)}{=} \frac{\partial f}{\partial x}\frac{\partial x}{\partial r} + \frac{\partial f}{\partial y}\frac{\partial y}{\partial r} = -\frac{x}{\sqrt{1-x^2-y^2}}\cos\theta - \frac{y}{\sqrt{1-x^2-y^2}}\sin\theta \\
&= -\frac{r(\cos^2\theta + \sin^2\theta)}{\sqrt{1-r^2}} = -\frac{r}{\sqrt{1-r^2}}, \\
\frac{\partial f}{\partial \theta} &\stackrel{(17.7)}{=} \frac{\partial f}{\partial x}\frac{\partial x}{\partial \theta} + \frac{\partial f}{\partial y}\frac{\partial y}{\partial \theta} = -\frac{x}{\sqrt{1-x^2-y^2}}(-r\sin\theta) - \frac{y}{\sqrt{1-x^2-y^2}}(r\cos\theta) \\
&= \frac{r^2(\cos\theta\sin\theta - \sin\theta\cos\theta)}{\sqrt{1-x^2-y^2}} = 0. \blacksquare
\end{aligned}
$$

【補足】 別解として，$f(x,y) = \sqrt{1-r^2}$ より，$\frac{\partial f}{\partial r} = -\frac{r}{\sqrt{1-r^2}}, \frac{\partial f}{\partial \theta} = 0$.

より一般には，関数 $z_i = z_i(x_1, x_2, \cdots, x_m)$, $(i = 1, 2, \cdots, l)$ と $x_j = x_j(u_1, u_2, \cdots, u_n)$, $(j = 1, 2, \cdots, m)$ の合成 $z_i = z_i(u_1, u_2, \cdots, u_n)$ について，次式が成り立つ．

$$\frac{\partial z_i}{\partial u_k} = \sum_{j=1}^{m} \frac{\partial z_i}{\partial x_j}\frac{\partial x_j}{\partial u_k}, \quad i = 1, 2, \cdots, l; \quad k = 1, 2, \cdots, n. \tag{17.8}$$

■ 演習問題

【問題 17.1】 《理解度確認》（解答は ☞ p.211）

次の問いに答えよ．

[1] $f(x,y) = x^2 y^3$ について，全微分 df を求めよ．

[2] $g(x,y) = \sin xy^2$ について，$g_{xy} = g_{yx}$ を確かめよ．

[3] 曲面 $z = h(x, y) = \mathrm{Tan}^{-1}\frac{y}{x}$ 上の点 $(1, 1, h(1, 1))$ における接平面を求めよ.

[4] 連鎖律を用いて次の問いに答えよ.

    (a) $f(x, y) = \frac{1}{2}(x - y)$, $g(x, y) = \frac{x-y}{x+y}$, $x = e^{3t}$, $y = e^{-3t}$ のとき,$\frac{df}{dt}, \frac{dg}{dt}$ を求めよ.

    (b) $f(x, y) = x^2 + y^2$, $g(x, y) = \frac{y}{x}$, $x = r\cos\theta$, $y = r\sin\theta$ のとき,$\frac{\partial f}{\partial r}, \frac{\partial f}{\partial \theta}, \frac{\partial g}{\partial r}, \frac{\partial g}{\partial \theta}$ を求めよ.

【問題 17.2】《全微分・連鎖律の応用 ★☆☆》(解答は ☞ p.212)

底面をなす円の半径が r,高さが h の円錐体の体積を V とする.また,その円錐の母線の長さを ℓ,頂角を 2θ とする (☞ 図 17.3).次の問いに答えよ.

[1] 半径と高さがそれぞれ $\Delta r, \Delta h$ 変化したときの体積の変化量 ΔV を $\Delta r, \Delta h$ の 1 次式で近似せよ.

[2] 母線の長さと頂角がそれぞれ $\Delta\ell, \Delta\theta$ 変化したときの体積の変化量 ΔV を $\Delta\ell, \Delta\theta$ の 1 次式で近似せよ.

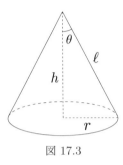

図 17.3

IV

偏微分とその応用

【問題 17.3】《全微分の性質 ★☆☆》(解答は ☞ p.212)

2 変数関数 $f(x, y), g(x, y)$ の全微分について次の性質を示せ.ただし,α, β は任意の定数とする.

  [1] $d(\alpha f + \beta g) = \alpha df + \beta dg$ [2] $d(fg) = g\,df + f\,dg$ [3] $d\left(\dfrac{f}{g}\right) = \dfrac{g\,df - f\,dg}{g^2}$

【問題 17.4】《$f(r)$ の偏微分 ★☆☆》(解答は ☞ p.212)

$r = \|\boldsymbol{r}\| = \|x\boldsymbol{i} + y\boldsymbol{j} + z\boldsymbol{k}\| = \sqrt{x^2 + y^2 + z^2}$ $(\neq 0)$ および,r の滑らかな関数 $f(r)$ について次の問いに答えよ.ただし,$r_x = \frac{\partial r}{\partial x}, f_x = \frac{\partial f}{\partial x}, f'(r) = \frac{df}{dr}$ などと略記する.

[1] $(r_x, r_y, r_z) = \dfrac{\boldsymbol{r}}{r}$ を示せ.

[2] $(f_x, f_y, f_z) = f'(r)\dfrac{\boldsymbol{r}}{r}$ を示せ.

[3] $f(r) = -\dfrac{1}{r}$ のとき,(f_x, f_y, f_z) を求めよ.

【問題 17.5】《極座標におけるラプラシアン ★★☆》(解答は ☞ p.213)

極座標 $x = r\cos\theta, y = r\sin\theta$ に関して次の問いに答えよ.ただし,$f(x, y)$ は任意の滑らかな関数であり,$f_{xx} = \frac{\partial^2 f}{\partial x^2}, r_x^2 = \left(\frac{\partial r}{\partial x}\right)^2$ などと略記する.

[1] 連鎖律を用いて次式を示せ.

$$f_{xx} + f_{yy} = (r_x^2 + r_y^2)f_{rr} + (\theta_x^2 + \theta_y^2)f_{\theta\theta} + 2(r_x\theta_x + r_y\theta_y)f_{r\theta}$$
$$+ (r_{xx} + r_{yy})f_r + (\theta_{xx} + \theta_{yy})f_\theta.$$

[2] 次式を導け.

$$r_x = \frac{x}{r}, \quad r_y = \frac{y}{r}, \quad r_{xx} = \frac{1}{r} - \frac{x^2}{r^3}, \quad r_{yy} = \frac{1}{r} - \frac{y^2}{r^3},$$
$$\theta_x = -\frac{y}{r^2}, \quad \theta_y = \frac{x}{r^2}, \quad \theta_{xx} = \frac{2xy}{r^4}, \quad \theta_{yy} = -\frac{2xy}{r^4}.$$

[3] 次が成立することを示せ.

$$\frac{\partial^2 f}{\partial x^2} + \frac{\partial^2 f}{\partial y^2} = \frac{1}{r}\frac{\partial}{\partial r}\left(r\frac{\partial f}{\partial r}\right) + \frac{1}{r^2}\frac{\partial^2 f}{\partial \theta^2}. \tag{17.9}$$

【問題 17.6】《球座標におけるラプラシアン ★★★》（解答は ☞ p.213）

球座標 $x = r\sin\theta\cos\phi$, $y = r\sin\theta\sin\phi$, $z = r\cos\theta$ に関して次の問いに答えよ. ただし, $f(x,y,z)$ は任意の滑らかな関数であり, $f_{xx} = \frac{\partial^2 f}{\partial x^2}$, $r_x^2 = \left(\frac{\partial r}{\partial x}\right)^2$ などと略記する.

[1] 次の関係式を示せ.

$$f_{xx} + f_{yy} + f_{zz} = (r_x^2 + r_y^2 + r_z^2)f_{rr} + (\theta_x^2 + \theta_y^2 + \theta_z^2)f_{\theta\theta} + (\phi_x^2 + \phi_y^2 + \phi_z^2)f_{\phi\phi}$$
$$+ 2(r_x\theta_x + r_y\theta_y + r_z\theta_z)f_{r\theta} + 2(\theta_x\phi_x + \theta_y\phi_y + \theta_z\phi_z)f_{\theta\phi} + 2(\phi_x r_x + \phi_y r_y + \phi_z r_z)f_{\phi r}$$
$$+ (r_{xx} + r_{yy} + r_{zz})f_r + (\theta_{xx} + \theta_{yy} + \theta_{zz})f_\theta + (\phi_{xx} + \phi_{yy} + \phi_{zz})f_\phi.$$

[2] 次が成立することを示せ. ただし, $\rho := \sqrt{x^2 + y^2}$ である.

$$r_x = \frac{x}{r}, \quad r_y = \frac{y}{r}, \quad r_z = \frac{z}{r}, \quad r_{xx} = \frac{1}{r} - \frac{x^2}{r^3}, \quad r_{yy} = \frac{1}{r} - \frac{y^2}{r^3}, \quad r_{zz} = \frac{1}{r} - \frac{z^2}{r^3},$$

$$\theta_x = \frac{xz}{r^2\rho}, \quad \theta_y = \frac{yz}{r^2\rho}, \quad \theta_z = -\frac{\rho}{r^2},$$

$$\theta_{xx} = \frac{z(y^2 r^2 - 2x^2\rho^2)}{r^4\rho^3}, \quad \theta_{yy} = \frac{z(x^2 r^2 - 2y^2\rho^2)}{r^4\rho^3}, \quad \theta_{zz} = \frac{2z\rho}{r^4},$$

$$\phi_x = -\frac{y}{\rho^2}, \quad \phi_y = \frac{x}{\rho^2}, \quad \phi_z = 0, \quad \phi_{xx} = \frac{2xy}{\rho^4}, \quad \phi_{yy} = -\frac{2xy}{\rho^4}, \quad \phi_{zz} = 0.$$

[3] 次が成立することを示せ.

$$\frac{\partial^2 f}{\partial x^2} + \frac{\partial^2 f}{\partial y^2} + \frac{\partial^2 f}{\partial z^2} = \frac{1}{r^2}\frac{\partial}{\partial r}\left(r^2\frac{\partial f}{\partial r}\right) + \frac{1}{r^2\sin\theta}\frac{\partial}{\partial \theta}\left(\sin\theta\frac{\partial f}{\partial \theta}\right) + \frac{1}{r^2\sin^2\theta}\frac{\partial^2 f}{\partial \phi^2}. \tag{17.10}$$

【研究】偏微分可能性と連続性

　関数 $f(x)$ がある点で微分可能ならば, $f(x)$ はその点で連続である（☞ 例題 1.3 (p.4)）. 直観的に言えば, 微分可能性は曲線 $y = f(x)$ が滑らかであることに対応し, 連続性はグラフが繋がっていることに対応するから, 微分可能（滑らか）ならば連続である（繋がっている）のは当然とも言える. 逆に, 繋がっているからといって滑らかとは限らないから, 連続だが微分不可能な関数がある（☞ 例題 1.4）.

　しかし, 多変数関数に関しては, このような安易な期待が通用しないので注意が必要になる. 次の 2 変数関数で考えてみよう.

$$f(x,y) := \begin{cases} \dfrac{xy}{x^2 + y^2} & (x,y) \neq (0,0) \\ 0 & (x,y) = (0,0) \end{cases}. \tag{17.11}$$

偏微分係数の定義 (17.1) に従って, $f_x(0,0)$ と $f_y(0,0)$ を求めてみると

$$f_x(0,0) = \lim_{h\to 0}\frac{f(0+h,0) - f(0,0)}{h} = \lim_{h\to 0}\frac{0-0}{h} = 0,$$
$$f_y(0,0) = \lim_{k\to 0}\frac{f(0,0+k) - f(0,0)}{k} = \lim_{k\to 0}\frac{0-0}{k} = 0.$$

このように，それぞれ有限確定値になったから，$f(x,y)$ は $(0,0)$ において x,y で偏微分可能である（$f_x(0,0) = f_y(0,0)$ となったのは偶然で，特に意味はない）.

一方，$f(x,y)$ が $(0,0)$ で連続であることは，次が成立することとして定義される.

$$\lim_{(x,y)\to(0,0)} f(x,y) = f(0,0). \tag{17.12}$$

この定義は，1 変数関数の連続性 (1.4) と形式的には同じである．しかし，大きく異なるのは，$(x,y) \to (0,0)$ という極限は xy 平面上で点 (x,y) が点 $(0,0)$ に四方八方から近づくことができることである．それら可能な全ての近づき方に対して，(17.12) 左辺がある 1 つの値に収束し，その値が $f(0,0)$ に一致しなければ連続とは言えないのである．1 変数関数の極限 $x \to 0$ は x 軸上で x が左右から 0 に近づくことだけを考えればよかったのとは大違いである.

試しに，xy 平面上の直線 $y = mx, \ (m \neq 0)$ に沿って (x,y) を $(0,0)$ に近づけてみると

$$\lim_{(x,y)\to(0,0)} f(x,y) = \lim_{x\to 0} \frac{x \cdot mx}{x^2 + (mx)^2} = \frac{m}{1+m^2}$$

と，直線の傾き m に依存してしまう．つまり，(17.12) 左辺があらゆる近づき方に対して 1 つの値に収束するとはいえず，$f(x,y)$ は $(0,0)$ で連続でない.

このように，偏微分可能性は連続性を保証しない．どうしてそのようなことが起こるかと言えば，上の議論を見直せばわかるように，偏微分可能性は x 軸や y 軸に平行な直線に沿った極限で定義されるが，連続性は xy 平面上における，より自由度の高い経路に沿った極限で定義されるため，とても厳しい条件になっているからである．本書では，f_{xy}, f_{yx} が共に連続であることが，$f_{xy} = f_{yx}$ となるための十分条件であることを紹介したが（☞ p.97），$f_{xy} = f_{yx}$ は「意外と」厳しい条件の下で成り立っているということは頭の片隅に留めておくべきかもしれない．また，このような側面が，1 変数関数にはない多変数関数の面白さ，美しさとも関連している（☞ 研究 p.131）.

第 18 章 テイラー展開

18.1 テイラー級数

1 変数関数 $f(x)$ を点 a の周りにテイラー展開した式 (11.6) において, $x = a + h$ とおくと

$$f(a + h) = \sum_{n=0}^{\infty} \frac{f^{(n)}(a)}{n!} h^n = f(a) + f'(a)h + \frac{1}{2!} f''(a)h^2 + \cdots \tag{18.1}$$

を得る. 式 (18.1) を用いると, 2 変数関数 $f(x, y)$ について, 次が成立することがわかる.

$$f(a + h, b + k) = \sum_{n=0}^{\infty} \frac{(h\partial_x + k\partial_y)^n}{n!} f(a, b)$$

$$= f(a, b) + f_x(a, b)h + f_y(a, b)k + \frac{1}{2!} [f_{xx}(a, b)h^2 + 2f_{xy}(a, b)hk + f_{yy}(a, b)k^2] + \cdots. \tag{18.2}$$

$\partial_x = \frac{\partial}{\partial x}, \partial_y = \frac{\partial}{\partial y}$ を偏微分演算子という. 式 (18.2) を $f(x, y)$ の点 (a, b) 周りのテイラー級数という. また, 右辺の和を有限の n で打ち切ったものを, $f(x, y)$ の点 (a, b) 周りのテイラー近似という. 1 変数のときと同様, $(a, b) = (0, 0)$ のとき, マクローリン級数, マクローリン近似という. また, 与えられた関数のテイラー近似・級数やマクローリン近似・級数を求めることをそれぞれ, テイラー展開する, マクローリン展開するという.

【例題 18.1】 $f(x, y) = x^2 + 3xy - 2y^2$ を点 $(2, 1)$ の周りに 3 次テイラー近似せよ.

【解】 $f_x(x, y) = 2x + 3y, f_y(x, y) = 3x - 4y, f_{xx}(x, y) = 2, f_{xy}(x, y) = 3, f_{yy}(x, y) = -4$. 2 階偏導関数が定数であるから, 3 階偏導関数以降は全て 0 である. これらを用いると, $f(2, 1) = 8, f_x(2, 1) = 7, f_y(2, 1) = 2, f_{xx}(2, 1) = 2, f_{xy}(2, 1) = 3, f_{yy}(2, 1) = -4$. したがって,

$$x^2 + 3xy - 2y^2 \simeq f(2, 1) + f_x(2, 1)(x - 2) + f_y(2, 1)(y - 1) + \frac{1}{2!} [f_{xx}(2, 1)(x - 2)^2 + 2f_{xy}(2, 1)(x - 2)(y - 1)$$

$$+ f_{yy}(2, 1)(y - 1)^2] = 8 + 7(x - 2) + 2(y - 1) + (x - 2)^2 + 3(x - 2)(y - 1) - 2(y - 1)^2. \blacksquare$$

【補足】 得られた結果を展開して整理すれば元の関数に戻るから, このテイラー近似は近似ではない.

18.2 導出

$f(x,y)$, $x(t) = a + th$, $y(t) = b + tk$ の合成関数を $z(t) := f(a + th, b + tk)$ とおくと，これは 1 変数関数なので次のようにマクローリン展開できる．

$$z(t) = \sum_{n=0}^{\infty} \frac{z^{(n)}(0)}{n!} t^n = z(0) + z'(0)t + \frac{1}{2!} z''(0)t^2 + \cdots. \tag{18.3}$$

ここで，連鎖律 (17.6) を用いると

$$z'(t) \overset{(17.6)}{=} \partial_x f x'(t) + \partial_y f y'(t) = (h\partial_x + k\partial_y)f(x,y), \tag{18.4}$$

$$z''(t) \overset{(17.6)}{=} \partial_x[(h\partial_x + k\partial_y)f]x'(t) + \partial_y[(h\partial_x + k\partial_y)f]y'(t) = (h\partial_x + k\partial_y)^2 f(x,y),$$

$$\vdots$$

$$z^{(n)}(t) = (h\partial_x + k\partial_y)^n f(x,y). \tag{18.5}$$

一般形 (18.5) が正しいことの証明は数学的帰納法を用いて可能である (☞ 問題 18.3 (p.106))．

式 (18.3),(18.5) より

$$z(1) = f(a + h, b + k) = \sum_{n=0}^{\infty} \frac{(h\partial_x + k\partial_y)^n}{n!} f(a,b) \tag{18.6}$$

を得る．

IV

偏微分とその応用

【例題 18.2】 $f(x,y) = e^{x-y}$ を 2 次マクローリン近似せよ．

【解】 $f_x(x,y) = e^{x-y}$, $f_y(x,y) = -e^{x-y}$, $f_{xx}(x,y) = e^{x-y}$, $f_{xy}(x,y) = -e^{x-y}$, $f_{yy}(x,y) = e^{x-y}$ より，$f(0,0) = f_x(0,0) = -f_y(0,0) = f_{xx}(0,0) = -f_{xy}(0,0) = f_{yy}(0,0) = e^0 = 1$. したがって

$$e^{x-y} \simeq f(0,0) + f_x(0,0)x + f_y(0,0)y + \frac{1}{2!}\left[f_{xx}(0,0)x^2 + 2f_{xy}(0,0)xy + f_{yy}(0,0)y^2\right]$$

$$= 1 + x - y + \frac{1}{2}(x^2 - 2xy + y^2). \blacksquare$$

【補足】 別解として，$x-y$ を 1 つの変数だと考え，指数関数のマクローリン級数 (11.7) を適用することで $e^{x-y} \simeq 1 + (x-y) + \frac{1}{2!}(x-y)^2$ としても得られる．また，指数法則 (1.12) と指数関数のマクローリン級数 (11.7) を併用することで，$e^{x-y} = e^x e^{-y} = \left(1 + x + \frac{1}{2!}x^2 + \cdots\right)\left(1 - y + \frac{1}{2!}y^2 + \cdots\right)$ としても得られる．

■ 演習問題

【問題 18.1】 《理解度確認》（解答は ☞ p.214）

次の関数を与えられた点 (a,b) の周りで 2 次までテイラー展開せよ．

[1] $f(x,y) = x^2 + xy$, $(a,b) = (2,1)$ [2] $g(x,y) = \cosh(x-y)$, $(a,b) = (0,0)$

[3] $p(x,y) = e^x \cos y$, $(a,b) = \left(0, \frac{\pi}{4}\right)$ [4] $q(x,y) = \mathrm{Tan}^{-1}\frac{y}{x}$, $(a,b) = (1,0)$

【問題 18.2】《1 変数マクローリン展開からの導出 ★☆☆》(解答は ☞ p.215)

滑らかな関数 $f(x,y)$ について，y, x について順次マクローリン展開することで，次を示せ．

$$f(x,y) \simeq f(0,0) + f_x(0,0)x + f_y(0,0)y + \frac{1}{2!}\left[f_{xx}(0,0)x^2 + 2f_{xy}(0,0)xy + f_{yy}(0,0)y^2\right].$$

【問題 18.3】《合成関数の n 階導関数 ★☆☆》(解答は ☞ p.215)

数学的帰納法を用いて式 (18.5) を証明せよ．

【問題 18.4】《2 変数関数に関するテイラーの定理 ★★☆》(解答は ☞ p.215)

滑らかな関数 $f(x)$ について

$$f(a+h) = \sum_{m=0}^{n} \frac{f^{(m)}(a)}{m!}h^m + \frac{f^{(n+1)}(a+\theta h)}{(n+1)!}h^{n+1}$$

となる $\theta \in (0,1)$ が存在する（☞ 式 (11.15) (p.62)）．これを用いて，滑らかな 2 変数関数 $f(x,y)$ に関して

$$f(a+h, b+h) = \sum_{m=0}^{n} \frac{(h\partial_x + k\partial_y)^m}{m!}f(a,b) + \frac{(h\partial_x + k\partial_y)^{n+1}}{(n+1)!}f(a+\theta h, b+\theta k) \tag{18.7}$$

となる $\theta \in (0,1)$ が存在することを示せ．これを 2 変数関数に関するテイラーの定理，式 (18.7) 右辺の最後の項を剰余項という．

【問題 18.5】《剰余項の具体形 ★★☆》(解答は ☞ p.215)

与えられた関数と点 (a,b) について，2 変数関数に関するテイラーの定理 (18.7) で $n=1$ としたときの右辺の表式を求めよ．

[1] $g(x,y) = \cosh(x-y)$, $(a,b) = (0,0)$ [2] $p(x,y) = e^x \cos y$, $(a,b) = \left(0, \frac{\pi}{4}\right)$

【研究】冪級数の収束

変数 x を含む数列 $\{a_n x^n\}_{n=0,1,2,\cdots}$ の和 $\sum_{n=0}^{\infty} a_n x^n$ を冪級数という．マクローリン級数 (☞ p.60) は冪級数の例である．ここでは，本文でしっかりと扱うことのできなかった冪級数の収束について考えてみよう．

部分和 $S_n(x) := \sum_{k=0}^{n} a_k x^k$ が，$n \to \infty$ においてある値 $S(x)$ に収束するとき，冪級数 $\sum_{n=0}^{\infty} a_n x^n$ は収束するといい，収束しないとき発散するという．x を含まない数列の和 $\sum_{n=0}^{\infty} a_n$ と大きく異なるのは，収束するか否かが x の値によって変わるところである．

実は，冪級数が与えられたとき，どのような x の範囲でそれが収束するかについては便利な判定法がある．冪級数 $\sum_{n=0}^{\infty} a_n x^n$ について，次のような極限が存在したとする．

$$r := \lim_{n \to 0}\left|\frac{a_n}{a_{n+1}}\right|. \tag{18.8}$$

このとき，$|x| < r$ でその冪級数は収束し，$|x| > r$ で発散する．ただし，$|x| = r$ については別途考察が必要となる．r は**収束半径**と呼ばれ，$r = \infty$ のときは全ての実数 x について収束し，$r = 0$ のときは $x \neq 0$ なる全ての実数について発散する．

具体例で見てみよう．指数関数 e^x のマクローリン級数 (11.7) に現れた $\sum_{n=0}^{\infty} \frac{1}{n!} x^n$ については

$$r = \lim_{n \to 0} \left| \frac{1/n!}{1/(n+1)!} \right| = \lim_{n \to 0} (n+1) = \infty$$

となる．したがって，この冪級数は全ての実数 $x \in (-\infty, \infty)$ について有限の値になる．これは e^x のマクローリン級数の式 (11.7) が全ての実数 x で有効なことと整合的である．次に，対数関数 $\ln(1+x)$ のマクローリン級数 (11.11) に現れた $\sum_{n=1}^{\infty} \frac{(-1)^{n-1}}{n} x^n$ については

$$r = \lim_{n \to 0} \left| \frac{(-1)^{n-1}/n}{(-1)^n/(n+1)} \right| = \lim_{n \to 0} \frac{n+1}{n} = 1$$

となる．これは $\ln(1+x)$ のマクローリン級数の式 (11.11) が $x \in (-1, 1]$ でのみ有効であることと整合的である．例えば，$x = 2$ で $\ln(1+x)$ は有限値 $\ln 3$ となるが，$x = 2$ は収束半径の外であるから級数 $\sum_{n=1}^{\infty} \frac{(-1)^{n-1}}{n} 2^n$ は発散し，式 (11.11) の両辺が等しくなることは有り得ないからである．

最後に，なぜ式 (18.8) で定義した r に対して $|x| < r$ ならば冪級数 $\lim_{n \to \infty} \sum_{k=0}^{n} a_k x^k$ が有限となるか直観的な説明を与えておこう．三角不等式より $\left| \sum_{k=0}^{n} a_k x^k \right| \leq \sum_{k=0}^{n} |a_k x^k|$ であるから，右辺の級数が $n \to \infty$ で有限であることを示せばよい．式 (18.8) より，十分大きな自然数 N が存在して，$n \geq N$ では $|a_{n+1}| \simeq |a_n|/r$ と近似してもよいとすれば

$$\sum_{k=0}^{n} |a_k x^k| = \left(\sum_{k=0}^{N-1} + \sum_{k=N}^{n} \right) |a_k x^k| \simeq \sum_{k=0}^{N-1} |a_x^k| + |a_N x^N| \left(1 + \frac{|x|}{r} + \frac{|x|^2}{r^2} + \cdots + \frac{|x|^{n-N}}{r^{n-N}} \right) \quad (18.9)$$

を得るが，右辺の括弧内は等比数列の和であるから，$\frac{1-(|x|/r)^{n-N+1}}{1-|x|/r}$ と書ける．したがって，$|x|/r < 1$ ならば $n \to \infty$ の極限で (18.9) 右辺は有限となるから，$\lim_{n \to \infty} \sum_{k=0}^{n} a_k x^k$ も有限となる．

第19章 極値問題

19.1 極値と臨界点

2変数関数 $f(x,y)$ について，点 (a,b) に十分近い任意の点 $(x,y) \neq (a,b)$ について

$$f(a,b) < f(x,y) \tag{19.1}$$

が成立しているとき，$f(x,y)$ は点 (a,b) で**極小値** $f(a,b)$ をとるといい（☞ 図 19.1(a)），

$$f(x,y) < f(a,b) \tag{19.2}$$

が成立しているとき，$f(x,y)$ は点 (a,b) で**極大値** $f(a,b)$ をとるという（☞ 図 19.1(b)）．極小値と極大値をあわせて**極値**といい，極値をとる点 (a,b) を**極値点**という．また，$f(x,y)$ について

$$f_x(a,b) = f_y(a,b) = 0 \tag{19.3}$$

を満たす点 (a,b) を，$f(x,y)$ の**臨界点**，または，**停留点**という．

【例題 19.1】 次の関数の臨界点を求めよ．
 [1] $f(x,y) = x^2 + y^2$　　　　　 [2] $g(x,y) = x^2 - y^2$　　　　　 [3] $h(x,y) = x^3 - 6xy + y^3$

【解】 [1] $f_x = 2x = 0$, $f_y = 2y = 0$ より，$(x,y) = (0,0)$. [2] $g_x = 2x = 0$, $g_y = -2y = 0$ より，$(x,y) = (0,0)$. [3] $h_x = 3(x^2 - 2y) = 0$, $h_y = 3(y^2 - 2x) = 0$ より y を消去すると，$x(x-2)(x^2 + 2x + 4) = 0$. これより，$x = 0, 2$. したがって臨界点は $(x,y) = (0,0), (2,2)$. ▌

【例題 19.2】 $f(x,y)$ が点 (a,b) で極値をとるとき，(a,b) は臨界点であることを示せ．

【解】 $f(a,b)$ が極値のとき，$f(x,b)$ は x の関数として $x = a$ で極値をとるので $f_x(a,b) = 0$. 同様に，$f(a,y)$ は y の関数として $y = b$ で極値をとるので $f_y(a,b) = 0$. ▌

　例題 19.2 で見たように，極値点は臨界点であるが，逆は成り立たない（臨界点だからといって極値点とは限らない）．例えば，$f(x,y) = x^2 + y^2$ の臨界点 $(0,0)$ は図 16.1(a) からわかるように極小点である．一方，$g(x,y) = x^2 - y^2$ の臨界点 $(0,0)$ は図 31.10(a)（☞ p.209）からわかるように極値点ではない．一般に，図 19.1(c) のような点は**鞍点**と呼ばれる．

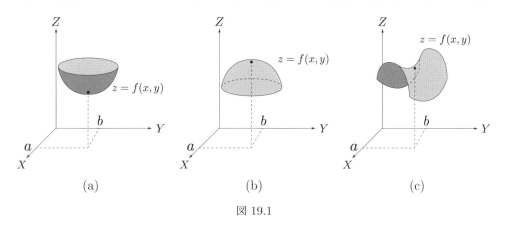

図 19.1

19.2 判定法

関数 $f(x,y)$ がその臨界点 (a,b) において極値をとる条件は，$A := f_{xx}(a,b)$, $B := f_{xy}(a,b)$, $C := f_{yy}(a,b)$, $D(a,b) := AC - B^2$ として次のように与えられる．

$$\text{(i)} \qquad D > 0,\ A > 0 \ \Rightarrow \ f(a,b)\ \text{は極小値}, \tag{19.4}$$

$$\text{(ii)} \qquad D > 0,\ A < 0 \ \Rightarrow \ f(a,b)\ \text{は極大値}, \tag{19.5}$$

$$\text{(iii)} \qquad D < 0 \qquad\qquad \Rightarrow \ f(a,b)\ \text{は極値でない}. \tag{19.6}$$

ただし，$D = 0$ のときは，他の方法で判定する必要がある．

【例題 19.3】 次の関数の極値を求めよ．
[1] $f(x,y) = x^2 + y^2$ [2] $g(x,y) = x^2 - y^2$ [3] $h(x,y) = x^3 - 3xy + y^3$

【解】 いずれの関数の臨界点も例題 19.1 で求めてある．

[1] $f_{xx} = 2$, $f_{xy} = 0$, $f_{yy} = 2$ より，$D(0,0) = f_{xx}(0,0)f_{yy}(0,0) - [f_{xy}(0,0)]^2 = 4 > 0$, $A = f_{xx}(0,0) = 2 > 0$．したがって，$f(0,0) = 0$ は極小値である．

[2] $g_{xx} = 2$, $g_{xy} = 0$, $g_{yy} = -2$ より，$D(0,0) = g_{xx}(0,0)g_{yy}(0,0) - [g_{xy}(0,0)]^2 = -4 < 0$．したがって，$g(0,0) = 0$ は極値ではない．

[3] $h_{xx} = 6x$, $h_{xy} = -6$, $h_{yy} = 6y$ より，$D(0,0) = h_{xx}(0,0)h_{yy}(0,0) - [h_{xy}(0,0)]^2 = -(-6)^2 < 0$．したがって，$h(0,0) = 0$ は極値ではない．$D(2,2) = h_{xx}(2,2)h_{yy}(2,2) - [h_{xy}(2,2)]^2 = 12^2 - (-6)^2 > 0$, $h_{xx}(2,2) = 12 > 0$．したがって，$h(0,0) = -8$ は極小値である．∎

判定法 (i),(ii),(iii) は次のように得られる．まず，臨界点 (a,b) の周りで $f(x,y)$ を 2 次までテイラー展開すれば，$f_x(a,b) = f_y(a,b) = 0$ であることに注意して

$$f(a+h, b+k) = f(a,b) + \frac{1}{2}\left(Ah^2 + 2Bhk + Ck^2\right) + \cdots \tag{19.7}$$

となる．したがって，3 次以降を無視して考えると，もし十分小さい任意の $(h,k) \neq (0,0)$ に対して (19.7) 右辺第 2 項が正となれば $f(a,b)$ は極小値となり，負となれば $f(a,b)$ は極大値となり，正負どちらの値もとるならば $f(a,b)$ は極値ではない．よって，式 (19.7) 右辺第 2 項を念頭に次の量を導入する．

$$g(h,k) := Ah^2 + 2Bhk + Ck^2. \tag{19.8}$$

(i),(ii) の場合, $A \neq 0$ なので $g(h,k)$ は次のように変形できる.

$$g(h,k) = \frac{1}{A}[A^2h^2 + 2ABhk + ACk^2] = \frac{1}{A}[(Ah + Bk)^2 + Dk^2]. \tag{19.9}$$

すると, 任意の (h,k) に対して (i) $D > 0$, $A > 0$ ならば $g(h,k) \geq 0$ であり, (ii) $D > 0$, $A < 0$ ならば $g(h,k) \leq 0$ である. ただし, (i),(ii) 何れの場合も等号が成立するのは $Ah + Bk = 0$, $k = 0$, 即ち $(h,k) = (0,0)$ のときのみである. したがって, 任意の $(h,k) \neq (0,0)$ に対して, (i) $D > 0$, $A > 0$ ならば $g(h,k) > 0$, (ii) $D > 0$, $A < 0$ ならば $g(h,k) < 0$ である. (iii) $D < 0$ の場合は, $g(h,k)$ の符号が定まらないことを示すことができる (☞ 問題 19.3 (p.110)).

19.3　判定法が使えない場合

$D = 0$ のときは, 判定法 (i),(ii),(iii) が使えないので, 場合に応じた考察が必要になる.

【例題 19.4】　次の関数の極値を調べよ.
  [1] $f(x,y) = x^3 - y^2$ [2] $g(x,y) = x^4 - 2x^2y^2 + 2y^4$

【解】

  [1] $f_x = 3x^2 = 0$, $f_y = -2y = 0$ より, 臨界点は $(x,y) = (0,0)$. $f_{xx} = 6x$, $f_{xy} = 0$, $f_{yy} = -2$ より, $D(0,0) = 0$ だから判定法が使えない. しかし, $f(x,y)$ を xy 平面上の直線 $y = 0$ に沿って考えると $f(x,0) = x^3$ となり, これは $(0,0)$ 付近で正にも負にもなり得る. したがって, $f(0,0) = 0$ は極値でない.

  [2] $g_x = 4x(x^2 - y^2) = 0$, $g_y = 4y(2y^2 - x^2) = 0$ より, 臨界点は $(x,y) = (0,0)$. $g_{xx} = 4(3x^2 - y^2)$, $g_{xy} = -8xy$, $g_{yy} = 4(6y^2 - x^2)$ より, $D(0,0) = 0$ だから判定法が使えない. しかし, $g(x,y) = (x^2 - y^2)^2 + y^4$ と変形でき, これは $(x,y) \neq (0,0)$ では常に正である. したがって, $g(0,0) = 0$ は極小値である.

■ 演習問題

【問題 19.1】《理解度確認》(解答は ☞ p.216)

次の関数の極値を調べよ.

  [1] $f(x,y) = -x^2 + xy - y^2 + x + y$ [2] $g(x,y) = 2x^2 + 4xy - y^2 - 8x - 2y$

  [3] $h(x,y) = x^3 + 3xy^2 - 3x^2 - 3y^2$ [4] $k(x,y) = x^3 - y^4$

【問題 19.2】《判定法 (i)–(iii) が使えない極値問題 ★★☆》(解答は ☞ p.216)

次の関数の極値を調べよ.

  [1] $f(x,y) = 2x^4 - 3x^2y + y^2$ [2] $g(x,y) = x^3 - y^3 + 3x^2 - 6xy + 3y^2$

【問題 19.3】《判定法 (iii) の証明 ★★★》(解答は ☞ p.217)

$D < 0$ のときの判定法 (19.6) が有効なことを次の 3 つの場合に分けて証明せよ.

  [1] $A \neq 0$ [2] $A = 0$, $C \neq 0$ [3] $A = 0$, $C = 0$

【問題 19.4】《極値問題と行列の対角化 ★★☆》(解答は ☞ p.217)

$f(x,y)$ の臨界点 (a,b) について,次の 2 次正方行列を定義する.

$$H := \begin{pmatrix} f_{xx}(a,b) & f_{xy}(a,b) \\ f_{yx}(a,b) & f_{yy}(a,b) \end{pmatrix} =: \begin{pmatrix} A & B \\ B & C \end{pmatrix}, \quad D := \det H = AC - B^2. \tag{19.10}$$

H をヘッセ行列,その行列式 $D = \det H$ をヘシアンという.H の固有値を λ_1, λ_2,固有値 λ_i に属する固有ベクトルを $\boldsymbol{v}_i$, $(i = 1,2)$ とする.このとき,2 次正方行列 $P := (\boldsymbol{v}_1, \boldsymbol{v}_2)$ を用いると,P は直交行列 $(P^\top P = PP^\top = E :$ 単位行列$)$ であり,H は P を用いて次のように対角化される.

$$\tilde{H} := P^{-1} H P = \begin{pmatrix} \lambda_1 & 0 \\ 0 & \lambda_2 \end{pmatrix}. \tag{19.11}$$

次の [1]–[4] を示せ.

[1] $\boldsymbol{h} := (h,k)^\top$ とすると,式 (19.8) における $g(h,k)$ は $g(h,k) = \boldsymbol{h}^\top H \boldsymbol{h}$ と書ける.

[2] $\tilde{\boldsymbol{h}}$ を $\boldsymbol{h} = P\tilde{\boldsymbol{h}}$ により導入すると,$g(h,k) = \tilde{\boldsymbol{h}}^\top \tilde{H} \tilde{\boldsymbol{h}}$ と書ける.

[3] $\|\boldsymbol{h}\| = \|\tilde{\boldsymbol{h}}\|$.

[4] $f(x,y)$ が (a,b) において極値をとる条件は次のように与えられる.

$$(\text{i})' \quad \lambda_1, \lambda_2 が共に正 \ \Rightarrow \ f(a,b) は極小値, \tag{19.12}$$

$$(\text{ii})' \quad \lambda_1, \lambda_2 が共に負 \ \Rightarrow \ f(a,b) は極大値, \tag{19.13}$$

$$(\text{iii})' \quad \lambda_1, \lambda_2 が異符号 \ \Rightarrow \ f(a,b) は極値でない. \tag{19.14}$$

【問題 19.5】《ヘシアンと固有値の関係 ★★☆》(解答は ☞ p.218)

式 (19.10) におけるヘッセ行列 H と,その行列式 $D = \det H$ と固有値 λ_1, λ_2 ついて次のことを示せ.

[1] λ_1, λ_2 は共に実数である.

[2] $D > 0$, $A > 0$ のとき,λ_1, λ_2 は共に正である.

[3] $D > 0$, $A < 0$ のとき,λ_1, λ_2 は共に負である.

[4] $D < 0$ のとき,λ_1, λ_2 は異符号をもつ.

IV

偏微分とその応用

第 20 章　陰関数と極値

20.1　陰関数の極値

　x の関数 $y(x)$ が $\phi(x,y)=0$ と陰関数表示 (☞ p.2) されている場合に，y の極値を求める問題を考える．仮に，$\phi(x,y)=0$ が y について解けて $y=y(x)$ と書けた場合，極値を与える点 $x=a$ は $y'(a)=0$ の解であり，その点における $y''(a)$ の符号を調べれば極小か極大かを判断できる．陰関数表示された場合も考え方は同じであるが，$y'(x)$，$y''(x)$ を $\phi(x,y)$ を用いてどう表すかが問題になる（☞ 図 20.1）．

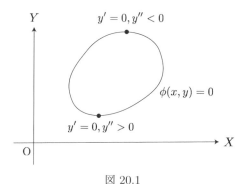

図 20.1

　$\phi(x,y(x))=0$ の両辺を x で微分すると，連鎖律 (17.6) を用いて

$$\phi_x + \phi_y y' = 0$$

となるから

$$y' = -\frac{\phi_x}{\phi_y}, \ (\phi_y \neq 0) \tag{20.1}$$

を得る．したがって，極値点を $(x,y)=(a,b)$ とすると[*1]，この点は**拘束条件** $\phi(a,b)=0$ および $y'(a)=0$ を満たしていなければならないから

$$\phi(a,b)=0, \quad \phi_x(a,b)=0, \quad \phi_y(a,b) \neq 0 \tag{20.2}$$

[*1] ここでは，y が x の関数として極値をとる xy 平面上の点を極値点と呼んでいる．$f(x,y)$ が x と y の関数として極値をとる xy 平面上の点 (☞ 19 章) も極値点と呼んだが，それとは別物である．

という条件を得る．(20.2) 第 1, 2 式を解くことで (a, b) が得られ，その (a, b) は (20.2) 第 3 式を満たしていなければならない．もし，第 3 式を満たしていなければ，その点は極値点の候補から除外される．

【例題 20.1】 $\phi(x, y) = x^2 + y^2 - 1$ で与えられる関数 $y(x)$ の極値点の候補を求めよ．

【解】 偏微分すると $\phi_x = 2x$, $\phi_y = 2y$ を得る．$\phi = x^2 + y^2 - 1 = 0$, $\phi_x = 2x = 0$ を解くと，$(x, y) = (0, \pm 1)$ の 2 点を得るが，$\phi_y(0, \pm 1) = \pm 2 \neq 0$ であるから，$(0, \pm 1)$ が極値点の候補．∎

$y''(a)$ を求めるために，式 (20.1) の両辺を x で微分する．商の微分法 (1.11), 連鎖律 (17.6) を用いれば

$$y'' \overset{(1.11)}{=} -\frac{(\phi_x)' \phi_y - \phi_x (\phi_y)'}{\phi_y^2}$$

$$\overset{(17.6)}{=} -\frac{(\phi_{xx} + \phi_{xy} y') \phi_y - \phi_x (\phi_{yx} + \phi_{yy} y')}{\phi_y^2}.$$

ここで，$' = \frac{d}{dx}$ である．更に，$\phi_{xy} = \phi_{yx}$ を仮定し，式 (20.1) を用いて y' を消去すると

$$y'' = -\frac{\phi_y^2 \phi_{xx} - 2\phi_x \phi_y \phi_{xy} + \phi_x^2 \phi_{yy}}{\phi_y^3}$$

を得る．よって，極値点の候補 (a, b) における $y''(a)$ の値は，式 (20.2) が成立していることに注意して

$$y''(a) = -\frac{\phi_{xx}(a, b)}{\phi_y(a, b)}$$

となる．これを用いて極値点の候補 (a, b) における $y''(a)$ の符号を知ることができ，$y''(a) > 0$ なら b は極小値，$y''(a) < 0$ なら b は極大値となる．

【例題 20.2】 $\phi(x, y) = x^2 + y^2 - 1$ で与えられる関数 $y(x)$ の極値を求めよ．

【解】 例題 20.1 の結果から，極値点の候補は $(x, y) = (0, \pm 1)$ の 2 点である．また，$\phi_{xx} = 2$, $\phi_{xy} = 0$, $\phi_{yy} = 2$ より，これらの 2 点における y'' の値は

$$y''(0) = -\frac{\phi_{xx}(0, \pm 1)}{\phi_y(0, \pm 1)} = \mp 1 \lessgtr 0.$$

したがって，$y(0) = 1$ が極大値，$y(0) = -1$ が極小値である．∎

$\phi(x, y) = 0$ で定義される $y(x)$ の極値の求め方は次のようにまとめられる．

(i) $\phi(a, b) = \phi_x(a, b) = 0$ となる点 (a, b) を求める．

(ii) そのうち，$\phi_y(a, b) = 0$ となる点 (a, b) は除外する．

(iii) $y''(a) = -\frac{\phi_{xx}(a, b)}{\phi_y(a, b)}$ を求め，次の判定条件を用いる．

$$y''(a) > 0 \quad \Rightarrow \quad b = y(a) \text{ は極小値}, \tag{20.3}$$

$$y''(a) < 0 \quad \Rightarrow \quad b = y(a) \text{ は極大値}. \tag{20.4}$$

IV

偏微分とその応用

ただし, $y''(a) = 0$ のときは, 極値かどうか調べるのに他の考察が必要となる.

20.2 拘束条件付き極値問題

$\phi(x, y) = 0$ で与えられる拘束条件の下で $f(x, y)$ の極値を考える (☞ 図 20.2). 仮に, $\phi(x, y) = 0$ が y について解けて $y = y(x)$ だと考えると, 極値を与える点 $x = a$ は $z(x) := f(x, y(x))$ と定義したとき, $z'(a) = 0$ の解であり, $z''(a)$ の符号を調べれば極小か極大かを判断できる. 基本的な考え方はこれに従うが, ここでは $\phi(x, y) = 0$ が y について解けなくても極値の候補を見つける方法を紹介する.

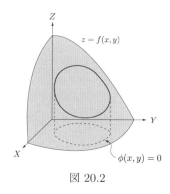

図 20.2

$z(x) = f(x, y(x))$ の両辺を x で微分する. 連鎖律 (17.6) および式 (20.1) を用いると

$$z' \overset{(17.6)}{=} f_x + f_y y' \overset{(20.1)}{=} f_x + f_y \left(-\frac{\phi_x}{\phi_y} \right)$$

を得る. よって, $z(x)$ の極値を与える点 $(x, y) = (a, b)$ では, 拘束条件 $\phi = 0$ および $z'(a) = 0$ が満たされている必要があるから

$$\phi(a, b) = 0, \quad f_x(a, b) - \frac{f_y(a, b)}{\phi_y(a, b)} \phi_x(a, b) = 0 \tag{20.5}$$

が成り立つことがわかる.

条件 (20.5) を a, b に関する連立方程式として解けば, 極値点の候補 (a, b) を求めることができるが, 定数 $\lambda := \frac{f_y(a, b)}{\phi_y(a, b)}$ を導入すると, 条件 (20.5) は次のように言い換えることができる.

拘束条件 $\phi(x, y) = 0$ の下で $f(x, y)$ が極値をとる点 (a, b) において, ある定数 λ が存在して

$$\phi(a, b) = 0, \quad f_x(a, b) - \lambda \phi_x(a, b) = 0, \quad f_y(a, b) - \lambda \phi_y(a, b) = 0 \tag{20.6}$$

が成り立つ.

式 (20.6) は a, b, λ に関する連立方程式であり, これを解くことにより極値点の候補 (a, b) を求めることができる. この方法を**ラグランジュの未定乗数法**という. 式 (20.6) は, 3 変数関数 $F(x, y, \lambda)$ を

$$F(x, y, \lambda) := f(x, y) - \lambda \phi(x, y)$$

と定義したとき，3 変数関数 $F(x, y, \lambda)$ の臨界点を見つけるための方程式

$$F_\lambda = 0, \quad F_x = 0, \quad F_y = 0 \tag{20.7}$$

と同等である．

【例題 20.3】 $\phi(x, y) = x^2 + y^2 - 1 = 0$ の下で $f(x, y) = x + y$ の極値を求めよ．

【解】 $F(x, y, \lambda) := x + y - \lambda(x^2 + y^2 - 1)$ とすれば，式 (20.7) より次を得る．

$$F_\lambda = -(x^2 + y^2 - 1) = 0, \quad F_x = 1 - \lambda \cdot 2x = 0, \quad F_y = 1 - \lambda \cdot 2y = 0. \tag{20.8}$$

$\lambda = 0$ とすると (20.8) 第 2, 3 式が成立しないから，$\lambda \neq 0$ であり，$(x, y) = (\frac{1}{2\lambda}, \frac{1}{2\lambda})$. これを (20.8) 第 1 式へ代入すると，$\lambda = \pm\frac{1}{\sqrt{2}}$. したがって，極値の候補は $f\left(\pm\frac{1}{\sqrt{2}}, \pm\frac{1}{\sqrt{2}}\right) = \pm\sqrt{2}$. ∎

【補足】 ラグランジュの未定乗数法は極値点の候補を見つける方法であり，実際にその点で極値をとるかは別の考察が必要となる．この例題では，$x^2 + y^2 = 1$ より $x = \cos\theta$, $y = \sin\theta$ とおくと，$f(x, y) = \cos\theta + \sin\theta = \sqrt{2}\sin(\theta + \pi/4)$ より，求めた点が確かに極値点になっていることがわかる．

Ⅳ

偏微分とその応用

■ 演習問題

【問題 20.1】 《理解度確認》(解答は ☞ p.218)

次の問いに答えよ．

 [1] $x^2 + xy + y^2 = 3$ で定義される関数 $y(x)$ の極値を求めよ．

 [2] 拘束条件 $x^2 + y^2 = 1$ の下で $f(x, y) = 2x^2 + 2xy + 2y^2$ の極値を求めよ．

【問題 20.2】 《未定乗数法の応用 ★★☆》(解答は ☞ p.219)

ラグランジュの未定乗数法を用いて次の問いに答えよ．

 [1] 与えられた周の長さをもつ長方形のうち，面積が最大となるものを求めよ．

 [2] 点 (x_0, y_0) と直線 $\alpha x + \beta y + \gamma = 0, (\alpha^2 + \beta^2 \neq 0)$ 上の点との距離の最小値を求めよ．

【問題 20.3】 《拘束条件付き最大値・最小値問題と行列の対角化 ★★☆》(解答は ☞ p.220)

拘束条件 $x^2 + y^2 = 1$ の下での $f(x, y) = 2x^2 + 2xy + 2y^2$ の最小値・最大値を次の手順に従って求めよ．

 [1] $f(x, y)$ は 2×2 型対称行列 A を用いて

$$f(x, y) = \boldsymbol{x}^\top A \boldsymbol{x}, \quad \boldsymbol{x} := \begin{pmatrix} x \\ y \end{pmatrix}$$

と書くことができる．A を求めよ．

 [2] A の固有値 $\lambda_1, \lambda_2, (\lambda_1 < \lambda_2)$ と対応する固有ベクトル $\boldsymbol{x}_1, \boldsymbol{x}_2$ を求めよ．ただし，$\boldsymbol{x}_1, \boldsymbol{x}_2$ は**正規直交化**されている（それぞれノルムが 1 で互いに直交する）ものとする．

[3] 2 次正方行列 $P = (\boldsymbol{x}_1, \boldsymbol{x}_2)$ について, 次が成立することを示せ.

$$P^\top = P^{-1}, \quad \tilde{A} := P^{-1}AP = \begin{pmatrix} \lambda_1 & 0 \\ 0 & \lambda_2 \end{pmatrix}. \tag{20.9}$$

[4] ベクトル $\tilde{\boldsymbol{x}}$ を $\boldsymbol{x} = P\tilde{\boldsymbol{x}}$ によって導入すると, 次が成立することを示せ.

$$\|\tilde{\boldsymbol{x}}\| = \|\boldsymbol{x}\|, \quad f(x,y) = \tilde{\boldsymbol{x}}^\top \tilde{A} \tilde{\boldsymbol{x}}. \tag{20.10}$$

[5] $f(x,y)$ の最小値・最大値を求めよ.

【問題 20.4】《3 変数陰関数の極値問題★★★》(解答は ☞ p.221)

$\phi(x,y,z) = 0$ で定義される関数 $z = z(x,y)$ を考える. 点 $(x,y) = (a,b)$ において $z(a,b)$ が極値をとるならば, $c = z(a,b)$ として

$$\phi(a,b,c) = 0, \quad \phi_x(a,b,c) = \phi_y(a,b,c) = 0, \quad \phi_z(a,b,c) \neq 0 \tag{20.11}$$

が成立する. また,

$$D := \frac{\phi_{xx}(a,b,c)\phi_{yy}(a,b,c) - [\phi_{xy}(a,b,c)]^2}{[\phi_z(a,b,c)]^2} \quad A := -\frac{\phi_{xx}(a,b,c)}{\phi_z(a,b,c)}$$

とすると, 式 (20.11) を満たす点が $z(x,y)$ の極値点であるかの判定法として次の (i)–(iii) が成り立つ.

$$\text{(i)} \quad D > 0, \ A > 0 \ \Rightarrow \ c = z(a,b) \text{ は極小値}, \tag{20.12}$$

$$\text{(ii)} \quad D > 0, \ A < 0 \ \Rightarrow \ c = z(a,b) \text{ は極大値}, \tag{20.13}$$

$$\text{(iii)} \quad D < 0 \qquad\qquad \Rightarrow \ c = z(a,b) \text{ は極値でない}. \tag{20.14}$$

上の事実を次の [1]–[3] の手順に従って示せ. また, [4] の問いに答えよ.
[1] 式 (20.11) が成立することを示せ.
[2] 点 (a,b,c) において, z_{xx}, z_{xy}, z_{yy} を ϕ の偏微分係数で表せ.
[3] 判定法 (i)–(iii) が有効であることを示せ.
[4] $x^2 + y^2 + z^2 - xy - yz + zx = 6$ で与えられる関数 $z = z(x,y)$ の極値を求めよ.

【問題 20.5】《3 変数の未定乗数法★★★》(解答は ☞ p.222)

拘束条件 $\phi(x,y,z) = 0$ の下で $f(x,y,z)$ が極値をとる点 $(x,y,z) = (a,b,c)$ において, ある定数 λ が存在し次式が成立する.

$$\phi = 0, \quad f_x = \lambda\phi_x, \quad f_y = \lambda\phi_y, \quad f_z = \lambda\phi_z. \tag{20.15}$$

この事実を次の [1]–[3] の手順に従って示せ. また, [4] の問いに答えよ.
[1] z を x,y の関数と見なしたとき, $f(x,y,z(x,y))$ が x,y の関数として極値をとる点が (a,b,c) である. この点では次式が成立することを示せ.

$$\phi = 0, \quad f_x + f_z z_x = 0, \quad f_y + f_z z_y = 0. \tag{20.16}$$

[2] $\phi(x,y,z(x,y)) = 0$ の両辺を x または y で微分することにより, z_x, z_y を ϕ_x, ϕ_y, ϕ_z を用いて表せ.
[3] 式 (20.15) を満たす λ が存在することを示せ.
[4] 点 (x_0, y_0, z_0) と平面 $\alpha x + \beta y + \gamma z + \delta = 0, \ (\alpha^2 + \beta^2 + \gamma^2 \neq 0)$ 上の点との距離の最小値を求めよ.

第 V 部

ベクトル解析と偏微分方程式

第 21 章 　勾配と発散

21.1 　勾配

スカラー場 $\varphi(\boldsymbol{r}) = \varphi(x, y, z)$ の偏導関数で与えられるベクトル場

$$\mathrm{grad}\, \varphi(\boldsymbol{r}) = \left(\frac{\partial \varphi}{\partial x}, \frac{\partial \varphi}{\partial y}, \frac{\partial \varphi}{\partial z} \right) = \frac{\partial \varphi}{\partial x}\boldsymbol{i} + \frac{\partial \varphi}{\partial y}\boldsymbol{j} + \frac{\partial \varphi}{\partial z}\boldsymbol{k} \tag{21.1}$$

を $\varphi(\boldsymbol{r})$ の**勾配** (gradient) という．ここで，**ナブラ演算子**[*1]を

$$\nabla := \boldsymbol{i}\frac{\partial}{\partial x} + \boldsymbol{j}\frac{\partial}{\partial y} + \boldsymbol{k}\frac{\partial}{\partial z} \tag{21.2}$$

と定義すると，勾配は次のように書ける．

$$\mathrm{grad}\, \varphi(\boldsymbol{r}) = \left(\boldsymbol{i}\frac{\partial}{\partial x} + \boldsymbol{j}\frac{\partial}{\partial y} + \boldsymbol{k}\frac{\partial}{\partial z} \right) \varphi = \nabla \varphi(\boldsymbol{r}). \tag{21.3}$$

以後，勾配の記法としては式 (21.3) 右辺のものを用いる．

【例題 21.1】 スカラー場 $\varphi(\boldsymbol{r}) = xy^2z^3$ の勾配を求めよ．

【解】 $\nabla\varphi = \partial_x(xy^2z^3)\boldsymbol{i} + \partial_y(xy^2z^3)\boldsymbol{j} + \partial_z(xy^2z^3)\boldsymbol{k} = y^2z^3\boldsymbol{i} + 2xyz^3\boldsymbol{j} + 3xy^2z^2\boldsymbol{k}.$ ∎

● 性質

スカラー場 $\varphi(\boldsymbol{r})$ に対して，$\varphi(\boldsymbol{r}) = (一定)$ で定義される曲面を φ の**等位面**という．勾配 $\nabla\varphi(\boldsymbol{r})$ の向きは空間の各点 $\boldsymbol{r}$ でその点を含む φ の等位面に垂直で，φ が増加する方向を向いており (☞ 問題 21.5 (p.121))，等位面の間隔が狭いところほどノルム $\|\nabla\varphi\|$ が大きい (☞ 図 21.1)．α, β を実数，φ, ψ をスカラー場，f を任意の関数として，勾配には次の性質がある．

$$\nabla(\alpha\varphi + \beta\psi) = \alpha\nabla\varphi + \beta\nabla\psi, \tag{21.4}$$

$$\nabla(\varphi\psi) = (\nabla\varphi)\psi + \varphi(\nabla\psi), \tag{21.5}$$

$$\nabla\left(\frac{\varphi}{\psi}\right) = \frac{(\nabla\varphi)\psi - \varphi(\nabla\psi)}{\psi^2}, \quad \psi \neq 0, \tag{21.6}$$

$$\nabla f(\varphi(\boldsymbol{r})) = f'(\varphi)\nabla\varphi(\boldsymbol{r}). \tag{21.7}$$

[*1] ナブラという名は竪琴のギリシャ語名に由来する．

これらの公式は両辺がベクトルなので，証明は成分ごとに両辺が等しいことを示せばよい．

【例題 21.2】 式 (21.5) を示せ．

【解】 左辺の x 成分を計算すると，$[\nabla(\varphi\psi)]_x = \partial_x(\varphi\psi) = (\partial_x\varphi)\psi + \varphi(\partial_x\psi) = [(\nabla\varphi)\psi + \varphi(\nabla\psi)]_x$ と右辺の x 成分に等しいことが示される．y, z 成分についても同様． ∎

> **【補足】** 本書では，ベクトル $\boldsymbol{A}$ の x 成分を $[\boldsymbol{A}]_x$ のように括弧 [　] と添字で表す (☞ p.180). 例えば，$[\nabla\varphi]_x = \partial_x\varphi$.

【例題 21.3】 $\varphi(\boldsymbol{r}) = xy^2z^3$ について，$\nabla\dfrac{1}{\varphi}$ を求めよ．

【解】 例題 21.1 の結果を用いて，$\nabla\frac{1}{\varphi} \overset{(21.7)}{=} -\frac{1}{\varphi^2}\nabla\varphi = -\frac{1}{(xy^2z^3)^2}(y^2z^3\boldsymbol{i} + 2xyz^3\boldsymbol{j} + 3xy^2z^2\boldsymbol{k}) = -\frac{1}{x^2y^2z^3}\boldsymbol{i} - \frac{2}{xy^3z^3}\boldsymbol{j} - \frac{3}{xy^2z^4}\boldsymbol{k}$. ∎

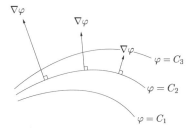

図 21.1 　等位面 $(C_1 < C_2 < C_3)$ と勾配．

21.2　発散

ベクトル場 $\boldsymbol{A}(\boldsymbol{r}) = A_x(\boldsymbol{r})\boldsymbol{i} + A_y(\boldsymbol{r})\boldsymbol{j} + A_z(\boldsymbol{r})\boldsymbol{k}$ の偏導関数で与えられるスカラー場

$$\mathrm{div}\boldsymbol{A} = \frac{\partial A_x}{\partial x} + \frac{\partial A_y}{\partial y} + \frac{\partial A_z}{\partial z} \tag{21.8}$$

を $\boldsymbol{A}$ の**発散** (divergence) という．発散はナブラ演算子とベクトル場の内積と見なすことができる．

$$\mathrm{div}\boldsymbol{A} = \left(\boldsymbol{i}\frac{\partial}{\partial x} + \boldsymbol{j}\frac{\partial}{\partial y} + \boldsymbol{k}\frac{\partial}{\partial z}\right) \cdot (A_x\boldsymbol{i} + A_y\boldsymbol{j} + A_z\boldsymbol{k}) = \nabla \cdot \boldsymbol{A}. \tag{21.9}$$

以後，発散の記法としては (21.9) 右辺のものを用いる．

【例題 21.4】 ベクトル場 $\boldsymbol{A} = xy\boldsymbol{i} + yz^2\boldsymbol{j} + zx^3\boldsymbol{k}$ の発散を求めよ．

【解】 $\nabla \cdot \boldsymbol{A} = \partial_x(xy) + \partial_y(yz^2) + \partial_z(zx^3) = y + z^2 + x^3$. ∎

$\boldsymbol{A}, \boldsymbol{B}$ をベクトル場として，発散には次の性質がある（☞ 問題 21.4 (p.121)）.

$$\nabla \cdot (\alpha \boldsymbol{A} + \beta \boldsymbol{B}) = \alpha \nabla \cdot \boldsymbol{A} + \beta \nabla \cdot \boldsymbol{B}, \tag{21.10}$$

$$\nabla \cdot (\varphi \boldsymbol{A}) = (\nabla \varphi) \cdot \boldsymbol{A} + \varphi \nabla \cdot \boldsymbol{A}. \tag{21.11}$$

【例題 21.5】 $\varphi(\boldsymbol{r}) = xy^2z^3$, $\boldsymbol{A}(\boldsymbol{r}) = xy\boldsymbol{i} + yz^2\boldsymbol{j} + zx^3\boldsymbol{k}$ について，$\nabla \cdot (\varphi \boldsymbol{A})$ を求めよ.

【解】 例題 21.1 および例題 21.4 の結果を用いて，$\nabla \cdot (\varphi \boldsymbol{A}) \overset{(21.11)}{=} (\nabla \varphi) \cdot \boldsymbol{A} + \varphi \nabla \cdot \boldsymbol{A} = (y^2z^3\boldsymbol{i} + 2xyz^3\boldsymbol{j} + 3xy^2z^2\boldsymbol{k}) \cdot (xy\boldsymbol{i} + yz^2\boldsymbol{j} + zx^3\boldsymbol{k}) + xy^2z^3(y + z^2 + x^3) = xy^2z^3(4x^3 + 2y + 3z^2)$. ∎

● 意味

中心が P(x, y, z) で，x, y, z 方向の広がりがそれぞれ $\Delta x, \Delta y, \Delta z$ の微小な直方体を考える（☞ 図 21.2）. 直方体の 6 面の中心を P$_1(x + \frac{\Delta x}{2}, y, z)$, P$_2(x, y + \frac{\Delta y}{2}, z)$, P$_3(x, y, z + \frac{\Delta z}{2})$, P$_4(x - \frac{\Delta x}{2}, y, z)$, P$_5(x, y - \frac{\Delta y}{2}, z)$, P$_6(x, y, z - \frac{\Delta z}{2})$ とする. ベクトル場 $\boldsymbol{A}(\boldsymbol{r}) = A_x(\boldsymbol{r})\boldsymbol{i} + A_y(\boldsymbol{r})\boldsymbol{j} + A_z(\boldsymbol{r})\boldsymbol{k}$ が各点 $\boldsymbol{r} = (x, y, z)$ における流体の速度だとすると，単位時間に直方体から流れ出る流体の量 ΔM は，各面の中心における流体の速度の外向き成分に面の面積を掛けたものを全 6 面にわたって足したもので近似できる.

$$\begin{aligned}\Delta M \simeq{} & A_x(\mathrm{P}_1)\Delta y \Delta z + A_y(\mathrm{P}_2)\Delta z \Delta x + A_z(\mathrm{P}_3)\Delta x \Delta y \\ & - A_x(\mathrm{P}_4)\Delta y \Delta z - A_y(\mathrm{P}_5)\Delta z \Delta x - A_z(\mathrm{P}_6)\Delta x \Delta y.\end{aligned} \tag{21.12}$$

ここで

$$A_x(\mathrm{P}_1) = A_x\left(x + \frac{\Delta x}{2}, y, z\right) = A_x(\mathrm{P}) + \frac{1}{2}\partial_x A_x(\mathrm{P})\Delta x + O\left((\Delta x)^2\right)$$

のように，全ての量を点 P(x, y, z) の周りにテイラー展開して高次の項を無視すると

$$\Delta M \simeq [\partial_x A_x(\mathrm{P}) + \partial_y A_y(\mathrm{P}) + \partial_z A_z(\mathrm{P})]\Delta x \Delta y \Delta z = (\nabla \cdot \boldsymbol{A})(\mathrm{P})\Delta x \Delta y \Delta z \tag{21.13}$$

となる. このように発散は，各点における単位時間当たり単位体積当たりの流出量を表している. したがって，流体の体積が膨張・収縮しないと考えた場合[*2]，ある点で発散が正であることは（湧き水のように）外部から流体が供給されていることを意味する. そのため発散は湧き出

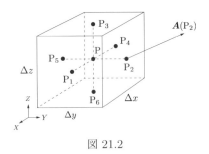

図 21.2

[*2] 流体力学では，膨張・収縮しない流体を非圧縮性流体，そうでないものを圧縮性流体という.

しとも呼ばれる．逆に発散が負であることは，その点から流体が（容器に空いた穴から漏れ出す水のように）外部に排出されていることを意味する．

■ 演習問題

【問題 21.1】《理解度確認》（解答は ☞ p.223）

次の量を求めよ．

[1] $\nabla(x + 2y + 3z)$

[2] $\nabla(e^{xy} + \sin yz)$

[3] $\nabla \dfrac{z}{x+y}$

[4] $\nabla \cdot (x\boldsymbol{i} + 2y\boldsymbol{j} + 3z\boldsymbol{k})$

[5] $\nabla \cdot (xy\boldsymbol{i} + e^{yz}\boldsymbol{j} + \sin zx\,\boldsymbol{k})$

[6] $\nabla \cdot [(xy\boldsymbol{i} + e^{yz}\boldsymbol{j} + \sin zx\,\boldsymbol{k}) \ln x]$

【問題 21.2】《位置ベクトルの微分 ★☆☆》（解答は ☞ p.223）

$\boldsymbol{r} = x\boldsymbol{i} + y\boldsymbol{j} + z\boldsymbol{k}$, $r = \|\boldsymbol{r}\| = \sqrt{x^2 + y^2 + z^2} \,(\neq 0)$, α を任意の実数とするとき，次を示せ．

[1] $\nabla r = \dfrac{\boldsymbol{r}}{r}$

[2] $\nabla r^\alpha = \alpha r^{\alpha-2}\boldsymbol{r}$

[3] $\nabla \cdot \boldsymbol{r} = 3$

[4] $\nabla \cdot (r^\alpha \boldsymbol{r}) = (\alpha + 3)r^\alpha$

【問題 21.3】《等高線と勾配 ★★☆》（解答は ☞ p.223）

2 次元スカラー場 $\varphi(\boldsymbol{r}) = \varphi(x, y)$, 2 次元ベクトル場 $\boldsymbol{A}(\boldsymbol{r}) = A_x(x,y)\boldsymbol{i} + A_y(x,y)\boldsymbol{j}$ に対する勾配や発散は次のように定義される．

$$\nabla\varphi = \frac{\partial \varphi}{\partial x}\boldsymbol{i} + \frac{\partial \varphi}{\partial y}\boldsymbol{j}, \quad \nabla \cdot \boldsymbol{A} = \frac{\partial A_x}{\partial x} + \frac{\partial A_y}{\partial y}.$$

また，2 次元空間において $\varphi(\boldsymbol{r}) = $ 一定 で与えられる曲線を φ の**等位線**という．$\boldsymbol{r} = x\boldsymbol{i} + y\boldsymbol{j}$, $r = \|\boldsymbol{r}\| = \sqrt{x^2 + y^2}$ として，次の問いに答えよ．

[1] $\varphi(\boldsymbol{r}) = r$ の等位線および $\nabla\varphi$ の様子を xy 平面に描け．

[2] $\psi(\boldsymbol{r}) = x^2 - y^2$ の等位線および $\nabla\psi$ の様子を xy 平面に描け．

[3] $\boldsymbol{A}(\boldsymbol{r}) = -\boldsymbol{r}$ の様子を xy 平面に描き，$\nabla \cdot \boldsymbol{A} < 0$ となる意味を定性的に述べよ．

[4] $\boldsymbol{B}(\boldsymbol{r}) = -y\boldsymbol{i} + x\boldsymbol{j}$ の様子を xy 平面に描き，$\nabla \cdot \boldsymbol{B} = 0$ となる意味を定性的に述べよ．

【問題 21.4】《勾配・発散の諸性質 ★☆☆》（解答は ☞ p.224）

勾配・発散に関する次の公式を示せ．

[1] $\nabla\left(\dfrac{\varphi}{\psi}\right) = \dfrac{(\nabla\varphi)\psi - \varphi(\nabla\psi)}{\psi^2}$ （☞ 式 (21.6)）

[2] $\nabla f(\varphi(\boldsymbol{r})) = f'(\varphi)\nabla\varphi(\boldsymbol{r})$ （☞ 式 (21.7)）

[3] $\nabla \cdot (\alpha\boldsymbol{A} + \beta\boldsymbol{B}) = \alpha\nabla \cdot \boldsymbol{A} + \beta\nabla \cdot \boldsymbol{B}$ （☞ 式 (21.10)）

[4] $\nabla \cdot (\varphi\boldsymbol{A}) = (\nabla\varphi) \cdot \boldsymbol{A} + \varphi\nabla \cdot \boldsymbol{A}$ （☞ 式 (21.11)）

【問題 21.5】《勾配の向き ★★★》（解答は ☞ p.224）

スカラー場 $\varphi(\boldsymbol{r})$ とその勾配 $\nabla\varphi(\boldsymbol{r})$ について次の問いに答えよ．

[1] 位置 $\boldsymbol{r}$ から僅かに離れた点 $\boldsymbol{r} + \delta\boldsymbol{r}$ におけるスカラー場の値は，近似的に次式で与えられることを示せ．

$$\varphi(\boldsymbol{r} + \delta\boldsymbol{r}) \simeq \varphi(\boldsymbol{r}) + \delta\boldsymbol{r} \cdot \nabla\varphi(\boldsymbol{r}).$$

[2] $\nabla\varphi(\boldsymbol{r})$ は φ の等位面に垂直であることを示せ．

[3] $\nabla\varphi(\boldsymbol{r})$ は φ の値が増加する方向を向いていることを示せ．

第 22 章　回転とラプラシアン

22.1　回転

ベクトル場 $\boldsymbol{A}(\boldsymbol{r}) = A_x(\boldsymbol{r})\boldsymbol{i} + A_y(\boldsymbol{r})\boldsymbol{j} + A_z(\boldsymbol{r})\boldsymbol{k}$ の偏導関数から作られるベクトル場

$$\mathrm{rot}\,\boldsymbol{A} = \left(\frac{\partial A_z}{\partial y} - \frac{\partial A_y}{\partial z}\right)\boldsymbol{i} + \left(\frac{\partial A_x}{\partial z} - \frac{\partial A_z}{\partial x}\right)\boldsymbol{j} + \left(\frac{\partial A_y}{\partial x} - \frac{\partial A_x}{\partial y}\right)\boldsymbol{k} \tag{22.1}$$

を $\boldsymbol{A}$ の**回転** (rotation) という．ナブラ演算子 (21.2) を用いると，回転はナブラ演算子と $\boldsymbol{A}$ の外積 (☞ 2.3 節) として書くことができる．

$$\mathrm{rot}\,\boldsymbol{A} = \left(\boldsymbol{i}\frac{\partial}{\partial x} + \boldsymbol{j}\frac{\partial}{\partial y} + \boldsymbol{k}\frac{\partial}{\partial z}\right) \times (A_x\boldsymbol{i} + A_y\boldsymbol{j} + A_z\boldsymbol{k}) = \nabla \times \boldsymbol{A}. \tag{22.2}$$

以後，回転の記法としては (22.2) 右辺のものを用いる．

【例題 22.1】 ベクトル場 $\boldsymbol{A} = z^3\boldsymbol{i} + x\boldsymbol{j} + y^2\boldsymbol{k}$ の回転を求めよ．

【解】 $\nabla \times \boldsymbol{A} = (\partial_y y^2 - \partial_z x)\boldsymbol{i} + (\partial_z z^3 - \partial_x y^2)\boldsymbol{j} + (\partial_x x - \partial_y z^3)\boldsymbol{k} = 2y\boldsymbol{i} + 3z^2\boldsymbol{j} + \boldsymbol{k}.$ ▌

回転には次のような性質がある．

$$\nabla \times (\alpha\boldsymbol{A} + \beta\boldsymbol{B}) = \alpha\nabla \times \boldsymbol{A} + \beta\nabla \times \boldsymbol{B}, \tag{22.3}$$

$$\nabla \times (\varphi\boldsymbol{A}) = (\nabla\varphi) \times \boldsymbol{A} + \varphi\nabla \times \boldsymbol{A}. \tag{22.4}$$

【例題 22.2】 式 (22.4) を示せ．

【解】 両辺がベクトルなので成分ごとに示す．左辺の x 成分を計算すると，$[\nabla \times (\varphi\boldsymbol{A})]_x = \partial_y(\varphi A_z) - \partial_z(\varphi A_y) = (\partial_y\varphi)A_z + \varphi(\partial_y A_z) - (\partial_z\varphi)A_y - \varphi(\partial_z A_y) = [(\nabla\varphi) \times \boldsymbol{A} + \varphi\nabla \times \boldsymbol{A}]_x$ と，右辺の x 成分が得られる．x, y 成分も同様．▌

● 意味

ベクトル場 $\boldsymbol{A}(\boldsymbol{r}) = A_x(\boldsymbol{r})\boldsymbol{i} + A_y(\boldsymbol{r})\boldsymbol{j} + A_z(\boldsymbol{r})\boldsymbol{k}$ が各点 $\boldsymbol{r}$ における流体の速度であるとして，図 21.2 における微小な直方体を再び考える．その直方体を z 軸の正の方向から見たのが図 22.1 である．

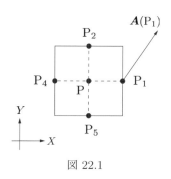

図 22.1

P(x, y, z) を通り z 軸に平行な直線周りの，この直方体の角速度 Ω_z は，z 軸に平行な 4 つの面のそれぞれの中点 P$_1$, P$_2$, P$_4$, P$_5$ における流体の角速度の相加平均で近似できる．反時計回りの角速度は考えている面および xy 平面に平行な速度成分を回転半径で割った量であるから

$$\Omega_z \simeq \frac{1}{4}\left(\frac{A_y(\mathrm{P}_1)}{\Delta x/2} - \frac{A_x(\mathrm{P}_2)}{\Delta y/2} - \frac{A_y(\mathrm{P}_4)}{\Delta x/2} + \frac{A_x(\mathrm{P}_5)}{\Delta y/2}\right). \tag{22.5}$$

ここで

$$A_y(\mathrm{P}_1) = A_y\left(x + \frac{\Delta x}{2}, y, z\right) = A_y(\mathrm{P}) + \frac{1}{2}\partial_x A_y(\mathrm{P})\Delta x + O\left((\Delta x)^2\right)$$

のように，式 (22.5) 右辺の量を P(x, y, z) の周りにテイラー展開して高次の項を無視すると

$$\Omega_z \simeq \frac{1}{2}\left(\partial_x A_y - \partial_y A_x\right)(\mathrm{P}) = \frac{1}{2}[\nabla \times \boldsymbol{A}]_z(\mathrm{P}) \tag{22.6}$$

を得る．同様にして，x, y 軸方向の角速度についても，$\Omega_x \simeq \frac{1}{2}[\nabla \times \boldsymbol{A}]_x(\mathrm{P})$, $\Omega_y \simeq \frac{1}{2}[\nabla \times \boldsymbol{A}]_y(\mathrm{P})$ を得る．したがって，回転 $\nabla \times \boldsymbol{A}$ は各点における流体の角速度ベクトル $\boldsymbol{\Omega} = \Omega_x \boldsymbol{i} + \Omega_y \boldsymbol{j} + \Omega_z \boldsymbol{k}$ の 2 倍に等しいことがわかる．

【例題 22.3】 ベクトル場 $\boldsymbol{A} = -y\boldsymbol{i} + x\boldsymbol{j}$（☞ 図 16.2(b)）の回転を求めよ．

【解】 $\nabla \times \boldsymbol{A} = \nabla \times (-y\boldsymbol{i} + x\boldsymbol{j}) = [\partial_x x - \partial_y(-y)]\boldsymbol{k} = 2\boldsymbol{k}$. ▮

【補足】 この例のように，ベクトル場 $\boldsymbol{A}$ が x, y 成分しかもたず，それらに z 依存性がない場合，$\nabla \times \boldsymbol{A}$ の x, y 成分は 0 である．

22.2 ラプラシアン

スカラー場の勾配の発散は次のように書ける．

$$\nabla \cdot (\nabla \varphi) = \left(\boldsymbol{i} \frac{\partial}{\partial x} + \boldsymbol{j} \frac{\partial}{\partial y} + \boldsymbol{k} \frac{\partial}{\partial z} \right) \cdot \left(\boldsymbol{i} \frac{\partial}{\partial x} + \boldsymbol{j} \frac{\partial}{\partial y} + \boldsymbol{k} \frac{\partial}{\partial z} \right) \varphi$$

$$= \left(\frac{\partial^2}{\partial x^2} + \frac{\partial^2}{\partial y^2} + \frac{\partial^2}{\partial z^2} \right) \varphi = \Delta \varphi. \tag{22.7}$$

ここで，ラプラシアンと呼ばれる，次の微分演算子を定義した

$$\Delta := \nabla \cdot \nabla = \nabla^2 = \frac{\partial^2}{\partial x^2} + \frac{\partial^2}{\partial y^2} + \frac{\partial^2}{\partial z^2}. \tag{22.8}$$

【例題 22.4】 スカラー場 $\varphi = x^2 y^3 z$ に対して，$\Delta \varphi$ を求めよ．

【解】 $\Delta \varphi = \partial_x^2 (x^2 y^3 z) + \partial_y^2 (x^2 y^3 z) + \partial_z^2 (x^2 y^3 z) = 2 y^3 z + 6 x^2 y z.$ ▮

ラプラシアンのベクトル場に対する作用は次のように定義される．

$$\Delta \boldsymbol{A} = (\Delta A_x) \boldsymbol{i} + (\Delta A_y) \boldsymbol{j} + (\Delta A_z) \boldsymbol{k}, \quad \Delta = \partial_x^2 + \partial_y^2 + \partial_z^2. \tag{22.9}$$

ただしこの場合，$\Delta \boldsymbol{A}$ に「勾配の発散」という意味はない．

ラプラシアンには次のような性質がある．

$$\Delta(\alpha \varphi + \beta \psi) = \alpha \Delta \varphi + \beta \Delta \psi, \tag{22.10}$$

$$\Delta(\varphi \psi) = \psi \Delta \varphi + 2 (\nabla \varphi) \cdot (\nabla \psi) + \varphi \Delta \psi. \tag{22.11}$$

【例題 22.5】 式 (22.11) を示せ．

【解】 (21.5) 両辺の発散をとり，右辺に式 (21.11) を用いると，$\Delta(\varphi \psi) = \nabla \cdot [(\nabla \varphi) \psi + \varphi (\nabla \psi)] \overset{(21.11)}{=}$
$\psi \nabla \cdot (\nabla \varphi) + (\nabla \varphi) \cdot (\nabla \psi) + (\nabla \varphi) \cdot (\nabla \psi) + \varphi \nabla \cdot (\nabla \psi) = \psi \Delta \varphi + 2 (\nabla \varphi) \cdot (\nabla \psi) + \varphi \Delta \psi.$ ▮

22.3　ポテンシャルとベクトル・ポテンシャル

任意のスカラー場 φ に関して，勾配の回転は零ベクトルである．

$$\nabla \times (\nabla \varphi) = \boldsymbol{0}. \tag{22.12}$$

逆に，ベクトル場 $\boldsymbol{A}$ の回転が零ベクトルならば，あるスカラー場 φ が存在して $\boldsymbol{A} = \nabla \varphi$ と表されることが知られている（☞ 問題 22.5 (p.125)）．このとき，$\boldsymbol{A}$ を保存場，φ を $\boldsymbol{A}$ のポテンシャルという．

【例題 22.6】 式 (22.12) を示せ．

【解】 左辺の x 成分を計算すると，$[\nabla \times (\nabla \varphi)]_x = \partial_y [\nabla \varphi]_z - \partial_z [\nabla \varphi]_y = \partial_y \partial_z \varphi - \partial_z \partial_y \varphi = 0$ となる．同様に，y, z 成分も 0 である．▮

任意のベクトル場 $\boldsymbol{B}$ に関して，回転の発散は 0 である．

$$\nabla \cdot (\nabla \times \boldsymbol{B}) = 0. \tag{22.13}$$

逆に，ベクトル場 $\boldsymbol{A}$ の発散が 0 ならば，あるベクトル場 $\boldsymbol{B}$ が存在して $\boldsymbol{A} = \nabla \times \boldsymbol{B}$ と表されることが知られている（☞ 問題 22.5 (p.125)）．このとき，$\boldsymbol{A}$ をソレノイダル場，$\boldsymbol{B}$ を $\boldsymbol{A}$ のベクトル・ポテンシャルという．

【例題 22.7】　式 (22.13) を示せ．

【解】　$\nabla \cdot (\nabla \times \boldsymbol{B}) = \partial_x [\nabla \times \boldsymbol{B}]_x + \partial_y [\nabla \times \boldsymbol{B}]_y + \partial_z [\nabla \times \boldsymbol{B}]_z = \partial_x (\partial_y B_z - \partial_z B_y) + \partial_y (\partial_z B_x - \partial_x B_z) + \partial_z (\partial_x B_y - \partial_y B_x) = 0.$ ∎

■ 演習問題

【問題 22.1】《理解度確認》（解答は ☞ p.225）
次の量を求めよ．ただし，$\varphi = xy^2 z^3$, $\boldsymbol{A} = -y\boldsymbol{i} + x\boldsymbol{j}$ とする（☞ 例題 21.1, 例題 22.3）．

[1] $\nabla \times (x\boldsymbol{i} + 2y\boldsymbol{j} + 3z\boldsymbol{k})$ 　　[2] $\nabla \times (xy\boldsymbol{i} + e^{yz}\boldsymbol{j} + \sin zx\boldsymbol{k})$ 　[3] $\nabla \times (\varphi \boldsymbol{A})$

[4] $\Delta(e^{xy} + \sin yz)$ 　　[5] $\Delta(x^2 y\boldsymbol{i} + 2y^2 z\boldsymbol{j} + 3z^2 x\boldsymbol{k})$ 　[6] $\nabla \times (\nabla \varphi)$

【問題 22.2】《位置ベクトルと回転 ★☆☆》（解答は ☞ p.225）
$\boldsymbol{r} = x\boldsymbol{i} + y\boldsymbol{j} + z\boldsymbol{k}$, $r = \|\boldsymbol{r}\| = \sqrt{x^2 + y^2 + z^2}$, $\rho = \sqrt{x^2 + y^2}$ として，次の量を求めよ．ただし，$f(r)$ は任意の微分可能な関数，α は任意の実定数とする．

[1] $\nabla \times \boldsymbol{r}$ 　　　　　[2] $\nabla \times [f(r)\boldsymbol{r}]$ 　　　　[3] $\nabla \rho$ 　　　　　[4] $\nabla \times [\rho^\alpha(-y\boldsymbol{i} + x\boldsymbol{j})]$

【問題 22.3】《諸公式 ★★☆》（解答は ☞ p.226）
内積の勾配，外積の発散，外積の回転に関する次の微分公式を示せ．

[1] $\nabla(\boldsymbol{A} \cdot \boldsymbol{B}) = (\boldsymbol{A} \cdot \nabla)\boldsymbol{B} + (\boldsymbol{B} \cdot \nabla)\boldsymbol{A} + \boldsymbol{A} \times (\nabla \times \boldsymbol{B}) + \boldsymbol{B} \times (\nabla \times \boldsymbol{A})$

[2] $\nabla \cdot (\boldsymbol{A} \times \boldsymbol{B}) = \boldsymbol{B} \cdot (\nabla \times \boldsymbol{A}) - \boldsymbol{A} \cdot (\nabla \times \boldsymbol{B})$

[3] $\nabla \times (\boldsymbol{A} \times \boldsymbol{B}) = (\boldsymbol{B} \cdot \nabla)\boldsymbol{A} - (\boldsymbol{A} \cdot \nabla)\boldsymbol{B} + (\nabla \cdot \boldsymbol{B})\boldsymbol{A} - (\nabla \cdot \boldsymbol{A})\boldsymbol{B}$

【問題 22.4】《2 階微分の諸公式 ★☆☆》（解答は ☞ p.226）
スカラー場とベクトル場の 2 階微分に関する次の公式を示せ．

[1] $\nabla \cdot (\varphi \nabla \psi) = (\nabla \varphi) \cdot (\nabla \psi) + \varphi \Delta \psi$

[2] $\nabla \cdot (\varphi \nabla \psi - \psi \nabla \varphi) = \varphi \Delta \psi - \psi \Delta \varphi$

[3] $\nabla \times (\nabla \times \boldsymbol{A}) = \nabla(\nabla \cdot \boldsymbol{A}) - \Delta \boldsymbol{A}$

【問題 22.5】《ポテンシャルの存在 ★★☆》（解答は ☞ p.226）
次の問いに答えよ．

[1] ベクトル場 $\boldsymbol{A}$ が $\nabla \times \boldsymbol{A} = \boldsymbol{0}$ を満たすとき，点 $\mathrm{P}_0(x_0, y_0, z_0)$ を定点とし

$$\varphi(x, y, z) = \int_{x_0}^{x} A_x(\xi, y, z) d\xi + \int_{y_0}^{y} A_y(x_0, \eta, z) d\eta + \int_{z_0}^{z} A_z(x_0, y_0, \zeta) d\zeta$$

とおけば，φ は $\boldsymbol{A}$ のポテンシャルとなること（$\boldsymbol{A} = \nabla \varphi$）を示せ．

[2] ベクトル場 $\boldsymbol{A}$ が $\nabla \cdot \boldsymbol{A} = 0$ を満たすとき，点 $\mathrm{P}_0(x_0, y_0, z_0)$ を定点とし

V

ベクトル解析と偏微分方程式

$$B_x(x,y,z) = \int_{z_0}^z A_y(x,y,\zeta)d\zeta, \quad B_y(x,y,z) = -\int_{z_0}^z A_x(x,y,\zeta)d\zeta + \int_{x_0}^x A_z(\xi,y,z_0)d\xi$$

として $\boldsymbol{B} = B_x\boldsymbol{i} + B_y\boldsymbol{j}$ とおけば，$\boldsymbol{B}$ は $\boldsymbol{A}$ のベクトル・ポテンシャルとなること $(\boldsymbol{A} = \nabla \times \boldsymbol{B})$ を示せ．

【研究】クロネッカーのデルタとレビィ＝チヴィタ記号

ベクトルの計算を効率的に行う方法を紹介する．慣れるまで多少の忍耐を要するが，一度身に着けたら重宝する方法である．

まず，成分を表す添え字は $A_1 := A_x$, $A_2 := A_y$, $A_3 := A_z$ と数字で書く．その上で，次のような記法・記号を導入する．

$$A_iB_i := \sum_{i=1}^3 A_iB_i, \quad \delta_{ij} := \begin{cases} 1 & (i=j) \\ 0 & (i \neq j) \end{cases}, \quad \varepsilon_{ijk} := \begin{cases} 1 & ijk\ が偶置換 \\ -1 & ijk\ が奇置換 \\ 0 & その他 \end{cases}.$$

第 1 式は，A_iB_i のようにある添え字が 1 つの項にペアで現れたら，$\sum$ がなくても和をとる約束を表し，**アインシュタインの縮約法**と呼ばれる．第 2 式の δ_{ij} は**クロネッカーのデルタ**と呼ばれ，具体的には $\delta_{11} = \delta_{22} = \delta_{33} =1$, $\delta_{12} = \delta_{21} = \delta_{13} = \delta_{31} = \delta_{23} = \delta_{32} = 0$ である．第 3 式の ε_{ijk} は**レヴィ＝チヴィタ記号**と呼ばれる．123 という数字を並び替えて ijk にするとき，2 つの数字の入れ替えが偶（奇）数回必要なとき ijk を偶（奇）置換と呼ぶ．具体的には $\varepsilon_{123} = \varepsilon_{231} = \varepsilon_{312} = -\varepsilon_{132} = -\varepsilon_{213} = -\varepsilon_{321} = 1$, 残りの成分は 0 である．

これらを踏まえると，$\boldsymbol{A} \cdot \boldsymbol{B} = A_iB_i$, $\boldsymbol{A} \times \boldsymbol{B}$ の i 成分は $[\boldsymbol{A} \times \boldsymbol{B}]_i = \varepsilon_{ijk}A_jB_k$ と書ける．また，クロネッカーのデルタには，$\delta_{ij} = \delta_{ji}$, $\delta_{ii} = 3$, $\delta_{ij}A_j = A_i$ などの性質，レヴィ＝チヴィタ記号には，$\varepsilon_{ijk} = \varepsilon_{jki} = \varepsilon_{kij} = -\varepsilon_{ikj} = -\varepsilon_{jik} = -\varepsilon_{kji}$, $\varepsilon_{ijk}\varepsilon_{ilm} = \delta_{jl}\delta_{km} - \delta_{jm}\delta_{kl}$ などの性質があることが示せる．

これらを用いると，様々なベクトルの積や微分に関する公式を手短に証明できる．ここでは，ベクトル 3 重積の公式 $\boldsymbol{A} \times (\boldsymbol{B} \times \boldsymbol{C}) = (\boldsymbol{A} \cdot \boldsymbol{C})\boldsymbol{B} - (\boldsymbol{A} \cdot \boldsymbol{B})\boldsymbol{C}$ （☞ 問題 2.5）を証明してみよう．

$$\begin{aligned}
[\boldsymbol{A} \times (\boldsymbol{B} \times \boldsymbol{C})]_i &= \varepsilon_{ijk}A_j[\boldsymbol{B} \times \boldsymbol{C}]_k = \varepsilon_{ijk}A_j\varepsilon_{klm}B_lC_m \\
&= \varepsilon_{kij}\varepsilon_{klm}A_jB_lC_m = (\delta_{il}\delta_{jm} - \delta_{im}\delta_{jl})A_jB_lC_m \\
&= (\boldsymbol{A} \cdot \boldsymbol{C})B_i - (\boldsymbol{A} \cdot \boldsymbol{B})C_i = [(\boldsymbol{A} \cdot \boldsymbol{C})\boldsymbol{B} - (\boldsymbol{A} \cdot \boldsymbol{B})\boldsymbol{C}]_i.
\end{aligned}$$

ここで，i は $1, 2, 3$ の何れでもよいので証明はこれで終りである．試してみるとわかるが，上で導入した記法・記号を用いずに，この手の公式の証明を x, y, z 成分ごとに行うのは意外と大変である．

回転の成分が $[\nabla \times \boldsymbol{A}]_i = \varepsilon_{ijk}\partial_j A_k$ と書けることを用いれば，$\nabla \times (\nabla \times \boldsymbol{A}) = \nabla(\nabla \cdot \boldsymbol{A}) - \Delta\boldsymbol{A}$ （☞ 問題 22.4）などの微分公式も，上述の代数公式と同様に手短に証明できる．

第 23 章 拡散方程式とラプラス方程式

23.1 偏微分方程式とは

n 変数関数 $\varphi(x_1, x_2, \cdots, x_n)$ の偏導関数を含む方程式

$$F\left(x_i, \frac{\partial \varphi}{\partial x_i}, \frac{\partial^2 \varphi}{\partial x_i \partial x_j}, \cdots\right) = 0, \quad (i, j = 1, 2, \cdots, n) \tag{23.1}$$

を $\varphi(x_1, x_2, \cdots, x_n)$ に関する**偏微分方程式**といい，$x_i, (i = 1, 2, \cdots, n)$ を独立変数，φ を従属変数という．偏微分方程式が含む偏導関数の最高階数が m のとき，m 階偏微分方程式と呼ぶ．本書では主に 2 階偏微分方程式を扱う．

23.2 拡散方程式

ある生物が x 軸上に分布しているとき，個体数分布の時間変化を偏微分方程式で表してみよう．時刻 t に位置 x にいる個体数の数を $\varphi(x, t)$ とする．時刻 t のとき位置 x にいた個体は，時間が Δt 経過する間に $x - \Delta x$ または $x + \Delta x$ のどちらかに移動し，どちらに移動するかの確率は等しく $1/2$ とする（☞ 図 23.1）．このとき，時刻 $t + \Delta t$ に x にいる個体は，時刻 t に $x - \Delta x$ と $x + \Delta x$ にいた個体からなるので

$$\varphi(x, t + \Delta t) = \frac{1}{2}\varphi(x - \Delta x, t) + \frac{1}{2}\varphi(x + \Delta x, t)$$

が成り立つ．$\Delta t, \Delta x$ が小さいとして上式の各項を点 (x, t) の周りにテイラー展開すると

$$\frac{\partial \varphi}{\partial t} = \frac{(\Delta x)^2}{2\Delta t}\frac{\partial^2 \varphi}{\partial x^2} + O\left(\Delta t, \frac{(\Delta x)^4}{\Delta t}\right)$$

を得る．ここで，$\kappa := \frac{(\Delta x)^2}{2\Delta t} = （一定）$ を保ちながら $\Delta t, \Delta x \to 0$ の極限をとると，上式は

$$\frac{\partial \varphi}{\partial t} = \kappa \frac{\partial^2 \varphi}{\partial x^2} \tag{23.2}$$

という偏微分方程式となる．これを 1 次元**拡散方程式**（または**熱伝導方程式**），κ を**拡散係数**という．

【**例題 23.1**】 $\varphi(x, t) = e^{at}\sin 3x$ が拡散方程式 $\partial_t \varphi = \partial_x^2 \varphi$ の解であるとき，定数 a を求めよ．

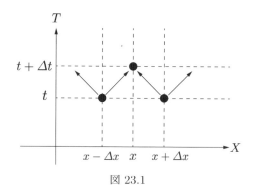

図 23.1

【解】　$\partial_t \varphi = ae^{at}\sin 3x, \partial_x^2 \varphi = -9e^{at}\sin 3x$ を偏微分方程式に代入すると，$ae^{at}\sin 3x = -9e^{at}\sin 3x$. したがって，$a = -9$. ▮

　一般に，φ_1, φ_2 がある微分方程式の解であるとき，α, β を任意の定数として，$\alpha\varphi_1 + \beta\varphi_2$ を解 φ_1, φ_2 の**重ね合わせ**という[*1]．また，重ね合わせが再びその微分方程式の解になることを**重ね合わせの原理**が成り立つという．

【例題 23.2】　拡散方程式 (23.2) について，重ね合わせの原理が成り立つことを示せ．

【解】　φ_1, φ_2 が拡散方程式 (23.2) の解だとすると $\partial_t \varphi_1 = \kappa^2 \partial_x^2 \varphi_1$, $\partial_t \varphi_2 = \kappa^2 \partial_x^2 \varphi_2$ が成り立つ．これ ら 2 つの式に定数 α, β をそれぞれ乗じて加えると $\partial_t(\alpha\varphi_1 + \beta\varphi_2) = \kappa\partial_x^2(\alpha\varphi_1 + \beta\varphi_2)$ を得る．つまり， $\alpha\varphi_1 + \beta\varphi_2$ も解である．▮

　式 (23.2) の演算子部分に注目すると $\partial_t = \partial_x^2$ という形をしているため，円錐曲線との類 推から拡散方程式は**放物型**偏微分方程式と呼ばれる．放物型偏微分方程式の解を決定する には，$f(x), g(t), h(t)$ を既知の関数として，時刻 $t = 0$ における関数形を与える**初期条件** $\varphi(x, 0) = f(x)$，および，考えている空間領域の端点 x_1, x_2 における φ の値などを指定する**境界 条件** $\varphi(x_1, t) = g(t)$, $\varphi(x_2, t) = h(t)$ などが必要となる（☞ 問題 23.4）．

23.3　多次元化とラプラス方程式

　2 次元空間における拡散方程式の導出を考える．xy 平面上に生物が分布しており，時刻 t に点 (x, y) にいる生物は時刻 $t + \Delta t$ までの間に，隣り合う 4 点 $(x \pm \Delta x, y), (x, y \pm \Delta y)$ の何れかに $1/4$ ずつの確率で移動する（☞ 図 23.2）と仮定すれば，生物の個体数 $\varphi(x, y, t)$ について

$$\varphi(x, y, t + \Delta t) = \frac{1}{4}\left[\varphi\left(x + \Delta x, y, t\right) + \varphi\left(x, y + \Delta y, t\right) + \varphi\left(x - \Delta x, y, t\right) + \varphi\left(x, y - \Delta y, t\right)\right]$$

(23.3)

が成り立つ．各量を (x, y, t) の周りでテイラー展開し，$\kappa := \frac{(\Delta x)^2}{4\Delta t} = \frac{(\Delta y)^2}{4\Delta t} = (\text{一定})$ を保った まま $\Delta t, \Delta x, \Delta y \to 0$ とすれば，次の 2 次元拡散方程式を得る．

[*1] $\varphi_1 + \varphi_2$ を φ_1, φ_2 の重ね合わせ，$\alpha\varphi_1 + \beta\varphi_2$ を φ_1, φ_2 の線形結合ということもある．

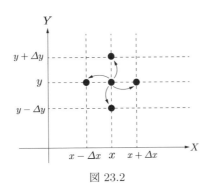

図 23.2

$$\frac{\partial \varphi}{\partial t} = \kappa \left(\frac{\partial^2}{\partial x^2} + \frac{\partial^2}{\partial y^2} \right) \varphi. \tag{23.4}$$

【例題 23.3】 $\varphi(x, y, t) = e^{-3t} \cos(ax + y)$ が拡散方程式 (23.4) ($\kappa = 1$) の解であるとき, 定数 a を求めよ.

【解】 $\partial_t \varphi = -3e^{-3t} \cos(ax + y)$, $(\partial_x^2 + \partial_y^2)\varphi = -(a^2 + 1)e^{-3t} \cos(ax + y)$ を微分方程式に代入すると, $-3 = -(a^2 + 1)$. したがって, $a = \pm\sqrt{2}.$ ∎

同様にして, 拡散方程式は 3 次元空間にも拡張される.

$$\frac{\partial \varphi}{\partial t} = \kappa \Delta \varphi, \quad \Delta = \frac{\partial^2}{\partial x^2} + \frac{\partial^2}{\partial y^2} + \frac{\partial^2}{\partial z^2}. \tag{23.5}$$

φ が時間 t に依存しないとき, 拡散方程式 (23.5) は次の方程式に帰着する.

$$\Delta \varphi(\boldsymbol{r}) = 0.$$

この偏微分方程式を**ラプラス方程式**という. 2 次元ラプラス方程式の演算子部分は $\partial_x^2 + \partial_y^2 = 0$ という形をしており, 円錐曲線との類推からラプラス方程式は**楕円型偏微分方程式**と呼ばれる. 楕円型偏微分方程式の解を決定するには, 空間領域の境界における φ の値を指定するなどの境界条件が必要になる (☞ 問題 23.5).

ラプラス方程式の解を**調和関数**という. 調和関数の名前の由来は式 (23.3) から理解できる. φ が時間に依存しないとき, 式 (23.3) は中央の点 (x, y) における関数の値が周りの 4 点における値の平均であることを表している. したがって, 中央の点の値は周りの 4 点の最小値と最大値の間にあり, 突出した値をとることがない. この意味で, ラプラス方程式の解は「調和がとれている」のである.

【例題 23.4】 $\varphi(x, y, z) = x^2 + y^2 + az^2$ が調和関数であるとき, 定数 a を求めよ.

【解】 $\Delta \varphi = (\partial_x^2 + \partial_y^2 + \partial_z^2)(x^2 + y^2 + az^2) = 2 + 2 + 2a = 0$. したがって, $a = -2.$ ∎

ラプラス方程式 $\Delta \varphi(\boldsymbol{r}) = 0$ の右辺を与えられた関数 $f(\boldsymbol{r})$ に置き換えた偏微分方程式

$$\Delta\varphi(\boldsymbol{r}) = f(\boldsymbol{r})$$

をポアソン方程式という.

■ 演習問題

【問題 23.1】《理解度確認》(解答は ☞ p.227)

次の [1]–[4] が成立するとして,定数 a, b, c, d を求めよ.

　[1]　$\varphi_1(x, t) = e^{-2t}\cos ax$ が拡散方程式 (23.2) $(\kappa = 1/2)$ の解である.

　[2]　$\varphi_2(x, t) = e^{bt+4ix}$ が拡散方程式 (23.2) $(\kappa = 1/2)$ の解である.ただし,i は虚数単位である.

　[3]　$\varphi_3(x, y, z, t) = e^{-6t}\sin(cx + y + z)$ が拡散方程式 (23.5) $(\kappa = 1)$ の解である.

　[4]　$\varphi_4(x, y, z) = e^{5x}\sin(3y + dz)$ が調和関数である.

【問題 23.2】《拡散方程式の解 ★★☆》(解答は ☞ p.227)

κ を正の定数として,次の関数を考える.

$$\varphi(x, t) = \frac{1}{\sqrt{4\pi\kappa t}}\exp\left(-\frac{x^2}{4\kappa t}\right), \quad (-\infty < x < \infty, \ t > 0). \tag{23.6}$$

次の問いに答えよ.

　[1]　$\varphi(x, t)$ は拡散方程式 (23.2) の解であることを示せ.

　[2]　$x = \pm\sqrt{2\kappa t}$ において $\partial_x^2\varphi = 0$ となることを示し,t を定数としたときのグラフ $\varphi(x, t)$ の概形を描け.

　[3]　$\int_{-\infty}^{\infty}\varphi(x, t)dx = 1$ を示せ.

【問題 23.3】《コーシー・リーマンの方程式 ★☆☆》(解答は ☞ p.229)

2 次元ラプラス方程式 $(\partial_x^2 + \partial_y^2)\varphi = 0$ とその解(調和関数)に関する次の問いに答えよ.

　[1]　2 変数関数の組 $(u(x, y), v(x, y))$ に対して

$$\frac{\partial u}{\partial x} = \frac{\partial v}{\partial y}, \quad \frac{\partial u}{\partial y} = -\frac{\partial v}{\partial x} \tag{23.7}$$

　　をコーシー=リーマンの方程式という.次の (u, v) は関係式 (23.7) を満たすことを示せ.

　　　(a)　$(u, v) = (x^2 - y^2, 2xy)$　　　　　　　　(b)　$(u, v) = (e^x\cos y, e^x\sin y)$

　[2]　一般に,関係式 (23.7) を満たす $u(x, v)$,$v(x, y)$ はそれぞれ調和関数であることを示せ.

【問題 23.4】《拡散方程式の解法 ★★★》(解答は ☞ p.229)

L を正の定数,$f(x)$ を既知の関数として,1 次元拡散方程式 (23.2) とそれに対する境界条件および初期条件

$$\varphi(0, t) = \varphi(L, t) = 0, \tag{23.8}$$

$$\varphi(x, 0) = f(x) \tag{23.9}$$

を考える.ただし,$f(0) = f(L) = 0$ とする.次の手順に従って解 $\varphi(x, t)$ を求めよ.

　[1]　$\varphi(x, t) = X(x)T(t)$ とおき,$X(x), T(t)$ に関する常微分方程式を導け.

[2] 境界条件 (23.8) を満たすことから，次のような解があることを示せ．

$$\varphi(x,t) = \sum_{n=1}^{\infty} A_n \exp\left[-\kappa\left(\frac{n\pi}{L}\right)^2 t\right] \sin\frac{n\pi}{L}x. \tag{23.10}$$

ただし，$A_n,\ (n=1,2,\cdots)$ は任意定数である．

[3] 初期条件 (23.9) から A_n を求めよ．ただし，次の積分公式を用いてよい．

$$\int_0^L \sin\left(\frac{n\pi}{L}x\right)\sin\left(\frac{m\pi}{L}x\right)dx = \begin{cases} L/2 & (n=m) \\ 0 & (n\neq m) \end{cases},\quad (n,m=1,2,\cdots). \tag{23.11}$$

【問題 23.5】《ラプラス方程式の解法 ★★★》（解答は ☞ p.230）
L_x, L_y を正の定数，$f(x)$ を既知の関数として，2 次元ラプラス方程式 $(\partial_x^2 + \partial_y^2)\varphi(x,y) = 0$ と境界条件

$$\varphi(0,y) = \varphi(L_x,y) = \varphi(x,L_y) = 0, \tag{23.12}$$
$$\varphi(x,0) = f(x) \tag{23.13}$$

を考える．ただし，$f(0) = f(L_x) = 0$ とする．次の手順に従って解 $\varphi(x,y)$ を求めよ．

[1] $\varphi(x,y) = X(x)Y(y)$ とおき，$X(x), Y(y)$ に関する常微分方程式を導け．

[2] 境界条件 (23.12) を満たすことから，次のような解があることを示せ．

$$\varphi(x,y) = \sum_{n=1}^{\infty} A_n \sin\left(\frac{n\pi}{L_x}x\right)\sinh\frac{n\pi}{L_x}(y-L_y). \tag{23.14}$$

ただし，$A_n,\ (n=1,2,\cdots)$ は任意定数である．

[3] 境界条件 (23.13) から A_n を求めよ．

【問題 23.6】《球対称ラプラス方程式の解 ★☆☆》（解答は ☞ p.231）
3 次元ラプラス方程式 $\Delta\varphi(x,y,z) = 0$ を考える．φ が原点からの距離 $r = \sqrt{x^2+y^2+z^2}$ だけに依存するとき，次の問いに答えよ．

[1] ラプラス方程式は次の常微分方程式になることを示せ．

$$\frac{1}{r^2}\frac{d}{dr}\left(r^2\frac{d\varphi}{dr}\right) = 0. \tag{23.15}$$

[2] 常微分方程式 (23.15) の一般解は，A, B を任意定数として次式で与えられることを示せ．

$$\varphi = \frac{A}{r} + B.$$

V

ベクトル解析と偏微分方程式

【研究】 コーシー＝リーマンの方程式

　本書で扱う関数は主に実数から実数への写像（実関数）だが，3 章では複素数 $z = x + iy \in \mathbb{C}$ から複素数 $f(z) \in \mathbb{C}$ への写像である指数関数 $f(z) = e^z = e^x(\cos y + i\sin y)$ について軽く触れた．このような関数は**複素関数**と呼ばれ，その微分積分を論じるのが**複素解析**である．

　複素関数を微分・積分すると聞くと身構えてしまうかも知れないが，何も難しいことはない．変数 $z = x + iy$ と同様，関数の値も $f(z) = u(x,y) + iv(x,y),\ (u,v \in \mathbb{R})$ と実部と虚部に分ければ，複素関数は $(x,y) \in \mathbb{R}^2$ から $(u(x,y), v(x,y)) \in \mathbb{R}^2$ への写像であり，これは本書で学んだ多変数関数の特別な場合

に過ぎない. 勿論, 虚数 i が含まれているところは新しいが,「i^2 が現れたら -1 に置き換える」という原則に従うのみである.

では, 複素解析は多変数関数を知っている者にとっては退屈な数学なのかというと, そのようなことは全くない. 複素解析も微分積分学なので, 必然的に微分可能な関数を多く扱うことになるが, 実はこの微分可能性が複素関数にとっては非常に強い制限となり, その事実が分野全体に驚くほどの美しさと調和をもたらす. 実関数の微分可能性が (誤解を恐れずに言えば)「グラフが折れ曲がっていない」程度のことしか意味しないことからは想像し難い.

複素関数の微分の定義も実関数のそれ (☞ p.3) と形式的には同じである.

$$f'(z) = \lim_{\Delta z \to 0} \frac{f(z + \Delta z) - f(z)}{\Delta z}. \tag{23.16}$$

違うのは, z は複素平面上の点であるため, $\Delta z = \Delta x + i\Delta y \to 0$ という極限は, 点 $z + \Delta z$ が点 z に四方八方から近づく全ての経路を含んでいるということである. そのような無限の経路に対して (23.16) 右辺の極限が同じ値に収束するときのみ, $f(z)$ は点 z で微分可能となる.

試しに, 点 z に近づく経路として, 実軸に平行な経路に沿って近づく場合 $\Delta z = \Delta x \to 0$ と, 虚軸に平行な経路に沿って近づく場合 $\Delta z = i\Delta y \to 0$ を考える. $f(z) = u(x, y) + iv(x, y)$ と実部と虚部に分けて, 2 つの経路に沿って式 (23.16) の右辺が一致することを要請する.

$$\lim_{\Delta x \to 0} \frac{[u(x + \Delta x, y) + iv(x + \Delta x, y)] - [u(x, y) + iv(x, y)]}{\Delta x}$$
$$= \lim_{\Delta y \to 0} \frac{[u(x, y + \Delta y) + iv(x, y + \Delta y)] - [u(x, y) + iv(x, y)]}{i\Delta y}.$$

すると, 両辺の実部と虚部を比較することで

$$\frac{\partial u}{\partial x} = \frac{\partial v}{\partial y}, \quad \frac{\partial u}{\partial y} = -\frac{\partial v}{\partial x}$$

という 1 組の偏微分方程式が得られる. これをコーシー＝リーマンの方程式という (☞ 問題 23.3). 微分可能な関数の実部 $u(x, y)$ と虚部 $v(x, y)$ は独立ではなく, この連立偏微分方程式を満たさなければならない. これが, 複素解析で扱う関数が非常に制限されたものになる理由であり, 複素解析を洗練された美しいものにする.

第 24 章 波動方程式

24.1 弦の運動方程式

　線密度（単位長さ当たりの質量）σ が一定の弦を，一定の**張力** T で水平に張る．時刻 t，位置 x における弦の垂直上向きの変位を $\varphi(x,t)$ として弦の運動方程式を導く．図 24.1 のように区間 $[x, x+\Delta x]$ にある微小な弦の一部を考える．ただし，弦の傾きは小さく，$|\varphi_x| \ll 1$ であるとする．この部分の質量は $\sigma \Delta x$ で与えられ，鉛直方向の加速度は φ_{tt} で与えられる．更に，位置 x において弦が x 軸となす角を $\theta(x,t)$ とすると，鉛直方向に働く力は右隣の部分から $T\sin\theta(x+\Delta x, t)$，左隣から $-T\sin\theta(x,t)$ である．したがって，微小な弦の部分の垂直方向に関する運動方程式は

$$\sigma \Delta x \frac{\partial^2 \varphi}{\partial t^2}(t,x) = T[\sin\theta(t, x+\Delta x) - \sin\theta(t,x)]$$

となる．弦の傾き $\tan\theta(x,t)$ は，その点における弦の接線の傾きであるから

$$\tan\theta(x,t) = \frac{\partial\varphi}{\partial x}(x,t) = \varphi_x(x,t)$$

が成り立つ．よって

$$\sin\theta(x,t) \overset{(1.25)}{=} \frac{\tan\theta}{\sqrt{1+\tan^2\theta}} = \frac{\varphi_x}{\sqrt{1+\varphi_x^2}} \simeq \varphi_x$$

と近似できる．最後の等式では，$\varphi_x = 0$ の周りでテイラー展開をしている．よって

$$\sigma \Delta x \frac{\partial^2\varphi}{\partial t^2}(x,t) \simeq T\left[\frac{\partial\varphi}{\partial x}(x+\Delta x, t) - \frac{\partial\varphi}{\partial x}(x,t)\right] \simeq T\frac{\partial^2\varphi}{\partial x^2}(x,t)\Delta x$$

を得る．両辺を $\sigma\Delta x$ で除して，$c := \sqrt{\frac{T}{\sigma}}$ とおき，$\Delta x \to 0$ の極限をとることで次の偏微分方程式を得る．

$$\frac{\partial^2\varphi}{\partial t^2} - c^2\frac{\partial^2\varphi}{\partial x^2} = 0, \quad c > 0. \tag{24.1}$$

これを 1 次元**波動方程式**という．

【**例題 24.1**】　$\varphi(x,t) = \sin(ax + 4t)$ が波動方程式 (24.1) ($c = 2$) の解のとき，定数 a を求めよ．

【解】 $\partial_t^2\varphi = -4^2\varphi, \partial_x^2\varphi = -a^2\varphi$ を $c = 2$ とした波動方程式に代入して，$-4^2 - 2^2(-a^2) = 0$ を得る．したがって，$a = \pm 2$. ∎

【例題 24.2】 波動方程式 (24.1) について，重ね合わせの原理が成立することを示せ．

【解】 φ_1, φ_2 が式 (24.1) の解だとすると，$\partial_t^2\varphi_1 = c^2\partial_x^2\varphi_1, \partial_t^2\varphi_2 = c^2\partial_x^2\varphi_2$. これら 2 つの式にそれぞれ定数 α, β を乗じて加えると $\partial_t^2(\alpha\varphi_1 + \beta\varphi_2) = c^2\partial_x^2(\alpha\varphi_1 + \beta\varphi_2)$. つまり，$\alpha\varphi_1 + \beta\varphi_2$ も解である．∎

　式 (24.1) の演算子部分に注目すると $\partial_t^2 = \partial_x^2$ という形をしているため，円錐曲線との類推から波動方程式は**双曲型**偏微分方程式と呼ばれる．双曲型偏微分方程式の解を決定するには，$f(x), g(x), h(t), k(t)$ を既知の関数として，初期条件 $\varphi(x, 0) = f(x), \partial_t\varphi(x, 0) = g(x)$，および，考えている空間領域の端点 x_1, x_2 における φ の値などを指定する境界条件 $\varphi(x_1, t) = h(t)$，$\varphi(x_2, t) = k(t)$ などが必要となる（☞ 問題 24.4）．

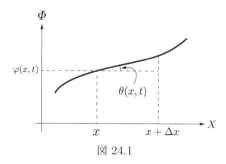

図 24.1

　3 次元空間における波動方程式は，ラプラシアン (22.8) を用いて

$$\frac{\partial^2\varphi}{\partial t^2} - c^2\Delta\varphi = 0, \quad \Delta = \frac{\partial^2}{\partial x^2} + \frac{\partial^2}{\partial y^2} + \frac{\partial^2}{\partial z^2} \tag{24.2}$$

となる．

【例題 24.3】 $\varphi(x, y, z, t) = e^{i(t+ax+y+z)}$ が波動方程式 (24.2) $(c^2 = 1/6)$ の解であるとき，定数 a を求めよ．

【解】$\partial_t^2\varphi = -\varphi, \Delta\varphi = -(a^2+1+1)\varphi$ を $c^2 = 1/6$ とした式 (24.2) に代入して，$-1 + (1/6)(a^2+1+1) = 0$. したがって，$a = \pm 2$. ∎

24.2　ダランベールの解

　1 次元波動方程式 (24.1) において，次のような独立変数の変換を行う．

$$u = x - ct, \quad v = x + ct.$$

すると，$\frac{\partial u}{\partial x} = 1, \frac{\partial u}{\partial t} = -c, \frac{\partial v}{\partial x} = 1, \frac{\partial v}{\partial t} = c$ が成り立つ．更に，これらと連鎖律 (17.7) を用いると

$$\frac{\partial \varphi}{\partial t} = \frac{\partial u}{\partial t}\frac{\partial \varphi}{\partial u} + \frac{\partial v}{\partial t}\frac{\partial \varphi}{\partial v} = -c\frac{\partial \varphi}{\partial u} + c\frac{\partial \varphi}{\partial v}, \tag{24.3}$$

$$\frac{\partial^2 \varphi}{\partial t^2} = \frac{\partial}{\partial t}\left(\frac{\partial \varphi}{\partial t}\right) \overset{(24.3)}{=} \left(\frac{\partial u}{\partial t}\frac{\partial}{\partial u} + \frac{\partial v}{\partial t}\frac{\partial}{\partial v}\right)\left(-c\frac{\partial \varphi}{\partial u} + c\frac{\partial \varphi}{\partial v}\right) = c^2\left(\frac{\partial^2 \varphi}{\partial u^2} - 2\frac{\partial^2 \varphi}{\partial v\partial u} + \frac{\partial^2 \varphi}{\partial v^2}\right) \tag{24.4}$$

を得る．同様にして

$$\frac{\partial^2 \varphi}{\partial x^2} = \frac{\partial^2 \varphi}{\partial u^2} + 2\frac{\partial^2 \varphi}{\partial v\partial u} + \frac{\partial^2 \varphi}{\partial v^2} \tag{24.5}$$

を得る．式 (24.4),(24.5) を波動方程式 (24.1) へ代入すると

$$0 = \frac{\partial^2 \varphi}{\partial t^2} - c^2\frac{\partial^2 \varphi}{\partial x^2} = -4c^2\frac{\partial^2 \varphi}{\partial v\partial u}.$$

したがって，1 次元波動方程式 (24.1) は偏微分方程式

$$\frac{\partial^2 \varphi}{\partial v\partial u} = 0$$

に帰着する．この式の両辺を v で積分すると

$$\frac{\partial \varphi}{\partial u} = \overline{\psi}_1(u).$$

ここで，$\overline{\psi}_1(u)$ は u の任意関数である．更に両辺を u で積分すると

$$\varphi = \psi_1(u) + \psi_2(v) = \psi_1(x - ct) + \psi_2(x + ct) \tag{24.6}$$

を得る．ここで，$\psi_2(v)$ は v の任意関数，$\psi_1(u) := \int \overline{\psi}_1(u)du$ は u の任意関数である．解 (24.6) は**ダランベールの解**と呼ばれる．$\psi_1(x - ct)$ は $t = 0$ において波形が $\psi_1(x)$ である波が形を保ちながら x 軸の正の向きに速さ c で伝播する様子を表し（☞ 図 24.2），$\psi_2(x + ct)$ は $t = 0$ において波形が $\psi_2(x)$ である波が形を保ちながら x 軸の負の向きに速さ c で伝播する様子を表している．

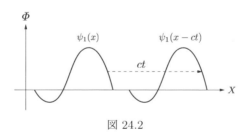

図 24.2

【補足】 常微分方程式の一般解は微分の階数と同じ個数の任意定数を含んでいる（☞ 13.1 節）のに対し，偏微分方程式の一般解は微分の階数と同じ個数の任意関数を含んでいる．ダランベールの解 (24.6) は 1 次元波動方程式 (24.1) の一般解である．常微分方程式の一般解に初期条件を課すと任意定数が決定されるように，ダランベールの解における任意関数も初期条件 $\varphi(x,0), \varphi_t(x,0)$ を与えると決定される（☞ 問題 24.3）．

【例題 24.4】　式 (24.6) で与えられる $\varphi(x,t)$ が波動方程式 (24.1) の解であることを確かめよ.

【解】連鎖律を用いると, $\partial_t \varphi = \partial_t(x-ct)\psi_1'(x+ct) + \partial_t(x+ct)\psi_2'(x+ct) = -c\psi_1'(x-ct) + c\psi_2(x+ct)$. 更に t 微分すると, $\partial_t^2 \varphi = c^2(\psi_1'' + \psi_2'')$ を得る. 同様にして, $\partial_x^2 \varphi = \psi_1'' + \psi_2''$. したがって, $(\partial_t^2 - c^2 \partial_x^2)\varphi = 0$ となり題意が示される. ∎

■ 演習問題

【問題 24.1】《理解度確認》（解答は ☞ p.231）

  [1] $\varphi_1(x,t) = \cos(3x + at)$ が波動方程式 (24.1) $(c = 2)$ の解であるとき, 定数 a を求めよ.

  [2] $\varphi_2(x,t) = e^{i(bx+8t)}$ が波動方程式 (24.1) $(c = 2)$ の解であるとき, 定数 b を求めよ.

  [3] 式 (24.5) を示せ.

【問題 24.2】《平面波解 ★★☆》（解答は ☞ p.231）

次の問いに答えよ.

  [1] k, ω を正の定数として, **正弦波** $\varphi(x,t) = \sin(kx - \omega t)$ が 1 次元波動方程式 (24.1) の解のとき, k, ω の間に成り立つ関係を求めよ. また, 正弦波の**波長** λ, 周期 T を k, ω で表せ.

  [2] $\boldsymbol{k} = (k_x, k_y, k_z)$ を定ベクトル, ω を正の定数として, $\varphi(\boldsymbol{r}, t) = \sin(\boldsymbol{k} \cdot \boldsymbol{r} - \omega t)$ が 3 次元波動方程式 (24.2) の解のとき, $\boldsymbol{k}, \omega$ の間に成り立つ関係を求めよ. また, 解の様子を定性的に述べよ.

【問題 24.3】《ダランベールの公式 ★★☆》（解答は ☞ p.232）

$f(x), g(x)$ を既知の関数として, 1 次元波動方程式 (24.1) の初期条件が

$$\varphi(x,0) = f(x), \quad \frac{\partial \varphi}{\partial t}(x,0) = g(x) \tag{24.7}$$

と与えられているとき, 次の問いに答えよ.

  [1] 波動方程式 (24.1) の解は次のように書かれることを示せ.

$$\varphi(x,t) = \frac{1}{2}\left[f(x-ct) + f(x+ct)\right] + \frac{1}{2c}\int_{x-ct}^{x+ct} g(\xi)d\xi. \tag{24.8}$$

  [2] $g(x) = 0$ のとき, 解の様子を定性的に述べよ.

【問題 24.4】《波動方程式の解法 ★★★》（解答は ☞ p.232）

L を正の定数, $f(x), g(x)$ を既知の関数として, 1 次元波動方程式 (24.1) とそれに対する境界条件および初期条件

$$\varphi(0,t) = \varphi(L,t) = 0, \tag{24.9}$$

$$\varphi(x,0) = f(x), \quad \frac{\partial \varphi}{\partial t}(x,0) = g(x) \tag{24.10}$$

を考える. ただし, $f(0) = f(L) = 0$ とする. 次の手順に従って $\varphi(x,t)$ を求めよ.

  [1] $\varphi(x,t) = X(x)T(t)$ とおくことにより, $X(x), T(t)$ に関する常微分方程式を導け.

  [2] 境界条件 (24.9) を満たすことから, 次のような解があることを示せ.

$$\varphi(x,t) = \sum_{n=1}^{\infty} \left[A_n \cos\left(\frac{cn\pi}{L}t\right) + B_n \sin\left(\frac{cn\pi}{L}t\right)\right] \sin\frac{n\pi}{L}x. \tag{24.11}$$

ただし，$A_n, B_n, (n = 1, 2, \cdots)$ は任意定数である．

[3] 初期条件 (24.10) から A_n, B_n を求めよ．ただし，積分公式 (23.11) を用いてよい．

【問題 24.5】《球対称波動方程式 ★☆☆》（解答は ☞ p.233）

3 次元波動方程式 (24.2) を考える．φ が時刻 t と原点からの距離 $r = \sqrt{x^2 + y^2 + z^2}$ だけに依存するとき，次の問いに答えよ．

[1] 式 (24.2) は次式に帰着することを示せ．

$$\frac{\partial^2 \varphi}{\partial t^2} = \frac{c^2}{r^2} \frac{\partial}{\partial r} \left(r^2 \frac{\partial \varphi}{\partial r} \right). \tag{24.12}$$

[2] α を定数として $\varphi(r, t) = r^\alpha \psi(r, t)$ とおく．このとき，α をうまく選べば式 (24.12) は次のような 1 次元波動方程式に帰着することを示せ．

$$\frac{\partial^2 \psi}{\partial t^2} = c^2 \frac{\partial^2 \psi}{\partial r^2}.$$

【研究】ナヴィエ＝ストークス方程式

物理学には**流体力学**という分野がある．流体とは，気体や液体など流れを伴う物質のことである．自動車や建造物が受ける空気抵抗や血液や体液の流れも流体力学で記述されることからもわかるように，流体力学は物理学のみならず，工学・生命科学など様々な観点から研究されている．また，以下で見るように数学においても重要な研究対象である．

流体力学における重要な方程式が，**非圧縮性粘性流**の運動方程式

$$\frac{\partial \boldsymbol{v}}{\partial t} + (\boldsymbol{v} \cdot \nabla) \boldsymbol{v} = -\frac{1}{\rho} \nabla p + \nu \Delta \boldsymbol{v} + \boldsymbol{f}, \tag{24.13}$$

$$\nabla \cdot \boldsymbol{v} = 0 \tag{24.14}$$

であり，第 1 式は（非圧縮性）**ナヴィエ＝ストークス方程式**と呼ばれる．これらは流体の速度場 $\boldsymbol{v}(\boldsymbol{r}, t)$ と圧力 $p(\boldsymbol{r}, t)$ に関する偏微分方程式であり，ρ, ν はそれぞれ流体の密度と**粘性**（流体が現状に留まろうとする性質）を表す定数，$\boldsymbol{f}(\boldsymbol{r}, t)$ は重力などの外力を表す与えられたベクトル場である．

ニュートンの運動方程式 $m\boldsymbol{a} = \boldsymbol{F}$ との対比では，式 (24.13) の左辺は加速度 $\boldsymbol{a}$ に，右辺は単位質量に働く力 $\frac{1}{m}\boldsymbol{F}$ に対応している．圧力の勾配 ∇p，粘性力 $\nu \Delta \boldsymbol{v}$，外力 $\boldsymbol{f}$ が流体の加速度を決めていると見なせる．式 (24.14) は流体が縮まない（非圧縮性）という条件である．

式 (24.13),(24.14) は流れの定常性（時刻 t に依存しないこと）や高い空間対称性を仮定すると手で解けることもあるが，そういう場合は稀である．一般的な場合における式 (24.13),(24.14) の解の存在や滑らかさの解明は，アメリカの**クレイ数学研究所**が掲げる**ミレニアム懸賞問題**（賞金 100 万ドル）の 1 つになっている．

粘性流体には**層流**と呼ばれる秩序だった流れと，**乱流**と呼ばれる無秩序な流れがある．例えば，ホースの中の水の流れが層流であっても，蛇口を開き流量を増やしていくと，ある時点で乱流に転移する．乱流発生のメカニズムの解明や，乱流の首尾一貫した記述は流体力学における最も重要な未解決問題である．そして，これらの問題解決の糸口とされるのが上述の懸賞問題である．

式 (24.13) に関して，乱流を発生させる要因であると同時に，問題を難しくさせているのが慣性項と呼ばれる左辺第 2 項 $(\boldsymbol{v} \cdot \nabla)\boldsymbol{v}$ である．一般に，このような未知関数を含み，未知関数に関して 1 次でない項は**非線形項**と呼ばれるが，非線形項は微分方程式を格段に難しくすることが知られている．

第VI部

様々な積分

第 25 章 2 重積分

25.1 定義

xy 平面上に有界な領域 D を考え, D を覆う矩形領域を $\bar{D} = \{(x, y) : a \leq x \leq b, c \leq y \leq d\}$ とする (a, b, c, d は定数). 区間 $[a, b]$ を点列 $\{x_i\}_{i=0,1,\cdots,m}$ で m 分割し, 区間 $[c, d]$ を点列 $\{y_j\}_{j=0,1,\cdots,n}$ で n 分割する (☞ 図 25.1(a)). ただし, $x_0 = a$, $x_m = b$, $y_0 = c$, $y_n = d$ とする. すると, $\bar{D}$ は mn 個の矩形領域

$$D_{ij} := \{(x, y) : x_{i-1} \leq x \leq x_i, \, y_{j-1} \leq y \leq y_j\}$$

に分割される. D_{ij} 内の任意の点 (ξ_i, η_j) をとり, 2 次元スカラー場 $\varphi(x, y)$ について次のような リーマン和を考える.

$$I_{mn} := \sum_{i=1}^{m} \sum_{j=1}^{n} \varphi(\xi_i, \eta_j) \Delta x_i \Delta y_j, \quad \Delta x_i := x_i - x_{i-1}, \quad \Delta y_j := y_j - y_{j-1}. \tag{25.1}$$

ただし, (ξ_i, η_j) が D 内に含まれていないときは $\varphi(\xi_i, \eta_j) = 0$ と約束する. 式 (25.1) における $\varphi(\xi_i, \eta_j) \Delta x_i \Delta y_j$ は図 25.1(b) における角柱の体積を表している. リーマン和 (25.1) が分割の仕 方および 点 $(\xi_i, \eta_j) \in D_{ij}$ の選び方に依らず, $m, n \to \infty$, $\Delta x_i, \Delta y_j \to 0$ の極限において一定 の値 I に近づくとき, $\varphi(x, y)$ は D 上で積分可能であるといい

$$I = \lim_{m, n \to \infty} I_{mn} =: \iint_D \varphi(x, y) dx dy \tag{25.2}$$

を $\varphi(x, y)$ の D における **2 重積分**という. $\varphi(x, y) \geq 0$ のとき, I は xy 平面上の領域 D と曲面 $z = \varphi(x, y)$ に挟まれた領域の体積を表している. 特に, $\varphi(x, y) = 1$ のとき I は領域 D の面積 と一致する. 式 (25.2) における $dx dy$ は, $dS = dx dy$ とも書かれ**面積要素**と呼ばれる.

α, β を任意の定数, $\varphi(x, y), \psi(x, y)$ を積分可能なスカラー場として, 2 重積分には次のような 性質がある.

$$\iint_D [\alpha \varphi(x, y) + \beta \psi(x, y)] dx dy = \alpha \iint_D \varphi(x, y) dx dy + \beta \iint_D \psi(x, y) dx dy,$$

$$\iint_D \varphi(x, y) dx dy = \iint_{D_1} \varphi(x, y) dx dy + \iint_{D_2} \varphi(x, y) dx dy.$$

ただし, D_1, D_2 は領域 D を分割した 2 つの領域である.

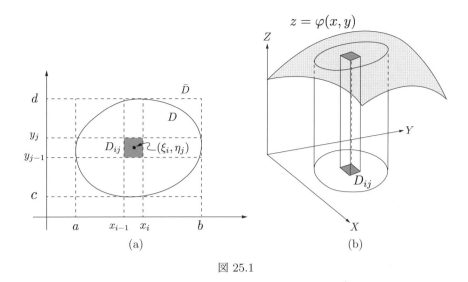

図 25.1

25.2 累次積分

　一般には，2 重積分を定義 (25.1),(25.2) に従って計算するのは困難であり，以下で紹介する 1 変数積分を順次行う方法がとられることが多い．領域 D が

$$D = \{(x,y) : a \le x \le b,\ y_1(x) \le y \le y_2(x)\}$$

で与えられるとし，D および $z = \varphi(x,y)$ で囲まれた領域を Ω とする．このとき，平面 $X = x =$ (一定), $(a \le x \le b)$ と領域 Ω の共通領域の面積 $S(x)$ は次式で与えられる (☞ 図 25.2).

$$S(x) = \int_{y_1(x)}^{y_2(x)} \varphi(x,y) dy.$$

2 重積分 $\iint_D \varphi(x,y)dx$ は Ω の体積であるが，それは $S(x)$ に厚み dx をもたせ x が区間 $[a,b]$ 全体を動くように和をとったものに等しい．したがって，次が成り立つ．

$$\iint_D \varphi(x,y)dxdy = \int_a^b S(x)dx = \int_a^b dx \int_{y_1(x)}^{y_2(x)} \varphi(x,y)dy. \tag{25.3}$$

この式の右辺は，$\varphi(x,y)$ を y で積分し，その結果を x で積分することを表している．このように 2 重積分を計算する方法を**累次積分**の方法という．

【例題 25.1】 2 重積分 $I_1 = \iint_{D_1} xy^2 dxdy, D_1 = \{(x,y) : 0 \le x \le 1, x^2 \le y \le x\}$ を求めよ．

【解】 領域 D_1 は図 25.3(a) のようになる．累次積分を用いると，

$$I_1 = \int_0^1 dx \int_{x^2}^x dy\, xy^2 = \int_0^1 dx \left[\frac{1}{3}xy^3\right]_{x^2}^x = \int_0^1 dx\, \frac{1}{3}x\left(x^3 - x^6\right) = \frac{1}{3}\left[\frac{1}{5}x^5 - \frac{1}{8}x^8\right]_0^1 = \frac{1}{40}. \blacksquare$$

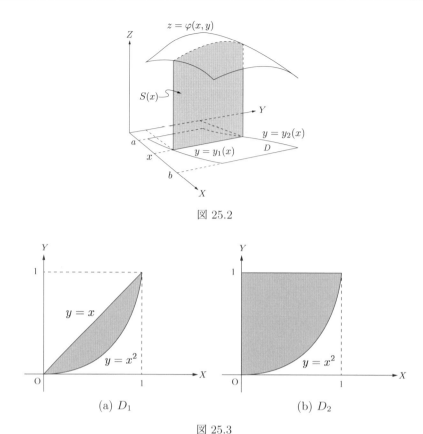

図 25.2

図 25.3

(a) D_1

(b) D_2

25.3 積分順序の交換

領域 D が, $D = \{(x, y) : x_1(y) \leq x \leq x_2(y), c \leq y \leq d\}$ のように与えられているときは

$$\iint_D \varphi(x, y) dx dy = \int_c^d dy \int_{x_1(y)}^{x_2(y)} \varphi(x, y) dx \tag{25.4}$$

と x, y の順番で積分することもできる. 被積分関数 $\varphi(x, y)$ や積分領域 D によって, x, y のどちらから先に積分する方が容易かが異なる場合がある. 累次積分において, 積分する変数の順序を替えることを**積分順序の交換**という.

【**例題 25.2**】 例題 25.1 の I_1 を, 積分順序の交換をして求めよ.

【解】

$$I_1 = \int_0^1 dy \int_y^{\sqrt{y}} dx \, xy^2 = \int_0^1 dy \left[\frac{1}{2} x^2 y^2 \right]_y^{\sqrt{y}} = \int_0^1 dy \, \frac{1}{2} \left(y - y^2 \right) y^2 = \frac{1}{2} \left[\frac{1}{4} y^4 - \frac{1}{5} y^5 \right]_0^1 = \frac{1}{40}. \blacksquare$$

例題 25.1 と例題 25.2 において, 1 つの 2 重積分を 2 通りの累次積分で計算したが, いつもそのようなことが可能とは限らない.

【例題 25.3】 $I_2 = \displaystyle\int_0^1 dx \int_{x^2}^1 dy\, x e^{-y^2}$ を求めよ.

【解】e^{-y^2} の原始関数は知られていないので, これ以上計算できない. I_2 は 2 重積分 $I_2 = \iint_{D_2} x e^{-y^2} dxdy$, $D_2 = \{(x,y) : 0 \le x \le 1,\, x^2 \le y \le 1\}$ (☞ 図 25.3(b)) を累次積分の形に書き換えたものであることを用いて, 積分順序の交換を行うと

$$I_2 = \int_0^1 dy \int_0^{\sqrt{y}} dx\, x e^{-y^2} = \int_0^1 dy \left[\frac{1}{2} x^2 e^{-y^2}\right]_0^{\sqrt{y}} = \frac{1}{2} \int_0^1 dy\, y e^{-y^2} = \frac{1}{2} \left[-\frac{1}{2} e^{-y^2}\right]_0^1 = \frac{1}{4}(1 - e^{-1}). \blacksquare$$

【補足】 特殊関数としてガウスの誤差関数 (error function) $\operatorname{erf}(x) := \frac{2}{\sqrt{\pi}} \int_0^x e^{-t^2} dt$ というものがあり, 初等関数で表すことができないことが知られている. ただし, $\displaystyle\lim_{x \to \pm\infty} \operatorname{erf}(x) = \pm 1$ であることはガウス積分の公式 (☞ p.68) から直ぐにわかる.

■ 演習問題

【問題 25.1】 《理解度確認》 (解答は ☞ p.233)

次の問いに答えよ.

[1] $I_1 = \displaystyle\iint_{D_1} xy^2\, dxdy$, $D_1 = \{(x,y) : 0 \le x \le 1, 0 \le y \le 1\}$ を y, x の順序で累次積分せよ.

[2] 設問 [1] の I_1 を x, y の順序で累次積分せよ.

[3] $I_2 = \displaystyle\iint_{D_2} \frac{x^2}{y}\, dxdy$, $D_2 = \{(x,y) : 0 \le x \le 1, 1 \le y \le e^x\}$ を y, x の順序で累次積分せよ.

[4] 設問 [3] の I_2 を x, y の順序で累次積分せよ.

[5] $I_3 = \displaystyle\int_0^1 dx \int_x^1 dy\, \frac{x}{\sqrt{y^3 + 1}}$ を求めよ.

【問題 25.2】 《累次積分と積分順序の交換 ★★☆》 (解答は ☞ p.234)

次の 2 重積分を計算せよ.

[1] $I_1 = \displaystyle\iint_{D_1} \frac{1}{\sqrt{1 - y^2}}\, dxdy$, $D_1 = \{(x,y) : 0 \le x \le 1, 0 \le y \le x\}$

[2] $I_2 = \displaystyle\iint_{D_2} \frac{1}{\sqrt{y^2 + 1}}\, dxdy$, $D_2 = \{(x,y) : 0 \le x \le 1, 0 \le y \le x\}$

[3] $I_3 = \displaystyle\iint_{D_3} (2xy + 2y + 1)\, dxdy$, $D_3 = \left\{(x,y) : 0 \le x \le 1, 0 \le y \le \frac{1}{1 + x^2}\right\}$

[4] $I_4 = \displaystyle\int_0^1 dx \int_x^1 dy\, \sinh y^2$

[5] $I_5 = \displaystyle\int_0^1 dx \int_{x^2}^1 dy\, \frac{x \operatorname{Cos}^{-1} y}{y}$

【問題 25.3】 《2 重積分と 1 変数積分の関係 ★☆☆》 (解答は ☞ p.234)

2 重積分に関する次の問いに答えよ.

[1] 2 重積分 $I = \iint_D f(x,y) dxdy$ において, x_1, x_2, y_1, y_2 を定数として,

$$f(x,y) = f_1(x) f_2(y), \quad D = \{(x,y) : x_1 \le x \le x_2, y_1 \le y \le y_2\}$$

のように被積分関数が x, y のそれぞれの関数 $f_1(x), f_2(y)$ の積であり, 積分領域が矩形である場合, I は次のように 1 変数積分の積となることを示せ.

$$I = \int_{x_1}^{x_2} f_1(x)dx \int_{y_1}^{y_2} f_2(y)dy. \tag{25.5}$$

[2] 次式のように, 1 変数関数 $f(x)$ の定積分は 2 重積分として書けることを示せ. ただし, $f(x) \geq 0, (a \leq x \leq b)$ とする.

$$\int_a^b f(x)dx = \iint_D dxdy, \quad D = \{(x, y) : a \leq x \leq b, 0 \leq y \leq f(x)\}.$$

【問題 25.4】《楕円の面積・楕円体の体積 ★★☆》（解答は ☞ p.234）

2 重積分を用いて次の量を求めよ. ただし, a, b, c は正の定数とする（比較 ☞ 問題 26.2, 問題 27.2）.

[1] 楕円 $D = \left\{(x, y) : \left(\dfrac{x}{a}\right)^2 + \left(\dfrac{y}{b}\right)^2 \leq 1\right\}$ の面積

[2] 楕円体 $V = \left\{(x, y, z) : \left(\dfrac{x}{a}\right)^2 + \left(\dfrac{y}{b}\right)^2 + \left(\dfrac{z}{c}\right)^2 \leq 1\right\}$ の体積（☞ 図 25.4）

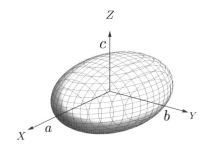

図 25.4

【問題 25.5】《2 次元平面物体の慣性モーメント ★★☆》（解答は ☞ p.235）

xy 平面上に広がりをもち, 厚みの無視できる物体を考える. 物体が広がっている領域を D, 位置 (x, y) における**面密度**（単位面積当たりの質量）を $\sigma(x, y)$ としたとき, 物体の**全質量** M, 重心の座標 (X, Y), z 軸周りの**慣性モーメント**（z 軸周りの回り難さ）I_z は次のように定義される.

$$M := \iint_D \sigma(x, y)dxdy,$$

$$X := \frac{1}{M} \iint_D x\sigma(x, y)dxdy, \quad Y := \frac{1}{M} \iint_D y\sigma(x, y)dxdy,$$

$$I_z := \iint_D (x^2 + y^2)\sigma(x, y)dxdy.$$

面密度 σ が一定で, a を正の定数として $D = \{(x, y) : x^2 + y^2 \leq a^2, x \geq 0, y \geq 0\}$ という広がりをもった物体について, 次の問いに答えよ.

[1] M を σ, a で表せ.　　　[2] X, Y を M, a で表せ.　　　[3] I_z を M, a で表せ.

【問題 25.6】《畳み込み ★★★》(解答は ☞ p.235)

2 つの関数 $f(x), g(x)$ を用いて定義される積分

$$(f * g)(x) := \int_0^x f(x - t)g(t)dt \qquad (25.6)$$

を f, g の**畳み込み**という. 次の問いに答えよ.

   [1] $f(x) = x^2, g(x) = x$ の畳み込みを求めよ.

   [2] 一般に, $f * g = g * f$ が成り立つことを示せ.

   [3] 一般に, $f * (g * h) = (f * g) * h$ が成り立つことを示せ.

VI

様々な積分

第 26 章　変数変換

26.1　置換積分

2 重積分 $\iint_D \varphi(x, y) dx dy$ を計算するにあたり，積分領域 D や被積分関数 $\varphi(x, y)$ の特性に応じて，積分変数を (x, y) から異なる変数 (u, v) へ変更した方がよい場合がある．置換積分 (8.9) の 2 変数版に相当する操作である．

変数変換

$$x = x(u, v), \quad y = y(u, v) \tag{26.1}$$

を行ったとき，xy 積分は次式のように uv 積分に置き換えられる．

$$\iint_D \varphi(x, y) dx dy = \iint_E \varphi(x(u, v), y(u, v)) \left| \frac{\partial(x, y)}{\partial(u, v)} \right| du dv,$$
$$\frac{\partial(x, y)}{\partial(u, v)} := \det \begin{pmatrix} x_u & x_v \\ y_u & y_v \end{pmatrix}. \tag{26.2}$$

ここで，E は変換 (26.1) によって D に写される uv 平面上の領域であり，式 (26.2) に現れる行列を変換 (26.1) の**ヤコビ行列**，その行列式 $\frac{\partial(x,y)}{\partial(u,v)}$ を**ヤコビアン**という．

【例題 26.1】 $I_1 = \iint_{D_1} (x - y) e^{x+y} dx dy$, $D_1 = \{(x, y) : x - 1 \leq y \leq x, -x \leq y \leq -x + 1\}$ を求めよ．

【解】 $u = x - y$, $v = x + y$ とおくと $x = \frac{1}{2}(u + v)$, $y = -\frac{1}{2}(u - v)$．これらを領域 D_1 を表す不等式へ代入して，$E_1 = \{(u, v) : 0 \leq u \leq 1, 0 \leq v \leq 1\}$ を得る (☞ 図 26.1)．また，ヤコビアンは

$$\frac{\partial(x, y)}{\partial(u, v)} \overset{(26.2)}{=} \det \begin{pmatrix} \frac{1}{2} & \frac{1}{2} \\ -\frac{1}{2} & \frac{1}{2} \end{pmatrix} \overset{(2.18)}{=} \frac{1}{2} \cdot \frac{1}{2} - \frac{1}{2} \cdot \left(-\frac{1}{2} \right) = \frac{1}{2}.$$

したがって，$I_1 = \iint_{E_1} u e^v \cdot \frac{1}{2} du dv \overset{(25.5)}{=} \frac{1}{2} \int_0^1 u \, du \int_0^1 e^v dv = \frac{1}{2} \left[\frac{1}{2} u^2 \right]_0^1 [e^v]_0^1 = \frac{1}{4}(e - 1)$. ∎

【例題 26.2】 $I_2 = \iint_{D_2} e^{-(x^2+y^2)} dx dy$, $D_2 = \{(x, y) : x^2 + y^2 \leq 1, x \geq 0, y \geq 0\}$ を求めよ．

【解】 積分領域 D_2 が扇形なので極座標 $x = \rho \cos\phi$, $y = \rho \sin\phi$ へ変換する．変換の式を領域 D_2 を表す不等式へ代入すると，$E_2 = \left\{ (\rho, \phi) : 0 \leq \rho \leq 1, 0 \leq \phi \leq \frac{\pi}{2} \right\}$ を得る (☞ 図 26.2)．また，ヤコビアンは

$$\frac{\partial(x, y)}{\partial(\rho, \phi)} \overset{(26.2)}{=} \det \begin{pmatrix} \cos\phi & -\rho \sin\phi \\ \sin\phi & \rho \cos\phi \end{pmatrix} \overset{(2.18)}{=} \rho \cos^2\phi + \rho \sin^2\phi = \rho.$$

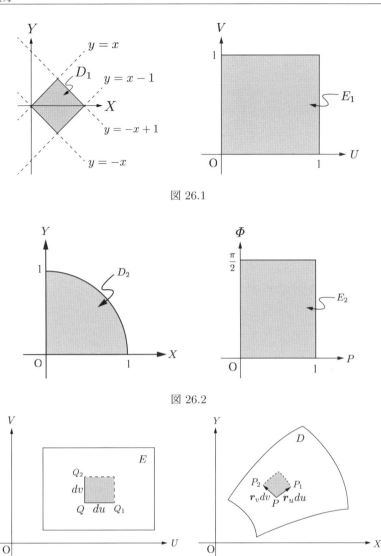

図 26.1

図 26.2

図 26.3

したがって, $I_2 \overset{(26.2)}{=} \iint_{E_2} e^{-\rho^2} \rho d\rho d\phi \overset{(25.5)}{=} \int_0^1 \rho e^{-\rho^2} d\rho \int_0^{\frac{\pi}{2}} d\phi = \left[-\frac{1}{2}e^{-\rho^2}\right]_0^1 [\phi]_0^{\frac{\pi}{2}} = \frac{\pi}{4}(1 - e^{-1}).$ ∎

式 (26.2) を示すには, uv 平面における微小面積 $dudv$ が xy 平面における微小面積 dS とどのように関係しているかを知ればよい. 変数変換 (26.1) を $\boldsymbol{r}(u,v) = x(u,v)\boldsymbol{i} + y(u,v)\boldsymbol{j}$ と表すことにする. また, uv 平面における僅かに離れた 3 点を $\mathrm{Q}(u,v), \mathrm{Q}_1(u+du,v), \mathrm{Q}_2(u,v+dv)$ として, それらに対応する xy 平面上の点を $\mathrm{P} : \boldsymbol{r}(\mathrm{Q}) = \boldsymbol{r}(u,v),\ \mathrm{P}_1 : \boldsymbol{r}(\mathrm{Q}_1) = \boldsymbol{r}(u+du,v),$ $\mathrm{P}_2 : \boldsymbol{r}(\mathrm{Q}_2) = \boldsymbol{r}(u,v+dv)$ とすると (☞ 図 26.3)

$$\overrightarrow{\mathrm{PP}_1} = \boldsymbol{r}(\mathrm{Q}_1) - \boldsymbol{r}(\mathrm{Q}), \quad \overrightarrow{\mathrm{PP}_2} = \boldsymbol{r}(\mathrm{Q}_2) - \boldsymbol{r}(\mathrm{Q})$$

が得られる. ここで, du, dv が微小量であることより

$$\boldsymbol{r}(\mathrm{Q}_1) = \boldsymbol{r}(u + du, v) \simeq \boldsymbol{r}(u, v) + \frac{\partial \boldsymbol{r}}{\partial u}(u, v)du = \boldsymbol{r}(\mathrm{Q}) + \frac{\partial \boldsymbol{r}}{\partial u}(\mathrm{Q})du$$

のようにテイラー展開を行うと次のように近似できる.

$$\overrightarrow{\mathrm{PP}_1} \simeq \frac{\partial \boldsymbol{r}}{\partial u}(\mathrm{Q})du, \quad \overrightarrow{\mathrm{PP}_2} \simeq \frac{\partial \boldsymbol{r}}{\partial v}(\mathrm{Q})dv.$$

ここで, $\frac{\partial \boldsymbol{r}}{\partial u} = \frac{\partial x}{\partial u}\boldsymbol{i} + \frac{\partial y}{\partial u}\boldsymbol{j}$ である. これらを用いると, ベクトル $\overrightarrow{\mathrm{PP}_1}, \overrightarrow{\mathrm{PP}_2}$ が張る平行 4 辺形の面積が dS であるから

$$dS = \left\| \overrightarrow{\mathrm{PP}_1} \times \overrightarrow{\mathrm{PP}_2} \right\| \simeq \left\| \frac{\partial \boldsymbol{r}}{\partial u} \times \frac{\partial \boldsymbol{r}}{\partial v} \right\| dudv = |x_u y_v - x_v y_u|dudv = \left| \frac{\partial(x, y)}{\partial(u, v)} \right| dudv \quad (26.3)$$

となる. これで, 式 (26.2) が示された.

【補足】　2 重積分の変数変換の公式 (26.2) の両辺を眺めると

$$dxdy = \left| \frac{\partial(x, y)}{\partial(u, v)} \right| dudv \qquad (26.4)$$

が成り立っていると言いたくなるし, 実際にそう書いてある文献も見受けられる. しかし, この式を文字通り解釈すると間違う. 何故なら, 変数変換の式 (26.1) から x, y の全微分 $dx = x_u du + x_v dv$, $dy = y_u du + y_v dv$ が計算できるが, これら 2 つの量を乗じて $dxdy$ を計算しても, 式 (26.4) の右辺は得られないからである. あくまで正しいのは式 (26.3) であり, 式 (26.3) 左辺の dS は図 26.3 からもわかるように $dxdy$ ではない.

　なお, 極座標において面積要素が $dS = \rho d\rho d\phi$ となること (☞ 例題 26.2) には簡単な幾何学的解釈がある. xy 平面上で (ρ, ϕ) と $(\rho + d\rho, \phi + d\phi)$ で指定される 2 点を対角線とするような微小な 4 角形の面積を計算することで, 各自確認してもらいたい.

26.2　広義積分

　1 変数関数の積分において, 積分領域の端点で被積分関数が発散する場合や無限領域の積分として広義積分 (☞ 12 章) を考えた. 広義積分の考え方はそのまま 2 重積分にも拡張される. ここでは, 広義 2 重積分を用いてガウス積分の公式 (☞ p.68) を導く.

【例題 26.3】　$\displaystyle\int_{-\infty}^{\infty} e^{-ax^2} dx = \sqrt{\frac{\pi}{a}}, \ (a > 0)$ を示せ.

【解】　広義 2 重積分 $I_3 := \iint_{D_3} e^{-a(x^2+y^2)}dxdy, \ D_3 = \{(x, y) : -\infty < x < \infty, -\infty < y < \infty\}$ を考えると, I_3 は有限領域における 2 重積分の極限として 2 通りに書くことができる.

$$I_3 = \lim_{L \to \infty} \iint_{D_L} e^{-a(x^2+y^2)}dxdy, \quad D_L = \{(x, y) : -L \leq x \leq L, -L \leq y \leq L\},$$

$$I_3 = \lim_{R \to \infty} \iint_{D_R} e^{-a(x^2+y^2)}dxdy, \quad D_R = \{(x, y) : x^2 + y^2 \leq R^2\}.$$

累次積分を用いると,

$$\iint_{D_L} e^{-a(x^2+y^2)}dxdy \overset{(25.5)}{=} \int_{-L}^{L} e^{-ax^2}dx \int_{-L}^{L} e^{-ay^2}dy$$

$$= \left(\int_{-L}^{L} e^{-ax^2}dx\right)^2 \overset{L\to\infty}{\to} \left(\int_{-\infty}^{\infty} e^{-ax^2}dx\right)^2. \tag{26.5}$$

また，極座標 $x = \rho\cos\phi,\ y = \rho\sin\phi$ へ変換すると

$$\iint_{D_R} e^{-a(x^2+y^2)}dxdy \overset{(25.5)}{=} \int_{0}^{R} \rho e^{-a\rho^2}d\rho \int_{0}^{2\pi} d\phi$$

$$= \left[-\frac{1}{2a}e^{-a\rho^2}\right]_{0}^{R}[\phi]_{0}^{2\pi} = \frac{\pi}{a}(1 - e^{-aR^2}) \overset{R\to\infty}{\to} \frac{\pi}{a}. \tag{26.6}$$

式 (26.5) と式 (26.6) を等しいとおけば与式を得る． ∎

■ 演習問題

【問題 26.1】《理解度確認》（解答は ☞ p.236）

[1]–[4] の積分を求めよ．また，[5] の問いに答えよ．

[1] $I_1 = \iint_{D_1} (x-y)^2 \cos(x+y)\,dxdy,\ D_1 = \left\{(x,y) : x-1 \le y \le x, -x \le y \le -x + \frac{\pi}{2}\right\}$

[2] $I_2 = \iint_{D_2} \sin 2x\,dxdy,\ D_2 = \left\{(x,y) : 0 \le x-y \le \frac{\pi}{2}, 0 \le x+y \le \frac{\pi}{2}\right\}$

[3] $I_3 = \iint_{D_3} x^2 y\,dxdy,\ D_3 = \left\{(x,y) : x^2 + y^2 \le 4, y \ge 0\right\}$

[4] $I_4 = \iint_{D_4} \frac{1}{(x^2+y^2)^2}\,dxdy,\ D_4 = \left\{(x,y) : x^2 + y^2 \ge 1\right\}$

[5] ガウス積分の公式（☞ 例題 26.3）を用いて次の積分を求めよ．

    (a) $I_5 = \displaystyle\int_0^\infty e^{-\frac{\pi}{9}x^2}dx$ (b) $I_6 = \displaystyle\int_{-\infty}^{\infty} e^{-2x^2+4x}dx$

【問題 26.2】《楕円の面積・楕円体の体積 ★★☆》（解答は ☞ p.236）

a, b, c を正の定数として，次の量を 2 重積分により求めよ．ただし，積分するにあたり $x = a\rho\cos\phi$, $y = b\rho\sin\phi$ で定義される変数 (ρ, ϕ) を用いよ（比較 ☞ 問題 25.4，問題 27.2）．

[1] 楕円 $D = \left\{(x,y) : \left(\dfrac{x}{a}\right)^2 + \left(\dfrac{y}{b}\right)^2 \le 1\right\}$ の面積

[2] 楕円体 $V = \left\{(x,y,z) : \left(\dfrac{x}{a}\right)^2 + \left(\dfrac{y}{b}\right)^2 + \left(\dfrac{z}{c}\right)^2 \le 1\right\}$ の体積

【問題 26.3】《ベータ関数とガンマ関数の関係 ★★★》（解答は ☞ p.236）

ベータ関数 (12.13) とガンマ関数 (12.15) に関する次の等式を示せ．

$$B(x,y) = \frac{\Gamma(x)\Gamma(y)}{\Gamma(x+y)}.$$

【問題 26.4】《ヤコビアンの性質 ★★☆》（解答は ☞ p.236）

次のヤコビアンの性質を示せ．ただし，$\left(\frac{\partial x}{\partial u}\right)_v$ は，$x(u,v)$ の u による偏微分 $\frac{\partial x}{\partial u}$ において，v を固定することを強調した記法である．

[1] $\dfrac{\partial(x,y)}{\partial(\xi,\eta)} = \dfrac{\partial(x,y)}{\partial(u,v)}\dfrac{\partial(u,v)}{\partial(\xi,\eta)}$ [2] $\dfrac{\partial(u,v)}{\partial(x,y)} = \dfrac{1}{\frac{\partial(x,y)}{\partial(u,v)}}$

[3] $\dfrac{\partial(x,y)}{\partial(u,v)} = -\dfrac{\partial(y,x)}{\partial(u,v)} = -\dfrac{\partial(x,y)}{\partial(v,u)}$ [4] $\left(\dfrac{\partial x}{\partial u}\right)_v = \dfrac{\partial(x,v)}{\partial(u,v)}$

【問題 26.5】 《ヤコビアンの応用 ★★☆》（解答は ☞ p.237）

偏導関数に関する次の性質を示せ．ただし，$\left(\frac{\partial x}{\partial u}\right)_v$ は，$x(u,v)$ の u による偏微分 $\frac{\partial x}{\partial u}$ において，v を固定することを強調した記法である．

[1] $\left(\dfrac{\partial z}{\partial x}\right)_y = \dfrac{1}{\left(\frac{\partial x}{\partial z}\right)_y}$

[2] $\left(\dfrac{\partial z}{\partial x}\right)_y = -\dfrac{\left(\frac{\partial y}{\partial x}\right)_z}{\left(\frac{\partial y}{\partial z}\right)_x}$

[3] $\left(\dfrac{\partial y}{\partial z}\right)_x \left(\dfrac{\partial z}{\partial x}\right)_y \left(\dfrac{\partial x}{\partial y}\right)_z = -1$

[4] 熱力学において，粒子数が定まった物質の体積 V は温度 T と圧力 p によって決まり，3 変数 V, T, p の間の関係を**状態方程式**という．また，物質の**体積膨張率** α および**等温圧縮率** β は次のように定義される．

$$\alpha := \frac{1}{V}\left(\frac{\partial V}{\partial T}\right)_p, \quad \beta := -\frac{1}{V}\left(\frac{\partial V}{\partial p}\right)_T.$$

α, β は体積を固定したときの温度に対する圧力の増加率 $\left(\frac{\partial p}{\partial T}\right)_V$ と次の関係にあることを示せ．

$$\left(\frac{\partial p}{\partial T}\right)_V = \frac{\alpha}{\beta}.$$

第 27 章　体積分

27.1　定義と計算法

3 次元空間に分布するスカラー場 $\varphi(\boldsymbol{r}) = \varphi(x, y, z)$ と 3 次元領域 V を考える．このとき，V 内の点 $\boldsymbol{r}$ におけるスカラー場の値 $\varphi(\boldsymbol{r})$ と，点 $\boldsymbol{r}$ における微小体積 $dxdydz$ の積を V にわたって足し合わせた量を

$$I = \iiint_V \varphi(x, y, z)dxdydz \tag{27.1}$$

と書き，φ の V にわたる**体積分**または**3 重積分**と呼ぶ．$\varphi = 1$ とすると I は領域 V の体積に一致する．式 (27.1) 右辺における $dxdydz$ は，$dV = dxdydz$ とも書かれ**体積要素**と呼ばれる．

● 累次積分

積分領域 V が $V = \{(x, y, z) : (x, y) \in D, z_1(x, y) \le z \le z_2(x, y)\}$（☞ 図 27.1）と表されているとき，体積分は次のように計算することができる．

$$\iiint_V \varphi(x, y, z)dxdydz = \iint_D dxdy \int_{z_1(x,y)}^{z_2(x,y)} \varphi(x, y, z)dz. \tag{27.2}$$

式 (27.2) 右辺は，$\varphi(x, y, z)$ を z について積分してから，x, y に関する 2 重積分を行うことを意味しており，体積分における累次積分を表す（比較 ☞ 問題 27.4）．更に，式 (27.2) 右辺の xy 積分に 2 重積分に関する累次積分 (25.3) を適用すれば，体積分は 3 回の 1 変数積分によって計算できる．

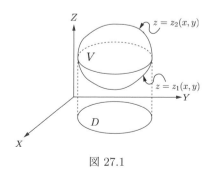

図 27.1

【例題 **27.1**】　$I_1 = \iiint_{V_1} dxdydz,\ V_1 = \{(x,y,z) : x \geq 0,\ y \geq 0,\ z \geq 0,\ x + y + z \leq 1\}$ を求めよ.

【解】　累次積分の方法 (27.2) を用いると, $D_1 = \{(x,y) : x \geq 0,\ y \geq 0,\ x + y \leq 1\}$ として

$$
\begin{aligned}
I_1 &\overset{(27.2)}{=} \iint_{D_1} dxdy \int_0^{1-x-y} dz \overset{(25.3)}{=} \int_0^1 dx \int_0^{1-x} dy \int_0^{1-x-y} dz = \int_0^1 dx \int_0^{1-x} dy [z]_0^{1-x-y} \\
&= \int_0^1 dx \int_0^{1-x} (1 - x - y) dy = \int_0^1 dx \left[(1-x)y - \frac{1}{2} y^2 \right]_0^{1-x} \\
&= \int_0^1 \left\{ (1-x)^2 - \frac{1}{2}(1-x)^2 \right\} dx = \frac{1}{6}. \blacksquare
\end{aligned}
\tag{27.3}
$$

【補足】　V_1 は 4 つの平面 $x = 0,\ y = 0,\ z = 0,\ x + y + z = 1$ に囲まれた三角錐体（☞ 図 16.4）の体積であるから, $I_1 = \frac{1}{6}$ であることは予想できる.

【例題 **27.2**】　$I_2 = \iiint_{V_2} dxdydz,\ V_2 = \{x^2 + y^2 + z^2 \leq a^2,\ x \geq 0,\ y \geq 0,\ z \geq 0\},\ (a > 0)$ を求めよ.

【解】　累次積分の方法 (27.2) を用いると, $D_2 = \{(x,y) : x^2 + y^2 \leq a^2,\ x \geq 0,\ y \geq 0\}$ として

$$
I_2 \overset{(27.2)}{=} \iint_{D_2} dxdy \int_0^{\sqrt{a^2 - (x^2 + y^2)}} dz = \iint_{D_2} \sqrt{a^2 - (x^2 + y^2)}\, dxdy.
\tag{27.4}
$$

ここで, $x = \rho \cos\phi,\ y = \rho \sin\phi$ と置換すると $\frac{\partial(x,y)}{\partial(\rho,\phi)} = \rho$ である（☞ 問題 26.2）から, $E_2 = \{(\rho, \phi) : 0 \leq \rho \leq a,\ 0 \leq \phi \leq \frac{\pi}{2}\}$ として

$$
I_2 = \iint_{E_2} \sqrt{a^2 - \rho^2}\, \rho\, d\rho d\phi = \int_0^a d\rho \int_0^{\frac{\pi}{2}} d\phi \sqrt{a^2 - \rho^2}\, \rho = \frac{\pi}{2} \left[-\frac{1}{3}(a^2 - \rho^2)^{\frac{3}{2}} \right]_0^a = \frac{\pi}{6} a^3. \blacksquare
$$

【補足】　V_2 は半径 a の球体の $1/8$ に相当する領域なので, $I_2 = \frac{1}{8} \times$（半径 a の球の体積 $\frac{4\pi}{3} a^3$）$= \frac{\pi}{6} a^3$ であることは予想できる.

27.2　変数変換

　2 重積分の変数変換 (26.2) と同様, 体積分も積分領域 V や被積分関数 $\varphi(\boldsymbol{r})$ の特性に応じて, 積分変数を (x, y, z) から異なる変数 (u, v, w) へ変更した方がよい場合がある. 変数変換

$$
x = x(u, v, w), \quad y = y(u, v, w), \quad z = z(u, v, w)
\tag{27.5}
$$

を施したとき, 体積分 (27.1) は次のように uvw 積分として書ける.

$$\iiint_V \varphi(\boldsymbol{r})dxdydz = \iiint_W \varphi(\boldsymbol{r}(u,v,w)) \left| \frac{\partial(x,y,z)}{\partial(u,v,w)} \right| dudvdw,$$

$$\frac{\partial(x,y,z)}{\partial(u,v,w)} := \det \begin{pmatrix} x_u & x_v & x_w \\ y_u & y_v & y_w \\ z_u & z_v & z_w \end{pmatrix}. \tag{27.6}$$

ここで，W は変換 (27.5) によって V に写される uvw 空間内の領域であり，$\frac{\partial(x,y,z)}{\partial(u,v,w)}$ はその変換のヤコビアンである．

【例題 27.3】 例題 27.2 の I_2 を球座標に変数変換して求めよ．

【解】 $x = r\sin\theta\cos\phi$, $y = r\sin\theta\sin\phi$, $x = r\cos\theta$ とおくと，ヤコビアンは

$$\frac{\partial(x,y,z)}{\partial(r,\theta,\phi)} = \det \begin{pmatrix} \sin\theta\cos\phi & r\cos\theta\cos\phi & -r\sin\theta\sin\phi \\ \sin\theta\sin\phi & r\cos\theta\sin\phi & r\sin\theta\cos\phi \\ \cos\theta & -r\sin\theta & 0 \end{pmatrix}$$

$$= \cos\theta \det \begin{pmatrix} r\cos\theta\cos\phi & -r\sin\theta\sin\phi \\ r\cos\theta\sin\phi & r\sin\theta\cos\phi \end{pmatrix} + r\sin\theta \det \begin{pmatrix} \sin\theta\cos\phi & -r\sin\theta\sin\phi \\ \sin\theta\sin\phi & r\sin\theta\cos\phi \end{pmatrix}$$

$$= r^2\cos^2\theta\sin\theta \det \begin{pmatrix} \cos\phi & -\sin\phi \\ \sin\phi & \cos\phi \end{pmatrix} + r^2\sin^3\theta \det \begin{pmatrix} \cos\phi & -\sin\phi \\ \sin\phi & \cos\phi \end{pmatrix} = r^2\sin\theta. \tag{27.7}$$

したがって，$W_2 = \{(r,\theta,\phi) : 0 \le r \le a,\ 0 \le \theta \le \frac{\pi}{2},\ 0 \le \phi \le \frac{\pi}{2}\}$ として，

$$I_2 = \iiint_{W_2} r^2\sin\theta\, dr d\theta d\phi = \int_0^a dr \int_0^{\frac{\pi}{2}} d\theta \int_0^{\frac{\pi}{2}} d\phi\, r^2\sin\theta = \left[\frac{1}{3}r^3\right]_0^a [-\cos\theta]_0^{\frac{\pi}{2}} [\phi]_0^{\frac{\pi}{2}} = \frac{\pi}{6}a^3. \blacksquare$$

【補足】 上の行列式（ヤコビアン）の計算では，次のような第 3 行に関する余因子展開を行なっている．

$$\det \begin{pmatrix} a_{11} & a_{12} & a_{13} \\ a_{21} & a_{22} & a_{23} \\ a_{31} & a_{32} & a_{33} \end{pmatrix} = a_{31} \det \begin{pmatrix} a_{12} & a_{13} \\ a_{22} & a_{23} \end{pmatrix} - a_{32} \det \begin{pmatrix} a_{11} & a_{13} \\ a_{21} & a_{23} \end{pmatrix} + a_{33} \det \begin{pmatrix} a_{11} & a_{12} \\ a_{21} & a_{22} \end{pmatrix}. \tag{27.8}$$

また，行列のある行を α 倍すると，行列式も α 倍されることを用いている．

式 (27.6) を示すには，uvw 空間における微小体積 $dudvdw$ が xyz 空間における微小体積 dV とどのように関係しているかがわかればよい．変数変換 (27.5) を $\boldsymbol{r}(u,v,w) = x(u,v,w)\boldsymbol{i} + y(u,v,w)\boldsymbol{j} + z(u,v,w)\boldsymbol{k}$ と表すことにする．また，uvw 空間における僅かに離れた 4 点を $Q(u,v,w)$, $Q_1(u+du,v,w)$, $Q_2(u,v+dv,w)$, $Q_3(u,v,w+dw)$ として（☞ 図 27.2），それらに対応する xyz 空間内の点を $P : \boldsymbol{r}(Q) = \boldsymbol{r}(u,v,w)$, $P_1 : \boldsymbol{r}(Q_1) = \boldsymbol{r}(u+du,v,w)$, $P_2 : \boldsymbol{r}(Q_2) = \boldsymbol{r}(u,v+dv,w)$, $P_3 : \boldsymbol{r}(Q_3) = \boldsymbol{r}(u,v,w+dw)$ とすると

$$\overrightarrow{PP_1} = \boldsymbol{r}(Q_1) - \boldsymbol{r}(Q), \quad \overrightarrow{PP_2} = \boldsymbol{r}(Q_2) - \boldsymbol{r}(Q), \quad \overrightarrow{PP_3} = \boldsymbol{r}(Q_3) - \boldsymbol{r}(Q)$$

が得られる．ここで，du, dv, dw を微小量として

VI

様々な積分

$$\boldsymbol{r}(\mathrm{Q}_1) = \boldsymbol{r}(u+du, v, w) \simeq \boldsymbol{r}(u, v, w) + \frac{\partial \boldsymbol{r}}{\partial u}(u, v, w)du = \boldsymbol{r}(\mathrm{Q}) + \frac{\partial \boldsymbol{r}}{\partial u}(\mathrm{Q})du$$

のようにテイラー展開を行うと次のように近似できる.

$$\overrightarrow{\mathrm{PP}_1} \simeq \frac{\partial \boldsymbol{r}}{\partial u}(\mathrm{Q})du, \quad \overrightarrow{\mathrm{PP}_2} \simeq \frac{\partial \boldsymbol{r}}{\partial v}(\mathrm{Q})dv, \quad \overrightarrow{\mathrm{PP}_3} \simeq \frac{\partial \boldsymbol{r}}{\partial w}(\mathrm{Q})dw.$$

これらを用いると, ベクトル $\overrightarrow{\mathrm{PP}_1}, \overrightarrow{\mathrm{PP}_2}, \overrightarrow{\mathrm{PP}_3}$ が張る平行 6 面体の体積（☞ 2.3 節）が dV であるから,

$$dV = \left| \overrightarrow{\mathrm{PP}_1} \cdot \left(\overrightarrow{\mathrm{PP}_2} \times \overrightarrow{\mathrm{PP}_3} \right) \right| \simeq \left| \frac{\partial \boldsymbol{r}}{\partial u} \cdot \left(\frac{\partial \boldsymbol{r}}{\partial v} \times \frac{\partial \boldsymbol{r}}{\partial w} \right) \right| du\,dv\,dw = \left| \frac{\partial(x, y, z)}{\partial(u, v, w)} \right| du\,dv\,dw. \quad (27.9)$$

このようにして, 式 (27.6) が成立することが示された.

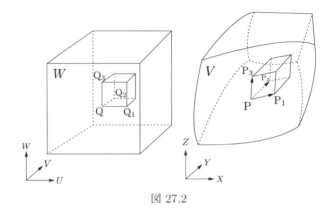

図 27.2

【補足】 体積分の変数変換の公式 (27.6) の両辺を眺めると

$$dx\,dy\,dz = \left| \frac{\partial(x, y, z)}{\partial(u, v, w)} \right| du\,dv\,dw \qquad (27.10)$$

が成り立っていると言いたくなるし, 実際にそう書いてある文献も見受けられる. しかし, この式を文字通り解釈すると間違う. 何故なら, 変数変換の式 (27.5) から x, y, z の全微分 $dx = x_u du + x_v dv + x_w dw,\ dy = y_u du + y_v dv + y_w dw,\ dz = z_u du + z_v dv + z_w dw$ が計算できるが, これら 3 つの量を乗じて $dx\,dy\,dz$ を計算しても, 式 (27.10) の右辺は得られないからである. あくまで正しいのは式 (27.9) であり, 式 (27.9) 左辺の dV は図 27.2 からもわかるように $dx\,dy\,dz$ ではない.

　なお, 球座標において体積要素が $dV = r^2 \sin\theta\, dr\, d\theta\, d\phi$ となること（☞ 例題 27.3）には簡単な幾何学的解釈がある. xyz 空間で (r, θ, ϕ) と $(r+dr, \theta+d\theta, \phi+d\phi)$ で指定される 2 点を対角線とするような微小な直方体の体積を計算することで, 各自確認してもらいたい（☞ 図 31.12(a) (p.210)）.

■ 演習問題

【問題 27.1】《理解度確認》（解答は ☞ p.237）

次の体積分を求めよ.

[1] $I_1 = \iiint_{V_1} (x + 2y + 3z)dxdydz$, $V_1 = \{(x, y, z) : 0 \le x \le 3,\ 0 \le y \le 2,\ 0 \le z \le 1\}$

[2] $I_2 = \iiint_{V_2} x\,dxdydz$, $V_2 = \{(x, y, z) : x \ge 0,\ y \ge 0,\ z \ge 0,\ x + y + z \le 1\}$

[3] $I_3 = \iiint_{V_3} xyz\,dxdydz$, $V_3 = \{(x, y, z) : 0 \le x \le y \le z \le 1\}$

[4] $I_4 = \iiint_{V_4} z\,dxdydz$, $V_4 = \{(x, y, z) : x^2 + y^2 \le 1,\ 0 \le z \le x^2 + y^2\}$

[5] $I_5 = \iiint_{V_5} z\,dxdydz$, $V_5 = \{(x, y, z) : x^2 + y^2 + z^2 \le 1,\ z \ge 0\}$

【問題 27.2】《楕円体・円錐体・トーラス体の体積 ★★☆》（解答は ☞ p.238）

次の立体の体積を体積分を用いて求めよ．ただし，a, b, c, h は正の定数とする（比較 ☞ 問題 25.4, 問題 26.2）．

[1] 楕円体 $V = \left\{(x, y, z) : \left(\dfrac{x}{a}\right)^2 + \left(\dfrac{y}{b}\right)^2 + \left(\dfrac{z}{c}\right)^2 \le 1\right\}$ （☞ 図 25.4）

[2] 底面をなす円の半径が a, 高さが h の円錐体 $V = \left\{(x, y, z) : x^2 + y^2 \le a^2,\ \dfrac{h}{a}\sqrt{x^2 + y^2} \le z \le h\right\}$

[3] 大半径が a, 小半径が $b\ (< a)$ の**トーラス体** $V = \left\{(x, y, z) : \left(\sqrt{x^2 + y^2} - a\right)^2 + z^2 \le b^2\right\}$．ただし，トーラス体 V の点 (x, y, z) は変数変換

$$x = (a + \rho\cos\theta)\cos\phi, \quad y = (a + \rho\cos\theta)\sin\phi, \quad z = \rho\sin\theta \tag{27.11}$$

によって領域 $W = \{(\rho, \theta, \phi) : 0 \le \rho \le b, 0 \le \theta < 2\pi,\ 0 \le \phi < 2\pi\}$ を xyz 空間へ写したものであることを用いてよい（☞ 図 27.3）．

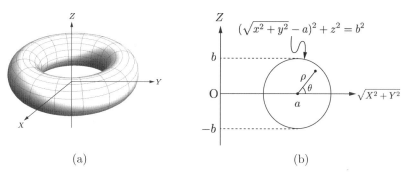

(a)　　　　　　　　　　　(b)

図 27.3　(a) トーラス体．(b) **トーラス**（トーラス体の表面）と $\phi =$（一定）の面の共通部分．ただし，$\phi =$（一定）の面は，図 (a) において z 軸を含み xy 平面とのなす角が ϕ の平面である．

【問題 27.3】《体積分と 1 変数積分・2 重積分の関係 ★☆☆》（解答は ☞ p.239）

体積分に関する次の問いに答えよ．

[1] $I = \iiint_V f(x, y, z)dxdydz$ において，$x_1, x_2, y_1, y_2, z_1, z_2$ を定数として

$$f(x, y, z) = f_1(x)f_2(y)f_3(z), \quad V = \{(x, y, z) : x_1 \le x \le x_2, y_1 \le y \le y_2, z_1 \le z \le z_2\}$$

のように被積分関数が x, y, z それぞれの関数の積であり，積分領域が直方体である場合，I は次のように 1 変数積分の積になることを示せ．

$$I = \int_{x_1}^{x_2} f_1(x)dx \int_{y_1}^{y_2} f_2(y)dy \int_{z_1}^{z_2} f_3(z)dz.$$

[2] $f(x, y) \geq 0$ を満たす 2 変数関数について，2 重積分 $\iint_D f(x, y)dxdy$ は次のように体積分として書けることを示せ.

$$\iint_D f(x, y)dxdy = \iiint_V dxdydz, \quad V = \{(x, y, z) : (x, y) \in D, 0 \leq z \leq f(x, y)\}.$$

【問題 27.4】《2 通りの累次積分 ★★☆》（解答は ☞ p.239）

 体積分を累次積分で求めるには，式 (27.2) のように 1 変数積分を行なってから 2 重積分を行う方法と，次のように，2 重積分を行なってから 1 変数積分を行う方法がある.

$$\iiint_V \varphi(x, y, z)dxdydz = \int_a^b dz \iint_{D_z} \varphi(x, y, z)dxdy. \tag{27.12}$$

ここで，D_z, $(a \leq z \leq b)$ は領域 V を $Z = z =$ (一定) という平面で切ったときの断面である（☞ 図 27.4）．次の量を式 (27.12) に従って求めよ.

 [1] 例題 27.1 の I_1.   [2] 例題 27.2 の I_2.

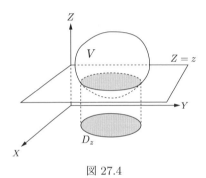

図 27.4

【問題 27.5】《3 次元物体の慣性モーメント ★★☆》（解答は ☞ p.239）

 3 次元領域 V を占める物体の x, y, z 軸周りの慣性モーメントは，質量密度を $\rho_m(x, y, z)$ として次式で定義される.

$$I_x = \iiint_V \rho_m(y^2 + z^2)dxdydz, \quad I_y = \iiint_V \rho_m(z^2 + x^2)dxdydz,$$

$$I_z = \iiint_V \rho_m(x^2 + y^2)dxdydz.$$

次の問いに答えよ．ただし，全質量は $M = \iiint_V \rho_m dxdydz$ で定義され，質量密度 ρ_m は一定とする.

 [1] 半径 a, 全質量 M の球体 $V = \{(x, y, z) : x^2 + y^2 + z^2 \leq a^2\}$ の I_z を M, a で表せ.

 [2] 底面の半径 a, 高さ h, 全質量 M の円柱 $V = \{(x, y, z) : x^2 + y^2 \leq a^2, -\frac{h}{2} \leq z \leq \frac{h}{2}\}$ の I_z を M, a で表せ．また，I_x を M, a, h で表せ.

【研究】n 次元球体の体積

 本文では 3 重積分までしか扱わなかったが，3 重積分は $n \, (\geq 4)$ 重積分へそのまま拡張される．ここではその応用として，熱力学を微視的な視点から記述する**統計力学**などにしばしば登場する n 次元球体の体積を求めてみる.

半径 r の n 次元球体とは集合 $\{(x_1, x_2, \cdots, x_n) \in \mathbb{R}^n : x_1^2 + x_2^2 + \cdots + x_n^2 \leq r^2\}$ で表される n 次元空間 $\mathbb{R}^n$ の部分集合である. そして, 等号 $x_1^2 + x_2^2 + \cdots + x_n^2 = r^2$ が成立しているところが, n 次元球体の「表面」である $n-1$ 次元球面である. 半径 r の n 次元球体の体積を $V_n(r) = v_n r^n$, n 次元球面の面積を $S_n(r) = s_n r^n$ とし, 以下で $v_n = V_n(1)$, $s_n = S_n(1)$ を求めるが, $v_2 = \pi$, $v_3 = \frac{4}{3}\pi$, $s_1 = 2\pi$, $s_2 = 4\pi$ であることは初等・中等教育で学んだ（覚えさせられた）ところである.

n 次元球体の体積を求めるには, 意外なことに, いっけん何の関係もない n 次元ガウス積分

$$I_n := \int_{-\infty}^{\infty} \int_{-\infty}^{\infty} \cdots \int_{-\infty}^{\infty} e^{-(x_1^2 + x_2^2 + \cdots + x_n^2)} dx_1 dx_2 \cdots dx_n$$

を考えるとよい. まず, 累次積分の考えを用いれば I_n は 1 次元ガウス積分 I_1 の積に書ける（☞ 例題 26.3）から, $I_n = I_1^n \overset{(12.14)}{=} \pi^{n/2}$ を得る. 一方, I_n を計算するのに n 次元空間 $\mathbb{R}^n$ 全体を無数の n 次元球殻に分割することを考える（n 次元球座標を導入する）. すると, 半径 r, 厚み dr の n 次元球殻の体積は $dV_n(r) = V_n'(r)dr = nv_n r^{n-1} dr$ であることより

$$I_n = \int_0^{\infty} e^{-r^2} \cdot nv_n r^{n-1} dr \overset{t=r^2}{=} \frac{nv_n}{2} \int_0^{\infty} e^{-t} t^{\frac{n}{2}-1} dt \overset{(12.13)}{=} \frac{nv_n}{2} \Gamma\left(\frac{n}{2}\right)$$

とガンマ関数で与えられる. 以上より, $v_n = \frac{2\pi^{n/2}}{n\Gamma(n/2)}$ が求まる. また, [球殻の体積 $dV_n(r)$] = [球の面積 $S_{n-1}(r)$] × [球殻の厚み dr] の関係より, $s_n = \frac{2\pi^{(n+1)/2}}{\Gamma((n+1)/2)}$ も求まる.

ガンマ関数の整数や半整数での値はわかる（☞ 問題 12.5）ので, v_n, s_n は表 27.1 のようになる. $v_1 = 2$ とは, 半径 1 の 1 次元球体 $\{x_1 \in \mathbb{R} : x_1^2 \leq 1\}$ が長さ 2 の線分であることに対応している. 興味深いのは, n を 1 から徐々に大きくすると, v_n, s_n 共に増加するが, v_n は $v_5 \simeq 5.26$ をピークに, s_n は $v_6 \simeq 33.1$ をピークに減少に転じることである. 高次元の不思議といえる.

表 27.1

n	1	2	3	4	5	6	7	8	9	10
v_n	2	π	$\frac{4}{3}\pi$	$\frac{1}{2}\pi^2$	$\frac{8}{15}\pi^2$	$\frac{1}{6}\pi^3$	$\frac{16}{105}\pi^3$	$\frac{1}{24}\pi^4$	$\frac{32}{945}\pi^4$	$\frac{1}{120}\pi^5$
s_n	2π	4π	$2\pi^2$	$\frac{8}{3}\pi^2$	π^3	$\frac{16}{15}\pi^3$	$\frac{1}{3}\pi^4$	$\frac{32}{105}\pi^4$	$\frac{1}{12}\pi^5$	$\frac{64}{945}\pi^5$

VI

様々な積分

第 28 章　線積分

28.1　スカラー場

3 次元空間に曲線 $C : \boldsymbol{r} = \boldsymbol{r}(t) = x(t)\boldsymbol{i} + y(t)\boldsymbol{j} + z(t)\boldsymbol{k}$（$t$ は a から b まで動く）があり，スカラー場 $\varphi(\boldsymbol{r})$ が分布しているとする．このとき，曲線 C に沿った φ の線積分を次式で定義する．

$$\int_C \varphi dt := \int_a^b \varphi(\boldsymbol{r}(t))dt. \tag{28.1}$$

【例題 28.1】 2 次元スカラー場 $\varphi(x,y) = 4x - 3y$ の $C_1 : \boldsymbol{r} = t\boldsymbol{i} + t^2\boldsymbol{j}$（$t$ は 0 から 1 まで動く）に沿った線積分 $I_1 = \displaystyle\int_{C_1}(4x - 3y)dt$ を求めよ．

【解】 C_1 は放物線 $y = x^2$ 上を点 $(0,0)$ から $(1,1)$ まで動く点の軌跡である．定義 (28.1) に従うと，
$I_1 = \int_0^1 (4t - 3t^2)dt = \left[2t^2 - t^3\right]_0^1 = 1.$ ∎

> **【補足】** 曲線 C_1 を定義するとき，$0 \le t \le 1$ と t の範囲を指定するだけでなく，敢えて「t は 0 から 1 まで動く」としたのは，曲線の向きを考慮しているためである．つまり，「t は 1 から 0 まで動く」という場合と区別するためである．後者は $-C_1$ と書かれる．

● 座標表示

曲線 C が $\boldsymbol{r} = \boldsymbol{r}(x) = x\boldsymbol{i} + y(x)\boldsymbol{j} + z(x)\boldsymbol{k}$ のように座標 x をパラメータとして表されているとき，線積分は

$$\int_C \varphi(x, y, z)dx \tag{28.2}$$

のように書かれる．このとき，y, z は x の関数であるから式 (28.2) は x の関数を x で積分しているに過ぎない．$\int_C \varphi(x,y,z)dy$，$\int_C \varphi(x,y,z)dz$ に関しても同様である．こうして，一般には $f(x,y,z), g(x,y,z), h(x,y,z)$ を 3 変数関数として次のような線積分を考えることができる．

$$\int_C \left[f(x,y,z)dx + g(x,y,z)dy + h(x,y,z)dz\right]. \tag{28.3}$$

このとき，dx, dy, dz は曲線 C 上の微小変化であるから，これらの中で独立なものは 1 つしかないことに注意する．

【例題 28.2】 C_2 を放物線 $y = x^2$ の $(0,0)$ から $(1,1)$ まで動く点の軌跡として，線積分 $I_2 = \int_{C_2} [(4x - 3y)dx + 5xydy]$ を求めよ．

【解】 C_2 上では，$dy = \frac{dy}{dx}dx = 2xdx$ であることを用いると，$I_2 = \int_{C_2} \left[(4x - 3y) + 5xy\frac{dy}{dx}\right] dx = \int_0^1 \left[(4x - 3x^2) + 5x \cdot x^2 \cdot 2x\right] dx = \int_0^1 \left(4x - 3x^2 + 10x^4\right) dx = \left[2x^2 - x^3 + 2x^5\right]_0^1 = 3.$ ▌

● 線要素

$\psi(\boldsymbol{r})$ を適当なスカラー場として，線積分 (28.1) において $\varphi(\boldsymbol{r}(t)) = \psi(\boldsymbol{r}(t))\left\|\frac{d\boldsymbol{r}}{dt}\right\|$ とすると

$$\int_C \varphi dt = \int_a^b \psi(\boldsymbol{r}(t))\left\|\frac{d\boldsymbol{r}}{dt}\right\|dt = \int_C \psi ds \tag{28.4}$$

となる．ここで

$$ds := \left\|\frac{d\boldsymbol{r}}{dt}\right\|dt = \sqrt{\left(\frac{dx}{dt}\right)^2 + \left(\frac{dy}{dt}\right)^2 + \left(\frac{dz}{dt}\right)^2}dt \tag{28.5}$$

を曲線 C の**線要素**という．$ds = \sqrt{dx^2 + dy^2 + dz^2}$ と書くこともできるから，ds は C 上の微小変位 $d\boldsymbol{r} = dx\boldsymbol{i} + dy\boldsymbol{j} + dz\boldsymbol{k}$ の長さであり，式 (28.4) において $\psi = 1$ としたものは曲線 C の全長を与えることがわかる．また，2次元の場合の線積分 $\int_C \psi(x,y)ds$ は xy 平面上の曲線 C と $z = \psi(x,y)$ の間に張られる「カーテンの面積」に対応する（☞ 図 28.1）．

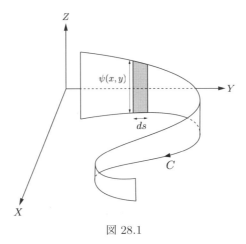

図 28.1

線要素の形は用いる座標および曲線を表すパラメータによって異なる．例えば，デカルト座標 (x, y, z) を用いて，x をパラメータとして曲線を表した場合には

$$ds = \sqrt{1 + \left(\frac{dy}{dx}\right)^2 + \left(\frac{dz}{dx}\right)^2}dx \tag{28.6}$$

となる. また, 円筒座標 (ρ, ϕ, z) を用いて, ϕ をパラメータとして曲線を表した場合には

$$ds = \sqrt{\left(\frac{d\rho}{d\phi}\right)^2 + \rho^2 + \left(\frac{dz}{d\phi}\right)^2} \, d\phi \tag{28.7}$$

となる (☞ 問題 28.2 (p.161)).

【例題 28.3】 C_3 を $y = \cosh x$ 上を $(0,1)$ から $(1, \cosh 1)$ まで動く点の軌跡として, 線積分 $I_3 = \displaystyle\int_{C_3} ds$ を求めよ.

【解】 式 (28.6) を用いて, $I_3 = \int_0^1 \sqrt{1 + (\cosh x)'^2}dx \overset{(6.11)}{=} \int_0^1 \sqrt{1 + \sinh^2 x}dx \overset{(6.6)}{=} \int_0^1 \cosh x dx = \sinh 1 = \frac{1}{2}(e - e^{-1})$. ▎

28.2 ベクトル場

3 次元空間にベクトル場 $\boldsymbol{A}(\boldsymbol{r}) = A_x(\boldsymbol{r})\boldsymbol{i} + A_y(\boldsymbol{r})\boldsymbol{j} + A_z(\boldsymbol{r})\boldsymbol{k}$ が分布し, 曲線 C があるとする. このとき, C に沿ったベクトル場 $\boldsymbol{A}$ の線積分は, C 上の点 $\boldsymbol{r}$ におけるベクトル $\boldsymbol{A}(\boldsymbol{r})$ と, C に沿った微小変位を表す**線要素ベクトル** $d\boldsymbol{r} = dx\boldsymbol{i} + dy\boldsymbol{j} + dz\boldsymbol{k}$ の内積を C に沿って足し合わせたものとして定義される (☞ 図 28.2).

$$\int_C \boldsymbol{A}(\boldsymbol{r}) \cdot d\boldsymbol{r} = \int_C [A_x(x,y,z)dx + A_y(x,y,z)dy + A_z(x,y,z)dz]. \tag{28.8}$$

これは式 (28.3) と同じ形をしている.

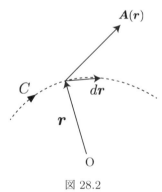

図 28.2

曲線 C が $\boldsymbol{r}(t) = x(t)\boldsymbol{i} + y(t)\boldsymbol{j} + z(t)\boldsymbol{k}$ (t は a から b まで動く) とパラメータ表示されているとき, 式 (28.8) は次のような t 積分になる.

$$\int_C \boldsymbol{A}(\boldsymbol{r}) \cdot d\boldsymbol{r} = \int_a^b \left[A_x(\boldsymbol{r}(t))\frac{dx}{dt} + A_y(\boldsymbol{r}(t))\frac{dy}{dt} + A_z(\boldsymbol{r}(t))\frac{dz}{dt} \right] dt. \tag{28.9}$$

【例題 28.4】 2 次元ベクトル場 $\boldsymbol{A}(x,y) = (4x - 3y)\boldsymbol{i} + 5xy\boldsymbol{j}$ の $C_4 : \boldsymbol{r} = t\boldsymbol{i} + t^2\boldsymbol{j}$ (t は 0 から 1 まで動く) に沿った線積分 $I_4 = \displaystyle\int_{C_4} \boldsymbol{A}(\boldsymbol{r}) \cdot d\boldsymbol{r}$ を求めよ.

【解】 C_4 上では，$d\boldsymbol{r} = \frac{d\boldsymbol{r}}{dt}dt = (\boldsymbol{i}+2t\boldsymbol{j})dt$ であることを用いると，$I_4 = \int_0^1 [(4x-3y)\boldsymbol{i}+5xy\boldsymbol{j}]\cdot(\boldsymbol{i}+2t\boldsymbol{j})dt = \int_0^1 [(4t-3t^2)+(5t\cdot t^2)\cdot 2t]\,dt = \int_0^1 (4t-3t^2+10t^4)dt = [2t^2-t^3+2t^5]_0^1 = 3.$ ∎

【補足】 ここで考えた I_4 は例題 28.2 の I_2 と同一の量である．

■ 演習問題

【問題 28.1】《理解度確認》（解答は ☞ p.239）

次の線積分を求めよ．

[1] $I_1 = \displaystyle\int_{C_1} [4x\ln y + e^x y]\,dt,$ $C_1 : \boldsymbol{r} = t\boldsymbol{i}+t\boldsymbol{j}$（$t$ は 1 から 2 まで動く）．

[2] $I_2 = \displaystyle\int_{C_2} [(x+6y)dx - 6xy\,dy].$ C_2 は曲線 $y=\sqrt{x}$ の $(0,0)$ から $(1,1)$ まで．

[3] $I_3 = \displaystyle\int_{C_3} (3x+2)ds.$ C_3 は曲線 $y=\frac{1}{2}x^2$ の $(0,0)$ から $(1,\frac{1}{2})$ までで，ds はその線要素．

[4] $I_4 = \displaystyle\int_{C_4} \frac{1}{2}(-y\boldsymbol{i}+x\boldsymbol{j})\cdot d\boldsymbol{r},$ $C_4 : \boldsymbol{r} = a\cos t\boldsymbol{i}+a\sin t\boldsymbol{j}$（$t$ は 0 から 2π まで動く）．a は正の定数．

【問題 28.2】《様々な座標における線要素 ★☆☆》（解答は ☞ p.240）

線要素に関する次の問いに答えよ．

[1] 球座標 (r,θ,ϕ) では線要素が $ds = \sqrt{dr^2+r^2d\theta^2+r^2\sin^2\theta d\phi^2}$ と表されることを示せ．

[2] 円筒座標 (ρ,ϕ,z) では線要素が $ds = \sqrt{d\rho^2+\rho^2d\phi^2+dz^2}$ と表されることを示せ．

[3] 螺旋 $C : \boldsymbol{r} = A\cos\omega t\boldsymbol{i}+A\sin\omega t\boldsymbol{j}+v_0 t\boldsymbol{k}$（$t$ は 0 から $\frac{2\pi}{\omega}$ まで動く）の長さを求めよ．ただし，A,ω,v_0 は正の定数（☞ 図 9.2）．

【問題 28.3】《保存場の線積分 ★★☆》（解答は ☞ p.240）

ベクトル場の線積分について次の問いに答えよ．

[1] $\varphi(x,y) = \frac{1}{2}(x^2-y^2)+xy$ を 2 次元スカラー場とする．$C_1 : \boldsymbol{r} = t\boldsymbol{i}+t\boldsymbol{j}$（$t$ は 0 から 1 まで動く）および $C_2 : \boldsymbol{r} = t\boldsymbol{i}+t^2\boldsymbol{j}$（$t$ は 0 から 1 まで動く）に対して，$\displaystyle\int_{C_1}\nabla\varphi(\boldsymbol{r})\cdot d\boldsymbol{r} = \int_{C_2}\nabla\varphi(\boldsymbol{r})\cdot d\boldsymbol{r}$ を示せ．

[2] 任意の曲線 $C : \boldsymbol{r} = \boldsymbol{r}(t)$（$t$ は a から b まで動く）に沿った，スカラー場 φ の勾配の線積分 $\displaystyle\int_C \nabla\varphi(\boldsymbol{r})\cdot d\boldsymbol{r}$ は C の始点 $\boldsymbol{r}(a)$ と終点 $\boldsymbol{r}(b)$ における φ の値のみに依存し，経路の選び方に依らないことを示せ．

[3] 位置 $\boldsymbol{r}$ にある質点に働く力がスカラー場 $U(\boldsymbol{r})$ を用いて $\boldsymbol{F} = -\nabla U(\boldsymbol{r})$ と表されるとき，$\boldsymbol{F}$ を保存力，$U(\boldsymbol{r})$ をポテンシャルという．保存力を受けて運動する質点について，運動エネルギーとポテンシャルの和が保存するという力学的エネルギー保存の法則

$$\frac{1}{2}m\boldsymbol{v}(t_1)^2 + U(\boldsymbol{r}(t_1)) = \frac{1}{2}m\boldsymbol{v}(t_2)^2 + U(\boldsymbol{r}(t_2))$$

が成立することを示せ．ただし，$\boldsymbol{v}(t) = \boldsymbol{r}'(t)$ は質点の速度，t_1, t_2 は任意の時刻である（☞ 問題 9.5 (p.51)）．

【問題 28.4】《グリーンの定理 ★★★》（解答は ☞ p.240）

D が xy 平面上の領域，C が D を左に見ながら囲む C の境界（閉曲線），$P(x, y), Q(x, y)$ が滑らかな 2 変数関数であるとき，次式が成立する．

$$\oint_C [P(x, y)dx + Q(x, y)dy] = \iint_D \left(\frac{\partial Q}{\partial x} - \frac{\partial P}{\partial y} \right) dxdy. \tag{28.10}$$

これをグリーンの定理という．$\oint_C$ は閉曲線 C を 1 周することを強調した線積分の記号である．次の問いに答えよ．

[1] 累次積分 (25.3) を用いてグリーンの定理を示せ．

[2] $P = -\frac{y}{2}, Q = \frac{x}{2}$ とおくと，領域 D の面積を線積分によって表せることを示せ．

[3] 設問 [2] の結果を用いて楕円 $D = \left\{ (x, y) : \left(\frac{x}{a} \right)^2 + \left(\frac{y}{b} \right)^2 \le 1 \right\}, (a, b > 0)$ の面積を求めよ．

【問題 28.5】《変分問題と懸垂線 ★★★》（解答は ☞ p.241）

a, b を定数，$f(x, y, z)$ を与えられた滑らかな 3 変数関数として，関数 $y(x), (a \le x \le b)$ によって値が決まる定積分

$$I[y] = \int_a^b f(x, y(x), y'(x))dx \tag{28.11}$$

を考える．ただし，y_a, y_b を定数として，$y(x)$ は境界条件 $y(a) = y_a, y(b) = y_b$ を満たすものだけを考えるとする．関数 $y(x)$ を決めると値が決まることから，式 (28.11) の I は関数から実数への写像である**汎関数**の一種である．特に，式 (28.11) のように積分で与えられる汎関数を**作用**という．作用 $I[y]$ が極値をとるような関数 $y(x)$ を求める問題を**変分問題**という．

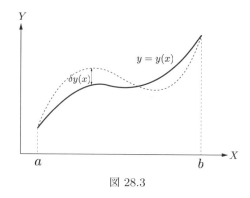

図 28.3

[1] $I[y]$ が $y(x)$ で極値をとるとする．このとき，$\delta y(a) = \delta y(b) = 0$ を満たす任意の微小な関数 $\delta y(x)$ を用いて，$y(x) \to y(x) + \delta y(x)$ と変化させたときの作用の変化を

$$\delta I := I[y + \delta y] - I[y] = \int_a^b \frac{\delta I}{\delta f} \delta y(x)dx + O(\delta y^2)$$

と書いたならば，$y(x)$ は $\frac{\delta I}{\delta f} = 0$ を満たさなければならない．この条件より，次の微分方程式が得られることを示せ（☞ 図 28.3）．

$$\frac{\partial f}{\partial y} - \frac{d}{dx} \left(\frac{\partial f}{\partial y'} \right) = 0. \tag{28.12}$$

$\frac{\delta I}{\delta f}$ を I の f による**汎関数微分**，式 (28.12) を**オイラー＝ラグランジュ方程式**という．

[2] $f_x(x, y, y') = 0$ のとき[*1]，$I[y]$ が $y(x)$ で極値をとるならば，C を定数として次式が成立すること
を示せ．

$$f - y' \frac{\partial f}{\partial y'} = C. \tag{28.13}$$

これをベルトラミ恒等式という．

[3] 一様重力（重力加速度を g とする）の下で一定の線密度 σ をもつ紐の両端を固定したとき，紐が描
く曲線が $y = y(x), \ (a \leq x \leq b)$ で表されるとする．ここで，x 軸は水平であり，y は地表からの
高さを表す．このとき，関数 $y(x)$ は長さが $ds = \sqrt{1 + y'(x)^2} dx$ で与えられる紐の微小部分が有
する重力ポテンシャル $\sigma ds \times gy(x)$ の総和 $I[y] = \sigma g \int_a^b y \sqrt{1 + y'^2} dx$ が極小値をとる条件から決
まる．$y(x)$ が従う微分方程式とその一般解を求めよ．

VI

様々な積分

[*1] このとき，f は x に陽に依存しない，または，陽に x を含まないという．

第 29 章　面積分

29.1　スカラー場

3 次元空間に曲面 S があり，その周辺にスカラー場 $\varphi(\boldsymbol{r}) = \varphi(x,y,z)$ が分布しているとする．このとき，S にわたるスカラー場 φ の**面積分**とは，S 上の点 $\boldsymbol{r}$ におけるスカラー場の値 $\varphi(\boldsymbol{r})$ と，S の微小領域の面積 dS の積を S にわたって足し合わせたものとして定義され，次のように書かれる．

$$\iint_S \varphi(\boldsymbol{r}) dS. \tag{29.1}$$

$\varphi = 1$ のとき，これは曲面 S の面積に一致する．

曲面 S の点が $\boldsymbol{r} = \boldsymbol{r}(u,v) = x(u,v)\boldsymbol{i} + y(u,v)\boldsymbol{j} + z(u,v)\boldsymbol{k}$ とパラメータ u,v を用いて表されているとき，面積分 (29.1) は

$$\iint_S \varphi(\boldsymbol{r}) dS = \iint_E \varphi(\boldsymbol{r}(u,v)) \left\| \frac{\partial \boldsymbol{r}}{\partial u} \times \frac{\partial \boldsymbol{r}}{\partial v} \right\| dudv \tag{29.2}$$

と u,v による 2 重積分になる．ここで，E は変換 $\boldsymbol{r} = \boldsymbol{r}(u,v)$ によって S 上の点に写される uv 平面上の領域である．$dS = \left\| \frac{\partial \boldsymbol{r}}{\partial u} \times \frac{\partial \boldsymbol{r}}{\partial v} \right\| dudv$ を S の**面積要素**という．式 (29.2) は S が xy 平面上にある場合には 2 重積分における変数変換の式 (26.2) に帰着する（☞ 問題 29.2）．

曲面 S が $z = f(x,y)$ の形，つまり，$\boldsymbol{r}(x,y) = x\boldsymbol{i} + y\boldsymbol{j} + f(x,y)\boldsymbol{k}$ で与えられる場合（☞ 式 (16.7)），面積要素は次のように計算される．

$$\frac{\partial \boldsymbol{r}}{\partial x} = \boldsymbol{i} + f_x \boldsymbol{k}, \quad \frac{\partial \boldsymbol{r}}{\partial y} = \boldsymbol{j} + f_y \boldsymbol{k},$$

$$\frac{\partial \boldsymbol{r}}{\partial x} \times \frac{\partial \boldsymbol{r}}{\partial y} = -f_x \boldsymbol{i} - f_y \boldsymbol{j} + \boldsymbol{k}, \quad dS = \sqrt{1 + f_x^2 + f_y^2}\, dxdy. \tag{29.3}$$

【例題 29.1】 面積分 $I_1 = \displaystyle\iint_{S_1} dS$, $S_1 = \{(x,y,z) : x+y+z = 1,\ x \geq 0,\ y \geq 0,\ z \geq 0\}$ を求めよ．

【解】 S_1 上では $z = 1 - x - y$ より，$z_x = z_y = -1$. したがって，$E_1 = \{(x,y) : x+y \leq 1,\ x \geq 0,\ y \geq 0\}$ として，$I_1 \overset{(29.2)}{=} \iint_{E_1} \sqrt{1 + 1^2 + (-1)^2} dxdy \overset{(25.3)}{=} \sqrt{3} \int_0^1 dx \int_0^{1-x} dy = \sqrt{3} \int_0^1 (1-x)dx = \sqrt{3} \left[x - \frac{1}{2}x^2 \right]_0^1 = \frac{\sqrt{3}}{2}$. ∎

【補足】　I_1 は平面 $x + y + z = 1$ の x, y, z が共に非負の部分の面積（☞ 図 16.4）であるから，初等的な幾何学的考察からも，$I_1 = \frac{\sqrt{3}}{2}$ と求まる.

【例題 29.2】　面積分 $I_2 = \iint_{S_2} dS$, $S_2 = \{(x, y, z) : x^2 + y^2 + z^2 = a^2\}, (a > 0)$ を求めよ.

【解】　半径 a の球面上の点は

$$\boldsymbol{r}(\theta, \phi) = a \sin\theta \cos\phi\, \boldsymbol{i} + a \sin\theta \sin\phi\, \boldsymbol{j} + a \cos\theta\, \boldsymbol{k} \tag{29.4}$$

のように球座標の角度 θ, ϕ で指定できる. このとき，面積要素は次のように計算できる.

$$\frac{\partial \boldsymbol{r}}{\partial \theta} = a \cos\theta \cos\phi\, \boldsymbol{i} + a \cos\theta \sin\phi\, \boldsymbol{j} - a \sin\theta\, \boldsymbol{k}, \quad \frac{\partial \boldsymbol{r}}{\partial \phi} = -a \sin\theta \sin\phi\, \boldsymbol{i} + a \sin\theta \cos\phi\, \boldsymbol{j},$$

$$\frac{\partial \boldsymbol{r}}{\partial \theta} \times \frac{\partial \boldsymbol{r}}{\partial \phi} = a^2 \sin\theta (\sin\theta \cos\phi\, \boldsymbol{i} + \sin\theta \sin\phi\, \boldsymbol{j} + \cos\theta\, \boldsymbol{k}), \quad dS = a^2 \sin\theta\, d\theta\, d\phi. \tag{29.5}$$

したがって，$E_2 = \{(\theta, \phi) : 0 \leq \theta \leq \pi,\ 0 \leq \phi < 2\pi\}$ として，$I_2 \overset{(29.2)}{=} \iint_{E_2} a^2 \sin\theta\, d\theta\, d\phi \overset{(25.4)}{=} a^2 \int_0^\pi \sin\theta\, d\theta \int_0^{2\pi} d\phi = 4\pi a^2$. ∎

【補足】　I_2 は半径 a の球面の面積である.

　式 (29.2) を示すには，面積要素 dS が uv 空間における微小面積 $du\,dv$ とどのような関係にあるかがわかればよい. uv 平面における僅かに離れた 3 点 $Q(u, v), Q_1(u + du, v), Q_2(u, v + dv)$ に対応する曲面 S 上の点を $P : \boldsymbol{r}(Q) = \boldsymbol{r}(u, v), P_1 : \boldsymbol{r}(Q_1) = \boldsymbol{r}(u + du, v), P_2 : \boldsymbol{r}(Q_2) = \boldsymbol{r}(u, v + dv)$ とおくと（☞ 図 29.1）

$$\overrightarrow{PP_1} = \boldsymbol{r}(Q_1) - \boldsymbol{r}(Q), \quad \overrightarrow{PP_2} = \boldsymbol{r}(Q_2) - \boldsymbol{r}(Q)$$

が成り立つ. ここで，du, dv が微小量であることより

$$\boldsymbol{r}(Q_1) = \boldsymbol{r}(u + du, v) \simeq \boldsymbol{r}(u, v) + \frac{\partial \boldsymbol{r}}{\partial u}(u, v) du = \boldsymbol{r}(Q) + \frac{\partial \boldsymbol{r}}{\partial u}(Q) du$$

のようにテイラー展開を行うと，次が得られる.

$$\overrightarrow{PP_1} \simeq \frac{\partial \boldsymbol{r}}{\partial u}(Q) du, \quad \overrightarrow{PP_2} \simeq \frac{\partial \boldsymbol{r}}{\partial v}(Q) dv.$$

これらを用いると，ベクトル $\overrightarrow{PP_1}, \overrightarrow{PP_2}$ が張る平行 4 辺形の面積が dS であるから

$$dS = \left\| \overrightarrow{PP_1} \times \overrightarrow{PP_2} \right\| \simeq \left\| \frac{\partial \boldsymbol{r}}{\partial u} \times \frac{\partial \boldsymbol{r}}{\partial v} \right\| du\,dv$$

となり，式 (29.2) が示される.

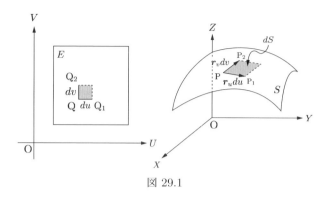

図 29.1

29.2　ベクトル場

　スカラー場の面積分 (29.1) で考えたような S 上の微小領域を考える．その微小領域の面積を dS, 微小領域に垂直な方向の単位ベクトルを n としたとき，$d\boldsymbol{S} = \boldsymbol{n}dS$ を**面積要素ベクトル**という．ベクトル場 $\boldsymbol{A}(\boldsymbol{r})$ の曲面 S にわたる面積分は，S 上の点 $\boldsymbol{r}$ におけるベクトル $\boldsymbol{A}(\boldsymbol{r})$ と面積要素ベクトル $d\boldsymbol{S}$ の内積を S にわたって足し合わせたものとして定義され，次のように書かれる．

$$\iint_S \boldsymbol{A}(\boldsymbol{r}) \cdot d\boldsymbol{S} = \iint_S \boldsymbol{A}(\boldsymbol{r}) \cdot \boldsymbol{n}dS. \tag{29.6}$$

　$\boldsymbol{A}(\boldsymbol{r}) = \boldsymbol{n}$ のとき，面積分 (29.6) は S の面積に一致する．曲面 S が $\boldsymbol{r} = \boldsymbol{r}(u,v) = x(u,v)\boldsymbol{i} + y(u,v)\boldsymbol{j} + z(u,v)\boldsymbol{k}$ とパラメータ u,v で表されるとき，29.1 節で考えたベクトル $\overrightarrow{\mathrm{PP_1}} \times \overrightarrow{\mathrm{PP_2}} = \left(\frac{\partial \boldsymbol{r}}{\partial u} \times \frac{\partial \boldsymbol{r}}{\partial v}\right) dudv$ は面積 $dS = \left\|\frac{\partial \boldsymbol{r}}{\partial u} \times \frac{\partial \boldsymbol{r}}{\partial v}\right\| dudv$ をもち，S に垂直であるから $d\boldsymbol{S}$ そのものである．したがって，式 (29.6) は次のような u,v による 2 重積分として書くことができる．

$$\iint_S \boldsymbol{A}(\boldsymbol{r}) \cdot d\boldsymbol{S} = \iint_E \boldsymbol{A}(\boldsymbol{r}(u,v)) \cdot \left(\frac{\partial \boldsymbol{r}}{\partial u} \times \frac{\partial \boldsymbol{r}}{\partial v}\right) dudv. \tag{29.7}$$

【例題 29.3】 面積分 $I_3 = \displaystyle\iint_{S_3} (\boldsymbol{i} + 2\boldsymbol{j} + 3\boldsymbol{k}) \cdot d\boldsymbol{S}$, $S_3 = \{(x,y,z) : x+y+z = 1,\ x \geq 0,\ y \geq 0,\ z \geq 0\}$ を求めよ．ただし，$d\boldsymbol{S}$ はその z 成分が正となる向きにとるものとする．

【解】 S_3 は例題 29.1 の S_1 と同じものである．式 (29.3) より，$z = 1-x-y$ 上では $d\boldsymbol{S} = (-z_x\boldsymbol{i} - z_y\boldsymbol{j} + \boldsymbol{k})dxdy = (\boldsymbol{i} + \boldsymbol{j} + \boldsymbol{k})dxdy$ であるから，$I_3 \overset{(29.7)}{=} \iint_{E_1}(\boldsymbol{i} + 2\boldsymbol{j} + 3\boldsymbol{k}) \cdot (\boldsymbol{i} + \boldsymbol{j} + \boldsymbol{k})dxdy \overset{(25.3)}{=} \int_0^1 dx \int_0^{1-x} dy(1+2+3) = 6\int_0^1 (1-x)dx = 3.$ ∎

【例題 29.4】 面積分 $I_4 = \displaystyle\iint_{S_4} \boldsymbol{r} \cdot d\boldsymbol{S}$, $S_4 = \{(x,y,z) : x^2 + y^2 + z^2 = a^2\}$ を求めよ．ただし，$d\boldsymbol{S}$ は原点から遠ざかる方を向いているとする．

【解】 S_4 は例題 29.2 の S_2 と同じものであるから，$\boldsymbol{r}$ は球面上の点の位置ベクトルであることに注意して，$I_4 \overset{(29.7)}{=} \iint_{E_2} \boldsymbol{r} \cdot \left(\frac{\partial \boldsymbol{r}}{\partial \theta} \times \frac{\partial \boldsymbol{r}}{\partial \phi}\right) d\theta d\phi = \iint_{E_2}(a\sin\theta\cos\phi\boldsymbol{i} + a\sin\theta\sin\phi\boldsymbol{j} + a\cos\theta\boldsymbol{k}) \cdot a^2\sin\theta(\sin\theta\cos\phi\boldsymbol{i} + \sin\theta\sin\phi\boldsymbol{j} + \cos\theta\boldsymbol{k})d\theta d\phi \overset{(25.3)}{=} \int_0^\pi d\theta \int_0^{2\pi} d\phi\, a^3\sin\theta = 4\pi a^3.$ ∎

【補足】　別解として，S_4 上の外向き単位法ベクトルは $\bm{n} = \frac{\bm{r}}{\|\bm{r}\|} = \frac{\bm{r}}{r}$ で与えられることを用いれば，
$I_4 = \iint_{S_4} r\bm{n} \cdot d\bm{S} = a \iint_{S_4} dS = a \cdot 4\pi a^2 = 4\pi a^3$.

■ 演習問題

【問題 29.1】　《理解度確認》（解答は ☞ p.242）

次の面積分を求めよ．ただし，$r = \|\bm{r}\|$，a は正の定数，α は任意の実定数とする．

[1] $I_1 = \displaystyle\iint_{S_1} y \, dS$, $S_1 = \{(x,y,z) : x+y+z = 1, \ x \geq 0, \ y \geq 0, \ z \geq 0\}$ （☞ 図 16.4）

[2] $I_2 = \displaystyle\iint_{S_2} z \, dS$, $S_2 = \left\{(x,y,z) : x^2 + y^2 + z^2 = a^2, \ z \geq 0\right\}$

[3] $I_3 = \displaystyle\iint_{S_3} \bm{r} \cdot d\bm{S}$, $S_3 = \{(x,y,z) : x+y+z = 1, \ x \geq 0, \ y \geq 0, \ z \geq 0\}$. ただし，$d\bm{S}$ はその z 成分が正であるとする．（☞ 図 16.4）

[4] $I_4 = \displaystyle\iint_{S_4} r^\alpha \bm{r} \cdot d\bm{S}$, $S_4 = \left\{(x,y,z) : x^2 + y^2 + z^2 = a^2\right\}$. ただし，$d\bm{S}$ は原点から遠ざかる方を向いているとする．

【問題 29.2】　《面積分と 2 重積分の関係 ★☆☆》（解答は ☞ p.243）

面積分の式 (29.2) は，曲面 S が xy 平面上の領域 D であるとき，2 重積分の変数変換の式 (26.2) に帰着することを示せ．

【問題 29.3】　《球面の面積のいろいろな計算法 ★★☆》（解答は ☞ p.243）

各設問で与えられた事実を用いて，半径 a の球面の面積 A を求めよ．

[1] 半径 a の半球上の点は $\bm{r}(x,y) = x\bm{i} + y\bm{j} + \sqrt{a^2 - x^2 - y^2}\bm{k}$ と表される（☞ 式 (16.7)）．

[2] 半径 a の半球上の点は $\bm{r}(\rho, \phi) = \rho\cos\phi\bm{i} + \rho\sin\phi\bm{j} + \sqrt{a^2 - \rho^2}\bm{k}$ と表される（☞ 式 (16.12)）．

【問題 29.4】　《直円錐・螺旋面・トーラス・放物面の面積 ★★☆》（解答は ☞ p.243）

次の曲面の面積を求めよ．ただし，a, b, h は正の定数とする．

[1] 底面の半径が a，高さが h の直円錐 $S = \left\{(x,y,z) : x^2 + y^2 \leq a^2, z = \dfrac{h}{a}\sqrt{x^2 + y^2}\right\}$ （☞ 図 31.14(a)）

[2] 螺旋面 $S : \bm{r}(\rho, \phi) = \rho\cos\phi\bm{i} + \rho\sin\phi\bm{j} + b\phi\bm{k}$, $(0 \leq \rho \leq a, \ 0 \leq \phi < 2\pi)$ （☞ 図 31.14(b)）

[3] 大半径が a，小半径が $b \ (< a)$ のトーラス $S = \left\{(x,y,z) : \left(\sqrt{x^2 + y^2} - a\right)^2 + z^2 = b^2\right\}$ （☞ 図 27.3)

[4] 放物面 $z^2 = 4x$ と円柱 $x^2 + y^2 \leq x$ の共通部分 $S = \{(x,y,z) : z^2 = 4x, \ x^2 + y^2 \leq x\}$

【問題 29.5】　《2 次元曲面物体の慣性モーメント ★★☆》（解答は ☞ p.244）

3 次元空間に 2 次元曲面 S をなす厚みの無視できる物体があるとき，その物体の x, y, z 軸に関する慣性モーメント（各座標軸周りの回り難さ）はそれぞれ次式で定義される．

$$I_x = \iint_S \sigma(\bm{r})(y^2 + z^2)dS, \quad I_y = \iint_S \sigma(\bm{r})(z^2 + x^2)dS, \quad I_z = \iint_S \sigma(\bm{r})(x^2 + y^2)dS.$$

ここで，$\sigma(\bm{r})$ は物体の面密度であり，物体の全質量は $M = \iint_S \sigma(\bm{r})dS$ で定義される．次の問いに答えよ．ただし，面密度は一定とする．

[1] 半径が a の球面 $S = \{(x, y, z) : x^2 + y^2 + z^2 = a^2\}$ の I_z を全質量 M と a で表せ.

[2] 半径が a, 高さが h の円筒 $S = \left\{(x, y, z) : x^2 + y^2 = a^2, -\dfrac{h}{2} \le z \le \dfrac{h}{2}\right\}$ の I_z, I_x を全質量 M および a, h を用いて表せ.

第 30 章 積分定理

30.1 ガウスの定理

3 次元空間中に領域 V とその周辺に分布するベクトル場 $\boldsymbol{A}(\boldsymbol{r})$ を考える．このとき，ベクトル場 $\boldsymbol{A}(\boldsymbol{r})$ の発散の V にわたる体積分は，V の境界 ∂V にわたる $\boldsymbol{A}(\boldsymbol{r})$ の面積分に等しい．

$$\iiint_V \nabla \cdot \boldsymbol{A}\,dV = \oiint_{\partial V} \boldsymbol{A} \cdot d\boldsymbol{S}. \tag{30.1}$$

これをガウスの定理と呼ぶ．ここで，$dV = dxdydz$ である．$\oiint_{\partial V}$ は閉曲面 ∂V 全体にわたって積分することを強調した記号であり，$d\boldsymbol{S}$ は V の内側から外側に向かう ∂V 上の面積要素ベクトルである（☞ 図 30.1）．

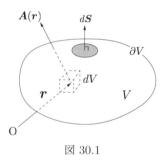

図 30.1

【例題 30.1】 ベクトル場 $\boldsymbol{A}(\boldsymbol{r}) = \boldsymbol{r}$ と 領域 $V = \{(x, y, z) : x + y + z \leq 1,\ x \geq 0,\ y \geq 0,\ z \geq 0\}$ について，ガウスの定理が成立することを確かめよ．

【解】 $\nabla \cdot \boldsymbol{A} = \partial_x x + \partial_y y + \partial_z z = 3$ を用いて

$$\iiint_V \nabla \cdot \boldsymbol{A}\,dV = 3\iiint_V dxdydz \overset{(27.3)}{=} 3\int_0^1 dx \int_0^{1-x} dy \int_0^{1-x-y} dz = 3\int_0^1 dx \int_0^{1-x} (1 - x - y)dy$$

$$= 3\int_0^1 dx \left[(1-x)y - \frac{1}{2}y^2\right]_0^{1-x} = 3\left[-\frac{1}{6}(1-x)^3\right]_0^1 = \frac{1}{2}. \tag{30.2}$$

一方，4 面体（☞ 図 16.4）の x, y, z 軸に垂直な面をそれぞれ S_1, S_2, S_3 とすると，各々の面における外向き面積要素ベクトルは $d\boldsymbol{S}_1 = -\boldsymbol{i}dydz$, $d\boldsymbol{S}_2 = -\boldsymbol{j}dzdx$, $d\boldsymbol{S}_3 = -\boldsymbol{k}dxdy$ である．また，$z = 1 - x - y$ に含まれる 4 面体の面を S_4 とすると，その外向き面積要素ベクトルは $d\boldsymbol{S}_4 \overset{(29.3)}{=} (-z_x\boldsymbol{i} - z_y\boldsymbol{j} + \boldsymbol{k})dxdy = (\boldsymbol{i} + \boldsymbol{j} + \boldsymbol{k})dxdy$ であるから

$$\oiint_{\partial V} \boldsymbol{A} \cdot d\boldsymbol{S} = \iint_{S_1} \boldsymbol{A}(0, y, z) \cdot (-\boldsymbol{i}dydz) + \iint_{S_2} \boldsymbol{A}(x, 0, z) \cdot (-\boldsymbol{j}dzdx)$$

$$+ \iint_{S_3} \boldsymbol{A}(x, y, 0) \cdot (-\boldsymbol{k}dxdy) + \iint_{S_4} \boldsymbol{A}(x, y, 1-x-y) \cdot (\boldsymbol{i}+\boldsymbol{j}+\boldsymbol{k})dxdy$$

$$= \int_0^1 dx \int_0^{1-x} [x+y+(1-x-y)]dy = \int_0^1 (1-x)dx = \frac{1}{2}$$

となり，体積分の結果 (30.2) と一致する． ∎

式 (30.1) が成立する理由は発散の意味を考えると理解できる．$\boldsymbol{A}(\boldsymbol{r})$ を物質の速度分布だとして，図 21.2 (p.120) の微小な直方体を再び考える．ただし，簡単のため，直方体の辺の長さ $\Delta x, \Delta y, \Delta z$ を dx, dy, dz と表すことにする．式 (21.13),(21.12) より，単位時間に直方体から流れ出る物質の量 dM は次のように 2 通りの表現が可能である．

$$dM \simeq (\nabla \cdot \boldsymbol{A})(\mathrm{P})dxdydz, \tag{30.3}$$

$$dM \simeq A_x(\mathrm{P}_1)dydz + A_y(\mathrm{P}_2)dzdx + A_z(\mathrm{P}_3)dxdy$$
$$- A_x(\mathrm{P}_4)dydz - A_y(\mathrm{P}_5)dzdx - A_z(\mathrm{P}_6)dxdy. \tag{30.4}$$

ここで，(30.4) 右辺第 1 項は点 P_1 を含む直方体の面の面積要素ベクトル $d\boldsymbol{S}_1 = dydz\boldsymbol{i}$ を用いると，$A_x(\mathrm{P}_1)dydz = \boldsymbol{A}(\mathrm{P}_1) \cdot d\boldsymbol{S}_1$ と書ける．同様に，直方体の各面の面積要素ベクトルは

$$d\boldsymbol{S}_1 = -d\boldsymbol{S}_4 = dydz\boldsymbol{i}, \quad d\boldsymbol{S}_2 = -d\boldsymbol{S}_5 = dzdx\boldsymbol{j}, \quad d\boldsymbol{S}_3 = -d\boldsymbol{S}_6 = dxdy\boldsymbol{k}$$

であることを用い，式 (30.3) と式 (30.4) を等しいとおくことで次を得る．

$$(\nabla \cdot \boldsymbol{A})(\mathrm{P})dV = \sum_{i=1}^{6} \boldsymbol{A}(\mathrm{P}_i) \cdot d\boldsymbol{S}_i. \tag{30.5}$$

ここで，$dV = dxdydz$ とおいた．

有限の大きさをもつ領域 V を，上で考えた微小直方体に分割して考えると，各々の微小直方体について式 (30.5) と同じ式が成立する．それら全ての式の辺々を加えたとき，左辺は (30.1) 左辺となり，右辺は (30.1) 右辺となる．右辺で ∂V における面積分のみ残るのは，V の内部では隣り合う 2 つの直方体からの寄与が打ち消し合うが，∂V を構成する直方体の面では隣り合う直方体が存在しないので，打ち消し合わず残るからである．

30.2 ストークスの定理

3 次元空間中に曲面 S があり，その周辺にベクトル場 $\boldsymbol{A}(\boldsymbol{r})$ が分布しているとする．このとき，S にわたる $\boldsymbol{A}(\boldsymbol{r})$ の回転の面積分は S の境界 ∂S にわたる $\boldsymbol{A}(\boldsymbol{r})$ の線積分に等しい．

$$\iint_S (\nabla \times \boldsymbol{A}) \cdot d\boldsymbol{S} = \oint_{\partial S} \boldsymbol{A} \cdot d\boldsymbol{r}. \tag{30.6}$$

これを**ストークスの定理**という．ここで，$\oint_{\partial S}$ は閉曲線 ∂S を 1 周する経路について積分することを強調した記号であり，∂S は $d\boldsymbol{S}$ が向いた S の面を左側に見て進む向きをもつとする (☞ 図 30.2)．

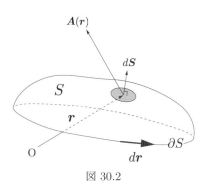

図 30.2

【例題 30.2】 ベクトル場 $\boldsymbol{A}(\boldsymbol{r}) = -y\boldsymbol{i} + x\boldsymbol{j}$ と曲面 $S = \{(x,y,z) : 0 \le x \le a,\ 0 \le y \le b,\ z = 0\}$ について,ストークスの定理が成立することを確かめよ.ただし,a, b は正の定数とする.

【解】 $\nabla \times \boldsymbol{A} = 2\boldsymbol{k}$ (☞ 例題 22.3 (p.123)) であり,S 上の面積要素ベクトルは $d\boldsymbol{S} = \boldsymbol{k}dxdy$ であるから

$$\iint_S (\nabla \times \boldsymbol{A}) \cdot d\boldsymbol{S} = \iint_S 2\boldsymbol{k} \cdot \boldsymbol{k}dxdy = 2\int_0^a dx \int_0^b dy = 2ab. \tag{30.7}$$

一方,∂S をなす 4 辺を $x = a$ に含まれる辺から反時計回りに C_1, C_2, C_3, C_4 とすると

$$\begin{aligned}
\oint_{\partial S} \boldsymbol{A} \cdot d\boldsymbol{r} &= \int_{C_1} \boldsymbol{A}(a,y,0) \cdot \boldsymbol{j}dy + \int_{C_2} \boldsymbol{A}(x,b,0) \cdot (-\boldsymbol{i}dx) \\
&\quad + \int_{C_3} \boldsymbol{A}(0,y,0) \cdot (-\boldsymbol{j}dy) + \int_{C_4} \boldsymbol{A}(x,0,0) \cdot \boldsymbol{i}dy \\
&= \int_0^b A_y(a,y,0)dy - \int_0^a A_x(x,b,0)dx = \int_0^b ady - \int_0^a (-b)dx = 2ab
\end{aligned}$$

となり,面積分の結果 (30.7) と一致する. ∎

　ストークスの定理 (30.6) の成立は,回転の意味を考えると理解できる.簡単のため,S は xy 平面上の領域,$\boldsymbol{A}(\boldsymbol{r})$ は物質の速度場だとして,図 22.1 (p.123) における微小長方形を再び考える.ただし,簡単のため,辺の長さ $\Delta x, \Delta y$ を dx, dy と表すことにする.式 (22.6),(22.5) より,点 P 周りの角速度 Ω_z について次の 2 つの式が成り立つ.

$$2\Omega_z dxdy \simeq [\nabla \times \boldsymbol{A}]_z(\mathrm{P})dxdy, \tag{30.8}$$

$$2\Omega_z dxdy \simeq A_y(\mathrm{P}_1)\,dy - A_x(\mathrm{P}_2)\,dx - A_y(\mathrm{P}_4)\,dy + A_x(\mathrm{P}_5)\,dx. \tag{30.9}$$

ここで,(30.8) 右辺は長方形の面積要素ベクトル $d\boldsymbol{S} = dxdy\boldsymbol{k}$ を用いると $(\nabla \times \boldsymbol{A}) \cdot d\boldsymbol{S}$,(30.9) 右辺の第 1 項は,点 P_1 のある辺の線要素ベクトル $d\boldsymbol{r}_1 = dy\boldsymbol{i}$ を用いると $\boldsymbol{A}(\mathrm{P}_1) \cdot d\boldsymbol{r}_1$ と書ける.同様にして,微小長方形の各辺における線要素ベクトルは

$$d\boldsymbol{r}_1 = -d\boldsymbol{r}_4 = dy\boldsymbol{j}, \quad d\boldsymbol{r}_2 = -d\boldsymbol{r}_5 = -dx\boldsymbol{i}$$

と書けるから,式 (30.8),(30.9) より次を得る.

VI

様々な積分

$$(\nabla \times \boldsymbol{A})(\mathrm{P}) \cdot d\boldsymbol{S} = \sum_{i=1,2,4,5} \boldsymbol{A}(\mathrm{P}_i) \cdot d\boldsymbol{r}_i. \tag{30.10}$$

　ここで，xy 平面にある 2 次元領域 S を上で考えたような微小長方形に分割したとする．すると，各々の微小長方形について等式 (30.10) が成立する．それら全ての等式の辺々加えると，左辺は (30.6) 左辺となり，右辺は (30.6) 右辺となる．ここで，右辺が ∂S 上での積分のみ残るのは，S の内部にある長方形に関しては，隣り合う 2 つの長方形からの寄与が相殺するが，∂S を構成する微小長方形の辺においては隣り合う長方形が不在のため，打ち消し合わずに残るからである．

■ 演習問題

【問題 30.1】《理解度確認》（解答は ☞ p.244）

次の問いに答えよ．ただし，a, b, c は正の定数である．

[1] ベクトル場 $\boldsymbol{A}(\boldsymbol{r}) = xy\boldsymbol{i} + yz\boldsymbol{j} + zx\boldsymbol{k}$ と直方体 $V = \{(x, y, z) : 0 \le x \le a,\ 0 \le y \le b,\ 0 \le z \le c\}$ について，ガウスの定理 (30.1) が成立することを確かめよ．

[2] ベクトル場 $\boldsymbol{A}(\boldsymbol{r}) = -y\boldsymbol{i} + x\boldsymbol{j}$ と半球 $S = \{(x, y, z) : x^2 + y^2 + z^2 = a^2,\ z \ge 0\}$ について，ストークスの定理 (30.6) が成立することを確かめよ．

【問題 30.2】《ストークスの定理とグリーンの定理の関係 ★☆☆》（解答は ☞ p.244）

次の問いに答えよ．

[1] 任意の閉曲面 S に関して，$\displaystyle\oiint_S (\nabla \times \boldsymbol{A}) \cdot d\boldsymbol{S} = 0$ であることを示せ．

[2] ストークスの定理 (30.6) を xy 平面上の領域 D に適用すると，グリーンの定理 (28.10) が得られることを示せ．

【問題 30.3】《連続の式と拡散方程式の導出 ★★☆》（解答は ☞ p.245）

物質の質量密度が $\rho(\boldsymbol{r}, t)$，流速密度が $\boldsymbol{J}(\boldsymbol{r}, t)$ であるとする．流速密度は物質の流れる方向を向くベクトル場であり，その大きさが流れに垂直な単位面積を単位時間に横切る質量を表す．

[1] 物質が分布する空間に 3 次元領域 V を考え，V 内部の単位時間当たりの質量減少が V の表面から外部に流出する質量に等しいとすることにより，**連続の式**

$$\frac{\partial \rho}{\partial t} + \nabla \cdot \boldsymbol{J} = 0$$

を導け．

[2] κ を定数として，流速密度が密度の勾配に比例するという**フィックの法則**

$$\boldsymbol{J} = -\kappa \nabla \rho$$

を仮定すると，拡散方程式 $\partial_t^2 \rho = \kappa \Delta \rho$（☞ 23 章）が得られることを示せ．

【問題 30.4】《帯電球による電場と直線電流による磁束密度 ★★★》（解答は ☞ p.245）

電磁気学によれば，時間に依存しない電荷密度を $\rho_e(\boldsymbol{r})$，電流密度ベクトルを $\boldsymbol{J}(\boldsymbol{r})$ とすると，電場 $\boldsymbol{E}(\boldsymbol{r})$ と磁束密度 $\boldsymbol{B}(\boldsymbol{r})$ は次のような偏微分方程式に従う．

$$\varepsilon_0 \nabla \cdot \boldsymbol{E} = \rho_e, \quad \nabla \times \boldsymbol{B} = \mu_0 \boldsymbol{J}.$$

ここで，ε_0 と μ_0 はそれぞれ**真空の誘電率**，**真空の透磁率**と呼ばれる定数である．第 1 式を**ガウスの法則**，第 2 式を**アンペールの法則**という．次の問いに答えよ．

[1] 半径 a の球体が一様に帯電しており ($\rho_e = $ 一定), 全電荷を Q とする. このとき, 球体の中心から距離 r の点における電場の大きさ $E(r) = \|\boldsymbol{E}(r)\|$ は次式で与えられることを示せ.

$$E(r) = \begin{cases} Qr/(4\pi\varepsilon_0 a^3) & (0 \leq r \leq a) \\ Q/(4\pi\varepsilon_0 r^2) & (r > a) \end{cases}.$$

ただし, 電場 $\boldsymbol{E}(r)$ は球体の中心から放射状に分布しており, その大きさは r のみに依存することを用いてよい (☞ 図 30.3(a)).

[2] 断面が半径 a の円盤である無限に長い直線状の導線に一様な電流が流れており ($\boldsymbol{J} = $ 一定), 全電流を I とする. このとき, 導線の中心から距離 r の点における磁束密度の大きさ $B(r) = \|\boldsymbol{B}(r)\|$ は次式で与えられることを示せ.

$$B(r) = \begin{cases} \mu_0 Ir/(2\pi a^2) & (0 \leq r \leq a) \\ \mu_0 I/(2\pi r) & (r > a) \end{cases}.$$

ただし, 磁束密度 $\boldsymbol{B}(r)$ は導線断面の同心円の接線方向を向いており, その大きさは導線の中心からの距離 r のみに依存することを用いてよい (☞ 図 30.3(b)).

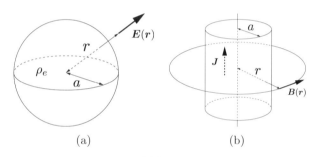

(a)   (b)

図 30.3

【問題 30.5】 《ガウスの定理の応用 ★★★》(解答は ☞ p.246)

3 次元領域 V とベクトル場 $\boldsymbol{A}(\boldsymbol{r}) = \dfrac{\boldsymbol{r}}{r^3}$, $r = \|\boldsymbol{r}\|$ を考える. V の境界を S, S 上の面積要素ベクトル $d\boldsymbol{S}$ は V の外を向くとして, 次のことを示せ.

[1] V が原点を含まないとき, $\displaystyle\oiint_S \boldsymbol{A}(\boldsymbol{r}) \cdot d\boldsymbol{S} = 0.$

[2] V が原点を含むとき, $\displaystyle\oiint_S \boldsymbol{A}(\boldsymbol{r}) \cdot d\boldsymbol{S} = 4\pi.$

【研究】マクスウェル方程式

電磁場の振る舞いを記述するのが電磁気学における**マクスウェル方程式**である. ここでは, マクスウェル方程式を概観すると共に, 本書で学んだ発散, 回転, 線積分, 面積分, 体積分, ガウスの定理, ストークスの定理などがどのように用いられるかを見てみよう.

電場 $\boldsymbol{E}(\boldsymbol{r}, t)$ と磁束密度 $\boldsymbol{B}(\boldsymbol{r}, t)$ に関する**積分形のマクスウェル方程式**は次のようなものである.

$$\varepsilon_0 \oiint_{\partial V} \boldsymbol{E} \cdot d\boldsymbol{S} = Q, \quad \oint_{\partial S} \boldsymbol{E} \cdot d\boldsymbol{r} = -\frac{d}{dt}\iint_S \boldsymbol{B} \cdot d\boldsymbol{S}, \tag{30.11}$$

$$\oiint_{\partial V} \boldsymbol{B} \cdot d\boldsymbol{S} = 0, \quad \oint_{\partial S} \boldsymbol{B} \cdot d\boldsymbol{r} = \mu_0 I + \mu_0 \varepsilon_0 \frac{d}{dt}\iint_S \boldsymbol{E} \cdot d\boldsymbol{S}. \tag{30.12}$$

ここで，ε_0 と μ_0 はそれぞれ真空の誘電率，真空の透磁率と呼ばれる定数，V と S はそれぞれ空間内の任意の領域と曲面であり，∂V（閉曲面）と ∂S（閉曲線）はそれらの境界である．また，Q, I はそれぞれ V 内の電荷，S を貫く電流であり，$\rho_e(\boldsymbol{r}, t)$ を電荷密度，$\boldsymbol{J}(\boldsymbol{r}, t)$ を電流密度として

$$Q = \iiint_V \rho_e dV, \quad I = \iint_S \boldsymbol{J} \cdot d\boldsymbol{S} \tag{30.13}$$

である．式 (30.11) はガウスの法則とファラデーの法則，式 (30.12) は磁場に対するガウスの法則とアンペール・マクスウェルの法則を表している．

　積分形は物理的意味を見やすい反面，理論的考察に不向きなことがあるため，微分方程式に書き換える．(30.11) 第 1 式右辺に式 (30.13) を代入し，左辺にガウスの定理（☞ 式 (30.1)）を適用すると，$\iiint_V (\varepsilon_0 \nabla \cdot \boldsymbol{E} - \rho_e) dV = 0$ を得る．これが任意の V について成立するので被積分関数は 0 である．同様にして，式 (30.11),(30.12) における $\oiint_{\partial V}$ にはガウスの定理，$\oint_{\partial S}$ にはストークスの定理（☞ 式 (30.6)）を適用すると，微分形のマクスウェル方程式を得る．

$$\varepsilon_0 \nabla \cdot \boldsymbol{E} = \rho_e, \quad \nabla \times \boldsymbol{E} = -\frac{\partial \boldsymbol{B}}{\partial t}, \quad \nabla \cdot \boldsymbol{B} = 0, \quad \nabla \times \boldsymbol{B} = \mu_0 \boldsymbol{J} + \mu_0 \varepsilon_0 \frac{\partial \boldsymbol{E}}{\partial t}.$$

　真空（$\rho_e = 0$, $\boldsymbol{J} = \boldsymbol{0}$）では，これらから波動方程式（☞ 式 (24.2)）$(\partial_t^2 - c^2 \Delta)\boldsymbol{E} = (\partial_t^2 - c^2 \Delta)\boldsymbol{B} = \boldsymbol{0}$, $c := 1/\sqrt{\varepsilon_0 \mu_0}$ が得られる．マクスウェルは，ここに現れる伝播速度 c が光速 $2.99792458 \times 10^8 \mathrm{m/s}$ に極めて近いことから，当時正体不明とされていた光が電磁波の一種であると推論し，後にそれが正しいことが証明された．

問題解答

第 I 部

【問題 1.1】（問題文は ☞ p.8）

[1] $e^x = \frac{1}{2}(e^x + e^{-x}) + \frac{1}{2}(e^x - e^{-x})$ と変形できるから，偶部は $\frac{1}{2}(e^x + e^{-x})$，奇部は $\frac{1}{2}(e^x - e^{-x})$．

> **【補足】** e^x の偶部と奇部は双曲線関数として知られている（☞ 6 章 (p.33)）．

[2] $f(x) = x^2(x-1)(x+1)$ と変形できることから，$y = f(x)$ は $x = 0, \pm 1$ で x 軸と交わる．また，$f'(x) = 2x(2x^2 - 1)$ より，極大値 $f(0) = 0$，極小値 $f(\pm 1/\sqrt{2}) = -1/4$ をとることなどがわかり，$y = f(x)$ のグラフは図 31.1(a) のようになる．$y = f^{-1}(x)$ のグラフはこれを直線 $y = x$ に関して折り返したものである．したがって，$y = f^{-1}(x)$ は $x = -1/4$ および $x > 0$ で 2 価，$-1/4 < x < 0$ で 4 価，$x = 0$ で 3 価となる．

[3] ☞ 図 31.1(b).

[4] (a) x を正のまま 0 に近づけると，$\displaystyle\lim_{x \to +0} f(x) = \lim_{x \to +0} x/|x| = \lim_{x \to +0} x/x = 1 \neq 0 = f(0)$．したがって，$f(x)$ は $x = 0$ で連続ではない．

> **【補足】** 同様に，x を負のまま 0 に近づけると，$\displaystyle\lim_{x \to -0} f(x) = \lim_{x \to -0} x/|x| = \lim_{x \to -0} -x/x = -1 \neq 0 = f(0)$ を得るが，不連続であることを示すには解答のように右側極限が $f(0)$ に一致しないことをいえば十分である．

(b) $\displaystyle\lim_{x \to 0} g(x) = \lim_{x \to 0} \frac{\sin 2x}{x} = 2 \lim_{x \to 0} \frac{\sin 2x}{2x} \overset{(1.32)}{=} 2 = f(0)$．したがって，$g(x)$ は $x = 0$ で連続である．

[5] (a) $(x^2 \log_a x)' \overset{(1.19)}{=} 2x \log_a x + x^2 \frac{1}{x \ln a} \overset{(1.18)}{=} 2x \frac{\ln x}{\ln a} + \frac{x}{\ln a} = \frac{x}{\ln a}(2 \ln x + 1)$.

(b) $\left(\frac{\ln x}{x^2}\right)' \overset{(1.11)}{=} \frac{x^2/x - 2x \ln x}{x^4} = \frac{1 - 2 \ln x}{x^3}$.

(c) $(e^{-x} \cos x)' = \left(\frac{\cos x}{e^x}\right)' \overset{(1.11)}{=} \frac{-e^x \sin x - e^x \cos x}{e^{2x}} = -e^{-x}(\cos x + \sin x)$.

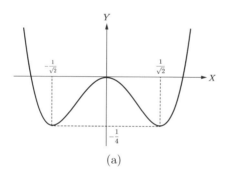

(a)

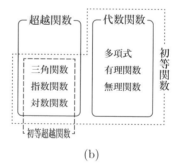

(b)

図 31.1

【問題 1.2】（問題文は ☞ p.9）

[1] $\displaystyle\lim_{x \to 0} f(x) = \lim_{x \to 0} x^2 \sin \frac{1}{x} = f(0) = 0$ が成り立つことを示せばよい．$|\sin \frac{1}{x}| \leq 1$ より，$0 \leq |x^2 \sin \frac{1}{x}| \leq |x^2|$ が成り立つが，右辺 $|x^2|$ は $x \to 0$ で 0 に収束するから，挟み撃ちの原理より $\displaystyle\lim_{x \to 0} x^2 \sin \frac{1}{x} = 0$.

> 【補足】 一般に，連続な関数 $f(x), g(x), h(x)$ があり，$g(x) \leq f(x) \leq h(x)$ が成り立っている とする．このとき，$\lim_{x \to a} g(x) = \lim_{x \to a} h(x) = A$ ならば $\lim_{x \to a} f(x) = A$ である．これを**挟み撃ちの原理**という．
>
> また，$-|f(x)| \leq f(x) \leq |f(x)|$ が成り立つので，$\lim_{x \to a} |f(x)| = 0$ ならば，挟み撃ちの原理より $\lim_{x \to a} f(x) = 0$ である．

[2] 微分係数の定義 (1.5) を用いると $f'(0) = \lim_{h \to 0} \frac{f(0+h) - f(0)}{h} = \lim_{h \to 0} h \sin \frac{1}{h}$. ここで，$0 \leq |\sin \frac{1}{h}| \leq 1$ より $0 \leq |h \sin \frac{1}{h}| \leq |h|$ が成り立つが，右辺 $|h|$ は $h \to 0$ の極限で 0 に収束するから，挟み撃ちの原理より $\lim_{h \to 0} |h \sin \frac{1}{h}| = 0$. よって，$\lim_{h \to 0} h \sin \frac{1}{h} = 0$ であるため $f'(0) = 0$.

[3] $x \neq 0$ では，$f'(x) = 2x \sin \frac{1}{x} - \cos \frac{1}{x}$ であるが，右辺第 2 項の $\cos \frac{1}{x}$ は $x \to 0$ で振動するため，$\lim_{x \to 0} f'(x)$ は存在しない．したがって，$\lim_{x \to 0} f'(x) = f'(0)$ が成立しないため $f'(x)$ は $x = 0$ で連続でない．

> 【補足】 ここで，$(\sin \frac{1}{x})' = -\frac{1}{x^2} \cos \frac{1}{x}$ であることを用いたが，この計算には後に学ぶ合成関数の微分法（☞ 式 (4.1)）が必要である．
>
> 本問の関数 $f(x)$ は定義域全体で連続であるが，$f'(x)$ は $x = 0$ で連続でない．このように，関数は微分すると連続性が失われることが往々にしてある．

【問題 1.3】（問題文は ☞ p.9）

[1] 定義に従って

$$[f(x)g(x)]' \overset{(1.5)}{=} \lim_{h \to 0} \frac{f(x+h)g(x+h) - f(x)g(x+h) + f(x)g(x+h) - f(x)g(x)}{h}$$
$$= \lim_{h \to 0} \frac{f(x+h) - f(x)}{h} g(x+h) + \lim_{h \to 0} \frac{g(x+h) - g(x)}{h} f(x) \overset{(1.7)}{=} f'(x)g(x) + f(x)g'(x).$$

[2] 定義に従って

$$\left[\frac{f(x)}{g(x)} \right]' \overset{(1.5)}{=} \lim_{h \to 0} \frac{1}{h} \left[\frac{f(x+h)}{g(x+h)} - \frac{f(x)}{g(x)} \right]$$
$$= \lim_{h \to 0} \frac{1}{g(x+h)g(x)} \left[\frac{f(x+h) - f(x)}{h} g(x) - f(x) \frac{g(x+h) - g(x)}{h} \right]$$
$$\overset{(1.8)}{=} \frac{f'(x)g(x) - f(x)g'(x)}{g(x)^2}.$$

> 【補足】 $f(x), g(x)$ は微分可能という仮定から連続である（☞ 例題 1.3）．解答中の $\lim_{h \to 0} g(x+h) = g(x)$ は連続性から保証される．

【問題 1.4】（問題文は ☞ p.9）

全ての対数法則は，指数法則 (1.12)–(1.14) から得られる（指数法則の言い換えである）．$x := \log_a X, y := \log_a Y$ とおくと，$X = a^x, Y = a^y$.

[1] $XY = a^x a^y \overset{(1.12)}{=} a^{x+y}$ を得るが，これを対数表示すると $\log_a XY = x + y = \log_a X + \log_a Y$.

[2] $X/Y = a^x / a^y \overset{(1.12)}{=} a^{x-y}$ を得るが，これを対数表示すると $\log_a X/Y = x - y = \log_a X - \log_a Y$.

[3] $X = a^x$ の両辺を y 乗すると，$X^y = (a^x)^y \overset{(1.13)}{=} a^{xy}$ となるが，これを対数表示すると $\log_a X^y = xy = y \log_a X$.

[4] $X = a^x = a^{\log_a X}$ が成り立つが，これの最左辺と最右辺について，底を b とする対数を考えると $\log_b X = \log_b a^{\log_a X} \overset{(1.17)}{=} \log_a X \cdot \log_b a$.

【問題 1.5】（問題文は ☞ p.9）

[1] OA $= 1$ より, OB $= \cos x$, AB $= \sin x$, OD $= \cos(x+y)$, AD $= \sin(x+y)$ が成り立つ. これら
を用いて, $\angle$ABE $= y$ に注意すると, OC $=$ OB$\cos y = \cos x \cos y$, BC $=$ OB$\sin y = \cos x \sin y$,
EB $=$ AB$\cos y = \sin x \cos y$, AE $=$ AB$\sin y = \sin x \sin y$ を得る. これらを OD $=$ OC $-$ DC $=$
OC $-$ AE, AD $=$ EC $=$ EB $+$ BC へ代入すると加法定理 (1.26) の第 1 式および第 2 式（の正符
号の方）が成立していることがわかる.

[2] 図 1.3(b) のように, 半径が 1 で中心角が $x \in (0, \pi/2)$ の扇形を考える. 面積について, $\triangle$OHB $<$
扇形 OAB $< \triangle$OAC が成り立つから

$$\frac{\sin x}{2} < \frac{x}{2} < \frac{\tan x}{2} \quad \Rightarrow \quad \cos x < \frac{\sin x}{x} < 1. \tag{31.1}$$

ここで, $x \to +0$ の極限をとれば, 挟み撃ちの原理より $\lim_{x \to +0} \frac{\sin x}{x}$ が得られる. また, $x \in (-\pi/2, 0)$
とすると, $-x \in (0, \pi/2)$ であるから

$$\cos(-x) < \frac{\sin(-x)}{-x} < 1 \quad \Rightarrow \quad \cos x < \frac{\sin x}{x} < 1.$$

したがって, $\lim_{x \to -0} \frac{\sin x}{x} = 1$ も成り立つ. よって, $\lim_{x \to 0} \frac{\sin x}{x} = 1$. これを用いると

$$\lim_{x \to 0} \frac{\cos x - 1}{x} = \lim_{x \to 0} \frac{\cos^2 x - 1}{x(\cos x + 1)} = -\lim_{x \to 0} \frac{\sin x}{x} \cdot \frac{\sin x}{\cos x + 1} = -1 \cdot 0 = 0.$$

> 【補足】 扇形 OAB の面積は (半径 1 の円の面積$\pi \times 1^2$) $\times$ (中心角 x)/$(2\pi) = \frac{x}{2}$ と求まるが,
> そもそも円の面積公式 πr^2 は積分を用いて導かれる (☞ 問題 25.4, 問題 26.2). したがって,
> 厳格なことを言えば, $\lim_{x \to 0} \frac{\sin x}{x} = 1$ という基本的性質を導くのに使うのが適切とは言えない.
> 設問 [2] が「証明せよ」ではなく「確かめよ」となっているのはそのためである.

【問題 2.1】（問題文は ☞ p.16）

[1] ☞ 図 31.2.

[2] $\|\boldsymbol{A}\| = \sqrt{1^2 + 1^2 + 0^2} = \sqrt{2}$, $\|\boldsymbol{B}\| = \sqrt{0^2 + 1^2 + 1^2} = \sqrt{2}$, $\|\boldsymbol{C}\| = \sqrt{1^2 + 0^2 + 2^2} = \sqrt{5}$.

[3] $\boldsymbol{A} \cdot \boldsymbol{B} = 1 \cdot 0 + 1 \cdot 1 + 0 \cdot 1 = 1$.

[4] なす角を θ とすると $\cos\theta = \frac{1}{\sqrt{2}\sqrt{2}} = 1/2$. したがって $\theta = \pi/3$.

[5] $\boldsymbol{A} \times \boldsymbol{B} = \boldsymbol{i} - \boldsymbol{j} + \boldsymbol{k}$. 図示は図 31.2 を参照.

[6] $|\boldsymbol{C} \cdot (\boldsymbol{A} \times \boldsymbol{B})| = |3| = 3$.

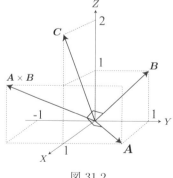

図 31.2

【問題 2.2】（問題文は ☞ p.16）　内積の定義 (2.4) より，$-\|\boldsymbol{A}\|\|\boldsymbol{B}\| \leq \boldsymbol{A}\cdot\boldsymbol{B} \leq \|\boldsymbol{A}\|\|\boldsymbol{B}\|$ に注意して

$$\|\boldsymbol{A}+\boldsymbol{B}\|^2 = (\boldsymbol{A}+\boldsymbol{B})\cdot(\boldsymbol{A}+\boldsymbol{B}) = \|\boldsymbol{A}\|^2+\|\boldsymbol{B}\|^2+2\boldsymbol{A}\cdot\boldsymbol{B}$$
$$\leq \|\boldsymbol{A}\|^2+\|\boldsymbol{B}\|^2+2\|\boldsymbol{A}\|\|\boldsymbol{B}\| = (\|\boldsymbol{A}\|+\|\boldsymbol{B}\|)^2.$$

よって，$0 \leq \|\boldsymbol{A}+\boldsymbol{B}\|, 0 \leq \|\boldsymbol{A}\|+\|\boldsymbol{B}\|$ を考慮して $\|\boldsymbol{A}+\boldsymbol{B}\| \leq \|\boldsymbol{A}\|+\|\boldsymbol{B}\|$. 等号成立は，$\boldsymbol{A}\cdot\boldsymbol{B} = \|\boldsymbol{A}\|\|\boldsymbol{B}\|$ のとき，即ち，$\boldsymbol{A},\boldsymbol{B}$ が同じ向きにあるとき.

> 【補足】　ここで示した不等式を用いると，$\|\boldsymbol{A}\| = \|\boldsymbol{A}+\boldsymbol{B}-\boldsymbol{B}\| \leq \|\boldsymbol{A}+\boldsymbol{B}\| + \|-\boldsymbol{B}\|$ より，$\|\boldsymbol{A}\| - \|\boldsymbol{B}\| \leq \|\boldsymbol{A}+\boldsymbol{B}\|$ が得られる. 同様に，$\|\boldsymbol{B}\| - \|\boldsymbol{A}\| \leq \|\boldsymbol{A}+\boldsymbol{B}\|$ も得られるから，$\big|\|\boldsymbol{A}\| - \|\boldsymbol{B}\|\big| \leq \|\boldsymbol{A}+\boldsymbol{B}\|$. これも三角不等式と呼ばれることがある.

【問題 2.3】（問題文は ☞ p.16）

[1] 図 31.3 のように，$\boldsymbol{r}-\boldsymbol{r}_0$ は $\boldsymbol{\ell}$ に平行であるから，t を任意の実数として $\boldsymbol{r}-\boldsymbol{r}_0 = t\boldsymbol{\ell}$ が成り立つ.

[2] $\boldsymbol{r} = (x,y,z)$, $\boldsymbol{r}_0 = (x_0,y_0,z_0)$, $\boldsymbol{\ell} = (\ell_x,\ell_y,\ell_z)$ とすると，設問 [1] の結果より $(x,y,z) = (x_0,y_0,z_0)+t(\ell_x,\ell_y,\ell_z)$. この式から t を消去すると 3 つの式が得られるが，それらのうち独立なもの 2 つ，例えば

$$\frac{x-x_0}{\ell_x} = \frac{y-y_0}{\ell_y}, \quad \frac{y-y_0}{\ell_y} = \frac{z-z_0}{\ell_z}$$

を残せば，これら 2 つが平面の式となる. 分母を払っておけば，ℓ_x,ℓ_y,ℓ_z のうち何れかが 0 でも有効な式となる.

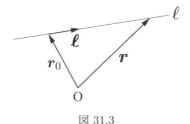

図 31.3

【問題 2.4】（問題文は ☞ p.16）

[1] 図 31.4 のように，$\boldsymbol{r}-\boldsymbol{r}_0, \boldsymbol{\ell}, \boldsymbol{m}$ は 1 つの平面 Π 上にあるから，u,v を実数として $\boldsymbol{r}-\boldsymbol{r}_0 = u\boldsymbol{\ell}+v\boldsymbol{m}$ と書ける.

[2] $\boldsymbol{r} = (x,y,z)$, $\boldsymbol{r}_0 = (x_0,y_0,z_0)$, $\boldsymbol{\ell} = (\ell_x,\ell_y,\ell_z)$, $\boldsymbol{m} = (m_x,m_y,m_z)$ とすると，設問 [1] の結果より次式を得る.

$$x-x_0 = u\ell_x+vm_x, \tag{31.2}$$
$$y-y_0 = u\ell_y+vm_y, \tag{31.3}$$
$$z-z_0 = u\ell_z+vm_z. \tag{31.4}$$

u を消去するために，$\ell_y \times$ 式 (31.2) $- \ell_x \times$ 式 (31.3) および $\ell_z \times$ 式 (31.3) $- \ell_y \times$ 式 (31.4) を作ると

$$\ell_y(x-x_0)-\ell_x(y-y_0) = v(m_x\ell_y-m_y\ell_x), \tag{31.5}$$
$$\ell_z(y-y_0)-\ell_y(z-z_0) = v(m_y\ell_z-m_z\ell_y). \tag{31.6}$$

式 (31.5),(31.6) より v を消去して整理すると

$$(\ell_y m_z - \ell_z m_y)(x - x_0) + (\ell_z m_x - \ell_x m_z)(y - y_0) + (\ell_x m_y - \ell_y m_x)(z - z_0) = 0$$

を得る. この方程式は, $\boldsymbol{n} = \boldsymbol{\ell} \times \boldsymbol{m} = (\ell_y m_z - \ell_z m_y, \ell_z m_x - \ell_x m_z, \ell_x m_y - \ell_y m_x)$ を用いれば $\boldsymbol{n} \cdot (\boldsymbol{r} - \boldsymbol{r}_0) = 0$ と書ける.

> 【補足】 ベクトル $\boldsymbol{n} = \boldsymbol{\ell} \times \boldsymbol{m}$ は平面 Π に垂直なベクトル, 即ち, Π の**法ベクトル**である. よって, $\boldsymbol{n}$ は Π 上のベクトル $\boldsymbol{r} - \boldsymbol{r}_0$ と常に直交する. 方程式 $\boldsymbol{n} \cdot (\boldsymbol{r} - \boldsymbol{r}_0) = 0$ は直交条件に他ならない.

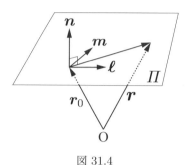

図 31.4

【問題 2.5】（問題文は ☞ p.16）

　設問 [1],[2],[4] の公式は両辺がベクトルなので, 両辺の x, y, z 成分がそれぞれ一致する必要があるが, ここでは x 成分のみ示す. なお, $\boldsymbol{A}$ をベクトルとして $[\boldsymbol{A}]_x$ は $\boldsymbol{A}$ の x 成分 A_x を表すとする. 具体的に成分を書き下さないで証明するエレガントな方法については ☞ 研究 p.126.

　[1] 与式左辺の x 成分を計算すると与式右辺の x 成分が得られる.

$$[\boldsymbol{A} \times (\boldsymbol{B} \times \boldsymbol{C})]_x = A_y[\boldsymbol{B} \times \boldsymbol{C}]_z - A_z[\boldsymbol{B} \times \boldsymbol{C}]_y = A_y(B_x C_y - B_y C_x) - A_z(B_z C_x - B_x C_z)$$
$$= (A_x C_x + A_y C_y + A_z C_z)B_x - (A_x B_x + A_y B_y + A_z B_z)C_x = [(\boldsymbol{A} \cdot \boldsymbol{C})\boldsymbol{B} - (\boldsymbol{A} \cdot \boldsymbol{B})\boldsymbol{C}]_x.$$

　[2] 与式左辺の x 成分を計算すると与式右辺の x 成分が得られる.

$$[\boldsymbol{A} \times (\boldsymbol{B} \times \boldsymbol{C}) + \boldsymbol{B} \times (\boldsymbol{C} \times \boldsymbol{A}) + \boldsymbol{C} \times (\boldsymbol{A} \times \boldsymbol{B})]_x$$
$$= A_y(B_x C_y - B_y C_x) - A_z(B_z C_x - B_x C_z) + B_y(C_x A_y - C_y A_x)$$
$$- B_z(C_z A_x - C_x A_z) + C_y(A_x B_y - A_y B_x) - C_z(A_z B_x - A_x B_z) = 0.$$

　[3] 与式右辺を計算すると与式左辺が得られる.

$$(\boldsymbol{A} \cdot \boldsymbol{C})(\boldsymbol{B} \cdot \boldsymbol{D}) - (\boldsymbol{A} \cdot \boldsymbol{D})(\boldsymbol{B} \cdot \boldsymbol{C})$$
$$= (A_x C_x + A_y C_y + A_z C_z)(B_x D_x + B_y D_y + B_z D_z)$$
$$- (A_x D_x + A_y D_y + A_z D_z)(B_x C_x + B_y C_y + B_z C_z)$$
$$= (A_y B_z - A_z B_y)(C_y D_z - C_z D_y) + (A_z B_x - A_x B_z)(C_z D_x - C_x D_z)$$
$$+ (A_x B_y - A_y B_x)(C_x D_y - C_y D_x) = (\boldsymbol{A} \times \boldsymbol{B}) \cdot (\boldsymbol{C} \times \boldsymbol{D}).$$

　[4] 設問 [1] の公式において, $\boldsymbol{A} \to \boldsymbol{A} \times \boldsymbol{B}, \boldsymbol{B} \to \boldsymbol{C}, \boldsymbol{C} \to \boldsymbol{D}$ という置き換えを行うと得られる.

【問題 3.1】（問題文は ☞ p.21）

　[1]　(a) ☞ 図 31.5

(b) $z = x + iy$ を $z = \sqrt{x^2+y^2}\left(\frac{x}{\sqrt{x^2+y^2}} + i\frac{y}{\sqrt{x^2+y^2}}\right)$ と変形するところから始める.

$$z_1 = 2\left(-\frac{\sqrt{3}}{2} + i\frac{1}{2}\right) = 2\left(\cos\frac{5}{6}\pi + i\sin\frac{5}{6}\pi\right) \overset{(3.15)}{=} 2e^{i\frac{5}{6}\pi},$$

$$z_2 = \sqrt{2}\left(\frac{1}{\sqrt{2}} + i\frac{1}{\sqrt{2}}\right) = \sqrt{2}\left(\cos\frac{\pi}{4} + i\sin\frac{\pi}{4}\right) \overset{(3.15)}{=} \sqrt{2}e^{i\frac{1}{4}\pi},$$

$$z_1 z_2 = 2e^{i\frac{5}{6}\pi} \cdot \sqrt{2}e^{i\frac{1}{4}\pi} \overset{(3.17)}{=} 2\sqrt{2}e^{i\left(\frac{5}{6}\pi + \frac{1}{4}\pi\right)} = 2\sqrt{2}e^{i\frac{13}{12}\pi},$$

$$\frac{z_1}{z_2} = \frac{2e^{i\frac{5}{6}\pi}}{\sqrt{2}e^{i\frac{1}{4}\pi}} \overset{(3.17)}{=} \sqrt{2}e^{i\left(\frac{5}{6}\pi - \frac{1}{4}\pi\right)} = \sqrt{2}e^{i\frac{7}{12}\pi}.$$

(c) 設問 (b) の結果とド・モアブルの定理 (3.14) を用いると

$$(z_1 z_2)^{12} = (2\sqrt{2}e^{i\frac{13}{12}\pi})^{12} = (2^{3/2})^{12}(e^{i\frac{13}{12}\pi})^{12} \overset{(3.14)}{=} 2^{18}e^{i13\pi} \overset{(3.16)}{=} 2^{18}e^{i\pi} = -2^{18},$$

$$(z_1/z_2)^6 = (\sqrt{2}e^{i\frac{7}{12}\pi})^6 \overset{(3.14)}{=} (2^{1/2})^6 e^{i\frac{7}{2}\pi} \overset{(3.16)}{=} 2^3 e^{i\frac{3}{2}\pi} = -8i.$$

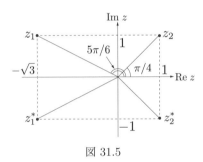

図 31.5

[2] (a) 商の定義 (3.3) を用いて,左辺が右辺になることを示す.

$$\left(\frac{z_1}{z_2}\right)^* \overset{(3.3)}{=} \left(\frac{x_1x_2 + y_1y_2}{x_2^2 + y_2^2} + i\frac{y_1x_2 - x_1y_2}{x_2^2 + y_2^2}\right)^* = \frac{x_1x_2 + y_1y_2}{x_2^2 + y_2^2} - i\frac{y_1x_2 - x_1y_2}{x_2^2 + y_2^2} \overset{(3.3)}{=} \frac{z_1^*}{z_2^*}.$$

(b) 三角関数の加法定理 (1.26),(1.27) を用いて

$$\frac{e^{i\theta_1}}{e^{i\theta_2}} \overset{(3.15)}{=} \frac{\cos\theta_1 + i\sin\theta_1}{\cos\theta_2 + i\sin\theta_2} = \frac{(\cos\theta_1\cos\theta_2 + \sin\theta_1\sin\theta_2) + i(\sin\theta_1\cos\theta_2 - \cos\theta_1\sin\theta_2)}{\cos^2\theta_2 + \sin^2\theta_2}$$

$$\overset{(1.26)}{=} \cos(\theta_1 - \theta_2) + i\sin(\theta_1 - \theta_2) \overset{(3.15)}{=} e^{i(\theta_1-\theta_2)}.$$

(c) $e^{x+iy} := e^x e^{iy}$ であることを用いれば,$\frac{e^{z_1}}{e^{z_2}} \overset{(3.20)}{=} \frac{e^{x_1}e^{iy_1}}{e^{x_2}e^{iy_2}} \overset{(3.17)}{=} e^{x_1-x_2}e^{i(y_1-y_2)} \overset{(3.20)}{=} e^{z_1-z_2}.$

【問題 3.2】(問題文は ☞ p.21)

[1] 積の定義 (3.2) にしたがって左辺と右辺が等しいことを示す.

$$(z_1 z_2)z_3 = [(x_1x_2 - y_1y_2) + i(x_1y_2 + y_1x_2)](x_3 + iy_3)$$

$$= (x_1x_2x_3 - y_1y_2x_3 - x_1y_2y_3 - y_1x_2y_3) + i(x_1x_2y_3 - y_1y_2y_3 + x_1y_2x_3 + y_1x_2x_3)$$

$$= (x_1 + iy_1)[(x_2x_3 - y_2y_3) + i(x_2y_3 + y_2x_3)] = z_1(z_2z_3).$$

[2] 三角関数の偶奇性と加法定理 (1.26) 等を用いて

$$|e^{i\theta}| \overset{(3.15)}{=} |\cos\theta + i\sin\theta| \overset{(3.9)}{=} \sqrt{\cos^2\theta + \sin^2\theta} = 1,$$

$$(e^{i\theta})^* = \cos\theta - i\sin\theta = \cos(-\theta) + i\sin(-\theta) \overset{(3.15)}{=} e^{-i\theta},$$

$$e^{i(\theta+2n\pi)} \overset{(3.15)}{=} \cos(\theta + 2n\pi) + i\sin(\theta + 2n\pi) = \cos\theta + i\sin\theta \overset{(3.15)}{=} e^{i\theta}.$$

[3] 設問 [2] の結果を利用して

$$|e^z| \overset{(3.20)}{=} |e^x e^{iy}| \overset{(3.12)}{=} |e^x||e^{iy}| \overset{(3.16)}{=} e^x,$$

$$(e^z)^* = (e^x e^{iy})^* \overset{(3.8)}{=} (e^x)^*(e^{iy})^* \overset{(3.16)}{=} e^x e^{-iy} = e^{z^*},$$

$$e^{z_1}e^{z_2} = e^{x_1}e^{iy_1}e^{x_2}e^{iy_2} \overset{(3.17)}{=} e^{x_1+x_2}e^{i(y_1+y_2)} = e^{z_1+z_2}.$$

【問題 3.3】（問題文は ☞ p.21）　式 (3.20) にあるように, $z = x + iy$ に関して指数関数は $\exp z = e^z := e^x e^{iy} = e^x(\cos y + i\sin y)$ と定義されていることを用いる.

[1] $e^{(1+i)\pi/2} = e^{\frac{\pi}{2}}e^{i\frac{\pi}{2}} = e^{\frac{\pi}{2}}\left(\cos\frac{\pi}{2} + i\sin\frac{\pi}{2}\right) = ie^{\frac{\pi}{2}}$.

[2] $\exp\left(4\pi e^{i\pi/6}\right) = \exp\left[4\pi\left(\cos\frac{\pi}{6} + i\sin\frac{\pi}{6}\right)\right] = e^{4\pi\left(\frac{\sqrt{3}}{2}+i\frac{1}{2}\right)} = e^{2\sqrt{3}\pi}e^{2\pi i} = e^{2\sqrt{3}\pi}$.

[3] $\exp\left(\sqrt{2}\pi i e^{i\pi/4}\right) = \exp\left[\sqrt{2}\pi i\left(\cos\frac{\pi}{4} + i\sin\frac{\pi}{4}\right)\right] = e^{\sqrt{2}\pi i\left(\frac{1}{\sqrt{2}}+i\frac{1}{\sqrt{2}}\right)} = e^{i\pi-\pi} = e^{-\pi}(\cos\pi + i\sin\pi) = -e^{-\pi}$.

【問題 3.4】（問題文は ☞ p.21）　右辺の 2 乗から左辺の 2 乗を引いたものが非負であることを示す.

$$(|z_1| + |z_2|)^2 - |z_1 + z_2|^2 = \left(\sqrt{x_1^2+y_1^2} + \sqrt{x_2^2+y_2^2}\right)^2 - \left[(x_1+x_2)^2 + (y_1+y_2)^2\right]$$
$$= 2\left[\sqrt{(x_1^2+y_1^2)(x_2^2+y_2^2)} - (x_1x_2 + y_1y_2)\right]. \tag{31.7}$$

ところで, ベクトル $\boldsymbol{A}, \boldsymbol{B}$ について, 内積の定義 (2.4) より $\boldsymbol{A}\cdot\boldsymbol{B} \le \|\boldsymbol{A}\|\|\boldsymbol{B}\|$ が成り立つ. この不等式において, $\boldsymbol{A} = (x_1, y_1, 0)$, $\boldsymbol{B} = (x_2, y_2, 0)$ とおくと式 (31.7) は非負であることがわかる. 等号成立は $\boldsymbol{A}, \boldsymbol{B}$ が同じ向きのとき, 即ち, $z_2 = kz_1$, $(k \ge 0)$ の関係にあるとき.

【問題 3.5】（問題文は ☞ p.21）

[1] 式 (3.23) を用いると $y'(x) = \lambda e^{\lambda x}$, $y''(x) = \lambda^2 e^{\lambda x}$. これらを式 (3.25) に代入すると $(\lambda^2 + 2a\lambda + b)e^{\lambda x} = 0$ を得る. この式の両辺に $e^{-\lambda x}$ を掛けると $\lambda^2 + 2a\lambda + b = 0$. したがって $\lambda = -a \pm \sqrt{a^2 - b}$.

[2] $a = 0$, $b = 4$ のとき $\lambda = \pm 2i$. これとオイラーの公式 (3.15) を用いると $y(x) = e^{\pm 2ix} = \cos 2x \pm i\sin 2x$.

【問題 3.6】（問題文は ☞ p.22）

[1] 定義に従って左辺から変形していくと

$$A(z_1 \pm z_2) = A((x_1 \pm x_2) + i(y_1 \pm y_2)) = \begin{pmatrix} x_1 \pm x_2 & -(y_1 \pm y_2) \\ y_1 \pm y_2 & x_1 \pm x_2 \end{pmatrix}$$
$$= \begin{pmatrix} x_1 & -y_1 \\ y_1 & x_1 \end{pmatrix} \pm \begin{pmatrix} x_2 & -y_2 \\ y_2 & x_2 \end{pmatrix} = A(z_1) \pm A(z_2).$$

[2] 複素数の積の定義 (3.2) に注意して, 左辺から変形していくと

$$A(z_1 z_2) = \begin{pmatrix} x_1 x_2 - y_1 y_2 & -(x_1 y_2 + y_1 x_2) \\ x_1 y_2 + y_1 x_2 & x_1 x_2 - y_1 y_2 \end{pmatrix} = \begin{pmatrix} x_1 & -y_1 \\ y_1 & x_1 \end{pmatrix}\begin{pmatrix} x_2 & -y_2 \\ y_2 & x_2 \end{pmatrix} = A(z_1)A(z_2).$$

[3] $A(z)$ の行列式を計算すると

$$\det A(z) = \det \begin{pmatrix} x & -y \\ y & x \end{pmatrix} \overset{(2.18)}{=} x^2 + y^2 = |z|^2.$$

したがって，$z \neq 0$ ならば行列式が 0 でないから $A(z)$ は正則であり，逆行列は

$$A(z)^{-1} \overset{(31.8)}{=} \frac{1}{x^2 + y^2} \begin{pmatrix} x & y \\ -y & x \end{pmatrix} = A\left(\frac{x - iy}{x^2 + y^2}\right) \overset{(3.3)}{=} A(z^{-1}).$$

【補足】 正方行列 M に逆行列 M^{-1} が存在するとき，M は**正則**であるという．正方行列 M が正則であるための必要十分条件は，行列式が 0 でない（$\det M \neq 0$）ことである．また，2 次正方行列の逆行列は次式で与えられる．

$$\begin{pmatrix} a_{11} & a_{12} \\ a_{21} & a_{22} \end{pmatrix}^{-1} = \frac{1}{a_{11}a_{22} - a_{12}a_{21}} \begin{pmatrix} a_{22} & -a_{12} \\ -a_{21} & a_{11} \end{pmatrix}, \quad (a_{11}a_{22} - a_{12}a_{21} \neq 0). \quad (31.8)$$

---

[4] $A(z^*) = A(x - iy) = \begin{pmatrix} x & y \\ -y & x \end{pmatrix} = A(z)^\top.$

【補足】 i を imaginary number（想像上の数）とはよく名付けたものだが，本問で見たように，複素数の加減乗除や共役をとる操作は実行列（成分が実数の行列）の加減乗除や操作に対応しており，複素数を行列と同一視すれば i は不要になる．虚数や複素数を「この世のもの」として受け入れ難い人は，実行列だと思えば少しは親近感を得られるのではないか．

第 II 部

【問題 4.1】（問題文は ☞ p.27）

[1] $y_1 = e^x$, $y_2 = \sin y_1$, $y_3 = \ln |y_2|$, $y_4 = y_3^2$ とすれば，$y(x) = (y_4 \circ y_3 \circ y_2 \circ y_1)(x)$ となる．$n = 4$ に対する合成関数の微分法 (4.2) を用いて，$\frac{dy}{dx} = \frac{d}{dy_3} y_3^2 \cdot \frac{d}{dy_2} \ln |y_2| \cdot \frac{d}{dy_1} \sin y_1 \cdot \frac{d}{dx} e^x = 2y_3 \cdot \frac{1}{y_2} \cdot \cos y_1 \cdot e^x = \frac{2(\ln |\sin e^x|)(\cos e^x) e^x}{\sin e^x}.$

【補足】 与えられた関数を合成関数に分解する方法は 1 通りではない．ここでも，$y_1 = e^x$, $y_2 = |\sin y_1|$, $y_3 = (\ln y_2)^4$, $y_4 = \sqrt{y_3}$ など無数に考えられる．

---

[2] 逆関数の微分法 (4.3) より，$y'(x) \overset{(4.3)}{=} \frac{1}{\frac{dx}{dy}} = \frac{1}{\cos y}.$

【補足】 このままでもよいが，$-\pi/2 < y < \pi/2$ であることより $\cos y > 0$ に気を付ければ，$y'(x) = \frac{1}{+\sqrt{1 - \sin^2 y}} = \frac{1}{\sqrt{1 - x^2}}$ と x で表すこともできる．また，与式は逆三角関数（☞ 5 章）を用いれば，$y = \text{Sin}^{-1} x$ と書けるから，得られた式は逆正弦関数の微分公式 $(\text{Sin}^{-1} x)' = 1/\sqrt{1 - x^2}$ に他ならない．

---

[3] 対数微分法を用いる．両辺の対数をとると $\ln y = \ln x^{x^2} \overset{(1.17)}{=} x^2 \ln x$．両辺を x で微分すると $y'/y = 2x \ln x + x^2 \cdot x^{-1}$．したがって，$y' = x(2\ln x + 1)y = x(2\ln x + 1)x^{x^2}.$

[4] $(\cos x)' = -\sin x = \cos\left(x + \frac{\pi}{2}\right)$, $(\cos x)'' = -\sin\left(x + \frac{\pi}{2}\right) = \cos\left(x + \frac{2\pi}{2}\right)$, $\cdots$ とこれを繰り返すと，$(\cos x)^{(n)} = -\sin\left(x + \frac{(n-1)\pi}{2}\right) = \cos\left(x + \frac{n\pi}{2}\right)$ が得られる．

[5] 一般のライプニッツ則 (4.9) を用いる．x^2 の 3 階微分以上は 0 であることに気を付けて

$$(x^2 \ln x)^{(n)} \overset{(4.9)}{=} \sum_{k=0}^{n} {}_n\mathrm{C}_k (x^2)^{(k)} (\ln x)^{(n-k)}$$

$$= {}_n\mathrm{C}_0 x^2 (\ln x)^{(n)} + {}_n\mathrm{C}_1 (x^2)' (\ln x)^{(n-1)} + {}_n\mathrm{C}_2 (x^2)'' (\ln x)^{(n-2)}$$

$$\overset{(4.7)}{=} x^2 (-1)^{n-1}(n-1)! x^{-n} + n \cdot 2x(-1)^{n-2}(n-2)! x^{-(n-1)}$$

$$+ \frac{n(n-1)}{2} \cdot 2(-1)^{n-3}(n-3)! x^{-(n-2)} = 2(-1)^{n-1}(n-3)! x^{-(n-2)}.$$

【問題 4.2】（問題文は ☞ p.27）

[1] 式 (4.1) の両辺を x で微分し，積の微分法 (1.10) および合成関数の微分法 (4.1) を用いると

$$\frac{d^2 y_2}{dx^2} \overset{(1.10)}{=} \frac{d}{dx}\left(\frac{dy_2}{dy_1}\right)\frac{dy_1}{dx} + \frac{dy_2}{dy_1}\frac{d}{dx}\left(\frac{dy_1}{dx}\right)$$

$$\overset{(4.1)}{=} \frac{dy_1}{dx}\frac{d}{dy_1}\left(\frac{dy_2}{dy_1}\right)\frac{dy_1}{dx} + \frac{dy_2}{dy_1}\frac{d}{dx}\left(\frac{dy_1}{dx}\right) = \frac{d^2 y_2}{dy_1^2}\left(\frac{dy_1}{dx}\right)^2 + \frac{dy_2}{dy_1}\frac{d^2 y_1}{dx^2}. \qquad (31.9)$$

[2] 式 (31.9) の両辺を x で微分し，積の微分法 (1.10) および合成関数の微分法 (4.1) を用いると

$$\frac{d^3 y_2}{dx^3} \overset{(1.10)}{=} \frac{d}{dx}\left(\frac{d^2 y_2}{dy_1^2}\right)\left(\frac{dy_1}{dx}\right)^2 + \frac{d^2 y_2}{dy_1^2}\frac{d}{dx}\left(\frac{dy_1}{dx}\right)^2 + \frac{d}{dx}\left(\frac{dy_2}{dy_1}\right)\frac{d^2 y_1}{dx^2} + \frac{dy_2}{dy_1}\frac{d}{dx}\left(\frac{d^2 y_1}{dx^2}\right)$$

$$= \frac{d^3 y_2}{dy_1^3}\left(\frac{dy_1}{dx}\right)^3 + 2\frac{d^2 y_2}{dy_1^2}\frac{dy_1}{dx}\frac{d^2 y_1}{dx^2} + \frac{d^2 y_2}{dy_1^2}\frac{dy_1}{dx}\frac{d^2 y_1}{dx^2} + \frac{dy_2}{dy_1}\frac{d^3 y_1}{dx^3}.$$

【問題 4.3】（問題文は ☞ p.27）

[1] y は x の関数であることに気を付けて，与式の両辺を x で微分すると，$2x + y + xy' + 2yy' = 0$. したがって，$y' = -\frac{2x+y}{x+2y}$.

[2] 設問 [1] で得られた式の両辺を x で微分し，再び設問 [1] の結果を用いて y' を消去すれば

$$y'' \overset{(1.11)}{=} -\frac{(2+y')(x+2y) - (2x+y)(1+2y')}{(x+2y)^2} = -\frac{6(x^2+xy+y^2)}{(x+2y)^3} = -\frac{18}{(x+2y)^3}.$$

なお，最後の等号では与式を用いた.

> **【補足】** 陰関数表示された関数の導関数の一般的な扱いは 20 章で学ぶ.

【問題 4.4】（問題文は ☞ p.27）

[1] $(e^x \sin x)' \overset{(1.10)}{=} e^x \sin x + e^x \cos x = \sqrt{2}e^x\left(\frac{1}{\sqrt{2}}\sin x + \frac{1}{\sqrt{2}}\cos x\right) = \sqrt{2}e^x \sin\left(x+\frac{\pi}{4}\right)$. これを繰り返せば，$(e^x \sin x)'' = (\sqrt{2})^2 e^x \sin\left(x+\frac{2\pi}{4}\right),\ \cdots,\ (e^x \sin x)^{(n)} = 2^{n/2} e^x \sin\left(x+\frac{n\pi}{4}\right)$ となり，帰納的に与式を得る.

[2] 三角関数の加法定理 (1.26) より，$\cos 2x = \cos^2 x - \sin^2 x = 1 - 2\sin^2 x$ が成立するので，$\sin^2 x = \frac{1}{2}(1 - \cos 2x)$. この式を微分すれば $(\sin^2 x)' = \sin 2x,\ (\sin^2 x)'' = 2\cos 2x = 2\sin\left(2x+\frac{\pi}{2}\right)$. これを繰り返せば与式を得る.

[3] 部分分数分解を行なってから微分する．与式を $f(x)$ とおくと

$$f'(x) = \frac{1}{a-b}\left(\frac{1}{x-a} - \frac{1}{x-b}\right)' = \frac{-1}{a-b}\left[(x-a)^{-2} - (x-b)^{-2}\right],$$

$$f''(x) = \frac{(-1)(-2)}{a-b}\left[(x-a)^{-3} - (x-b)^{-3}\right] = \frac{(-1)^2 2!}{a-b}\left[(x-a)^{-3} - (x-b)^{-3}\right]$$

と計算できる．これを繰り返すと与式を得る.

【問題 4.5】（問題文は ☞ p.27） $n=1$ のときは式 (1.10) に帰着する. n のとき式 (4.9) が成立している
とすると

$$(fg)^{(n+1)} \overset{(1.10)}{=} \sum_{k=0}^{n} {}_n\mathrm{C}_k f^{(n-k+1)} g^{(k)} + \sum_{k=0}^{n} {}_n\mathrm{C}_k f^{(n-k)} g^{(k+1)}$$

$$\overset{(*1)}{=} \sum_{k=0}^{n} {}_n\mathrm{C}_k f^{(n-k+1)} g^{(k)} + \sum_{r=1}^{n+1} {}_n\mathrm{C}_{r-1} f^{(n-r+1)} g^{(r)}$$

$$= f^{(n+1)} g + \sum_{k=1}^{n} ({}_n\mathrm{C}_k + {}_n\mathrm{C}_{k-1}) f^{(n-k+1)} g^{(k)} + fg^{(n+1)}$$

$$\overset{(*2)}{=} f^{(n+1)} g + \sum_{k=1}^{n} {}_{n+1}\mathrm{C}_k f^{(n-k+1)} g^{(k)} + fg^{(n+1)} = \sum_{k=0}^{n+1} {}_{n+1}\mathrm{C}_k f^{(n+1-k)} g^{(k)}$$

となり, $n+1$ でも成立する. なお, 等号 (*1) では 2 つ目の和について $r=k+1$ という変数変換を行い,
等号 (*2) では二項係数の性質 ${}_n\mathrm{C}_k + {}_n\mathrm{C}_{k-1} = {}_{n+1}\mathrm{C}_k$ を用いた. したがって, 全ての自然数 n について,
式 (4.9) が成立していることが示された.

【問題 5.1】（問題文は ☞ p.32）

[1] $\angle\mathrm{ABC}$ が直角の直角三角形である. したがって, $\theta = \angle\mathrm{CAB}$ とすると, $\cos\theta = \frac{3}{5}$, $\sin\theta = \frac{4}{5}$, $\tan\theta = \frac{4}{3}$ であるから, $\theta = \mathrm{Cos}^{-1}\frac{3}{5} = \mathrm{Sin}^{-1}\frac{4}{5} = \mathrm{Tan}^{-1}\frac{4}{3}$.

[2] (a) $\theta_1 = \mathrm{Sin}^{-1}\frac{\sqrt{3}}{2} \in [-\pi/2, \pi/2]$ とおくと $\sin\theta_1 = \frac{\sqrt{3}}{2}$. したがって $\theta_1 = \pi/3$.

(b) $\theta_2 = \mathrm{Tan}^{-1}\left(-\frac{1}{\sqrt{3}}\right) \in (-\pi/2, \pi/2)$ とおくと $\tan\theta_2 = -\frac{1}{\sqrt{3}} = \frac{-1/2}{\sqrt{3}/2}$. したがって $\theta_2 = -\frac{\pi}{6}$.

(c) $\mathrm{Cos}^{-1}\left(\sin\frac{\pi}{6}\right) = \mathrm{Cos}^{-1}\frac{1}{2} = \frac{\pi}{3}$.

(d) (5.5) 第 1 式を用いて, $\cos\left(\mathrm{Sin}^{-1}\frac{3}{5}\right) = \sqrt{1-(3/5)^2} = \sqrt{16/25} = 4/5$.

[3] 与式を変形すると $x = 2\tan(y-\pi/2)$. したがって描くべきグラフは $x = 2\tan y$ を y 軸方向に $\pi/2$ 平行移動したもの. また, $\mathrm{Tan}^{-1}\frac{x}{2} \in (-\pi/2, \pi/2)$ より $y \in (0, \pi)$ （☞ 図 31.6）.

[4] $\theta = \mathrm{Cos}^{-1} x \in [0, \pi]$ とおくと, $\sin(\mathrm{Cos}^{-1} x) = \sin\theta = +\sqrt{1-\cos^2\theta} = \sqrt{1-x^2}$.

[5] $y = \mathrm{Tan}^{-1} x$ とおくと $x = \tan y$. 逆関数の微分法 (4.3) より $(\mathrm{Tan}^{-1} x)' = \frac{1}{\frac{dx}{dy}} = \frac{1}{1+\tan^2 y} = \frac{1}{1+x^2}$.

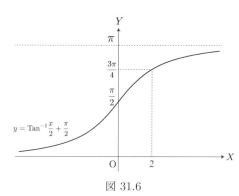

図 31.6

【問題 5.2】（問題文は ☞ p.32）

[1] $\theta = \mathrm{Tan}^{-1}\frac{1}{2} \in (0, \frac{\pi}{2})$, $\phi = \mathrm{Tan}^{-1}\frac{1}{3} \in (0, \frac{\pi}{2})$ とおくと, $\tan\theta = \frac{1}{2}$, $\tan\phi = \frac{1}{3}$. 加法定理 (1.27) を用いて, $\tan(\theta+\phi) \overset{(1.27)}{=} \frac{\tan\theta + \tan\phi}{1 - \tan\theta\tan\phi} = \frac{1/2 + 1/3}{1 - (1/2)(1/3)} = 1$. したがって, $\theta + \phi \in (0, \pi)$ より $\mathrm{Tan}^{-1}\frac{1}{2} + \mathrm{Tan}^{-1}\frac{1}{3} = \theta + \phi = \frac{\pi}{4}$.

[2] $\theta = 2\mathrm{Tan}^{-1}\frac{1}{3} \in (0, \frac{\pi}{2})$, $\phi = \mathrm{Tan}^{-1}\frac{1}{7} \in (0, \frac{\pi}{2})$ とおくと, $\tan\frac{\theta}{2} = \frac{1}{3}$, $\tan\phi = \frac{1}{7}$. 加法定

理 (1.27) より, $\tan\theta \overset{(1.27)}{=} \frac{2\tan(\theta/2)}{1-\tan^2(\theta/2)} = \frac{3}{4}$, $\tan(\theta+\phi) \overset{(1.27)}{=} \frac{\tan\theta+\tan\phi}{1-\tan\theta\tan\phi} = 1$. したがって, $\theta+\phi \in (0,\pi)$ より, $2\,\mathrm{Tan}^{-1}\frac{1}{3} + \mathrm{Tan}^{-1}\frac{1}{7} = \theta+\phi = \frac{\pi}{4}$.

【問題 5.3】（問題文は ☞ p.32）

[1] $\theta = \mathrm{Cos}^{-1}x \in [0,\pi]$ とおくと $x = \cos\theta = \sin(\pi/2-\theta) = \sin(\pi/2 - \mathrm{Cos}^{-1}x)$. したがって与式が成り立つ.

[2] $\theta = \mathrm{Tan}^{-1}x \in (-\frac{\pi}{2}, \frac{\pi}{2})$ とおくと $x = \tan\theta$. 加法定理 (1.26) より, $\cos 2\theta \overset{(1.26)}{=} \cos^2\theta - \sin^2\theta \overset{(1.25)}{=} 2\cos^2\theta - 1 \overset{(1.25)}{=} \frac{1-\tan^2\theta}{1+\tan^2\theta} = \frac{1-x^2}{1+x^2}$. よって, 与式が示された.

【問題 5.4】（問題文は ☞ p.32）

[1] $\theta = \mathrm{Sin}^{-1}x$ とおくと $x = \sin\theta$ であり, $x \to 0$ で $\theta \to 0$. したがって, 式 (1.32) を用いて $\lim_{x\to 0}\frac{\mathrm{Sin}^{-1}x}{x} = \lim_{\theta\to 0}\frac{\theta}{\sin\theta} \overset{(1.32)}{=} 1$.

[2] $\theta = \mathrm{Tan}^{-1}2x$ とおくと $x = \frac{1}{2}\tan\theta$ であり, $x \to 0$ で $\theta \to 0$. したがって $\lim_{x\to 0}\frac{\mathrm{Tan}^{-1}2x}{x} = \lim_{\theta\to 0}\frac{2\theta}{\tan\theta} = \lim_{\theta\to 0}2\cos\theta \cdot \frac{\theta}{\sin\theta} \overset{(1.32)}{=} 2$.

[3] $y = 1/x$ とおくと $\lim_{x\to +0}\mathrm{Tan}^{-1}\frac{1}{x} = \lim_{y\to +\infty}\mathrm{Tan}^{-1}y = \frac{\pi}{2}$, $\lim_{x\to -0}\mathrm{Tan}^{-1}\frac{1}{x} = \lim_{y\to -\infty}\mathrm{Tan}^{-1}y = -\frac{\pi}{2}$. したがって, 左極限と右極限が一致しないので, 極限は存在しない.

【問題 5.5】（問題文は ☞ p.32） 逆三角関数の微分公式 (5.7),(5.8),(5.9) および合成関数の微分法 (4.1) を用いる.

[1] $\left(\mathrm{Cos}^{-1}\frac{x}{a}\right)' \overset{(5.7)}{=} -\frac{1}{\sqrt{1-(x/a)^2}}\left(\frac{x}{a}\right)' = -\frac{1}{\sqrt{a^2-x^2}}$.

[2] $\left(\mathrm{Sin}^{-1}\frac{x}{a}\right)' \overset{(5.8)}{=} \frac{1}{\sqrt{1-(x/a)^2}}\left(\frac{x}{a}\right)' = \frac{1}{\sqrt{a^2-x^2}}$.

[3] $\left(\frac{1}{a}\mathrm{Tan}^{-1}\frac{x}{a}\right)' \overset{(5.9)}{=} \frac{1}{a}\frac{1}{1+(x/a)^2}\left(\frac{x}{a}\right)' = \frac{1}{a^2+x^2}$.

> **【補足】** 設問 [1]–[3] で示した微分公式は, 微分積分学の基本定理を用いると直ちに大変有用な積分公式となる（☞ 例題 7.4 (p.41)）.

【問題 6.1】（問題文は ☞ p.36）

[1] 定義 (6.1),(6.2) に従って右辺から計算すると, $\sinh x \cosh y + \cosh x \sinh y = \frac{e^x-e^{-x}}{2}\cdot\frac{e^y+e^{-y}}{2} + \frac{e^x+e^{-x}}{2}\cdot\frac{e^y-e^{-y}}{2} = \frac{e^{x+y}+e^{x-y}-e^{-x+y}-e^{-x-y}}{4} + \frac{e^{x+y}-e^{x-y}+e^{-x+y}-e^{-x-y}}{4} = \frac{e^{x+y}-e^{-(x+y)}}{2} = \sinh(x+y)$ と左辺が得られる. この式で $y \to -y$ と置き換え, 偶奇性 (6.5) を用いると負符号の方が得られる.

[2] 定義 (6.1),(6.2) と合成関数の微分法 (4.1) を用いて, $(\sinh x)' = \frac{1}{2}(e^x-e^{-x})' = \frac{1}{2}(e^x+e^{-x}) = \cosh x$.

[3] $y = \tanh x = \frac{e^x-e^{-x}}{e^x+e^{-x}}$ とおくと $e^{2x} = \frac{1+y}{1-y}$ を得るが, $e^{2x} > 0$ より $|y| < 1$ でなければならない. したがって, $x = \tanh^{-1}y = \frac{1}{2}\ln\frac{1+y}{1-y}$, $(|y| < 1)$ であり, x と y を入れ替えると与式を得る.

[4] $y = \tanh^{-1}x$ とおくと $x = \tanh y$. よって, $(\tanh^{-1}x)' \overset{(4.3)}{=} \frac{1}{\frac{dx}{dy}} \overset{(6.13)}{=} \frac{1}{1-\tanh^2 y} = \frac{1}{1-x^2}$.

> **【補足】** 逆双曲線関数の導関数を求めるには, 設問 [4] の解答のように逆関数の微分法を用いてもよいし, 対数関数を用いた表式 (6.14),(6.15),(6.16) を微分してもよい.

【問題 6.2】（問題文は ☞ p.36）

[1] (a) 加法定理 (6.8) の正符号の式で, $y = x$ とおくと $\cosh 2x = \cosh^2 x + \sinh^2 x$. 更に, 式 (6.6) を用いて $\sinh x$ または $\cosh x$ を消去すれば得られる.

　　(b) 加法定理 (6.9) の正符号の式で $y = x$ とおくことで得られる.

[2] (a) 加法定理 (6.8) の正符号と負符号の式を辺々足すことで得られる.

　　(b) 加法定理 (6.8) の正符号と負符号の式を辺々引くことで得られる.

(c) 加法定理 (6.9) の正符号と負符号の式を辺々足すことで得られる.

【問題 6.3】（問題文は ☞ p.36）　双曲線関数の定義 (6.1),(6.2),(6.3) において, $x \to ix$ と置き換え，三角関数の指数関数表示 (3.18) を用いる.

[1] $\cosh(ix) \overset{(6.1)}{=} \frac{e^{ix}+e^{-ix}}{2} \overset{(3.18)}{=} \cos x$.

[2] $\sinh(ix) \overset{(6.2)}{=} \frac{e^{ix}-e^{-ix}}{2} = i\frac{e^{ix}-e^{-ix}}{2i} \overset{(3.18)}{=} i\sin x$.

[3] 設問 [1],[2] の結果を用いて, $\tanh(ix) \overset{(6.3)}{=} \frac{\sinh(ix)}{\cosh(ix)} = \frac{i\sin x}{\cos x} = i\tan x$.

【補足】　なぜ，双曲線関数がことごとく三角関数に似た性質をもつのかを理解する鍵が本問にある．実は，双曲線関数に関する公式は三角関数の対応する公式の言い換えに過ぎない．例えば，双曲余弦関数の加法定理 (6.8) において, $x, y \to ix, iy$ と置き換えれば

$$\cosh[i(x \pm y)] = \cosh(ix)\cosh(iy) \pm \sinh(ix)\sinh(iy)$$

となるが，ここで設問 [1],[2] の結果を用いれば，余弦関数の加法定理 (1.26) が得られる．また，右辺第 2 項の符号が双曲線関数と三角関数で異なるが，その原因が $i^2 = -1$ にあることもわかる.

【問題 6.4】（問題文は ☞ p.36）

[1] $y = \sinh^{-1} x$ とおくと, $\cosh(\sinh^{-1} x) = \cosh y \overset{(6.6)}{=} \sqrt{1 + \sinh^2 y} = \sqrt{1 + x^2}$.

[2] $y = \tanh^{-1} x, \, (|x| < 1)$ とおくと, $\cosh(\tanh^{-1} x) = \cosh y \overset{(6.7)}{=} \frac{1}{\sqrt{1 - \tanh^2 y}} = \frac{1}{\sqrt{1 - x^2}}$.

【問題 6.5】（問題文は ☞ p.36）　逆双曲線関数の微分公式 (6.17),(6.18),(6.19) および合成関数の微分法 (4.1) を用いる.

[1] $\left(\cosh^{-1}\frac{x}{a}\right)' \overset{(6.17)}{=} \frac{1}{\sqrt{(x/a)^2 - 1}}\left(\frac{x}{a}\right)' = \frac{1}{\sqrt{x^2 - a^2}}$.

[2] $\left(\sinh^{-1}\frac{x}{a}\right)' \overset{(6.18)}{=} \frac{1}{\sqrt{(x/a)^2 + 1}}\left(\frac{x}{a}\right)' = \frac{1}{\sqrt{x^2 + a^2}}$.

[3] $\left(\frac{1}{a}\tanh^{-1}\frac{x}{a}\right)' \overset{(6.19)}{=} \frac{1}{a}\frac{1}{1 - (x/a)^2}\left(\frac{x}{a}\right)' = \frac{1}{a^2 - x^2}$.

【補足】　設問 [1]–[3] で示した微分公式は，微分積分学の基本定理を用いると直ちに大変有用な積分公式となる（☞ 問題 7.5 (p.42)）.

【問題 7.1】（問題文は ☞ p.41）

[1] $f(x)$ の定積分はリーマン和 (7.1) の極限 $n \to \infty$ で定義されるもの. $f(x)$ の不定積分は式 (7.10) のように，定積分の上端を変数 x とした関数 $G(x)$ のこと. $f(x)$ の原始関数は, $F'(x) = f(x)$ となるような関数 $F(x)$ のこと. 微分積分学の基本定理とは, $G'(x) = f(x)$ および $\int_a^b f(x)dx = [F(x)]_a^b$ となること.

[2] 和の公式 $\sum_{k=1}^n k = n(n+1)/2$, $\sum_{k=1}^n k^2 = n(n+1)(2n+1)/6$ を用いて

$$\int_a^b x^2 dx \overset{(7.7)}{=} \lim_{n\to\infty} \sum_{k=1}^n \left(a + \frac{b-a}{n}k\right)^2 \frac{b-a}{n}$$

$$= \lim_{n\to\infty} \sum_{k=1}^n \left(a^2 + \frac{2a(b-a)}{n}k + \frac{(b-a)^2}{n^2}k^2\right)\frac{b-a}{n}$$

$$= \lim_{n\to\infty}\left(a^2 n + \frac{2a(b-a)}{n}\cdot\frac{n(n+1)}{2} + \frac{(b-a)^2}{n^2}\cdot\frac{n(n+1)(2n+1)}{6}\right)\frac{b-a}{n} = \frac{1}{3}(b^3 - a^3).$$

[3] 与式の両辺を微分して，微分積分学の基本定理 (7.11) と合成関数の微分法 (4.1) を用いれば, $f(x) = 2\cos x(-\sin x) = -2\cos x\sin x$. また，与式に $x = \pi$ を代入すれば $0 = \cos^2\pi + C$.

よって，$C = -1$.

[4] 被積分関数の原始関数を予測して求める．

(a) $[(x^2+1)^{4/3}]' = \frac{4}{3}(x^2+1)^{1/3} \cdot 2x$ より，$[\frac{3}{8}(x^2+1)^{4/3}]' = x\sqrt[3]{x^2+1}$. この式の両辺を積分し，微分積分学の基本定理を用いれば，$\int x\sqrt[3]{x^2+1}\,dx = \int [\frac{3}{8}(x^2+1)^{4/3}]'\,dx = \frac{3}{8}(x^2+1)^{4/3}$.

(b) $(e^{x^3})' = 3x^2 e^{x^3}$ より $\left(\frac{1}{3}e^{x^3}\right)' = x^2 e^{x^3}$. この式の両辺を積分すれば，$\int x^2 e^{x^3}\,dx = \int \left(\frac{1}{3}e^{x^3}\right)'\,dx = \frac{1}{3}e^{x^3}$.

(c) $[\ln(x^4+1)]' = \frac{4x^3}{x^4+1}$ より $[\frac{1}{4}\ln(x^4+1)]' = \frac{x^3}{x^4+1}$. この式の両辺を積分すれば，$\int_0^1 \frac{x^3}{x^4+1}\,dx = \int_0^1 [\frac{1}{4}\ln(x^4+1)]'\,dx = [\frac{1}{4}\ln(x^4+1)]_0^1 = \frac{1}{4}\ln 2$.

(d) $(\cos\sqrt{x})' = -\frac{1}{2\sqrt{x}}\sin\sqrt{x}$ より $(-2\cos\sqrt{x})' = \frac{\sin\sqrt{x}}{\sqrt{x}}$. この式の両辺を積分すれば，$\int_0^{\pi^2} \frac{\sin\sqrt{x}}{\sqrt{x}}\,dx = \int_0^{\pi^2}(-2\cos\sqrt{x})'\,dx = [-2\cos\sqrt{x}]_0^{\pi^2} = 4$.

【問題 7.2】（問題文は ☞ p.42）

[1] 一般に，初項 a_1，公比 r の等比数列 $\{a_1 r^{n-1}\}_{n=1,2,\cdots}$ の和は $\sum_{k=1}^n a_1 r^{k-1} = \frac{a_1(1-r^n)}{1-r}$ で与えられる．これを用いると，$\int_a^b e^x\,dx = \lim_{n\to\infty}\sum_{k=1}^n e^{a+\frac{b-a}{n}k}\frac{b-a}{n} = \lim_{n\to\infty}\frac{e^a(b-a)}{n}\sum_{k=1}^n e^{\frac{b-a}{n}k} = \lim_{n\to\infty}\frac{e^a(b-a)}{n}\frac{e^{\frac{b-a}{n}}(1-e^{b-a})}{1-e^{\frac{b-a}{n}}}$. ここで，$h := (b-a)/n$ とおいて，$n\to\infty$ で $h\to 0$ であることに気を付ければ，$\int_a^b e^x\,dx = (e^b - e^a)\lim_{h\to 0}\frac{e^h}{(e^h-1)/h} = e^b - e^a$. なお，最後の等号では，$\lim_{h\to 0}\frac{e^h-1}{h} = (e^x)'|_{x=0} = 1$ を用いた．

[2] 加法定理 (1.26) および与えられた公式 (7.23) などを用いて

$$
\begin{aligned}
\int_a^b \cos x\,dx &\overset{(7.7)}{=} \lim_{n\to\infty}\sum_{k=1}^n \cos\left(a+\frac{b-a}{n}k\right)\frac{b-a}{n} \\
&\overset{(1.26)}{=} \lim_{n\to\infty}\sum_{k=1}^n \left(\cos a\cos\frac{b-a}{n}k - \sin a\sin\frac{b-a}{n}k\right)\frac{b-a}{n} \\
&\overset{(7.23)}{=} \lim_{n\to\infty}\left(\cos a\frac{\sin\frac{b-a}{2}\cos\frac{(n+1)(b-a)}{2n}}{\sin\frac{b-a}{2n}} - \sin a\frac{\sin\frac{b-a}{2}\sin\frac{(n+1)(b-a)}{2n}}{\sin\frac{b-a}{2n}}\right)\frac{b-a}{n} \\
&\overset{(1.32)}{=} 2\left(\cos a\sin\frac{b-a}{2}\cos\frac{b-a}{2} - \sin a\sin\frac{b-a}{2}\sin\frac{b-a}{2}\right) \\
&\overset{(1.28)}{=} 2\sin\frac{b-a}{2}\cos\frac{a+b}{2} \overset{(1.29)}{=} \sin b - \sin a.
\end{aligned}
$$

【補足】 式 (7.23) は次のように示される．積和の公式 (p.8) および和積の公式 (p.8) を用いると

$$
\begin{aligned}
\sin\frac{\theta}{2}\sum_{k=1}^n \cos k\theta &\overset{(1.29)}{=} \frac{1}{2}\sum_{k=1}^n \left[\sin\left(k\theta+\frac{\theta}{2}\right) - \sin\left(k\theta-\frac{\theta}{2}\right)\right] \\
&= \frac{1}{2}\left[\sin\left(n\theta+\frac{\theta}{2}\right) - \sin\frac{\theta}{2}\right] \overset{(1.31)}{=} \sin\frac{n\theta}{2}\cos\frac{(n+1)\theta}{2}, \\
\sin\frac{\theta}{2}\sum_{k=1}^n \sin k\theta &\overset{(1.28)}{=} \frac{1}{2}\sum_{k=1}^n \left[-\cos\left(k\theta+\frac{\theta}{2}\right) + \cos\left(k\theta-\frac{\theta}{2}\right)\right] \\
&= \frac{1}{2}\left[-\cos\left(n\theta+\frac{\theta}{2}\right) + \cos\frac{\theta}{2}\right] \overset{(1.30)}{=} \sin\frac{n\theta}{2}\sin\frac{(n+1)\theta}{2}.
\end{aligned}
$$

【問題 7.3】（問題文は ☞ p.42）

[1] 両辺を 2 回微分し，随時，微分積分学の基本定理 (7.11) を用いる．

$$\frac{d^2}{dx^2}\int_0^x (x-t)f(t)dt = \frac{d^2}{dx^2}\left(x\int_0^x f(t)dt - \int_0^x tf(t)dt\right)$$

$$\overset{(1.10),(7.11)}{=}\frac{d}{dx}\left(\int_0^x f(t)dt + xf(x) - xf(x)\right) \overset{(7.11)}{=} f(x),$$

$$\frac{d^2}{dx^2}[(2x-1)e^{2x}] \overset{(1.10)}{=} \frac{d}{dx}\left(4xe^{2x}\right) \overset{(1.10)}{=} 4(1+2x)e^{2x}.$$

したがって，$f(x) = 4(1+2x)e^{2x}$ を得る．

[2] 左辺の微分では合成関数の微分法 (4.1) を用いる．$y = x^2$ とおくと

$$\frac{d}{dx}\int_0^{x^2} f(t)dt \overset{(4.1)}{=} \frac{dy}{dx}\frac{d}{dy}\int_0^y f(t)dt = 2xf(y) = 2xf(x^2), \quad \frac{d}{dx}[\ln(1+x^2)] \overset{(4.1)}{=} \frac{2x}{1+x^2}.$$

したがって，$f(x^2) = 1/(1+x^2)$．$x^2 \to x$ と書き換えて，$f(x) = 1/(1+x)$ を得る．

【問題 7.4】（問題文は ☞ p.42） いずれも (7.24) 左辺の形にするために，$\frac{1}{n}$ を分離し，$\frac{k}{n}$ の関数 $f\left(\frac{k}{n}\right)$ の形に変形する．

[1] 微分積分学の基本定理 (7.13) と逆正接関数の微分 (5.9) を用いると，$\lim_{n\to\infty}\sum_{k=1}^n \frac{n}{n^2+k^2} = \lim_{n\to\infty}\sum_{k=1}^n \frac{1}{1+(k/n)^2}\cdot\frac{1}{n} \overset{(7.24)}{=} \int_0^1 \frac{1}{1+x^2}dx \overset{(7.13),(5.9)}{=} \left[\mathrm{Tan}^{-1}x\right]_0^1 = \frac{\pi}{4}$.

[2] 合成関数の微分法 (4.1) より，$(e^{x^2})' = (x^2)'e^{x^2} = 2xe^{x^2}$ に注意して，$\lim_{n\to\infty}\sum_{k=1}^n \frac{k}{n^2}\exp\left(\frac{k^2}{n^2}\right) = \lim_{n\to\infty}\sum_{k=1}^n \frac{k}{n}\exp\left(\frac{k^2}{n^2}\right)\cdot\frac{1}{n} \overset{(7.24)}{=} \int_0^1 xe^{x^2}dx \overset{(7.13)}{=} \left[\frac{1}{2}e^{x^2}\right]_0^1 = \frac{1}{2}(e-1)$.

[3] 合成関数の微分法 (4.1) より，$(\sin\pi x)' = \pi\cos\pi x$ に注意して，$\lim_{n\to\infty}\sum_{k=1}^n \frac{1}{n}\cos\frac{k\pi}{n} \overset{(7.24)}{=} \int_0^1 \cos\pi x dx \overset{(7.13)}{=} \left[\frac{1}{\pi}\sin\pi x\right]_0^1 = 0$.

【問題 7.5】（問題文は ☞ p.42） 問題 6.5 (p.36) における微分公式の両辺を積分し，微分積分学の基本定理を適用することで得られる．

【補足】 ここで得られた不定積分の公式は，置換積分の方法で再び導かれる (☞ p.45)．

【問題 8.1】（問題文は ☞ p.45）

[1] $\mathrm{Sin}^{-1}x$ の前に $x' = 1$ が隠れていると考え，$f(x) = x$, $g(x) = \mathrm{Sin}^{-1}x$ として部分積分 (8.1) を適用すると，$\int \mathrm{Sin}^{-1}xdx = \int x'\mathrm{Sin}^{-1}xdx \overset{(8.1),(5.8)}{=} x\mathrm{Sin}^{-1}x - \int x\cdot\frac{1}{\sqrt{1-x^2}}dx = x\mathrm{Sin}^{-1}x + \sqrt{1-x^2}$.

[2] $\tanh^{-1}x$ の前に $x' = 1$ が隠れていると考え，$f(x) = x$, $g(x) = \tanh^{-1}x$ として部分積分 (8.1) を適用すると，$\int \tanh^{-1}xdx = \int x'\tanh^{-1}xdx \overset{(8.1),(6.19)}{=} x\tanh^{-1}x - \int x\cdot\frac{1}{1-x^2}dx = x\tanh^{-1}x + \frac{1}{2}\ln(1-x^2)$.

[3] $x = a\tan\theta$, $\left(-\frac{\pi}{2} < \theta < \frac{\pi}{2}\right)$ とおくと，$dx = a(1+\tan^2\theta)d\theta$ に注意して，$\int \frac{1}{a^2+x^2}dx \overset{(8.9)}{=} \int \frac{a(1+\tan^2\theta)d\theta}{a^2(1+\tan^2\theta)} = \frac{\theta}{a} = \frac{1}{a}\mathrm{Tan}^{-1}\frac{x}{a}$.

[4] $x = a\sinh\theta$ とおくと，$dx = a\cosh\theta d\theta$ に注意して，$\int \frac{1}{\sqrt{x^2+a^2}}dx \overset{(8.9)}{=} \int \frac{a\cosh\theta d\theta}{\sqrt{a^2(\sinh^2\theta+1)}} = \theta = \sinh^{-1}\frac{x}{a}$.

【問題 8.2】（問題文は ☞ p.45） $I = \int e^{ax}\cos bxdx$, $J = \int e^{ax}\sin bxdx$ とおくと，部分積分 (8.1) より

$$I \overset{(8.1)}{=} \frac{1}{a}e^{ax}\cos bx - \frac{1}{a}\int e^{ax}(-b\sin bx)dx = \frac{1}{a}e^{ax}\cos bx + \frac{b}{a}J,$$

$$J \overset{(8.1)}{=} \frac{1}{a}e^{ax}\sin bx - \frac{1}{a}\int e^{ax}b\cos bxdx = \frac{1}{a}e^{ax}\sin bx - \frac{b}{a}I$$

を得る. 両式を I, J の連立方程式として解くと与式を得る.

【問題 8.3】（問題文は ☞ p.45） $x = a\cos\theta,\ (0 \le \theta \le \pi)$ とおくと

$$\int \sqrt{a^2 - x^2} \overset{(8.9)}{=} \int \sqrt{a^2(1 - \cos^2\theta)}\,(-a\sin\theta)d\theta = -a^2 \int \sin^2\theta d\theta = -\frac{a^2}{2} \int (1 - \cos 2\theta)d\theta$$

$$= -\frac{a^2}{2}\left(\theta - \frac{1}{2}\sin 2\theta\right) = -\frac{a^2}{2}\left(\theta - \cos\theta\sqrt{1 - \cos^2\theta}\right) = -\frac{a^2}{2}\left(\mathrm{Cos}^{-1}\frac{x}{a} - \frac{x}{a}\sqrt{1 - \frac{x^2}{a^2}}\right).$$

これを整理すると式 (8.16) を得る.

次に, $x = a\cosh\theta,\ (\theta \ge 0)$ とおくと

$$\int \sqrt{x^2 - a^2} \overset{(8.9)}{=} \int \sqrt{a^2(\cosh^2\theta - 1)}\,(a\sinh\theta)d\theta = a^2 \int \sinh^2\theta d\theta \overset{\text{p.36}}{=} -\frac{a^2}{2} \int (1 - \cosh 2\theta)d\theta$$

$$= -\frac{a^2}{2}\left(\theta - \frac{1}{2}\sinh 2\theta\right) \overset{\text{p.36}}{=} -\frac{a^2}{2}\left(\theta - \cosh\theta\sqrt{\cosh^2\theta - 1}\right) = -\frac{a^2}{2}\left(\cosh^{-1}\frac{x}{a} - \frac{x}{a}\sqrt{\frac{x^2}{a^2} - 1}\right).$$

これを整理すると式 (8.17) を得る.

最後に, $x = a\sinh\theta$ とおくと

$$\int \sqrt{x^2 + a^2} \overset{(8.9)}{=} \int \sqrt{a^2(\sinh^2\theta + 1)}\,(a\cosh\theta)d\theta = a^2 \int \cosh^2\theta d\theta \overset{\text{p.36}}{=} \frac{a^2}{2} \int (1 + \cosh 2\theta)d\theta$$

$$= \frac{a^2}{2}\left(\theta + \frac{1}{2}\sinh 2\theta\right) \overset{\text{p.36}}{=} \frac{a^2}{2}\left(\theta + \sinh\theta\sqrt{1 + \sinh^2\theta}\right) = \frac{a^2}{2}\left(\sinh^{-1}\frac{x}{a} + \frac{x}{a}\sqrt{1 + \frac{x^2}{a^2}}\right).$$

これを整理すると式 (8.18) を得る.

【問題 8.4】（問題文は ☞ p.46）

[1] 被積分関数に $x' = 1$ が隠れていると考えて, 部分積分を用いる. $\left[\frac{1}{(x^2+a^2)^n}\right]' = \left[(x^2 + a^2)^{-n}\right]' = -n(x^2 + a^2)^{-n-1} \cdot (2x) = -\frac{2nx}{(x^2+a^2)^{n+1}}$ に気を付けて

$$Q_n(x,a) = \int x' \cdot \frac{1}{(x^2 + a^2)^n}dx \overset{(8.1)}{=} \frac{x}{(x^2 + a^2)^n} + 2n \int \frac{x^2}{(x^2 + a^2)^{n+1}}dx$$

$$= \frac{x}{(x^2 + a^2)^n} + 2n \int \frac{(x^2 + a^2) - a^2}{(x^2 + a^2)^{n+1}}dx = \frac{x}{(x^2 + a^2)^n} + 2n\left[Q_n(x,a) - a^2 Q_{n+1}(x,a)\right].$$

これを $Q_{n+1}(x,a)$ について解くと与式が得られる.

[2] 設問 [1] の漸化式に $n = 1$ を代入し, $Q_1(x,a) = \int \frac{1}{x^2+a^2}dx \overset{(8.12)}{=} \frac{1}{a}\mathrm{Tan}^{-1}\frac{x}{a}$ を用いると, $Q_2(x,a) = \frac{1}{2a^2}\left(\frac{x}{x^2+a^2} + Q_1(x,a)\right) = \frac{1}{2a^2}\left(\frac{x}{x^2+a^2} + \frac{1}{a}\mathrm{Tan}^{-1}\frac{x}{a}\right).$

> **【補足】** このように漸化式を用いれば, 帰納的に $Q_2(x,a),\ Q_3(x,a),\ Q_4(x,a),\ \cdots$ を求めることができる.

【問題 8.5】（問題文は ☞ p.46）

[1] C_n において $x = \frac{\pi}{2} - t$ と置換すると, $C_n = \int_{\frac{\pi}{2}}^0 \cos^n\left(\frac{\pi}{2} - t\right)(-dt) = \int_0^{\frac{\pi}{2}} \sin^n t\,dt = S_n.$

[2] $\cos^n x = \cos x \cdot \cos^{n-1} x = (\sin x)' \cos^{n-1} x$ として, 部分積分を用いると, $C_n = \int_0^{\frac{\pi}{2}} (\sin x)' \cos^{n-1} x\,dx \overset{(8.2)}{=} \left[\sin x \cdot \cos^{n-1} x\right]_0^{\frac{\pi}{2}} - \int_0^{\frac{\pi}{2}} \sin x \cdot (n-1)\cos^{n-2} x(\cos x)'dx = (n-1)(C_{n-2} - C_n)$. これを C_n について解くと与式が得られる.

[3] $C_0 = \int_0^{\frac{\pi}{2}} dx = \frac{\pi}{2}$, $C_1 = \int_0^{\frac{\pi}{2}} \cos x\,dx = [\sin x]_0^{\frac{\pi}{2}} = 1.$

[4] 与えられた漸化式を繰り返し用いると，n が偶数のとき，

$$C_n = \frac{n-1}{n}C_{n-2} = \frac{n-1}{n}\cdot\frac{n-3}{n-2}C_{n-4} = \cdots$$
$$= \frac{n-1}{n}\cdot\frac{n-3}{n-2}\cdots\frac{3}{4}\cdot\frac{1}{2}C_0 = \frac{n-1}{n}\cdot\frac{n-3}{n-2}\cdots\frac{3}{4}\cdot\frac{1}{2}\cdot\frac{\pi}{2},$$

n が奇数のとき，

$$C_n = \frac{n-1}{n}C_{n-2} = \frac{n-1}{n}\cdot\frac{n-3}{n-2}C_{n-4} = \cdots$$
$$= \frac{n-1}{n}\cdot\frac{n-3}{n-2}\cdots\frac{4}{5}\cdot\frac{2}{3}C_1 = \frac{n-1}{n}\cdot\frac{n-3}{n-2}\cdots\frac{4}{5}\cdot\frac{2}{3}\cdot 1.$$

【問題 8.6】（問題文は ☞ p.46）

[1] 加法定理 (1.26) および恒等式 $\cos^2\frac{x}{2}+\sin^2\frac{x}{2}=1$ を利用して，$t=\tan\frac{x}{2}$ とおけば，$\cos x = \cos\left(\frac{x}{2}+\frac{x}{2}\right) \stackrel{(1.26)}{=} \frac{\cos^2(x/2)-\sin^2(x/2)}{\cos^2(x/2)+\sin^2(x/2)} = \frac{1-\tan^2(x/2)}{1+\tan^2(x/2)} = \frac{1-t^2}{1+t^2}$. 同様に，$\sin x = \sin\left(\frac{x}{2}+\frac{x}{2}\right) \stackrel{(1.26)}{=} \frac{2\sin(x/2)\cos(x/2)}{\cos^2(x/2)+\sin^2(x/2)} = \frac{2\tan(x/2)}{1+\tan^2(x/2)} = \frac{2t}{1+t^2}$. また，逆関数の微分法 (4.3) を用いて $\frac{dx}{dt} \stackrel{(4.3)}{=} \frac{1}{\frac{dt}{dx}} = \frac{1}{[1+\tan^2(x/2)]\cdot(x/2)'} = \frac{2}{1+t^2}$.

[2] 設問 [1] の結果と置換積分 (8.9) を用いる．

$$I := \int\frac{1}{5+4\sin x}dx \stackrel{(8.9)}{=} \int\frac{1}{5+4\frac{2t}{1+t^2}}\cdot\frac{2}{1+t^2}dt$$
$$= \frac{2}{5}\int\frac{1}{t^2+\frac{8}{5}t+1}dt = \frac{2}{5}\int\frac{1}{(t+\frac{4}{5})^2+(\frac{3}{5})^2}dt.$$

ここで，$t+\frac{4}{5} = \frac{3}{5}\tan\theta$ と置換すれば

$$I \stackrel{(8.9)}{=} \frac{2}{5}\int\frac{\frac{3}{5}(\tan^2\theta+1)d\theta}{(\frac{3}{5})^2(\tan^2\theta+1)} = \frac{2}{3}\theta = \frac{2}{3}\mathrm{Tan}^{-1}\left[\frac{5}{3}\left(t+\frac{4}{5}\right)\right] = \frac{2}{3}\mathrm{Tan}^{-1}\left(\frac{5}{3}\tan\frac{x}{2}+\frac{4}{3}\right).$$

【問題 9.1】（問題文は ☞ p.50）

[1] $\boldsymbol{A}$ のホドグラフは平面 $x=1$ 上の放物線 $z=y^2$. $\boldsymbol{B}$ のホドグラフは xy 平面上の単位円．

[2] $\boldsymbol{A}' \stackrel{(9.1)}{=} \boldsymbol{j}+2t\boldsymbol{k}$, $\boldsymbol{B}' \stackrel{(9.1)}{=} -\sin t\boldsymbol{i}+\cos t\boldsymbol{j}$.

[3] $(\boldsymbol{A}\times\boldsymbol{B})' \stackrel{(2.16)}{=} [-t^2\sin t\boldsymbol{i}+t^2\cos t\boldsymbol{j}+(\sin t-t\cos t)\boldsymbol{k}]' \stackrel{(9.1)}{=} (-2t\sin t-t^2\cos t)\boldsymbol{i}+(2t\cos t-t^2\sin t)\boldsymbol{j}+t\sin t\boldsymbol{k}$. 一方，設問 [2] の結果を用いて $\boldsymbol{A}'\times\boldsymbol{B}+\boldsymbol{A}\times\boldsymbol{B}'$ を計算しても同じ結果を得る．

[4] $\int_0^\pi\boldsymbol{\alpha}\times\boldsymbol{B}dt \stackrel{(2.16)}{=} \int_0^\pi(\sin t-2\cos t)\boldsymbol{k}dt = 2\boldsymbol{k}$. 一方，$\int_0^\pi\boldsymbol{B}dt = \int_0^\pi(\cos t\boldsymbol{i}+\sin t\boldsymbol{j})dt \stackrel{(9.7)}{=} 2\boldsymbol{j}$ であるから，$\boldsymbol{\alpha}\times\int_0^\pi\boldsymbol{B} = (\boldsymbol{i}+2\boldsymbol{j})\times 2\boldsymbol{j} \stackrel{(2.16)}{=} 2\boldsymbol{k}$.

【問題 9.2】（問題文は ☞ p.50）

[1] 内積の成分表示 (2.10) と積の微分法 (4.1) を用いると，$(\boldsymbol{A}\cdot\boldsymbol{B})' \stackrel{(2.10)}{=} (A_xB_x+A_yB_y+A_zB_z)' \stackrel{(4.1)}{=} A_x'B_x+A_xB_x'+A_y'B_y+A_yB_y'+A_z'B_z+A_zB_z' = \boldsymbol{A}'\cdot\boldsymbol{B}+\boldsymbol{A}\cdot\boldsymbol{B}'$.

[2] 外積の成分表示 (2.16) と積の微分法 (4.1) を用いると，$(\boldsymbol{A}\times\boldsymbol{B})' \stackrel{(2.16)}{=} (A_yB_z-A_zB_y)'\boldsymbol{i}+(A_zB_x-A_xB_z)'\boldsymbol{j}+(A_xB_y-A_yB_x)'\boldsymbol{k} \stackrel{(4.1)}{=} (A_y'B_z+A_yB_z'-A_z'B_y-A_zB_y')\boldsymbol{i}+(A_z'B_x+A_zB_x'-A_x'B_z-A_xB_z')\boldsymbol{j}+(A_x'B_y+A_xB_y'-A_y'B_x-A_yB_x')\boldsymbol{k} = \boldsymbol{A}'\times\boldsymbol{B}+\boldsymbol{A}\times\boldsymbol{B}'$.

[3] 外積の成分表示 (2.16) および積分の線形性 (9.8) を用いると

$$\int_a^b \boldsymbol{\alpha} \times \boldsymbol{A} dt \stackrel{(2.16)}{=} \int_a^b \left[(\alpha_y A_z - \alpha_z A_y)\boldsymbol{i} + (\alpha_z A_x - \alpha_x A_z)\boldsymbol{j} + (\alpha_x A_y - \alpha_y A_x)\boldsymbol{k} \right] dt$$

$$\stackrel{(9.8)}{=} \left(\alpha_y \int_a^b A_z dt - \alpha_z \int_a^b A_y dt \right) \boldsymbol{i} + \left(\alpha_z \int_a^b A_x dt - \alpha_x \int_a^b A_z dt \right) \boldsymbol{j}$$

$$+ \left(\alpha_x \int_a^b A_y dt - \alpha_y \int_a^b A_x dt \right) \boldsymbol{k} = \boldsymbol{\alpha} \times \int_a^b \boldsymbol{A} dt.$$

【問題 9.3】（問題文は ☞ p.51）

[1] $\boldsymbol{v}(t) = \int \boldsymbol{a}(t)dt = \int \boldsymbol{a}_0 dt = t\boldsymbol{a}_0 + \boldsymbol{C}$. ここで，$\boldsymbol{C}$ は定ベクトル（積分定数）．$\boldsymbol{v}(0) = \boldsymbol{v}_0 = \boldsymbol{C}$ より，$\boldsymbol{C} = \boldsymbol{v}_0$.

[2] $\boldsymbol{r}(t) = \int \boldsymbol{v}(t)dt = \int (t\boldsymbol{a}_0 + \boldsymbol{v}_0)dt = \frac{1}{2}t^2 \boldsymbol{a}_0 + t\boldsymbol{v}_0 + \boldsymbol{D}$. ここで，$\boldsymbol{D}$ は定ベクトル（積分定数）．$\boldsymbol{r}(0) = \boldsymbol{r}_0 = \boldsymbol{D}$ より，$\boldsymbol{D} = \boldsymbol{r}_0$.

[3] 与えられた $\boldsymbol{a}_0, \boldsymbol{v}_0, \boldsymbol{r}_0$ を設問 [2] で示した式に代入すると，$\boldsymbol{r}(t) = t v_0 \cos\theta \boldsymbol{j} + (-\frac{1}{2}gt^2 + t v_0 \sin\theta)\boldsymbol{k}$. したがって，$x(t) = 0$, $y(t) = t v_0 \cos\theta$, $z(t) = -\frac{1}{2}gt^2 + t v_0 \sin\theta$. これらから t を消去すれば，軌跡は yz 平面上の放物線であることがわかる．

> **【補足】** $-z$ 方向に一定の重力加速度 g が働いているとき，速さ v_0 で地表から角度 θ で物体を投げた**斜方投射**に対応する．

【問題 9.4】（問題文は ☞ p.51）

[1] $(\boldsymbol{A} \cdot \boldsymbol{A})' \stackrel{(9.4)}{=} \boldsymbol{A}' \cdot \boldsymbol{A} + \boldsymbol{A} \cdot \boldsymbol{A}' = 2\boldsymbol{A} \cdot \boldsymbol{A}'$.

[2] $\|\boldsymbol{A}\|' = (\sqrt{A_x^2 + A_y^2 + A_z^2})' \stackrel{(4.1)}{=} \frac{(A_x^2 + A_y^2 + A_z^2)'}{2\sqrt{A_x^2 + A_y^2 + A_z^2}} \stackrel{(4.1)}{=} \frac{2A_x A_x' + 2A_y A_y' + 2A_z A_z'}{2\sqrt{A_x^2 + A_y^2 + A_z^2}} \stackrel{(2.10)}{=} \frac{\boldsymbol{A} \cdot \boldsymbol{A}'}{\|\boldsymbol{A}\|}$.

[3] 設問 [2] より明らか．

[4] 設問 [2] の結果を用いて，$\left(\frac{\boldsymbol{A}}{\|\boldsymbol{A}\|} \right)' = \left(\frac{1}{\|\boldsymbol{A}\|} \boldsymbol{A} \right)' \stackrel{(9.3)}{=} \frac{\boldsymbol{A}'}{\|\boldsymbol{A}\|} - \frac{\|\boldsymbol{A}\|'}{\|\boldsymbol{A}\|^2} \boldsymbol{A} = \frac{(\boldsymbol{A} \cdot \boldsymbol{A})\boldsymbol{A}' - (\boldsymbol{A} \cdot \boldsymbol{A}')\boldsymbol{A}}{\|\boldsymbol{A}\|^3} \stackrel{\text{p.16}}{=} \frac{\boldsymbol{A} \times (\boldsymbol{A}' \times \boldsymbol{A})}{\|\boldsymbol{A}\|^3}$ より，題意が成り立つ．

[5] $\int \varphi' \boldsymbol{A} dt \stackrel{(9.3)}{=} \int [(\varphi \boldsymbol{A})' - \varphi \boldsymbol{A}'] dt = \varphi \boldsymbol{A} - \int \varphi \boldsymbol{A}' dt$.

[6] $\int \varphi \boldsymbol{A}' dt \stackrel{(9.3)}{=} \int [(\varphi \boldsymbol{A})' - \varphi' \boldsymbol{A}] dt = \varphi \boldsymbol{A} - \int \varphi' \boldsymbol{A} dt$.

[7] $\int \boldsymbol{A} \cdot \boldsymbol{B}' dt \stackrel{(9.4)}{=} \int [(\boldsymbol{A} \cdot \boldsymbol{B})' - \boldsymbol{A}' \cdot \boldsymbol{B}] dt = \boldsymbol{A} \cdot \boldsymbol{B} - \int \boldsymbol{A}' \cdot \boldsymbol{B} dt$.

[8] $\int \boldsymbol{A} \times \boldsymbol{B}' dt \stackrel{(9.5)}{=} \int [(\boldsymbol{A} \times \boldsymbol{B})' - \boldsymbol{A}' \times \boldsymbol{B}] dt = \boldsymbol{A} \times \boldsymbol{B} - \int \boldsymbol{A}' \times \boldsymbol{B} dt$.

【問題 9.5】（問題文は ☞ p.51）

[1] $m\boldsymbol{a} = \boldsymbol{F}$ の両辺を区間 $[t_1, t_2]$ で積分すると，$\int_{t_1}^{t_2} m\boldsymbol{a}(t)dt = \int_{t_1}^{t_2} m\boldsymbol{v}'(t)dt = m\boldsymbol{v}(t_2) - m\boldsymbol{v}(t_2) = \int_{t_1}^{t_2} \boldsymbol{F} dt$.

[2] $m\boldsymbol{a} = \boldsymbol{F}$ の両辺と速度の内積をとると $m\boldsymbol{a} \cdot \boldsymbol{v} = \boldsymbol{F} \cdot \boldsymbol{v}$ を得るが，この式の左辺は $m\boldsymbol{a} \cdot \boldsymbol{v} = m\boldsymbol{v}' \cdot \boldsymbol{v} \stackrel{(9.4)}{=} \left(\frac{1}{2}m\boldsymbol{v}^2 \right)'$ と変形できる．したがって，$\left(\frac{1}{2}m\boldsymbol{v}^2 \right)' = \boldsymbol{F} \cdot \boldsymbol{v}$. この式の両辺を区間 $[t_1, t_2]$ で積分すれば $\int_{t_1}^{t_2} \left(\frac{1}{2}m\boldsymbol{v}^2 \right)' dt \stackrel{(7.14)}{=} \frac{1}{2}m\boldsymbol{v}^2(t_2) - \frac{1}{2}m\boldsymbol{v}^2(t_1) = \int_{t_1}^{t_2} \boldsymbol{F} \cdot \boldsymbol{v} dt$.

[3] $\boldsymbol{L}$ を微分して，外積に関するライプニッツ則 (9.5) および $m\boldsymbol{a} = \boldsymbol{F}$ を用いると，$\boldsymbol{L}' = [\boldsymbol{r} \times (m\boldsymbol{v})]' \stackrel{(9.5)}{=} \boldsymbol{r}' \times (m\boldsymbol{v}) + \boldsymbol{r} \times (m\boldsymbol{v}') = \boldsymbol{v} \times (m\boldsymbol{v}) + \boldsymbol{r} \times (m\boldsymbol{a}) \stackrel{(2.11)}{=} \boldsymbol{r} \times \boldsymbol{F}$.

【問題 9.6】（問題文は ☞ p.51）

[1] 図 9.3 より得られる．

[2] 式 (9.14) を時間で微分すると $\boldsymbol{e}_r' \stackrel{(9.1)}{=} -\theta' \sin\theta \boldsymbol{i} + \theta' \cos\theta \boldsymbol{j} \stackrel{(9.14)}{=} \theta' \boldsymbol{e}_\theta$, $\boldsymbol{e}_\theta' \stackrel{(9.1)}{=} -\theta' \cos\theta \boldsymbol{i} - \theta' \sin\theta \boldsymbol{j} \stackrel{(9.14)}{=} -\theta' \boldsymbol{e}_r$.

[3] $\boldsymbol{r} = r\boldsymbol{e}_r$ を微分して，設問 [2] の結果を用いると $\boldsymbol{v} = \boldsymbol{r}' \stackrel{(9.3)}{=} r'\boldsymbol{e}_r + r\boldsymbol{e}_r' = r'\boldsymbol{e}_r + r\theta' \boldsymbol{e}_\theta$. この式をもう1度微分すると $\boldsymbol{a} = \boldsymbol{v}' \stackrel{(9.3)}{=} r''\boldsymbol{e}_r + r'\boldsymbol{e}_r' + r'\theta' \boldsymbol{e}_\theta + r\theta'' \boldsymbol{e}_\theta + r\theta' \boldsymbol{e}_\theta'$. ここで再び設問 [2] の結果を用いて $\boldsymbol{e}_r', \boldsymbol{e}_\theta'$ を消去して整理すると与式が得られる．

【問題 10.1】（問題文は ☞ p.56）

[1] $f(x) = x^3 - 4x$ のとき $f'(x) = 3x^2 - 4$. これらを式 (10.1) に代入すると, $\frac{(b^3-4b)-(a^3-4a)}{b-a} = 3c^2 - 4$. これより, $c = \sqrt{\frac{b^2+ab+a^2}{3}}$ を得る. $a < b$ のとき, $\sqrt{\frac{a^2+aa+a^2}{3}} < \sqrt{\frac{b^2+ab+a^2}{3}} < \sqrt{\frac{b^2+bb+b^2}{3}}$ が成り立つから, $a < c < b$.

[2] $f'(\theta) = 1 - \cos\theta$, $g'(\theta) = \sin\theta$ より, 式 (10.2) は $\frac{(1-\cos\pi)-(1-\cos 0)}{(\pi-\sin\pi)-(0-\sin 0)} = \frac{\sin c}{1-\cos c} = \frac{2\sin(c/2)\cos(c/2)}{2\sin^2(c/2)}$. これより, $\tan\frac{c}{2} = \frac{\pi}{2}$. したがって, $c = 2\,\mathrm{Tan}^{-1}\frac{\pi}{2}$.

> **【補足】** 円が x 軸上を滑ることなく転がるとき, 円上の定点が描く軌跡を**サイクロイド**という. $x = f(\theta)$, $y = g(\theta)$ は, 円の半径が 1 のときのサイクロイドのパラメータ表示である.

[3] (a) $\frac{\infty}{\infty}$ 型である. $\displaystyle\lim_{x\to\infty}\frac{\ln(1+x^2)}{x} \overset{(10.5)}{=} \lim_{x\to\infty}\frac{2x/(1+x^2)}{1} \overset{(10.5)}{=} \lim_{x\to\infty}\frac{2}{2x} = 0$.

(b) $0 \times \infty$ 型であるから, x を $\frac{1}{1/x}$ とすることで $\frac{0}{0}$ 型にしてからロピタルの定理を用いれば, $\displaystyle\lim_{x\to\infty} x\left(\frac{\pi}{2} - \mathrm{Tan}^{-1}x\right) = \lim_{x\to\infty}\frac{\pi/2 - \mathrm{Tan}^{-1}x}{1/x} \overset{(10.5)}{=} \lim_{x\to\infty}\frac{-1/(1+x^2)}{-1/x^2} = \lim_{x\to\infty}\frac{x^2}{1+x^2} \overset{(10.5)}{=} \lim_{x\to\infty}\frac{2x}{2x} = 1$.

(c) 1^∞ 型であるから対数をとると, $\displaystyle\ln\lim_{x\to 0}(\cos x)^{1/x^2} = \lim_{x\to 0}\ln(\cos x)^{1/x^2} \overset{(1.17)}{=} \lim_{x\to 0}\frac{\ln(\cos x)}{x^2} \overset{(10.5)}{=} \lim_{x\to 0}\frac{-\sin x/\cos x}{2x} \overset{(1.32)}{=} -\frac{1}{2}$. したがって, $\displaystyle\lim_{x\to 0}(\cos x)^{1/x^2} = e^{-1/2}$.

【問題 10.2】（問題文は ☞ p.56）

[1] $\frac{0}{0}$ 型. $\displaystyle\lim_{x\to 0}\frac{\ln(1+x^2)}{x} \overset{(10.5)}{=} \lim_{x\to 0}\frac{2x/(1+x^2)}{1} = 0$.

[2] $\frac{\infty}{\infty}$ 型. ロピタルの定理を n 回用いて $\displaystyle\lim_{x\to\infty}\frac{x^n}{e^x} = \lim_{x\to\infty}\frac{nx^{n-1}}{e^x} = \lim_{x\to\infty}\frac{n(n-1)x^{n-2}}{e^x} = \cdots = \lim_{x\to\infty}\frac{n!}{e^x} = 0$.

> **【補足】** この結果は, 十分大きな x に対しては, どんな冪関数 x^n, $(n \in \mathbb{N})$ よりも指数関数の方が大きいことを表しており, 記憶に値する.

[3] 0^0 型であるから対数をとると, $\displaystyle\ln\lim_{x\to +0}x^x = \lim_{x\to +0}\ln x^x \overset{(1.17)}{=} \lim_{x\to +0}x\ln x = \lim_{x\to +0}\frac{\ln x}{1/x} \overset{(10.5)}{=} \lim_{x\to +0}\frac{1/x}{-1/x^2} = 0$. したがって, $\displaystyle\lim_{x\to +0}x^x = 1$.

[4] $\displaystyle\lim_{x\to\infty}\frac{x-\cos x}{x} = \lim_{x\to\infty}\left(1 - \frac{\cos x}{x}\right) = 1$. ここで, $0 \le \left|\frac{\cos x}{x}\right| \le \left|\frac{1}{x}\right| \to 0$, $(x \to \infty)$ であるから, 挟み撃ちの原理 (☞ p.177) より $\displaystyle\lim_{x\to\infty}\frac{\cos x}{x} = 0$ であることを用いた.

> **【補足】** $\frac{\infty}{\infty}$ 型であるからロピタルの定理を適用すると, $\displaystyle\lim_{x\to\infty}\frac{x-\cos x}{x} = \lim_{x\to\infty}\frac{1+\sin x}{1}$ となる. しかし, $1 + \sin x$ は $x \to \infty$ で振動するため収束しない. つまり, この極限はロピタルの定理が適用できない例である. 一般に, 式 (10.5) の右辺が存在しないとき, 式 (10.5) は有効ではない.

【問題 10.3】（問題文は ☞ p.56）

[1] $f(x) = \ln x$ とおくと, $f'(x) = \frac{1}{x}$. この $f(x)$ をラグランジュの平均値の定理 (10.1) へ適用すると $\frac{\ln b - \ln a}{b-a} = \frac{1}{c}$, $0 < a < c < b$ となる c が少なくとも 1 つ存在する. 考えている区間で $\frac{1}{x}$ は単調減少だから, $\frac{1}{a} > \frac{1}{c} > \frac{1}{b}$. 以上より $\frac{1}{c}$ を消去すると与えられた不等式を得る.

[2] $f(x) = \sin x$ とおくと, $f'(x) = \cos x$. この $f(x)$ をラグランジュの平均値の定理 (10.1) へ適用すると $\frac{\sin b - \sin a}{b-a} = \cos c$, $0 < a < c < b < \frac{\pi}{2}$ となる c が少なくとも 1 つ存在する. 考えている区間で $\cos x$ は単調減少だから, $\cos 0 > \cos c > \cos\frac{\pi}{2}$. 以上より $\cos c$ を消去すると与えられた不等式を得る.

【問題 10.4】（問題文は ☞ p.57）

[1] $c = a + \theta(b - a)$ を式 (10.1) へ代入して $f(b)$ について解くと式 (10.9) を得る. また, $a < c < b$ より, $0 < \theta < 1$.

[2] $b = a + h$ を式 (10.9) へ代入すると式 (10.10) を得る.

[3] $f'(x) = 4x + 3$ より, 式 (10.10) は $2(a+h)^2 + 3(a+h) - 1 = 2a^2 + 3a - 1 + h[4(a+\theta h) + 3]$. これを解いて $\theta = 1/2$.

> **【補足】** 設問 [3] の結果は, 点 $a + \theta h$ が点 a と $a + h$ の中点であることに対応する.

【問題 10.5】（問題文は ☞ p.57） $F(x)$ は $[a, b]$ で連続, (a, b) で微分可能, かつ, $F(a) = F(b) = f(b)$ を満たす. したがって, ロルの定理より $F'(c) = 0$, $a < c < b$ となる c が少なくとも 1 つ存在する. これに $F'(x) = f'(x) - \frac{f(b)-f(a)}{b-a}$ を代入するとラグランジュの平均値の定理 (10.1) を得る.

> **【補足】** $F(x)$ が有界閉区間 $[a, b]$ で連続であるとき, $F(x)$ はこの区間で最大値および最小値をとる. これを**最大値・最小値の定理**という. この定理を用いてロルの定理を導いておこう.
>
> $F(x)$ が定数関数のときは任意の $x \in (a, b)$ について $F'(x) = 0$ であるから明らか. よって, 以後 $F(x)$ は定数関数でないとする. $F(x)$ は $x = c$ で最大値をとったとすると, $F(a) = F(b) < F(c)$, $(a < c < b)$ かつ $F(x) \leq F(c)$, $(a \leq x \leq b)$ が成り立つ. よって, $\frac{F(x)-F(c)}{x-c} \leq 0$, $(c < x)$ が成り立つが, $x \to c + 0$ とすると $F'(c) \leq 0$ を得る. 同様に, $\frac{F(x)-F(c)}{x-c} \geq 0$, $(x < c)$ も成り立つが, $x \to c - 0$ とすれば $F'(c) \geq 0$ を得る. 以上より $F'(c) = 0$. $F(x)$ が $x = c$ で最小値をとったとしても同様に $F'(c) = 0$ を示すことができる. したがって, ロルの定理が成り立つ.

【問題 11.1】（問題文は ☞ p.61）

[1] $f(x) = x^3 - x$ とおくと, $f'(x) = 3x^2 - 1$, $f''(x) = 6x$, $f^{(3)}(x) = 6$, $f^{(4)}(x) = 0$ より, $f(1) = 0$, $f'(1) = 2$, $f''(1) = 6$, $f^{(3)}(1) = 6$, $f^{(4)}(1) = 0$. よって, 次を得る.

$$x^3 - x = \sum_{k=0}^{4} \frac{f^{(k)}(1)}{k!}(x-1)^k = 2(x-1) + 3(x-1)^2 + (x-1)^3. \tag{31.10}$$

> **【補足】** 得られた結果 (31.10) を展開して整理したら元の式 $f(x) = x^3 - x$ に戻る. 元の関数が 3 次多項式なので, $x = 1$ 周りに展開しても 4 次以上の項は現れない. 微分を使わない別解としては, $t = x - 1$ とおくと, $f(x) = (t+1)^3 - (t+1) = 2t + 3t^2 + t^3$. これを x の式に書き直しても解を得る.

[2] $g(x) = \sin 2x$ とおくと, $g'(x) = 2\cos 2x$, $g''(x) = -4\sin 2x$, $g^{(3)}(x) = -8\cos 2x$, $g^{(4)}(x) = 16\sin 2x$ より, $g\left(\frac{\pi}{4}\right) = 1$, $g'\left(\frac{\pi}{4}\right) = 0$, $g''\left(\frac{\pi}{4}\right) = -4$, $g^{(3)}\left(\frac{\pi}{4}\right) = 0$, $g^{(4)}\left(\frac{\pi}{4}\right) = 16$. したがって次を得る.

$$\sin 2x \simeq \sum_{k=0}^{4} \frac{g^{(k)}\left(\frac{\pi}{4}\right)}{k!}\left(x - \frac{\pi}{4}\right)^k = 1 - 2\left(x - \frac{\pi}{4}\right)^2 + \frac{2}{3}\left(x - \frac{\pi}{4}\right)^4 + o\left(\left(x - \frac{\pi}{4}\right)^4\right).$$

> **【補足】** 別解として, $t = x - \frac{\pi}{4}$ とおくと, $g(x) = \sin\left(2t + \frac{\pi}{2}\right) = \cos 2t = 1 - \frac{1}{2!}(2t)^2 + \frac{1}{4!}(2t)^4 + o(t^4)$ を得る. ただし, 最後の等号では式 (11.8) において $x \to 2t$ と置き換えたものを用いた. これを x の式に書き直せば解を得る.

[3] 式 (11.10) 右辺の x^2 の項まで残した式に, $\alpha = \frac{1}{2}$, $x = 0.02$ を代入して用いれば, $\sqrt{102} = \sqrt{100+2} = 10(1+0.02)^{\frac{1}{2}} \simeq 10\left[1 + \frac{1}{2} \cdot 0.02 + \frac{(1/2)\cdot(-1/2)}{2!} \cdot 0.02^2\right] = 10.0995.$

> 【補足】 正確な値は $\sqrt{102} = \underline{10.0995}049\cdots$ であり, 得られた近似値は下線部を正しく近似している.

[4] $h(x) = \sin x$ とおくと, $h^{(n)}(x) = \sin\left(x + \frac{n\pi}{2}\right)$ (☞ p.26) より

$$h^{(n)}(0) = \sin\left(\frac{n\pi}{2}\right) = \begin{cases} 0 & (n = 2m) \\ (-1)^m & (n = 2m+1) \end{cases}, \quad m = 0, 1, 2, \cdots.$$

したがって

$$\sin x = \sum_{m=0}^{\infty} \left(\frac{h^{(2m)}(0)}{(2m)!} x^{2m} + \frac{h^{(2m+1)}(0)}{(2m+1)!} x^{2m+1}\right) = \sum_{m=0}^{\infty} \frac{(-1)^m}{(2m+1)!} x^{2m+1}.$$

【問題 11.2】 (問題文は ☞ p.62)

[1] 与式を $f(x)$ とする. 式 (4.6) で $a = 1$ とすれば $f^{(n)}(x) = \alpha(\alpha-1)\cdots(\alpha-n+1)(1+x)^{\alpha-n}$, $(n = 1, 2, \cdots)$. したがって, $f(0) = 1$, $f^{(n)}(0) = \alpha(\alpha-1)\cdots(\alpha-n+1)$, $(n = 1, 2, \cdots)$. 以上より,

$$(1+x)^\alpha = \sum_{n=0}^{\infty} \frac{f^{(n)}(0)}{n!} x^n = 1 + \sum_{n=1}^{\infty} \frac{\alpha(\alpha-1)\cdots(\alpha-n+1)}{n!} x^n.$$

[2] 与式を $g(x)$ とする. 式 (4.7) で $a = 1$ とすれば $g^{(n)}(x) = (-1)^{n-1}(n-1)!(1+x)^{-n}$, $(n = 1, 2, \cdots)$ を得る. したがって, $g(0) = 0$, $g^{(n)}(0) = (-1)^{n-1}(n-1)!$, $(n = 1, 2, \cdots)$. 以上より,

$$\ln(1+x) = \sum_{n=0}^{\infty} \frac{g^{(n)}(0)}{n!} x^n = \sum_{n=1}^{\infty} \frac{(-1)^{n-1}(n-1)!}{n!} x^n = \sum_{n=1}^{\infty} \frac{(-1)^{n-1}}{n} x^n.$$

【問題 11.3】 (問題文は ☞ p.62)

[1] 式 (11.10) において $x \to 2x$ と置き換えたものを用いる. $(4+8x)^{\frac{3}{2}} = 4^{\frac{3}{2}}(1+2x)^{\frac{3}{2}} = (2^2)^{\frac{3}{2}}\left[1 + \frac{3}{2}(2x) + \frac{(3/2)\cdot(1/2)}{2!}(2x)^2 + o(x^2)\right] = 8 + 24x + 12x^2 + o(x^2).$

[2] 対数法則 (1.15),(1.17) を用いて変形し, 式 (11.11) において $x \to 2x$ と置き換えたものを用いる. $\ln(4+8x)^{\frac{3}{2}} = \frac{3}{2}[\ln 4 + \ln(1+2x)] = \frac{3}{2}\left[\ln 4 + (2x) - \frac{1}{2}(2x)^2 + o(x^2)\right] = 3\ln 2 + 3x - 3x^2 + o(x^2).$

[3] 式 (11.7) において $x \to -x$, 式 (11.9) において $x \to 2x$ と置き換えたものを用いる. $e^{-x}\sin 2x = \left[1 + (-x) + \frac{1}{2!}(-x)^2 + O(x^3)\right]\left[2x + O(x^3)\right] = 2x - 2x^2 + O(x^3).$

[4] 式 (11.7) において $x \to x^2$, 式 (11.10) で $\alpha = -1$, $x \to -x$ と置き換えたものを用いる. $\frac{\exp x^2}{1-x} = (\exp x^2)\cdot(1-x)^{-1} = \left[1 + x^2 + O(x^4)\right]\left[1 + (-1)\cdot(-x) + \frac{(-1)(-2)}{2!}(-x)^2 + O(x^3)\right] = 1 + x + 2x^2 + O(x^3).$

> 【補足】 一般に, 関数が複雑になると高次導関数を計算するのが大変になる. したがって, マクローリン展開を行うときは, 解答のように, 既知の公式を利用できないか検討するべきである. 例えば, 問題 [3],[4] の関数を 2 つの関数の積と見なさず, そのまま微分し始めると, 2 階, 3 階導関数を求めるのは意外と大変である.

【問題 11.4】 (問題文は ☞ p.62)

[1] 式 (11.10) において, $\alpha = 1/2$ とおき, $x \to x^2$ と置き換えれば $\sqrt{1+x^2} = 1 + \frac{1}{2}x^2 - \frac{1}{8}x^4 + o(x^5).$

[2] $\cosh x$ のマクローリン展開 (11.12) および設問 [1] の結果を用いて，$\displaystyle\lim_{x\to 0}\frac{\cosh x-\sqrt{1+x^2}}{x^4} = \lim_{x\to 0}\frac{1}{x^4}\left[1+\frac{1}{2!}x^2+\frac{1}{4!}x^4+o(x^5)-\left(1+\frac{1}{2}x^2-\frac{1}{8}x^4+o(x^5)\right)\right]=\frac{1}{6}.$

【問題 11.5】(問題文は ☞ p.62)

[1] 式 (5.9) より $(1+x^2)y'=1$. この式の両辺の $n\,(\geq 1)$ 階導関数を一般のライプニッツ則 (4.9) を用いて求める．$(1+x^2)$ の 3 階微分以上は 0 であることに気を付ければ，$0=[(1+x^2)y']^{(n)}=\sum_{k=0}^{n}{}_n\mathrm{C}_k(1+x^2)^{(k)}y^{(n-k+1)}(x)=(1+x^2)y^{(n+1)}(x)+n\cdot 2xy^{(n)}(x)+\frac{n(n-1)}{2}\cdot 2y^{(n-1)}(x).$

[2] 設問 [1] で得られた漸化式に $x=0$ を代入すると，$y^{(n+1)}(0)=-n(n-1)y^{(n-1)}(0)$, $(n=1,2,\cdots)$. この漸化式と，$y^{(0)}(0)=\mathrm{Tan}^{-1}0=0$, $y^{(1)}(0)=\frac{1}{1+x^2}|_{x=0}=1$ を用いれば，$y^{(2)}(0)=0$, $y^{(3)}(0)=-2!$, $y^{(4)}(0)=0$, $y^{(5)}(0)=4!$. したがって

$$\mathrm{Tan}^{-1}x=y^{(1)}(0)x+\frac{y^{(3)}(0)}{3!}x^3+\frac{y^{(5)}(0)}{5!}x^5+o(x^5)=x-\frac{1}{3}x^3+\frac{1}{5}x^5+o(x^5).$$

> 【補足】 逆三角関数や逆双曲線関数のマクローリン級数は類似の方法で求めることができる．結果だけ書けば
>
> $$\mathrm{Sin}^{-1}x=x+\frac{1}{2}\frac{x^3}{3}+\frac{1\cdot 3}{2\cdot 4}\frac{x^5}{5}+\frac{1\cdot 3\cdot 5}{2\cdot 4\cdot 6}\frac{x^7}{7}+\cdots,\quad x\in(-1,1),\qquad(31.11)$$
> $$\mathrm{Tan}^{-1}x=x-\frac{1}{3}x^3+\frac{1}{5}x^5-\frac{1}{7}x^7+\cdots,\quad x\in[-1,1],$$
> $$\sinh^{-1}x=x-\frac{1}{2}\frac{x^3}{3}+\frac{1\cdot 3}{2\cdot 4}\frac{x^5}{5}-\frac{1\cdot 3\cdot 5}{2\cdot 4\cdot 6}\frac{x^7}{7}+\cdots,\quad x\in(-1,1),$$
> $$\tanh^{-1}x=x+\frac{1}{3}x^3+\frac{1}{5}x^5+\frac{1}{7}x^7+\cdots,\quad x\in(-1,1).$$
>
> $\mathrm{Cos}^{-1}x$ のマクローリン級数は恒等式 (5.6) と式 (31.11) から得られる．$\cosh^{-1}x$ は定義域が $x\geq 1$ なので，マクローリン級数はない．

【問題 11.6】(問題文は ☞ p.62)

[1] 式 (11.16) を微分すれば

$$g'(\xi)=f'(\xi)+\left[f''(\xi)(x-\xi)-f'(\xi)\right]+\left[\frac{f^{(3)}(\xi)}{2!}(x-\xi)^2-f''(\xi)(x-\xi)\right]+\cdots$$
$$+\left[\frac{f^{(n+1)}(\xi)}{n!}(x-\xi)^n-\frac{f^{(n)}(\xi)}{(n-1)!}(x-\xi)^{n-1}\right]-\frac{A}{n!}(x-\xi)^n$$
$$=\frac{f^{(n+1)}(\xi)}{n!}(x-\xi)^n-\frac{A}{n!}(x-\xi)^n.$$

[2] 式 (11.16) に与えられた条件 $g(a)=0$ を適用すると

$$f(x)=\sum_{k=0}^{n}\frac{f^{(k)}(a)}{k!}(x-a)^k+\frac{A}{(n+1)!}(x-a)^{n+1}\qquad(31.12)$$

を得る．また，式 (11.16) より明らかに $g(x)=0$. したがって，ロルの定理 (☞ 問題 10.5 (p.57)) より

$$g'(c)=0,\quad a<c<x\qquad(31.13)$$

となる c が少なくとも 1 つ存在する．式 (31.13) に設問 [1] の結果を適用すると $A=f^{(n+1)}(c)$. これを式 (31.12) に代入するとテイラーの定理 (11.15) が得られる．

[3] テイラーの定理 (11.15) において, $n = 0$ とすると $f(x) = f(a) + f'(c)(x - a), (a < c < x)$ を得る. これは, ラグランジュの平均値の定理 (10.1) に他ならない.

【問題 11.7】（問題文は ☞ p.62）

[1] $f'(x) = f''(x) = f^{(3)}(x) = e^x$ より, $f(0) = f'(0) = f''(0) = 1$, $f^{(3)}(c) = e^c$. よって, $e^x = f(0) + f'(0)x + \frac{1}{2!}f''(0)x^2 + \frac{1}{3!}f^{(3)}(c)x^3 = 1 + x + \frac{1}{2}x^2 + \frac{e^c}{6}x^3$.

[2] $g'(x) = -\sin x$, $g''(x) = -\cos x$, $g^{(3)}(x) = \sin x$ より, $g(\frac{\pi}{4}) = 1/\sqrt{2}$, $g'(\frac{\pi}{4}) = -1/\sqrt{2}$, $g''(\frac{\pi}{4}) = -1/\sqrt{2}$, $g^{(3)}(c) = \sin c$. よって, $\cos x = g(\frac{\pi}{4}) + g'(\frac{\pi}{4})(x - \frac{\pi}{4}) + \frac{1}{2!}g''(\frac{\pi}{4})(x - \frac{\pi}{4})^2 + \frac{1}{3!}g^{(3)}(c)(x - \frac{\pi}{4})^3 = \frac{1}{\sqrt{2}} - \frac{1}{\sqrt{2}}(x - \frac{\pi}{4}) - \frac{1}{2\sqrt{2}}(x - \frac{\pi}{4})^2 + \frac{\sin c}{6}(x - \frac{\pi}{4})^3$.

【問題 12.1】（問題文は ☞ p.68）

[1] $\int_0^1 \ln x \, dx = \lim_{\alpha \to +0} \int_\alpha^1 \ln x \, dx = \lim_{\alpha \to +0} [x(\ln x - 1)]_\alpha^1 = \lim_{\alpha \to +0} [-1 - \alpha(\ln \alpha - 1)] \overset{(10.7)}{=} -1$.

[2] $\int_0^\infty \frac{1}{\sqrt{x^2 + 4}} dx = \lim_{\beta \to \infty} \int_0^\beta \frac{1}{\sqrt{x^2 + 4}} dx \overset{(7.26)}{=} \lim_{\beta \to \infty} [\sinh^{-1} \frac{x}{2}]_0^\beta = \lim_{\beta \to \infty} \sinh^{-1} \frac{\beta}{2} = \infty$.

[3] $0 < x < \pi/2$ では $\sin x > \frac{2}{\pi}x$ より, $\frac{1}{\sqrt{\sin x}} < \sqrt{\frac{\pi}{2x}}$. 右辺の積分は $\int_0^{\pi/2} \sqrt{\frac{\pi}{2x}} dx < \infty$ となり収束する. したがって, 優関数定理 (12.11) より $\int_0^{\pi/2} \frac{1}{\sqrt{\sin x}} dx$ も収束する.

[4] $x > 1$ では, $\frac{x}{1+x^3} < \frac{x}{x^3} = \frac{1}{x^2}$. 右辺の積分は $\int_1^\infty \frac{1}{x^2} dx \overset{(12.10)}{=} J(2) \overset{(12.10)}{<} \infty$ となり収束する. したがって, 優関数定理 (12.11) より $\int_1^\infty \frac{x}{1+x^3} dx$ も収束する.

【問題 12.2】（問題文は ☞ p.68）

[1] $\mu \neq 1$ のとき, $I(\mu) = \left[\frac{1}{1-\mu}x^{1-\mu}\right]_0^1 = \begin{cases} \frac{1}{1-\mu} & (\mu < 1) \\ \infty & (1 < \mu) \end{cases}$. 一方, $\mu = 1$ のとき, $I(1) = [\ln x]_0^1 = \infty$. 以上をまとめると式 (12.9) を得る.

[2] $\mu \neq 1$ のとき, $J(\mu) = \left[\frac{1}{1-\mu}x^{1-\mu}\right]_1^\infty = \begin{cases} \infty & (\mu < 1) \\ \frac{1}{\mu-1} & (1 < \mu) \end{cases}$. 一方, $\mu = 1$ のとき, $J(1) = [\ln x]_1^\infty = \infty$. 以上をまとめると式 (12.10) を得る.

【問題 12.3】（問題文は ☞ p.68）

[1] 根号の中を平方完成すると $I_1 = \int_a^b \frac{1}{\sqrt{\left(\frac{b-a}{2}\right)^2 - \left(x - \frac{a+b}{2}\right)^2}} dx$. ここで, $x - \frac{a+b}{2} = \frac{b-a}{2}\sin\theta$, $\left(-\frac{\pi}{2} < \theta < \frac{\pi}{2}\right)$ と置換すると, $I_1 = \int_{-\frac{\pi}{2}}^{\frac{\pi}{2}} \frac{1}{\sqrt{\left(\frac{b-a}{2}\right)^2(1-\sin^2\theta)}} \cdot \frac{b-a}{2}\cos\theta d\theta = \int_{-\frac{\pi}{2}}^{\frac{\pi}{2}} d\theta = \pi$.

> **【補足】** 別の置換の仕方もある. $I_1 = \int_a^b \frac{1}{b-x}\sqrt{\frac{b-x}{x-a}} dx$ と書き換え, $t = \sqrt{\frac{b-x}{x-a}}$, $(0 \leq t < \infty)$ とおけば, $x = a + \frac{b-a}{t^2+1}$ となることに注意して, $I_1 = \int_\infty^0 \frac{t^2+1}{(b-a)t^2} \cdot t \cdot \left(-\frac{2(b-a)t}{(t^2+1)^2}\right) dt = 2\int_0^\infty \frac{1}{t^2+1} dt = 2\left[\mathrm{Tan}^{-1} t\right]_0^\infty = 2\left(\frac{\pi}{2} - 0\right) = \pi$.

[2] 分母を平方完成すると, $I_2 = \int_{-\infty}^\infty \frac{dx}{(x+a)^2 + (b^2-a^2)}$. $x + a = \sqrt{b^2-a^2}\tan\theta$, $\left(-\frac{\pi}{2} < \theta < \frac{\pi}{2}\right)$ と置換すると, $I_2 = \int_{-\frac{\pi}{2}}^{\frac{\pi}{2}} \frac{\sqrt{b^2-a^2}(\tan^2\theta+1)d\theta}{(b^2-a^2)(\tan^2\theta+1)} = \frac{1}{\sqrt{b^2-a^2}} \int_{-\frac{\pi}{2}}^{\frac{\pi}{2}} d\theta = \frac{\pi}{\sqrt{b^2-a^2}}$.

【問題 12.4】（問題文は ☞ p.68）

[1] $x > 1$ では $\ln x < \sqrt{x}$ が成立するから

$$I_1 = \int_1^\infty \frac{\ln x}{x^2} \leq \int_1^\infty \frac{\sqrt{x}}{x^2} = \int_1^\infty \frac{1}{x^{3/2}} \overset{(12.10)}{=} J(3/2) \overset{(12.10)}{<} \infty.$$

よって, I_1 は収束する.

> **【補足】** $x > 1$ において $\ln x < \sqrt{x}$ であることは, $f(x) = \sqrt{x} - \ln x$ とおいて, $x > 1$ で $f(x) > 0$ であることを示せばよい.

[2] $x \to +0$ と $x \to 1-0$ で被積分関数が発散する．積分範囲の下端と上端で収束・発散を調べるため，$x = 1/2$ で積分区間を分割すれば

$$I_2 = \int_0^{1/2} \frac{1}{\sqrt{x}(1-x)^2} dx + \int_{1/2}^1 \frac{1}{\sqrt{x}(1-x)^2} dx =: K_1 + K_2.$$

$0 < x < 1/2$ では，$\frac{1}{(1-x)^2} < 4$ より $\frac{1}{\sqrt{x}(1-x)^2} < \frac{4}{\sqrt{x}}$ が成り立つ．したがって

$$K_1 = \int_0^{1/2} \frac{1}{\sqrt{x}(1-x)^2} dx \le \int_0^{1/2} \frac{4}{\sqrt{x}} dx < \infty$$

となり，K_1 は収束する．一方，$1/2 < x < 1$ では，$1 < \frac{1}{\sqrt{x}}$ より $\frac{1}{(1-x)^2} < \frac{1}{\sqrt{x}(1-x)^2}$ が成り立つ．したがって

$$\int_{1/2}^1 \frac{1}{(1-x)^2} dx \le \int_{1/2}^1 \frac{1}{\sqrt{x}(1-x)^2} dx = K_2.$$

左辺の積分は発散する（何故なら $t = 2(1-x)$ と置換すると $I(2)$ に帰着する）ので，K_2 は発散する．したがって I_2 は発散する．

> 【補足】 $x = 1/2$ で積分を分けたが，$0 < x < 1$ の点ならどこで分けてもよい．

[3] $0 < x < 1$ では，$\frac{1}{e} < \frac{1}{e^x}$ より $\frac{1}{ex} < \frac{1}{e^x x}$．したがって，

$$\int_0^1 \frac{1}{ex} dx \le \int_0^1 \frac{1}{e^x x} dx < \int_0^\infty \frac{1}{e^x x} dx = I_3$$

が成り立つ．左辺は $e^{-1} I(1)$ であるから発散する．したがって，I_3 は発散する．

【問題 12.5】（問題文は ☞ p.68）

[1] 部分積分 (8.2) を用いて，$\Gamma(x+1) = \int_0^\infty e^{-t} t^x dx \stackrel{(8.2)}{=} \left[-e^{-t} t^x\right]_0^\infty + x \int_0^\infty e^{-x} t^{x-1} = x\Gamma(x)$. ここで，$\lim_{t \to \infty} e^{-t} t^x = 0$, $(x > 0)$ を用いた（☞ 問題 10.2）．

> 【補足】 微分方程式（☞ Ⅲ部）の解や初等関数の積分として頻繁に現れる関数には，固有の名前や表記が用意された**特殊関数**と呼ばれるものがある．ガンマ関数やベータ関数（☞ 問題 12.6）は特殊関数である．特殊関数の多くは，特別な場合を除いて初等関数で表すことのできない超越関数（☞ 1 章）である．

[2] 設問 [1] で示した式で，$x = n \in \mathbb{N}$ とすると，$\Gamma(n+1) = n\Gamma(n) = n(n-1)\Gamma(n-1) = \cdots = n!\Gamma(1)$. ここで，$\Gamma(1) = \int_0^\infty e^{-t} dt = \left[-e^{-t}\right]_0^\infty = 1$. よって，$\Gamma(n+1) = n!$.

[3] 設問 [1] で示した式で，$x = n + \frac{1}{2}$, $(n \in \mathbb{N})$ とおいて，同式を繰り返し用いれば

$$\Gamma\left(n + \frac{1}{2}\right) = \frac{2n-1}{2} \Gamma\left(\frac{2n-1}{2}\right) = \frac{2n-1}{2} \cdot \frac{2n-3}{2} \Gamma\left(\frac{2n-3}{2}\right)$$

$$= \cdots = \frac{2n-1}{2} \cdot \frac{2n-3}{2} \cdots \frac{1}{2} \Gamma\left(\frac{1}{2}\right) = \frac{(2n-1)!!}{2^n} \Gamma\left(\frac{1}{2}\right)$$

を得る．ここで，$\Gamma\left(\frac{1}{2}\right) = \int_0^\infty e^{-t} t^{-1/2} dt$ であるが，$t = s^2$ と置換すれば，$\Gamma\left(\frac{1}{2}\right) = 2 \int_0^\infty e^{-s^2} ds \stackrel{(12.14)}{=} 2 \cdot \frac{\sqrt{\pi}}{2} = \sqrt{\pi}$. こうして与式が得られる．

【補足】 設問 [1],[2] の性質より，ガンマ関数は自然数の階乗 $n!$ を実数 x へ拡張したものとみなすことができる．

以下で，ガンマ関数を表す広義積分 (12.13) が収束することを示しておこう．

t が十分大きいところでは，e^t は t^n よりも大きい．したがって，任意の $x > 0$ について，十分大きな $t_0 > 0$ をとれば，$t_0 < t$ において $t^{x+1} < e^t$ とすることができる．そのような t_0 を用いて $\Gamma(x) = \int_0^{t_0} e^{-t} t^{x-1} dt + \int_{t_0}^\infty e^{-t} t^{x-1} dt =: K_1 + K_2$ と積分を分ける．$0 \leq t$ のとき，$e^{-t} t^{x-1} \leq t^{x-1}$．したがって，$K_1 = \int_0^{t_0} e^{-t} t^{x-1} dt \leq \int_0^{t_0} t^{x-1} dt < \infty$ より，K_1 は収束する（$\int_0^{t_0} t^{x-1} dt$ は $s = t/t_0$ と置換すると $I(1-x)$ に帰着する）．一方，$t_0 < t$ では，$t^{x+1} < e^t$ より，$t^{x-1} e^{-t} < t^{-2}$．したがって，$K_2 = \int_{t_0}^\infty e^{-t} t^{x-1} dt \leqslant \int_{t_0}^\infty t^{-2} dt < \infty$ より，K_2 は収束する（$\int_{t_0}^\infty t^{-2} dt$ は $s = t/t_0$ と置換すると $J(2)$ に帰着する）．

【問題 12.6】（問題文は ☞ p.68）

[1] $t = \cos^2 \theta$ と置換すれば，$B(x,y) = \int_{\frac{\pi}{2}}^0 (\cos^2 \theta)^{x-1} (1 - \cos^2 \theta)^{y-1} (-2 \cos\theta \sin\theta) d\theta = 2 \int_0^{\frac{\pi}{2}} (\cos\theta)^{2x-1} (\sin\theta)^{2y-1} d\theta$.

[2] 部分積分 (8.2) を用いると

$$B(m+1, n+1) = \int_0^1 t^m (1-t)^n dt$$
$$\overset{(8.2)}{=} \left[\frac{1}{m+1} t^{m+1} (1-t)^n \right]_0^1 + \int_0^1 \frac{n}{m+1} t^{m+1} (1-t)^{n-1} dt$$
$$= \frac{n}{m+1} B(m+2, n) = \frac{n}{m+1} \cdot \frac{n-1}{m+2} B(m+3, n-1)$$
$$= \cdots = \frac{n}{m+1} \cdot \frac{n-1}{m+2} \cdots \frac{1}{m+n} B(m+n+1, 1) = \frac{n! m!}{(m+n)!} B(m+n+1, 1).$$

この式に，$B(m+n+1, 1) = \int_0^1 t^{m+n} dt = \frac{1}{m+n+1}$ を代入することで与式を得る．

[3] 設問 [1],[2] の結果を順次用いて，$\int_0^{\frac{\pi}{2}} \cos^7 \theta \sin^5 \theta d\theta = \frac{1}{2} B(4,3) = \frac{1}{2} \cdot \frac{3! 2!}{(3+2+1)!} = \frac{1}{120}$.

【補足】 ベータ関数の定義 (12.15) の右辺が収束することを示しておこう．

$B(x,y) = \int_0^{1/2} t^{x-1} (1-t)^{y-1} dt + \int_{1/2}^1 t^{x-1} (1-t)^{y-1} dt =: L_1 + L_2$ と積分を分ける．$0 < t < 1/2$ では，$0 < (1-t)^{y-1} < M_1$ となる正の定数 M_1 が存在するので，$t^{x-1} (1-t)^{y-1} < M_1 t^{x-1}$．したがって $L_1 = \int_0^{1/2} t^{x-1} (1-t)^{y-1} dt \leq M_1 \int_0^{1/2} t^{x-1} dt < \infty$ より，L_1 は収束する（$\int_0^{1/2} t^{x-1} dt$ は $s = 2t$ と置換することで $I(1-x)$ に帰着する）．$1/2 < t < 1$ では，$0 < t^{x-1} < M_2$ となる正の定数 M_2 が存在するので，$t^{x-1} (1-t)^{y-1} < M_2 (1-t)^{y-1}$．したがって $L_2 = \int_{1/2}^1 t^{x-1} (1-t)^{y-1} dt \leq M_2 \int_{1/2}^1 (1-t)^{y-1} dt < \infty$ より，L_2 は収束する（$\int_{1/2}^1 (1-t)^{y-1} dt$ は $s = 2(1-t)$ と置換すると $I(1-y)$ に帰着する）．

第III部

【問題 13.1】（問題文は ☞ p.74）

[1] 両辺を x で 2 回積分すると，$y' = 3x^2 + C_1$, $y = x^3 + C_1 x + C_2$. 初期条件より $y'(0) = C_1 = 1$, $y(0) = C_2 = 2$. したがって，$y = x^3 + x + 2$.

[2] 両辺を x で 2 回積分すると，$y' = -2 \cos 2x + C_1$, $y = -\sin 2x + C_1 x + C_2$. 初期条件より $y'(0) = -2 + C_1 = 1$, $y(0) = C_2 = 1$ であるから $C_1 = 3$, $C_2 = 1$. よって，$y = -\sin 2x + 3x + 1$.

[3] $dy/y = 2dx$ と変形して両辺を積分すると $\ln y = 2x + C$. したがって, $y = e^{2x+C} = De^{2x}$, $(D := e^C)$. 初期条件より $y(0) = D = 3$. よって, $y = 3e^{2x}$.

[4] $dy/y = 2xdx$ と変形して両辺を積分すると $\ln y = x^2 + C$. したがって, $y = e^{x^2+C} = De^{x^2}$, $(D := e^C)$. 初期条件より $y(0) = D = 5$. よって, $y = 5e^{x^2}$.

【問題 **13.2**】(問題文は ☞ p.74)

[1] $\frac{dy}{(y-2)(y-1)} = dx$ と変形できる. 左辺を部分分数分解して積分すれば, $\int (\frac{1}{y-2} - \frac{1}{y-1})dx = \ln\frac{y-2}{y-1} = x + C$. したがって, $\frac{y-2}{y-1} = e^{x+C} = De^x$, $(D = e^C)$. 初期条件を代入すると, $\frac{-1-2}{-1-1} = D$. したがって $D = 3/2$ を得る. $\frac{y-2}{y-1} = \frac{3}{2}e^x$ を y について解くと $y = \frac{3e^x - 4}{3e^x - 2}$.

[2] $\sin y\, dy = -\cos x\, dx$ と変形して両辺を積分すれば $\int \sin y\, dy = -\int \cos x\, dx + C$. よって, $-\cos y = -\sin x + C$. 初期条件より $-\cos\frac{\pi}{2} = -\sin 0 + C$ であるから $C = 0$. したがって $\cos y = \sin x$.

> 【補足】 このように, 微分方程式の解は陰関数表示 (☞ p.2) で求まることも多いが, 必要に迫られたときだけ陽関数表示すればよい.

[3] $\frac{dy}{\sqrt{1-y^2}} = -dx$ と変形してから両辺を積分すると, $\int \frac{dy}{\sqrt{1-y^2}} = -x + C$. 左辺の積分においては, $y = \cos\theta, (0 \le \theta \le \pi)$ と置換すれば $\int \frac{dy}{\sqrt{1-y^2}} = \int \frac{-\sin\theta\, d\theta}{\sqrt{1-\cos^2\theta}} = -\mathrm{Cos}^{-1} y$. したがって $y = \cos(x - C)$. 初期条件より $y(0) = \cos(-C) = \frac{1}{2}$ であるから $C = -\frac{\pi}{3}$. よって $y = \cos(x + \frac{\pi}{3})$.

[4] $\frac{dy}{\sqrt{y^2-1}} = dx$ と変形してから両辺を積分すると $\int \frac{dy}{\sqrt{y^2-1}} = x + C$. 左辺の積分において, $y = \cosh\theta, (\theta \ge 0)$ と置換すると $\int \frac{dy}{\sqrt{y^2-1}} = \int \frac{\sinh\theta\, d\theta}{\sqrt{\cosh^2\theta-1}} = \cosh^{-1} y$. したがって $y = \cosh(x + C)$. 初期条件より $y(0) = \cosh C = 1$ だから $C = 0$. よって $y = \cosh x$.

【問題 **13.3**】(問題文は ☞ p.74)

[1] $\frac{dN}{N} = k\, dt$ と変形してから両辺を積分すると, $\ln N = kt + C$. よって, 一般解は $N = De^{kt}$, $(D := e^C)$. 初期条件より $N(0) = De^0 = N_0$ だから $D = N_0$. したがって解は $N(t) = N_0 e^{kt}$. 続いて, 任意の時刻 t から Δt 経過後に個体数が 2 倍になったとすると, $2N(t) = N(t + \Delta t)$ が成り立つから $2N_0 e^{kt} = N_0 e^{k(t+\Delta t)}$. したがって, 倍加時間は $\Delta t = \frac{\ln 2}{k}$.

> 【補足】 マルサスは 1798 年の著作『人口論』において, この数理モデルを用いて人口が指数関数的に増大することを示した. 例えば, $k = 0.01$ (1/年) とすると, これは年に 1% の割合で人口が増えることに相当するが, このとき, $\Delta t = \ln 2/k \simeq 0.693/0.01 \simeq 69$ 年となる. つまり, 約 69 年で人口が倍になる. 逆に, 毎年 1% で人口が減少する地域では約 69 年で人口が半分になる.

[2] $\frac{N_1 dN}{(N_1-N)N} = k\, dt$ と変形してから両辺を積分すると, $\int \frac{N_1 dN}{(N_1-N)N} = kt + C$. 左辺の積分は, 部分分数分解してから積分すると, $\int \frac{N_1 dN}{(N_1-N)N} = \int \left(\frac{1}{N_1-N} + \frac{1}{N}\right)dN = -\ln\left|\frac{N_1-N}{N}\right|$. したがって, 一般解は $N(t) = \frac{N_1}{1+De^{-kt}}$, $(D := \pm e^{-C})$. 初期条件より $N(0) = \frac{N_1}{1+De^0} = N_0$ であるから $D = \frac{N_1-N_0}{N_0}$. よって解は

$$N(t) = \frac{N_0 N_1}{N_0 + (N_1 - N_0)e^{-kt}}. \tag{31.14}$$

これより, $\lim_{t\to\infty} N(t) = N_1$ が得られる.

【補足】 マルサス・モデルにおける時間と共に個体数が際限なく増大するという不自然な点を解消するために，フェルフルストによって 1838 年に発案されたのが本問のロジスティック・モデルである．$N(t)$ は初期に指数関数的に増大するが，やがて飽和状態になり N_1 に収束していく．このような振る舞いは，ある年のインフルエンザ感染者数の累計，人気商品の累計売上のグラフなど，様々な分野に現れることが知られている．式 (31.14) で表される曲線はロジスティック曲線と呼ばれる（☞ 図 31.7）．

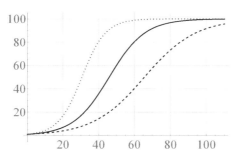

図 31.7 ロジスティック曲線 $N = N(t)$（☞ 式 (31.14)）．$N_0 = 1$，$N_1 = 100$，$k = 0.15$（点線），$k = 0.10$（実線），$k = 0.07$（破線）．

【問題 13.4】（問題文は ☞ p.75）

[1] $\frac{dh}{\sqrt{h}} = -k\,dt$ と変形してから両辺を積分すると $2\sqrt{h} = -kt + C$．したがって $h(t) = \left(\frac{C}{2} - \frac{k}{2}t\right)^2$．初期条件より $h(0) = \left(\frac{C}{2}\right)^2 = h_0$ であるから $C = 2\sqrt{h_0}$．したがって $h(t) = \left(\sqrt{h_0} - \frac{k}{2}t\right)^2$．水がなくなるまでの時間は，$h(t) = 0$ を t について解いて，$t = \frac{2\sqrt{h_0}}{k}$．

[2] $\frac{dv}{v - \frac{mg}{k}} = -\frac{k}{m}dt$ と変形してから両辺を積分すると $\ln\left|v - \frac{mg}{k}\right| = -\frac{k}{m}t + C$．よって $v(t) = \frac{mg}{k} + De^{-\frac{k}{m}t}$，$(D := \pm e^C)$．初期条件より $v(0) = \frac{mg}{k} + De^0 = 0$ であるから $D = -\frac{mg}{k}$．したがって $v(t) = \frac{mg}{k}\left(1 - e^{-\frac{k}{m}t}\right)$．終端速度は $v_\infty = \lim_{t\to\infty} v(t) = \frac{mg}{k}$．

【補足】 微分方程式 (13.10) を非斉次 1 階線形微分方程式と呼ばれる微分方程式と見なして解くことも可能である（☞ 問題 14.5 (p.80)）．得られた終端速度は，力の釣り合い（抵抗力 kv_∞）＝（重力 mg）からも得られる．

[3] 与えられた 2 式から $I(t)$ を消去して $Q(t)$ に関する微分方程式にすると，$\frac{dQ}{Q - CV} = -\frac{dt}{CR}$ と書ける．両辺を積分すると $\ln|Q - CV| = -\frac{t}{CR} + D$（$D$ は任意定数）．よって $Q(t) = CV + Fe^{-\frac{1}{CR}t}$，$(F := \pm e^D)$．初期条件より $Q(0) = CV + Fe^0 = 0$ であるから $F = -CV$．したがって $Q(t) = CV\left(1 - e^{-\frac{t}{CR}}\right)$．よって $\lim_{t\to\infty} Q(t) = CV$ であるが，これはコンデンサに充電される最大電荷が CV であることを表している．$t = 0$ より t_α 経過後に CV の $100\alpha\%$ 充電されたとすると，$\alpha CV = Q(t_\alpha)$ が成立するから $\alpha CV = CV\left(1 - e^{-\frac{t_\alpha}{CR}}\right)$．これを t_α について解いて，$t_\alpha = -CR\ln(1 - \alpha)$．

【補足】 回路理論などにおいて，ある定常状態（時間的に変化しない状態）にある回路に，スイッチを入れるなどして変化を加え，最初とは異なる定常状態に移行する現象を過渡現象という．過渡現象は微分方程式の基本的な応用の 1 つである．

【問題 13.5】（問題文は ☞ p.75）

[1] $y(x) = xz(x)$ を x で微分すると，$y'(x) \overset{(1.10)}{=} z(x) + xz'(x)$．与えられた微分方程式から y を消去

すると $z + xz' = f(z)$ を得るが，これは $\frac{dz}{f(z)-z} = \frac{dx}{x}$ と変形できるから変数分離形である．

[2] 与えられた微分方程式の両辺を x で割ると $y' = \frac{y}{x} + \sqrt{1 + \left(\frac{y}{x}\right)^2}$ となり，右辺が $\frac{y}{x}$ だけで書けていることから同次形微分方程式である．したがって，$y(x) = xz(x)$ とおくと $\frac{dz}{\sqrt{1+z^2}} = \frac{dx}{x}$ を得るから，両辺を積分すると $\int \frac{dz}{\sqrt{1+z^2}} = \ln|x| + C$．左辺の積分において，$z = \sinh\theta$ と置換すると，$\int \frac{dz}{\sqrt{1+z^2}} = \int \frac{\cosh\theta\, d\theta}{\sqrt{1+\sinh^2\theta}} = \int \frac{\cosh\theta\, d\theta}{\sqrt{\cosh^2\theta}} = \sinh^{-1} z$．したがって，$y = x\sinh(\ln|x| + C)$．

【問題 14.1】（問題文は ☞ p.79）

[1] $y_1'' + 4y_1 = -4\cos 2x + 4\cos 2x = 0$, $y_2'' + 4y_2 = -4\sin 2x + 4\sin 2x = 0$. また，$y_3'' + 4y_3 = (3\cos 2x + 5\sin 2x)'' + 4(3\cos 2x + 5\sin 2x) = (-12 + 12)\cos 2x + (-20 + 20)\sin 2x = 0$.

[2] 特性方程式 $\lambda^2 - \lambda - 2 = (\lambda+1)(\lambda-2) = 0$ を解くと $\lambda = -1, 2$. したがって，式 (14.8) より一般解とその導関数は $y = C_1 e^{-x} + C_2 e^{2x}$, $y' = -C_1 e^{-x} + 2C_2 e^{2x}$. 初期条件より $y(0) = C_1 + C_2 = 3$, $y'(0) = -C_1 + 2C_2 = 0$. これらを解いて $C_1 = 2$, $C_2 = 1$. したがって，$y = 2e^{-x} + e^{2x}$.

[3] 特性方程式 $\lambda^2 + 4\lambda + 4 = (\lambda + 2)^2 = 0$ を解くと $\lambda = -2$. したがって，式 (14.7) より一般解とその導関数は $y = (C_1 + C_2 x)e^{-2x}$, $y' \overset{(1.10)}{=} -[(2C_1 - C_2) + 2C_2 x]e^{-2x}$. 初期条件より $y(0) = C_1 = 1$, $y'(0) = -(2C_1 - C_2) = 0$. これらを解いて $C_1 = 1$, $C_2 = 2$. したがって，$y = (1 + 2x)e^{-2x}$.

[4] 特性方程式 $\lambda^2 + 2\lambda + 5 = 0$ を解くと $\lambda = -1 \pm 2i$. したがって式 (14.4) より一般解とその導関数は $y = e^{-x}(C_1\cos 2x + C_2\sin 2x)$, $y' \overset{(1.10)}{=} -e^{-x}[(C_1 - 2C_2)\cos 2x + (2C_1 + C_2)\sin 2x]$. 初期条件より $y(0) = C_1 = 2$, $y'(0) = -(C_1 - 2C_2) = 0$. これらを解いて $C_1 = 2$, $C_2 = 1$. したがって，$y = e^{-x}(2\cos 2x + \sin 2x)$.

【問題 14.2】（問題文は ☞ p.79） 本章で学んだ斉次 2 階線形微分方程式の解法は，斉次 n 階線形微分方程式 $(n \geq 1)$ に容易に一般化される．

[1] $y = e^{\lambda x}$ を与えられた微分方程式に代入すると，特性方程式 $\lambda + 2 = 0$ を得る．これを解いて $\lambda = -2$. したがって，一般解は $y = Ce^{-2x}$.

> **【補足】** 変数分離形 $\frac{dy}{y} = -2dx$ として解くこともできる（☞ 13 章）．

[2] $y = e^{\lambda x}$ を与えられた微分方程式に代入すると，特性方程式 $\lambda^3 + \lambda^2 - 2 = (\lambda-1)(\lambda^2 + 2\lambda + 2) = 0$ を得る．これを解いて $\lambda = 1, -1 \pm i$. したがって，一般解は $y = C_1 e^x + e^{-x}(C_2\cos x + C_3\sin x)$.

[3] 連立線形微分方程式には多くの解法がある．ここでは，z を消去して y に関する 2 階微分方程式にしてから解くことにする．与えられた 2 つの微分方程式と，第 1 の微分方程式を微分した式を書くと

$$y' = y - z, \tag{31.15}$$

$$z' = 6y - 4z, \tag{31.16}$$

$$y'' = y' - z'. \tag{31.17}$$

式 (31.17) の右辺に，(31.16), (31.15) を適用して順次 z', z を消去すると

$$y'' = y' - z' \overset{(31.16)}{=} y' - (6y - 4z) \overset{(31.15)}{=} y' - 6y + 4(y - y'). \tag{31.18}$$

こうして，y に関する 2 階線形微分方程式 $y'' + 3y' + 2y = 0$ を得る．これに $y = e^{\lambda x}$ を代入すると，特性方程式 $\lambda^2 + 3\lambda + 2 = (\lambda + 2)(\lambda + 1) = 0$ を得る．これを解いて $\lambda = -2, -1$. したがって，式 (14.8) より一般解とその導関数は $y = C_1 e^{-2x} + C_2 e^{-x}$, $y' = -2C_1 e^{-2x} - C_2 e^{-x}$. これらを (31.15) へ代入すると $z = y - y' = 3C_1 e^{-2x} + 2C_2 e^{-x}$.

【問題 14.3】（問題文は ☞ p.79） $x = e^{\lambda t}$ を式 (14.10) へ代入すると，特性方程式とその解を得る．

$$\lambda^2 + 2\gamma\lambda + \omega_0^2 = 0 \quad \Rightarrow \quad \lambda = -\gamma \pm \sqrt{D} = \begin{cases} \lambda_2 \\ \lambda_1 \end{cases}, \quad D := \gamma^2 - \omega_0^2.$$

[1] $\gamma > \omega_0$ のとき $D > 0$ であるから，λ_1, λ_2 は相異なる 2 つの実数である．したがって，式 (14.8) より $x(t) = C_1 e^{\lambda_1 t} + C_2 e^{\lambda_2 t} = C_1 e^{(-\gamma - \sqrt{\gamma^2 - \omega_0^2})t} + C_2 e^{(-\gamma + \sqrt{\gamma^2 - \omega_0^2})t}$. $\lambda_1 < 0, \lambda_2 < 0$ であるから $\lim_{t \to \infty} x(t) = 0$.

[2] $\gamma = \omega_0$ のとき $D = 0$ であるから，$\lambda_1 = \lambda_2 = -\gamma$. したがって，式 (14.7) より $x(t) = (C_1 + C_2 t)e^{-\gamma t}$. ここで，$\gamma > 0$ より $\lim_{t \to \infty} e^{-\gamma t} = 0$ は明らか．また，ロピタルの定理 (10.5) より，$\lim_{t \to \infty} t e^{-\gamma t} = \lim_{t \to \infty} \frac{t}{e^{\gamma t}} \overset{(10.5)}{=} \lim_{t \to \infty} \frac{1}{\gamma e^{\gamma t}} = 0$ である．したがって $\lim_{t \to \infty} x(t) = 0$.

[3] $\gamma < \omega_0$ のとき $D < 0$ であるから，$D = -\omega^2, (\omega > 0)$ とおくと，式 (14.4) より $x(t) = e^{-\gamma t}(C_1 \cos \omega t + C_2 \sin \omega t)$. ここで，$0 \le |e^{-\gamma t} \cos \omega t| \le e^{-\gamma t} \to 0, (t \to \infty)$. したがって，$\lim_{t \to \infty} e^{-\gamma t} \cos \omega t = 0$. 同様にして，$\lim_{t \to \infty} e^{-\gamma t} \sin \omega t = 0$. したがって，$\lim_{t \to \infty} x(t) = 0$.

【補足】 設問 [1] の条件 $\gamma > \omega_0$ は，ばねの復元力に対して摩擦力が強い場合に相当している．設問 [1] の解は，摩擦が強過ぎるため振動が起こらず，指数関数的に減衰することを表している．このような振る舞いを**過減衰**という．

　設問 [3] の条件 $\gamma < \omega_0$ は，ばねの復元力に対して摩擦力が弱い場合に相当しており，$\gamma \to +0$ の極限で抵抗のない調和振動子となる．設問 [3] の解は，ばねの復元力により振動するが，因子 $e^{-\gamma t}$ によって振幅が減少することを表している．このような振る舞いを**減衰振動**という．

　設問 [2] の場合 $\gamma = \omega_0$ は設問 [1] と [3] の境界に位置し，その解の振る舞いは**臨界減衰**といわれる．設問 [1]–[3] 何れの場合も，初期条件（即ち C_1, C_2）に依らず $\lim_{t \to \infty} x(t) = 0$ となっているのは，摩擦があるためである（☞ 図 31.8）．調和振動子 $(\gamma = 0)$ のときのみ，減衰せずに振動し続ける．

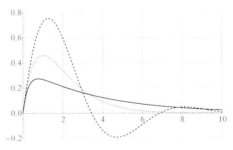

図 31.8　横軸は時刻 t，縦軸は振幅 $x(t)$. 摩擦力が強い順に，$\gamma = 2$（実線），$\gamma = 1$（点線），$\gamma = 0.4$（破線）．初期値と ω_0 は $x(0) = 0$, $x'(0) = 1.25$, $\omega_0 = 1$ に固定.

【問題 14.4】（問題文は ☞ p.80）　式 (14.11) 第 1 式の両辺を t で微分して，微分積分学の基本定理 (7.11) より $Q'(t) = \frac{d}{dt} \int_0^t I(\tau) d\tau = I(t)$ となることを用いると

$$LI'' + RI' + \frac{I}{C} = 0 \tag{31.19}$$

を得る．この式に $I(t) = e^{\lambda t}$ を代入すると，特性方程式 $L\lambda^2 + R\lambda + \frac{1}{C} = 0$ を得る．これを解くと，$\lambda = -\frac{R}{2L} \pm \sqrt{\left(\frac{R}{2L}\right)^2 - \frac{1}{LC}}$ を得るが，これを $\omega_0 = \frac{1}{\sqrt{LC}}$, $\zeta = \frac{R}{2}\sqrt{\frac{C}{L}}$ を用いて書くと，$\lambda = (-\zeta \pm \sqrt{D})\omega_0$, $D := \zeta^2 - 1$ となる．したがって，$\zeta > 1$, $\zeta = 1$, $\zeta < 1$ に応じて，判別式 D が正・0・負となるため，解 $I(t)$ の振る舞いは過減衰，臨界減衰，減衰振動（☞ 問題 14.3）となることがわかる．

> 【補足】 運動方程式 (14.9) と電流の微分方程式 (31.19) を比較すると，物理量の間に $x(t) \leftrightarrow I(t)$, $m \leftrightarrow L$, $\hat{\gamma} \leftrightarrow R$, $k \leftrightarrow \frac{1}{C}$ という対応があることがわかる．

【問題 14.5】（問題文は ☞ p.80）

[1] $\frac{dy}{y} = -P(x)dx$ と変形してから両辺を積分すると，$\ln y = -\int P(x)dx + A$（A は任意定数）を得る．したがって，$y = Ce^{-\int Pdx}$, $(C = e^A)$.

[2] 斉次線形微分方程式 (14.13) の解 $y = Ce^{-\int Pdx}$ の定数 C を関数 $C(x)$ にして，非斉次線形微分方程式 (14.12) の解を見つける．$y = C(x)e^{-\int Pdx}$ を微分方程式 (14.12) に代入すると，$y' + Py = (C' - CP)e^{-\int Pdx} + PCe^{-\int Pdx} = C'e^{-\int Pdx} = Q$. したがって，$C'(x) = Qe^{\int Pdx}$ を得る．この式の両辺を積分すれば，$C(x) = \int Qe^{\int Pdx}dx + D$.

[3] 与えられた微分方程式を $v' + \frac{k}{m}v = g$ と書くと，$v(t)$ に関する非斉次 1 階線形微分方程式であることがわかる．設問 [2] の結果において，$P(t) = \frac{k}{m}$, $Q(t) = g$ とすれば，一般解は $v(t) = \left(\int ge^{\int \frac{k}{m}dt}dt + D\right)e^{-\int \frac{k}{m}dt} = \left(\frac{mg}{k}e^{\frac{k}{m}t} + D\right)e^{-\frac{k}{m}t}$. 初期条件より $v(0) = \frac{mg}{k} + D = 0$ であるから，$D = -\frac{mg}{k}$. したがって，$v(t) = \frac{mg}{k}(1 - e^{-\frac{k}{m}t})$.

【問題 15.1】（問題文は ☞ p.85）

[1] 対応する斉次微分方程式の特性方程式は $\lambda^2 + \lambda - 2 = (\lambda + 2)(\lambda - 1) = 0$ であるから，これを解いて $\lambda = -2, 1$. したがって，その一般解は $y_h = C_1 e^{-2x} + C_2 e^x$. 特殊解を $y_p = K_2 x^2 + K_1 x + K_0$ として与えられた微分方程式に代入すれば

$$-4x^2 = 2K_2 + (2K_2 x + K_1) - 2(K_2 x^2 + K_1 x + K_0)$$
$$= -2K_2 x^2 + (2K_2 - 2K_1)x + (2K_2 + K_1 - 2K_0).$$

両辺の係数を比較して，$K_1 = K_2 = 2$, $K_0 = 3$ を得る．したがって，非斉次微分方程式の一般解は $y = y_h + y_p = C_1 e^{-2x} + C_2 e^x + 2x^2 + 2x + 3$ であり，微分すると $y' = -2C_1 e^{-2x} + C_2 e^x + 4x + 2$. 初期条件より $y(0) = C_1 + C_2 + 3 = 3$, $y'(0) = -2C_1 + C_2 + 2 = -1$ であるから，これらを解いて，$C_1 = -C_2 = 1$. したがって，$y = e^{-2x} - e^x + 2x^2 + 2x + 3$.

[2] 対応する斉次微分方程式の特性方程式は $\lambda^2 + 4\lambda + 5 = 0$ であるから，これを解いて $\lambda = -2 \pm i$. したがって，対応する斉次微分方程式の一般解は $y_h = e^{-2x}(C_1 \cos x + C_2 \sin x)$. 特殊解を $y_p = K_1 \cos 2x + K_2 \sin 2x$ として与えられた微分方程式に代入すれば

$$65 \sin 2x = (K_1 + 8K_2)\cos 2x + (-8K_1 + K_2)\sin 2x.$$

係数比較から $K_1 = -8$, $K_2 = 1$ を得る．したがって，非斉次微分方程式の一般解は $y = y_h + y_p = e^{-2x}(C_1 \cos x + C_2 \sin x) - 8\cos 2x + \sin 2x$ であり，微分すると $y' = e^{-2x}[(-2C_1 + C_2)\cos x - (C_1 + 2C_2)\sin x] + 16\sin 2x + 2\cos 2x$. 初期条件より $y(0) = C_1 - 8 = -6$, $y'(0) = -2C_1 + C_2 + 2 = 0$ であるが，これらを解いて $C_1 = C_2 = 2$. したがって，求めるべき解は $y = 2e^{-2x}(\cos x + \sin x) - 8\cos 2x + \sin 2x$.

[3] 対応する斉次微分方程式の特性方程式は $\lambda^2 + 1 = 0$ であり，これを解くと $\lambda = \pm i$. したがって，その一般解は $y_h = C_1 \cos x + C_2 \sin x$. 与えられた微分方程式の特殊解を $y_p = x(K_1 \cos x + K_2 \sin x)$ とすれば，$y_p' = (K_1 + K_2 x)\cos x + (K_2 - K_1 x)\sin x$, $y_p'' = (2K_2 - K_1 x)\cos x - (2K_1 + K_2 x)\sin x$. これらを微分方程式に代入すれば $2\cos x = 2K_2 \cos x - 2K_1 \sin x$. 係数比較から $K_1 = 0$, $K_2 = 1$. したがって，非斉次微分方程式の一般解は $y = y_h + y_p = C_1 \cos x + C_2 \sin x + x \sin x$ であり，微分すると $y' = -C_1 \sin x + C_2 \cos x + \sin x + x \cos x$. よって，初期条件より $y(0) = C_1 = 1$, $y'(0) = C_2 = 0$. したがって，求めるべき解は $y = \cos x + x \sin x$.

【問題 15.2】（問題文は ☞ p.85）

[1] 対応する斉次微分方程式の特性方程式は $\lambda^2 - \lambda = \lambda(\lambda - 1) = 0$ であるから $\lambda = 0, 1$（単解）. したがって，その一般解は $y_h = C_1 e^0 + C_2 e^x = C_1 + C_2 e^x$. 一方，与えられた微分方程式の特殊解を $y_p = x(K_1 x + K_0)$ とすれば，$y_p' = 2K_1 x + K_0, y_p'' = 2K_1$. これらを微分方程式に代入すれば $2x = -2K_1 x + (2K_1 - K_0)$. 係数比較から $K_1 = -1, K_0 = -2$ を得る. したがって，非斉次微分方程式の一般解は $y = y_h + y_p = C_1 + C_2 e^x - x^2 - 2x$.

[2] 対応する斉次微分方程式の特性方程式は $\lambda^2 = 0$ であるから $\lambda = 0$（重解）. したがって，その一般解は $y_h = (C_1 + C_2 x)e^0 = C_1 + C_2 x$. 一方，与えられた微分方程式の特殊解を $y_p = x^2(K_1 x + K_0)$ とすれば，$y_p' = 3K_1 x^2 + 2K_0 x, y_p'' = 6K_1 x + 2K_0$. これらを微分方程式に代入すれば $6x = 6K_1 x + 2K_0$. 係数比較から $K_1 = 1, K_0 = 0$ を得る. したがって，非斉次微分方程式の一般解は $y = y_h + y_p = C_1 + C_2 x + x^3$.

[3] 対応する斉次微分方程式は問題 15.1[1] のそれと同じであり一般解は $y_h = C_1 e^{-2x} + C_2 e^x$. 与えられた微分方程式の特殊解を $y_p = Ke^{-x}$ とすれば，$y_p' = -Ke^{-x}, y_p'' = Ke^{-x}$. これらを微分方程式に代入すれば $2e^{-x} = -2Ke^{-x}$. 係数比較から $K = -1$ を得る. したがって，求めるべき解は $y = y_h + y_p = C_1 e^{-2x} + C_2 e^x - e^{-x}$.

[4] 対応する斉次微分方程式の特性方程式は $\lambda^2 + \lambda - 2 = (\lambda + 2)(\lambda - 1) = 0$ であるから $\lambda = -2, 1$. したがって，その一般解は $y_h = C_1 e^{-2x} + C_2 e^x$. 与えられた微分方程式の特殊解を $y_p = x \cdot Ke^x$ とすれば，$y_p' = K(x+1)e^x, y_p'' = K(x+2)e^x$. これらを微分方程式に代入すれば $3e^x = 3Ke^x$ であるから $K = 1$ を得る. したがって，非斉次微分方程式の一般解は $y = y_h + y_p = C_1 e^{-2x} + C_2 e^x + xe^x$.

[5] 対応する斉次微分方程式の特性方程式は $\lambda^2 - 4\lambda + 4 = (\lambda - 2)^2 = 0$ であるから，これを解いて $\lambda = 2$（重解）. したがって，対応する斉次微分方程式の一般解は $y_h = (C_1 + C_2 x)e^{2x}$. 与えられた微分方程式の特殊解を $y_p = x^2 \cdot Ke^{2x}$ とすれば，$y_p' = 2Kx(x+1)e^{2x}, y_p'' = 2K(2x^2 + 4x + 1)e^{2x}$. これらを微分方程式に代入すれば $4e^x = 2Ke^{2x}$ であるから $K = 2$ を得る. したがって，非斉次微分方程式の一般解は $y = y_h + y_p = C_1 e^{2x} + C_2 xe^{2x} + 2x^2 e^x$.

[6] 対応する斉次微分方程式は問題 15.1[1] および問題 15.2[3] のそれと同じであり一般解は $y_h = C_1 e^{-2x} + C_2 e^x$. 与えられた微分方程式の非斉次項は問題 15.1[1] と問題 15.2[3] のそれらの和である. よって，非斉次方程式の特殊解は問題 15.1[1] と問題 15.2[3] における特殊解の和となる. したがって，求めるべき解は $y = C_1 e^{-2x} + C_2 e^x + 2x^2 + 2x + 3 - e^{-x}$.

【問題 15.3】（問題文は ☞ p.85）

[1] 対応する斉次微分方程式の特性方程式は $\lambda^2 + 2\gamma\lambda + \omega_0^2 = 0$ であるから $\lambda = -\gamma \pm \sqrt{\gamma^2 - \omega_0^2}$. $\gamma \neq 0$ より λ が純虚数になることはない. よって，斉次微分方程式の一般解は式 (14.4) より $x_h = e^{-\gamma t}(C_1 e^{-\sqrt{\gamma^2 - \omega_0^2}t} + C_2 e^{\sqrt{\gamma^2 - \omega_0^2}t})$. 一方，$x_p = K_1 \cos\omega t + K_2 \sin\omega t$ とし，微分方程式に代入すれば，$f_0 \sin\omega t = [(\omega_0^2 - \omega^2)K_1 + 2\gamma\omega K_2]\cos\omega t + [-2\gamma\omega K_1 + (\omega_0^2 - \omega^2)K_2]\sin\omega t$. 両辺の $\cos, \sin$ の係数を比較して得られる K_1, K_2 に関する連立方程式を行列で書けば

$$A\begin{pmatrix} K_1 \\ K_2 \end{pmatrix} = \begin{pmatrix} 0 \\ f_0 \end{pmatrix}, \quad A := \begin{pmatrix} \omega_0^2 - \omega^2 & 2\gamma\omega \\ -2\gamma\omega & \omega_0^2 - \omega^2 \end{pmatrix}.$$

$\gamma \neq 0$ である限り $\det A \neq 0$ であるから，上式の両辺に左から A^{-1} を掛ければ K_1, K_2 が得られる.

$$\begin{pmatrix} K_1 \\ K_2 \end{pmatrix} \overset{(31.8)}{=} \frac{1}{(\omega_0^2 - \omega^2)^2 + 4\gamma^2\omega^2} \begin{pmatrix} \omega_0^2 - \omega^2 & -2\gamma\omega \\ 2\gamma\omega & \omega_0^2 - \omega^2 \end{pmatrix} \begin{pmatrix} 0 \\ f_0 \end{pmatrix}$$
$$= \frac{1}{(\omega_0^2 - \omega^2)^2 + 4\gamma^2\omega^2} \begin{pmatrix} -2\gamma\omega f_0 \\ (\omega_0^2 - \omega^2)f_0 \end{pmatrix}. \tag{31.20}$$

したがって一般解は，$x = x_h + x_p = e^{-\gamma t}(C_1 e^{-\sqrt{\gamma^2 - \omega_0^2}t} + C_2 e^{\sqrt{\gamma^2 - \omega_0^2}t}) + K_1 \cos\omega t + K_2 \sin\omega t$ であり，K_1, K_2 は式 (31.20) で与えられる.

[2] 三角関数の合成を行うと

$$x_p = \sqrt{K_1^2 + K_2^2}\left(\frac{K_1}{\sqrt{K_1^2 + K_2^2}}\cos\omega t + \frac{K_2}{\sqrt{K_1^2 + K_2^2}}\sin\omega t\right) = X(\omega)\sin(\omega t - \delta),$$

$$X(\omega) := \sqrt{K_1^2 + K_2^2} \overset{(31.20)}{=} \frac{f_0}{\sqrt{(\omega_0^2 - \omega^2)^2 + 4\gamma^2\omega^2}}, \quad \tan\delta := -\frac{K_1}{K_2} \overset{(31.20)}{=} \frac{2\gamma\omega}{\omega_0^2 - \omega^2}. \tag{31.21}$$

x_p の振幅 $X(\omega)$ を ω で微分すると，$X'(\omega) = -\frac{2f_0\omega[\omega^2 - (\omega_0^2 - 2\gamma^2)]}{[(\omega_0^2 - \omega^2)^2 + 4\gamma^2\omega^2]^{3/2}}$．よって，$\omega_0^2 < 2\gamma^2$（抵抗が大きい）ときは $X'(\omega) = 0$ となる ω は存在せず，$X(\omega)$ は ω の増加と共に単調に減少する．一方，$\omega_0^2 > 2\gamma^2$（抵抗が小さい）とき $\omega = \sqrt{\omega_0^2 - 2\gamma^2}$ で $X'(\omega) = 0$ となり，$X(\omega)$ は最大値をとる（☞ 図 31.9）．

[3] $x_p = t(K_1\cos\omega_0 t + K_2\sin\omega_0 t)$ とおいて，微分方程式に代入すると，$f_0\sin\omega_0 t = 2\omega_0 K_2\cos\omega_0 t - 2\omega_0 K_1\sin\omega_0 t$ であるから，係数比較より $K_1 = -\frac{f_0}{2\omega_0}$，$K_2 = 0$．よって，$x_p = -\frac{f_0}{2\omega_0}t\cos\omega_0 t$．

> 【補足】 設問 [2],[3] で見たのは共鳴と呼ばれる物理現象である．設問 [2] の結果は，摩擦が存在するが，ある値より小さければ（$0 < 2\gamma^2 < \omega_0^2$），**角振動数 ω** が $\sqrt{\omega_0^2 - 2\gamma^2}$ 付近の外力を加えると振幅 $X(\omega)$ が大きくなることを表している．また，摩擦がある値より大きいと（$\omega_0^2 < 2\gamma^2$），そのようなことが起こらないことを表している．設問 [3] は，摩擦の存在しない状況（$\gamma = 0$）では系に固有な角振動数 ω_0 と同じ角振動数の力 $f_0\sin\omega_0 t$ を加えると，振幅が時間と共に際限なく大きくなること（$|x_p| \to \infty$，$(t \to \infty)$）を表している．

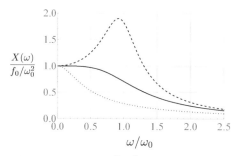

図 31.9　$X(\omega)$ のグラフ（☞ 式 (31.21)）．$2\gamma^2/\omega_0^2 = 2.50$（点線），$1.00$（実線），$0.15$（破線）．

【問題 15.4】（問題文は ☞ p.86）

[1] 式 (15.6) の第 1 式を t で微分し，第 2 式を微分して得られる $Q'(t) = I(t)$ を代入すると，$I(t)$ に関する非斉次線形微分方程式

$$LI''(t) + RI' + \frac{1}{C}I = \omega V_0\cos\omega t \tag{31.22}$$

を得る．対応する斉次微分方程式の特性方程式は $L\lambda^2 + R\lambda + \frac{1}{C} = 0$ であるから $\lambda = -\frac{R}{2L} \pm \sqrt{\left(\frac{R}{2L}\right)^2 - \frac{1}{LC}}$．$R > 0$ であるから λ は純虚数にならない．式 (31.22) の特殊解を $I_p = K_1\cos\omega t + K_2\sin\omega t$ とおいて微分方程式 (31.22) に代入すると

$$\omega V_0\cos\omega t = \omega(-SK_1 + RK_2)\cos\omega t + \omega(-RK_1 - SK_2)\sin\omega t, \quad S := \omega L - \frac{1}{\omega C}$$

を得る．S はリアクタンスと呼ばれる．係数比較して得られる K_1, K_2 に関する連立方程式を行列で書けば

$$A \begin{pmatrix} K_1 \\ K_2 \end{pmatrix} = \begin{pmatrix} V_0 \\ 0 \end{pmatrix}, \quad A := \begin{pmatrix} -S & R \\ -R & -S \end{pmatrix}.$$

ここで, $R > 0$ である限り $\det A \neq 0$ であるから A^{-1} は存在する. 上式の両辺に左から A^{-1} を掛ければ K_1, K_2 が得られる.

$$\begin{pmatrix} K_1 \\ K_2 \end{pmatrix} \overset{(31.8)}{=} \frac{1}{S^2 + R^2} \begin{pmatrix} -S & -R \\ R & -S \end{pmatrix} \begin{pmatrix} V_0 \\ 0 \end{pmatrix} = \frac{1}{S^2 + R^2} \begin{pmatrix} -SV_0 \\ RV_0 \end{pmatrix}. \tag{31.23}$$

[2] 三角関数の合成を行うと

$$I_p = \sqrt{K_1^2 + K_2^2} \left(\frac{K_1}{\sqrt{K_1^2 + K_2^2}} \cos\omega t + \frac{K_2}{\sqrt{K_1^2 + K_2^2}} \sin\omega t \right) = I_0(\omega)\sin(\omega t - \delta),$$

$$I_0(\omega) := \sqrt{K_1^2 + K_2^2} \overset{(31.23)}{=} \frac{V_0}{\sqrt{S^2 + R^2}}, \quad \tan\delta = -\frac{K_1}{K_2} \overset{(31.23)}{=} \frac{S}{R}. \tag{31.24}$$

$I_0(\omega)$ を ω の関数と見なしたとき, 明らかに $S = 0$, 即ち $\omega = \frac{1}{\sqrt{LC}}$ において $I_0(\omega)$ は最大値 $\frac{V_0}{R}$ をとる.

> **【補足】** 非斉次線形微分方程式 (31.22) の一般解を $I(t) = I_h(t) + I_p(t)$ と書いたとき, 斉次微分方程式の一般解の部分 $I_h(t)$ は, $R > 0$ である限り時間 t の経過と共に間もなく減衰し, 最終的に回路に流れる電流は $I_p(t)$ となる. そして, $\frac{V_0}{I_0(\omega)} = \sqrt{S^2 + R^2}$ が成り立つため, インピーダンスと呼ばれる量 $\sqrt{S^2 + R^2}$ が実効的に抵抗の役割を果たすことがわかる. 設問 [2] の結果は, $S = 0$ となる角振動数 $\omega = \frac{1}{\sqrt{LC}}$ をもつ外部電圧をかけたとき, 回路に流れる電流が最大となることを表している.

【問題 15.5】（問題文は ☞ p.86）

[1] $y = C_1(x)y_1 + C_2(x)y_2$ を微分して, 与えられた条件 $y_1C_1' + y_2C_2' = 0 \cdots (*)$ を用いると $y' = C_1y_1' + C_2y_2'$. これを更に微分すると $y'' = C_1'y_1' + C_2'y_2' + C_1y_1'' + C_2y_2''$. これらを非斉次微分方程式 (15.1) に代入すると

$$\begin{aligned} f(x) &= y'' + 2ay' + by \\ &= (C_1'y_1' + C_2'y_2' + C_1y_1'' + C_2y_2'') + 2a(C_1y_1' + C_2y_2') + b(C_1y_1 + C_2y_2) \\ &= C_1(y_1'' + 2ay_1' + by_1) + C_2(y_2'' + 2ay_2' + by_2) + C_1'y_1' + C_2'y_2' = C_1'y_1' + C_2'y_2'. \end{aligned} \tag{31.25}$$

最後の等号では y_1, y_2 が斉次微分方程式 (15.2) の解であることを用いた. 式 $(*)$ と式 (31.25) を行列で書くと

$$A \begin{pmatrix} C_1' \\ C_2' \end{pmatrix} = \begin{pmatrix} 0 \\ f(x) \end{pmatrix}, \quad A := \begin{pmatrix} y_1 & y_2 \\ y_1' & y_2' \end{pmatrix}.$$

仮定より $W(y_1, y_2) = \det A \neq 0$ であるから, A の逆行列は存在して

$$\begin{pmatrix} C_1' \\ C_2' \end{pmatrix} \overset{(31.8)}{=} \frac{1}{W(y_1, y_2)} \begin{pmatrix} y_2' & -y_2 \\ -y_1' & y_1 \end{pmatrix} \begin{pmatrix} 0 \\ f \end{pmatrix} = \frac{1}{W(y_1, y_2)} \begin{pmatrix} -y_2 f \\ y_1 f \end{pmatrix}.$$

こうして得られた $C_1'(x), C'(x)$ を積分することで次を得る.

$$C_1(x) = -\int \frac{y_2(x)f(x)}{W(y_1, y_2)} dx, \quad C_2(x) = \int \frac{y_1(x)f(x)}{W(y_1, y_2)} dx. \tag{31.26}$$

> 【補足】 $C_1(x), C_2(x)$ を表す式 (31.26) の積分に積分定数 D_1, D_2 を付け加えることで、$y = C_1(x)y_1 + C_2(x)y_2$ に斉次微分方程式の一般解の部分 $y_h = D_1 y_1 + D_2 y_2$ を含ませることができる.

[2] 対応する斉次微分方程式の特性方程式は $\lambda^2 + 1 = 0$ であり、$\lambda = \pm i$. したがって、$y_1 = \cos x$, $y_2 = \sin x$ とすると、$W(y_1, y_2) = \cos^2 x + \sin^2 x = 1$, $f(x) = \frac{1}{\cos x}$ を用いて、$C_1(x) \overset{(31.26)}{=} -\int \sin x \cdot \frac{1}{\cos x} dx = \int \frac{(\cos x)'}{\cos x} dx = \ln|\cos x| + D_1$, $C_2(x) \overset{(31.26)}{=} \int \cos x \cdot \frac{1}{\cos x} dx = \int dx = x + D_2$. ここで、$D_1, D_2$ は積分定数. したがって、一般解は $y = C_1(x)y_1 + C_2(x)y_2 = D_1 \cos x + D_2 \sin x + \cos x \ln|\cos x| + x \sin x$.

[3] 非斉次線形微分方程式 $y'' + \omega^2 y = f(x)$, $(\omega \neq 0)$ において、非斉次項 $f(x)$ が余弦・正弦関数の線形結合 $f(x) = k_1 \cos\omega x + k_2 \sin\omega x$ であるとき、特殊解 y_p は適当な係数 K_1, K_2 を用いて $y_p = x(K_1 \cos\omega x + K_2 \sin\omega x)$ と書けることを示す. 対応する斉次微分方程式の 2 つの解として $y_1 = \cos\omega x$, $y_2 = \sin\omega x$ を選ぶと、$W(y_1, y_2) = \omega(\cos^2\omega t + \sin^2\omega t) = \omega$ であることを用いれば

$$C_1(x) \overset{(31.26)}{=} -\int \frac{\sin\omega x(k_1 \cos\omega x + k_2 \sin\omega x)}{\omega} dx$$
$$= -\frac{k_1}{2\omega}\int \sin 2\omega x\, dx + \frac{k_2}{2\omega}\int(\cos 2\omega x - 1)dx = \frac{k_1}{4\omega^2}\cos 2\omega x + \frac{k_2}{4\omega^2}\sin 2\omega x - \frac{k_2}{2\omega}x + D_1,$$
$$C_2(x) \overset{(31.26)}{=} \int \frac{\cos\omega x(k_1 \cos\omega x + k_2 \sin\omega x)}{\omega} dx$$
$$= \frac{k_1}{2\omega}\int(\cos 2\omega x + 1)dx + \frac{k_2}{2\omega}\int \sin 2\omega x\, dx = \frac{k_1}{4\omega^2}\sin 2\omega x - \frac{k_2}{4\omega^2}\cos 2\omega x + \frac{k_1}{2\omega}x + D_2$$

を得る. ここで、D_1, D_2 は積分定数. したがって

$$y = C_1(x)\cos x + C_2(x)\sin x = E_1 \cos\omega x + E_2 \sin\omega x + x\left(-\frac{k_2}{2\omega}\cos\omega x + \frac{k_1}{2\omega}\sin\omega x\right).$$

ここで、$E_1 := D_1 + \frac{k_1}{4\omega^2}$, $E_2 := D_2 + \frac{k_2}{4\omega^2}$. 右辺第 1,2 項は斉次微分方程式の一般解 y_h, 第 3,4 項は y_p を表している.

> 【補足】 本問では解の形 (15.3) を定数変化法の結果 (15.7) から導いたが、本章で論じられた未定係数法で仮定される他の解の形も一般的な結果 (15.7) から導くことができる.

第IV部

【問題 16.1】（問題文は ☞ p.94）

[1] $r = \sqrt{(e^t \cos t)^2 + (e^t \sin t)^2 + t^2} = \sqrt{e^{2t} + t^2}$.

[2] $z = x^2 - y^2$ に $y = 0$ を代入すると $z = x^2$ となるが、これは曲面 $z = x^2 - y^2$ を平面 $y = 0$ で切ると、その切り口が放物線 $y = x^2$ となることを表している. 同様に、$y = \pm 1$ による切り口は $z = x^2 - 1$, $y = \pm 2$ による切り口は $z = x^2 - 4$, ... と無数の放物線が得られる. それらを連ねると図 31.10(a) にあるような $z = x^2 - y^2$ のグラフが得られる. 平面 $x = x_0 = (一定)$ による切り口 $z = -y^2 + x_0^2$ を連ねて描いてもよい.

[3] xy 平面上の各点 (x, y) に、その点を始点とするベクトル $\boldsymbol{A}(x, y)$ を描いてみると、図 31.11(a) のように原点を中心とした時計回りの渦が得られる. ベクトルの大きさは、$\|\boldsymbol{A}\| = \frac{\|y\boldsymbol{i} - x\boldsymbol{j}\|}{r} = \frac{\sqrt{(-y)^2 + x^2}}{r} = 1$ と、いたるところ一定である.

[4] V は原点を中心とする半径 2 の球体から，原点を中心とする半径 1 の球体を取り除いた立体の $z \geq 0$ にある部分である．したがって，$W = \{(r, \theta, \phi) : 1 \leq r \leq 2, 0 \leq \theta \leq \pi/2, 0 \leq \phi < 2\pi\}$．

[5] S は平面 $z = 4 - 2x - 3y$ の x, y, z が非負の領域の部分である．したがって，$\boldsymbol{r}(x, y) = x\boldsymbol{i} + y\boldsymbol{j} + (4 - 2x - 3y)\boldsymbol{k}$, $(2x + 3y \leq 4, x \geq 0, y \geq 0)$．

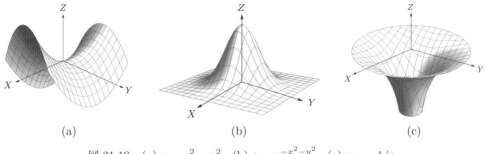

図 31.10 (a) $z = x^2 - y^2$. (b) $z = e^{-x^2 - y^2}$. (c) $z = -1/r$.

【問題 16.2】（問題文は ☞ p.94）

[1] (a) $e^{-x^2 - y^2}$ が xy 平面上での原点からの距離 $r = \sqrt{x^2 + y^2}$ にしか依存しないことに着目する．xy 平面上に極座標 $(x, y) = (r \cos \phi, r \sin \phi)$ を導入すると，求める曲面は $z = e^{-r^2}$ と書ける．これは，曲面 $z = e^{-x^2 - y^2}$ の平面 $\phi = \phi_0 = (一定)$ による切り口が $z = e^{-r^2}$ であり，ϕ_0 に依存しないことを表している．したがって，グラフは図 31.10(b) のようになる．

(b) 設問 (a) と同様，極座標で考えると $\phi = \phi_0$ での切り口が $z = -1/r$ であり，求めるグラフはそれを z 軸周りに回転させて得られる曲面（☞ 図 31.10(c)）である．

> **【補足】** $z = e^{-x^2 - y^2}$ は統計学で現れる 2 次元の**正規分布**または**ガウス分布**のグラフを適当に拡大・縮小したものである．一方，$-1/r$ という関数は力学や電磁気学などでポテンシャルとして頻繁に現れる．

[2] (a) $(x, y) = (1, 0)$ においては $\boldsymbol{A} = \frac{(1, 0)}{\|(1, 0)\|} = (1, 0)$ を描き，$(x, y) = (1, 1)$ においては $\boldsymbol{A} = \frac{(1, 1)}{\|(1, 1)\|} = \frac{1}{\sqrt{2}}(1, 1)$ を描き，$\cdots$ とこれを繰り返すと，図 31.11(b) のように原点から外向きに向かう放射状のベクトル場が得られる．ベクトルの大きさは $\|\boldsymbol{A}\| = \frac{\|\boldsymbol{r}\|}{r} = 1$ と，いたるところ一定である．

(b) 設問 (a) と同様，$\boldsymbol{A}$ は $\boldsymbol{r}$ と平行なので放射状のベクトル場を表すが，負符号が付いているので内向きである（☞ 図 31.11(c)）．また，ベクトルの大きさは $\|\boldsymbol{A}\| = \frac{\|-\boldsymbol{r}\|}{r^3} = \frac{1}{r^2}$ と，原点から離れるほど小さくなる．

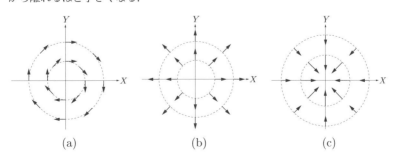

図 31.11 (a) $\boldsymbol{A}(x, y) = \frac{1}{r}(y\boldsymbol{i} - x\boldsymbol{j})$. (b) $\boldsymbol{A}(x, y) = \frac{\boldsymbol{r}}{r}$. (c) $\boldsymbol{A}(x, y) = -\frac{\boldsymbol{r}}{r^3}$.

【問題 16.3】（問題文は ☞ p.94）

IV

解答

[1] 式 (16.2) を成分ごとに書くと

$$x = r\sin\theta\cos\phi, \quad y = r\sin\theta\sin\phi, \quad z = r\cos\theta. \tag{31.27}$$

これらを用いると, $\sqrt{x^2+y^2} = \sqrt{(r\sin\theta\cos\phi)^2 + (r\sin\theta\sin\phi)^2} = r\sin\theta\cdots(*)$, $\sqrt{x^2+y^2+y^2} = \sqrt{r^2\sin^2\theta + (r\cos\theta)^2} = r$. 式 $(*)$ を (31.27) 第 3 式で割ると $\tan\theta = \frac{\sqrt{x^2+y^2}}{z}$ を得る. また, (31.27) 第 2 式を第 1 式で割れば $\tan\phi = \frac{y}{x}$ を得る.

[2] $r\theta\phi$ 空間の点 $Q(r,\theta,\phi)$ は, 写像 (16.2) によって xyz 空間の点 $P(r\sin\theta\cos\phi, r\sin\theta\sin\phi, r\cos\theta)$ に写されるとする (☞ 図 31.12(a)). すると, 点 $Q'(r+\Delta r, \theta+\Delta\theta, \phi+\Delta\phi)$ は点 P から僅かに離れた点 P' に写される. QQ' を対角線とする $r\theta\phi$ 空間内の直方体の残りの 6 頂点についても同様に考えれば, その直方体は図 31.12(a) にあるような球殻の一部に写されることがわかる. $\Delta r, \Delta\theta, \Delta\phi$ が十分小さいことを考慮すると, その体積は点 P を含む球面の一部 (網掛け部分) の面積 ΔS と球殻の厚み Δr の積で近似できる. したがって, 立体の体積 ΔV は $\Delta V \simeq \Delta S \times \Delta r \simeq (r\Delta\theta \times r\sin\theta\Delta\phi) \times \Delta r = r^2\sin\theta\Delta r\Delta\theta\Delta\phi$ であることがわかる (比較 ☞ 式 (27.7)).

> 【補足】 ΔV は体積要素と呼ばれ, その系統的な扱いは 27 章で学ぶ.

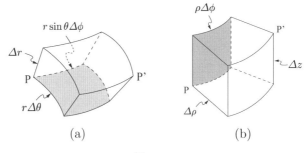

図 31.12

【問題 16.4】 (問題文は ☞ p.94)

[1] 式 (16.4) を成分ごとに書くと

$$x = \rho\cos\phi, \quad y = \rho\sin\phi, \quad z = z. \tag{31.28}$$

式 (31.28) より, $\sqrt{x^2+y^2} = \sqrt{(\rho\cos\phi)^2 + (\rho\sin\phi)^2} = \rho$. (31.28) 第 2 式を第 1 式で割れば $\tan\phi = \frac{y}{x}$.

[2] $\rho\phi z$ 空間内における点 $Q(\rho,\phi,z)$ は, 写像 (16.4) によって xyz 空間における点 $P(\rho\cos\phi, \rho\sin\phi, z)$ に写されるとする (☞ 図 31.12(b)). すると, 点 $Q'(\rho+\Delta\rho, \phi+\Delta\phi, z+\Delta z)$ は点 P から僅かに離れた点 P' に写される. QQ' を対角線とする $\rho\phi z$ 空間内の直方体の残りの 6 頂点についても同様に考えれば, その直方体は図 31.12(b) にあるような円柱の一部に写されることがわかる. $\Delta\rho, \Delta\phi, \Delta z$ が十分小さいことを考慮すると, その体積は点 P を含む円筒の一部 (網掛け部分) の面積 ΔS と厚み $\Delta\rho$ の積で与えられる. したがって, 立体の体積 ΔV は $\Delta V \simeq \Delta S \times \Delta\rho \simeq (\rho\Delta\phi \times \Delta z) \times \Delta\rho = \rho\Delta\rho\Delta\phi\Delta z$ であることがわかる (比較 ☞ 式 (31.75)).

【問題 16.5】 (問題文は ☞ p.95)

[1] $R(\theta,\phi) = |\cos\theta|$ は ϕ に依存しないため, 求める曲面の $\phi = $ (一定) による切り口は ϕ に依らない. また, $R(\pi-\theta,\phi) = R(\theta,\phi)$ より, 曲面は xy 平面に関して面対称である. したがって, 曲面の $\phi = 0$ による切り口を zx 平面の第 1 象限で考えれば十分である (☞ 図 31.13(a)). すると, 曲面

の切り口は $(x, z) = \cos\theta(\sin\theta, \cos\theta)$ で表される点の軌跡（円：$x^2 + (z - 1/2)^2 = 1/4$ の一部）になっている．よって，求める曲面は図 31.13(b) のようになる．

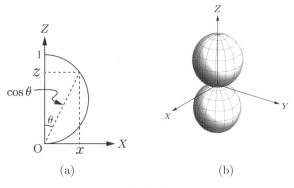

(a)　　　　　　　　　　　　　　(b)

図 31.13

[2] 求める曲面と $\phi = $ (一定) および $z = $ (一定) の交点の z 軸との距離が $P(\phi, z) = |z|$ である．したがって，求める曲面は図 31.14(a) のような円錐面になる．

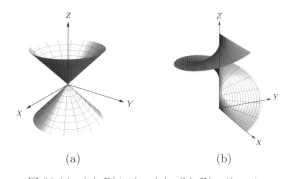

(a)　　　　　　　　　　　　　　(b)

図 31.14　(a) $P(\phi, z) = |z|$. (b) $Z(\rho, \phi) = \phi$.

[3] 求める曲面と $\rho = $ (一定) および $\phi = $ (一定) の交点の xy 平面との距離が $Z(\rho, \phi) = \phi$ である．この距離は ρ に依存せず，ϕ の増加関数であることを考えると，求める曲面は図 31.14(b) のような**螺旋面**になることがわかる．

【問題 17.1】（問題文は ☞ p.100）

[1] $f_x = 2xy^3$, $f_y = 3x^2y^2$ を用いて，$df = f_x dx + f_y dy = 2xy^3 dx + 3x^2y^2 dy$.

[2] $g_x = (xy^2)_x \cos xy^2 = y^2 \cos xy^2$, $g_y = (xy^2)_y \cos xy^2 = 2xy \cos xy^2$ をそれぞれ y, x で偏微分すると，$g_{xy} = \partial_y g_x = 2y \cos xy^2 + y^2(xy^2)_y(-\sin xy^2) = 2y \cos xy^2 - 2xy^3 \sin xy^2$, $g_{yx} = \partial_x g_y = 2y \cos xy^2 + 2xy(xy^2)_x(-\sin xy^2) = 2y \cos xy^2 - 2xy^3 \sin xy^2$. したがって，$g_{xy} = g_{yx}$ が成立している．

[3] 逆三角関数の微分公式 (5.9) を用いて

$$h_x = \frac{1}{1 + \left(\frac{y}{x}\right)^2} \cdot \left(-\frac{y}{x^2}\right) = -\frac{y}{x^2 + y^2}, \quad h_y = \frac{1}{1 + \left(\frac{y}{x}\right)^2} \cdot \frac{1}{x} = \frac{x}{x^2 + y^2}. \tag{31.29}$$

これらを用いると，$h_x(1,1) = -\frac{1}{2}$, $h_y(1,1) = \frac{1}{2}$, $h(1,1) = \mathrm{Tan}^{-1} 1 = \frac{\pi}{4}$. これらを式 (17.3) へ代入すると，求める接平面は $z = -\frac{1}{2}(x - 1) + \frac{1}{2}(y - 1) + \frac{\pi}{4}$.

[4]

(a) 一般の連鎖律 (17.8) で $l = m = 2$, $n = 1$ の場合に相当する. $x'(t) = 3e^{3t} = 3x$, $y'(t) = -3e^{-3t} = -3y$ を用いて, $\frac{df}{dt} = \frac{\partial f}{\partial x}\frac{dx}{dt} + \frac{\partial f}{\partial y}\frac{dy}{dt} = \frac{1}{2} \cdot 3e^{3t} - \frac{1}{2} \cdot (-3e^{-3t}) = 3\cosh 3t$, $\frac{dg}{dt} = \frac{\partial g}{\partial x}\frac{dx}{dt} + \frac{\partial g}{\partial y}\frac{dy}{dt} = \frac{2y}{(x+y)^2} \cdot 3x - \frac{2x}{(x+y)^2} \cdot (-3y) = \frac{12xy}{(x+y)^2} = \frac{3}{\cosh^2 3t}$.

(b) 一般の連鎖律 (17.8) で $l = m = n = 2$ の場合に相当する. $\frac{\partial f}{\partial r} = \frac{\partial f}{\partial x}\frac{\partial x}{\partial r} + \frac{\partial f}{\partial y}\frac{\partial y}{\partial r} = 2x \cdot \cos\theta + 2y \cdot \sin\theta = 2r$, $\frac{\partial f}{\partial \theta} = \frac{\partial f}{\partial x}\frac{\partial x}{\partial \theta} + \frac{\partial f}{\partial y}\frac{\partial y}{\partial \theta} = 2x \cdot (-r\sin\theta) + 2y \cdot r\cos\theta = 0$, $\frac{\partial g}{\partial r} = \frac{\partial g}{\partial x}\frac{\partial x}{\partial r} + \frac{\partial g}{\partial y}\frac{\partial y}{\partial r} = -\frac{y}{x^2} \cdot \cos\theta + \frac{1}{x} \cdot \sin\theta = 0$, $\frac{\partial g}{\partial \theta} = \frac{\partial g}{\partial x}\frac{\partial x}{\partial \theta} + \frac{\partial g}{\partial y}\frac{\partial y}{\partial \theta} = -\frac{y}{x^2} \cdot (-r\sin\theta) + \frac{1}{x} \cdot r\cos\theta = \tan^2\theta + 1$.

【問題 17.2】（問題文は ☞ p.101）

[1] $V(r, h) = \frac{1}{3} \times (底面積\pi r^2) \times (高さ~h) = \frac{1}{3}\pi r^2 h$. ここで, $V(r, h)$ は V を r, h の関数と見なすことを表している. 全微分の公式 (17.5) を 1 次近似の式と見なせば $\Delta V = V_r \Delta r + V_h \Delta h = \frac{2}{3}\pi rh\Delta r + \frac{1}{3}\pi r^2 \Delta h$.

[2] $r = \ell\sin\theta$, $h = \ell\cos\theta$ が成り立つから, 体積は $V(r, h) = V(\ell\sin\theta, \ell\cos\theta)$ のように, ℓ, θ の関数と見なすことも出来る. すると, 全微分の公式 (17.5) より $\Delta V = V_\ell \Delta\ell + V_\theta \Delta\theta \cdots (*)$ と表せる. 一方, 連鎖律 (17.7) より, $V_\ell = V_r r_\ell + V_h h_\ell = \frac{2}{3}\pi rh \cdot \sin\theta + \frac{1}{3}\pi r^2 \cdot \cos\theta = \pi\ell^2 \cos\theta\sin^2\theta$, $V_\theta = V_r r_\theta + V_h h_\theta = \frac{2}{3}\pi rh \cdot \ell\cos\theta + \frac{1}{3}\pi r^2 \cdot (-\ell\sin\theta) = \frac{1}{3}\pi\ell^3(2\cos^2\theta\sin\theta - \sin^3\theta)$ を得る. これらを式 $(*)$ へ代入すれば $\Delta V = \pi\ell^2 \cos\theta\sin^2\theta\Delta\ell + \frac{1}{3}\pi\ell^3(2\cos^2\theta\sin\theta - \sin^3\theta)\Delta\theta$.

> **【補足】** 体積を ℓ, θ で表すと, $V = \frac{1}{3}\pi\ell^3 \cos\theta\sin^2\theta$. これを式 $(*)$ へ代入しても同じ結果を得る.

【問題 17.3】（問題文は ☞ p.101）

[1] $d(\alpha f + \beta g) = (\alpha f + \beta g)_x dx + (\alpha f + \beta g)_y dy = \alpha(f_x dx + f_y dy) + \beta(g_x dx + g_y dy) = \alpha df + \beta dg$.

[2] $d(fg) = (fg)_x dx + (fg)_y dy = (f_x g + fg_x)dx + (f_y g + fg_y)dy = g(f_x dx + f_y dy) + f(g_x dx + g_y dy) = gdf + fdg$.

[3] $d\left(\frac{f}{g}\right) = \left(\frac{f}{g}\right)_x dx + \left(\frac{f}{g}\right)_y dy = \frac{f_x g - fg_x}{g^2}dx + \frac{f_y g - fg_y}{g^2}dy = \frac{g(f_x dx + f_y dy) - f(g_x dx + g_y dy)}{g^2} = \frac{gdf - fdg}{g^2}$.

> **【補足】** このように, 全微分には微分に関する線形性 (1.9), 積の微分法 (1.10), 商の微分法 (1.11) とよく似た性質がある. 1 変数関数 $f(x)$ に関しても, $df := f'(x)dx$ と全微分を定義すれば, 設問 [1]–[3] で示した性質をもつ. 変数を増やして, $f(x, y, z)$ に関して $df := f_x dx + f_y dy + f_z dz$ と定義しても, 設問 [1]–[3] の性質がある.

【問題 17.4】（問題文は ☞ p.101）

[1] r を x, y, z の関数と見なして偏導関数を求めると $r_x = \frac{(x^2+y^2+z^2)_x}{2\sqrt{x^2+y^2+z^2}} = \frac{2x}{2\sqrt{x^2+y^2+z^2}} = \frac{x}{r}$. y, z についても同様に, $r_y = \frac{y}{r}$, $r_z = \frac{z}{r}$. したがって $(r_x, r_y, r_z) = \left(\frac{x}{r}, \frac{y}{r}, \frac{z}{r}\right) = \frac{\mathbf{r}}{r}$.

[2] 合成関数 $f(r(x, y, z))$ の偏微分である. 一般の連鎖律 (17.8) の $l = m = 1$, $n = 3$ の場合に相当し, $f_x = \frac{\partial f}{\partial x} \overset{(17.8)}{=} \frac{df}{dr}\frac{\partial r}{\partial x} = f'(r)\frac{x}{r}$. 同様にして, $f_y = f'(r)\frac{y}{r}$, $f_z = f'(r)\frac{z}{r}$ を得るから $(f_x, f_y, f_z) = f'(r)\frac{\mathbf{r}}{r} \cdots (*)$.

[3] $f'(r) = \left(-\frac{1}{r}\right)' = \frac{1}{r^2}$ を式 $(*)$ へ代入すると, $(f_x, f_y, f_z) = \frac{\mathbf{r}}{r^3}$.

【補足】 質量 m の物体が外力 $\boldsymbol{F}$ を受けて運動するとき，位置ベクトル $\boldsymbol{r}(t)$ はニュートンの運動方程式 $m\dfrac{d^2\boldsymbol{r}}{dt^2} = \boldsymbol{F}$ に従う．また，あるスカラー場 $\varphi(x,y,z)$ を用いて $\boldsymbol{F} = -(\varphi_x, \varphi_y, \varphi_z)$ と書けるとき，外力 $\boldsymbol{F}$ を保存力，φ をポテンシャルという．質量 M の物体が原点にあるとき，位置 $\boldsymbol{r}$ にある質点がその物体から受ける重力は，ニュートンの万有引力の法則より $\boldsymbol{F} = -G\dfrac{Mm}{r^3}\boldsymbol{r}$ と書ける．ここで，G はニュートンの万有引力定数である．本問の結果を用いると，この重力は保存力であり，そのポテンシャルは $\varphi = -G\dfrac{Mm}{r}$ であることがわかる（☞ 問題 28.3）．

【問題 17.5】（問題文は ☞ p.101）

[1] 合成関数 $f(r(x,y), \theta(x,y))$ に連鎖律 (17.7) を用いると $f_x = f_r r_x + f_\theta \theta_x$．これを x で偏微分して再び連鎖律 (17.7) を用いると

$$f_{xx} \overset{(1.10)}{=} f_{rx}r_x + f_r r_{xx} + f_{\theta x}\theta_x + f_\theta \theta_{xx}$$
$$\overset{(17.7)}{=} (f_{rr}r_x + f_{r\theta}\theta_x)r_x + f_r r_{xx} + (f_{\theta r}r_x + f_{\theta\theta}\theta_x)\theta_x + f_\theta \theta_{xx} \tag{31.30}$$

を得る．f_{yy} は式 (31.30) で $x \leftrightarrow y$ の置き換えをしたものである．こうして得られた f_{xx}, f_{yy} の和をとると与式が得られる．

[2] 問題 17.4 (p.101) と同様に $r_x \overset{(4.1)}{=} \dfrac{(x^2+y^2)_x}{2\sqrt{x^2+y^2}} = \dfrac{2x}{2\sqrt{x^2+y^2}} = \dfrac{x}{r}$．もう一度偏微分して $r_{xx} \overset{(1.11)}{=} \dfrac{r - x r_x}{r^2} = \dfrac{r - x \cdot x/r}{r^2} = \dfrac{1}{r} - \dfrac{x^2}{r^3}$．$r_y, r_{yy}$ も同様にして得られる．$\tan\theta = \dfrac{y}{x}$ の両辺を x, y それぞれで偏微分すると，$(1 + \tan^2\theta)\theta_x = -\dfrac{y}{x^2}$，$(1 + \tan^2\theta)\theta_y = \dfrac{1}{x}$．したがって

$$\theta_x = \frac{1}{1 + \left(\frac{y}{x}\right)^2} \cdot \left(-\frac{y}{x^2}\right) = -\frac{y}{x^2+y^2}, \quad \theta_y = \frac{1}{1 + \left(\frac{y}{x}\right)^2} \cdot \frac{1}{x} = \frac{x}{x^2+y^2}. \tag{31.31}$$

これらをそれぞれ，x, y で偏微分すると

$$\theta_{xx} = \frac{y(x^2+y^2)_x}{(x^2+y^2)^2} = \frac{2xy}{(x^2+y^2)^2}, \quad \theta_{yy} = -\frac{x(x^2+y^2)_y}{(x^2+y^2)^2} = -\frac{2xy}{(x^2+y^2)^2}. \tag{31.32}$$

[3] 設問 [2] の結果を [1] の結果に代入し整理すると与式を得る．

【補足】 $f(x,y)$ を未知関数，$g(x,y)$ を与えられた関数として，ニュートン力学・電磁気学・流体力学には，ポアソン方程式 $f_{xx} + f_{yy} = g(x,y)$ やラプラス方程式 $f_{xx} + f_{yy} = 0$ といった偏微分方程式が頻繁に現れる（☞ 23 章）．そのとき，デカルト座標よりも極座標を用いた方が都合がよいことも多い．その際に活躍するのが，本問で扱った $f_{xx} + f_{yy}$ の極座標への書き換えである．

【問題 17.6】（問題文は ☞ p.102）

[1] 合成関数 $f(r(x,y,z), \theta(x,y,z), \phi(x,y,z))$ に連鎖律 (17.8) で $l = 1, m = n = 3$ としたものを用いると $f_x = f_r r_x + f_\theta \theta_x + f_\phi \phi_x$．これをもう一度 x で微分すると

$$f_{xx} \overset{(1.10)}{=} f_{rx}r_x + f_r r_{xx} + f_{\theta x}\theta_x + f_\theta \theta_{xx} + f_{\phi x}\phi_x + f_\phi \phi_{xx}$$
$$\overset{(17.8)}{=} (f_{rr}r_x + f_{r\theta}\theta_x + f_{r\phi}\phi_x)r_x + f_r r_{xx}$$
$$+ (f_{\theta r}r_x + f_{\theta\theta}\theta_x + f_{\theta\phi}\phi_x)\theta_x + f_\theta \theta_{xx}$$
$$+ (f_{\phi r}r_x + f_{\phi\theta}\theta_x + f_{\phi\phi}\phi_x)\phi_x + f_\phi \phi_{xx}.$$

f_{yy}, f_{zz} はこの式においてそれぞれ，$x \leftrightarrow y$, $x \leftrightarrow z$ の置き換えをしたものである．こうして得られた f_{xx}, f_{yy}, f_{zz} の和をとり整理すると与式が得られる．

[2] 問題 17.5 と同様に $r_x = \frac{x}{r}$. これをもう一度 x で偏微分すれば, $r_{xx} \overset{(1.11)}{=} \frac{r - x r_x}{r^2} = \frac{r - x \cdot x/r}{r^2} = \frac{1}{r} - \frac{x^2}{r^3}$. r_{yy}, r_{zz} はこの式においてそれぞれ, $x \leftrightarrow y$, $x \leftrightarrow z$ の置き換えをしたものである.
$\rho = \sqrt{x^2 + y^2}$ とおくと $\tan\theta = \frac{\rho}{z}$ (☞ 問題 16.3). これを x で偏微分すると $(1 + \tan^2\theta)\theta_x = \frac{\rho_x}{z}$. したがって, $\rho_x = \frac{x}{\rho}$ であることに注意して

$$\theta_x = \frac{1}{1 + \left(\frac{\rho}{z}\right)^2} \cdot \frac{\rho_x}{z} = \frac{1}{1 + \left(\frac{\rho}{z}\right)^2} \cdot \frac{x}{\rho z} = \frac{xz}{r^2 \rho}. \tag{31.33}$$

この式を更に x で偏微分すると

$$\theta_{xx} \overset{(1.11)}{=} \frac{zr^2\rho - xz(r^2\rho)_x}{r^4\rho^2} = \frac{zr^2\rho - xz(2rr_x\rho + r^2\rho_x)}{r^4\rho^2} = \frac{z(y^2 r^2 - 2x^2\rho^2)}{r^4\rho^3}. \tag{31.34}$$

θ_y, θ_{yy} はそれぞれ, 式 (31.33), (31.34) において $x \leftrightarrow y$ の入れ替えを行なったものである. θ_z, θ_{zz} も同様の計算により得られる.

$\phi_x, \phi_y, \phi_{xx}, \phi_{yy}$ は式 (31.31), (31.32) と同様の計算で得られる.

[3] 設問 [2] の結果を設問 [1] の結果に代入し整理すると与式を得る.

> **【補足】** $f(x, y, z)$ を未知関数, $g(x, y, z)$ を与えられた関数として, ニュートン力学・電磁気学には, ポアソン方程式 $f_{xx} + f_{yy} + f_{zz} = g(x, y, z)$ やラプラス方程式 $f_{xx} + f_{yy} + f_{zz} = 0$ が頻繁に現れる (☞ 23 章). そのとき, デカルト座標よりも球座標 (16.2) や円筒座標 (16.4) を用いた方が都合がよいことも多い. その際に活躍するのが, 本問で扱った $f_{xx} + f_{yy} + f_{zz}$ の球座標への書き換えである.
>
> なお, 円筒座標 (ρ, ϕ, z) への書き換えは, $f_{xx} + f_{yy} + f_{zz}$ における $f_{xx} + f_{yy}$ の部分を式 (17.9) に従って変換すれば
>
> $$\frac{\partial^2 f}{\partial x^2} + \frac{\partial^2 f}{\partial y^2} + \frac{\partial^2 f}{\partial z^2} = \frac{1}{\rho}\frac{\partial}{\partial\rho}\left(\rho\frac{\partial f}{\partial\rho}\right) + \frac{1}{\rho^2}\frac{\partial^2 f}{\partial\phi^2} + \frac{\partial^2 f}{\partial z^2}.$$

【問題 18.1】（問題文は ☞ p.105）

[1] $f(x, y) = x^2 + xy$ の 2 階導関数まで求めると, $f_x = 2x + y$, $f_y = x$, $f_{xx} = 2$, $f_{xy} = 1$, $f_{yy} = 0$. これらに $(x, y) = (2, 1)$ を代入して $f(2, 1) = 6$, $f_x(2, 1) = 5$, $f_y(2, 1) = 2$, $f_{xx}(2, 1) = 2$, $f_{xy}(2, 1) = 1$, $f_{yy}(2, 1) = 0$. したがって, $f(x, y) = f(2, 1) + f_x(2, 1)(x - 2) + f_y(2, 1)(y - 1) + \frac{1}{2!}\left[f_{xx}(2, 1)(x - 2)^2 + 2f_{xy}(2, 1)(x - 2)(y - 1) + f_{yy}(2, 1)(y - 1)^2\right] = 6 + 5(x - 2) + 2(y - 1) + (x - 2)^2 + (x - 2)(y - 1)$.

[2] $g(x, y) = \cosh(x - y)$ を偏微分する. 双曲線関数の微分 (6.11),(6.12) を用いて, $g_x = (x - y)_x \sinh(x - y) = \sinh(x - y)$, $g_y = (x - y)_y \sinh(x - y) = -\sinh(x - y)$, $g_{xx} = \cosh(x - y)$, $g_{xy} = -\cosh(x - y)$, $g_{yy} = \cosh(x - y)$. これらより, $\cosh 0 = 1$, $\sinh 0 = 0$ に注意して, $g(0, 0) = g_{xx}(0, 0) = -g_{xy}(0, 0) = g_{yy}(0, 0) = 1$, $g_x(0, 0) = g_y(0, 0) = 0$. したがって, $g(x, y) = g(0, 0) + g_x(0, 0)x + g_y(0, 0)y + \frac{1}{2!}\left[g_{xx}(0, 0)x^2 + 2g_{xy}(0, 0)xy + g_{yy}(0, 0)y^2\right] + \cdots = 1 + \frac{1}{2}(x^2 - 2xy + y^2) + \cdots$.

> **【補足】** 別解として, $X := x - y$ を 1 つの変数と考え, 双曲線余弦関数のマクローリン展開 (11.12) を用いても得られる. また, 加法定理 (6.8) とマクローリン展開 (11.12),(11.13) を組み合わせても得られる.

[3] $p(x, y) = e^x \cos y$ を偏微分して, $p_x = e^x \cos y$, $p_y = -e^x \sin y$, $p_{xx} = e^x \cos y$, $p_{xy} = -e^x \sin y$, $p_{yy} = -e^x \cos y$. これらより, $e^0 = 1$, $\cos\frac{\pi}{4} = \sin\frac{\pi}{4} = \frac{1}{\sqrt{2}}$ に注意して, $p\left(0, \frac{\pi}{4}\right) = p_x\left(0, \frac{\pi}{4}\right) = -p_y\left(0, \frac{\pi}{4}\right) = p_{xx}\left(0, \frac{\pi}{4}\right) = -p_{xy}\left(0, \frac{\pi}{4}\right) = -p_{yy}\left(0, \frac{\pi}{4}\right) = \frac{1}{\sqrt{2}}$. したがって,

$$p(x,y) = p\left(0, \tfrac{\pi}{4}\right) + p_x\left(0, \tfrac{\pi}{4}\right)x + p_y\left(0, \tfrac{\pi}{4}\right)\left(y - \tfrac{\pi}{4}\right) + \tfrac{1}{2!}\left[p_{xx}\left(0, \tfrac{\pi}{4}\right)x^2 + 2p_{xy}\left(0, \tfrac{\pi}{4}\right)x\left(y - \tfrac{\pi}{4}\right) + p_{yy}\left(0, \tfrac{\pi}{4}\right)\left(y - \tfrac{\pi}{4}\right)^2\right] + \cdots = \tfrac{1}{\sqrt{2}} + \tfrac{1}{\sqrt{2}}x - \tfrac{1}{\sqrt{2}}\left(y - \tfrac{\pi}{4}\right) + \tfrac{1}{2\sqrt{2}}x^2 - \tfrac{1}{\sqrt{2}}x\left(y - \tfrac{\pi}{4}\right) - \tfrac{1}{2\sqrt{2}}\left(y - \tfrac{\pi}{4}\right)^2 + \cdots.$$

[4] $q(x,y) = \mathrm{Tan}^{-1}\tfrac{y}{x}$ を偏微分する. 逆三角関数の微分 (5.9) を用いて, $q_x = \tfrac{1}{1+(y/x)^2} \cdot \left(-\tfrac{y}{x^2}\right) = -\tfrac{y}{x^2+y^2}$, $q_y = \tfrac{1}{1+(y/x)^2} \cdot \tfrac{1}{x} = \tfrac{x}{x^2+y^2}$, $q_{xx} = -q_{yy} = \tfrac{2xy}{(x^2+y^2)^2}$, $q_{xy} = -\tfrac{x^2-y^2}{(x^2+y^2)^2}$. これらを用いると, $\mathrm{Tan}^{-1}0 = 0$ に注意して $q(1,0) = q_x(1,0) = q_{xx}(1,0) = q_{yy}(1,0) = 0$, $q_y(1,0) = -q_{xy}(1,0) = 1$. したがって, $q(x,y) = q(1,0) + q_x(1,0)(x-1) + q_y(1,0)y + \tfrac{1}{2!}\big[q_{xx}(1,0)(x-1)^2 + 2q_{xy}(1,0)(x-1)y + q_{yy}(1,0)y^2\big] + \cdots = y - (x-1)y + \cdots$.

【問題 18.2】 (問題文は ☞ p.106) x を固定して, $f(x,y)$ を y の関数と考えて 2 次までマクローリン展開すると

$$f(x,y) = f(x,0) + f_y(x,0)y + \frac{1}{2!}f_{yy}(x,0)y^2 + O(y^3).$$

次に, y^0, y^1, y^2 の係数を x の関数としてマクローリン展開する. ただし, $x^m y^n, (m+n \geq 3)$ という項はランダウの記号 O を用いて適当に省略して

$$\begin{aligned}
f(x,y) =& f(0,0) + f_x(0,0)x + \frac{1}{2!}f_{xx}(0,0)x^2 + O(x^3) \\
&+ \big[f_y(0,0) + f_{yx}(0,0)x + O(x^2)\big]y + \left[\frac{1}{2!}f_{yy}(0,0) + O(x)\right]y^2 + O(y^3) \\
=& f(0,0) + f_x(0,0)x + f_y(0,0)y \\
&+ \frac{1}{2!}\big[f_{xx}(0,0)x^2 + 2f_{xy}(0,0)xy + f_{yy}(0,0)y^2\big] + O(x^3, x^2 y, xy^2, y^3).
\end{aligned}$$

IV

解答

【問題 18.3】 (問題文は ☞ p.106) 合成関数 $z(t) = f(x,y)$, $x = a+th$, $y(t) = b+tk$ について式 (18.5) の成立を数学的帰納法で示す. $n=1$ のときは, 式 (18.4) より成立している. ある n に対して式 (18.5) が成立していると仮定する. このとき, 連鎖律 (17.6) を用いると

$$\begin{aligned}
z^{(n+1)}(t) &= \frac{d}{dt}[(h\partial_x + k\partial_y)^n f] = \partial_x[(h\partial_x + k\partial_y)^n f]x'(t) + \partial_y[(h\partial_x + k\partial_y)^n f]y'(t) \\
&= (h\partial_x + k\partial_y)[(h\partial_x + k\partial_y)^n f] = (h\partial_x + k\partial_y)^{n+1}f
\end{aligned}$$

となり, $n+1$ のときも成立している. したがって, 式 (18.5) は全ての自然数 n について成立している.

【問題 18.4】 (問題文は ☞ p.106) $z(t) = f(x,y)$, $x = a+th$, $y = b+tk$ として, $z(t)$ についてテイラーの定理 (11.15) を適用すると

$$f(a+h, b+k) = z(1) = \sum_{m=0}^{n} \frac{z^{(m)}(0)}{m!}1^m + \frac{z^{(n+1)}(\theta)}{(n+1)!}1^{n+1} \tag{31.35}$$

となる $\theta \in (0,1)$ が存在する. ところで, $z(t)$ の導関数については式 (18.5) が成り立つので, $z^{(m)}(0) = (h\partial_x + k\partial_y)^m f(a,b)$, $z^{(n+1)}(\theta) = (h\partial_x + k\partial_y)^{n+1}f(a+\theta h, b+\theta k)$ である. これらを式 (31.35) へ代入すれば式 (18.7) が得られる.

【問題 18.5】 (問題文は ☞ p.106) 関数 $g(x,y)$, $p(x,y)$ は問題 18.1 (p.105) に現れた関数なので, そこでの計算結果を利用する.

[1] 式 (18.7) において, $a = 0$, $b = 0$, $n = 1$ として, 文字を $h \to x$, $k \to y$ と書き換えて用いる.

$$g(x, y) = g(0,0) + g_x(0,0)x + g_y(0,0)y$$
$$+ \frac{1}{2!} \left[g_{xx}(\theta x, \theta y)x^2 + 2g_{xy}(\theta x, \theta y)xy + g_{yy}(\theta x, \theta y)y^2 \right]$$
$$= 1 + \frac{\cosh(\theta x - \theta y)}{2} \left(x^2 - 2xy + y^2 \right).$$

[2] 式 (18.7) において, $a = 0$, $b = \frac{\pi}{4}$, $n = 1$ として, 文字を $h \to x$, $k \to y$ と書き換えて用いる. さらに, $X := \theta x$, $Y := \frac{\pi}{4} + \theta \left(y - \frac{\pi}{4} \right)$ とおくと

$$p(x, y) = p\left(0, \frac{\pi}{4}\right) + p_x\left(0, \frac{\pi}{4}\right)x + p_y\left(0, \frac{\pi}{4}\right)\left(y - \frac{\pi}{4}\right)$$
$$+ \frac{1}{2!} \left[p_{xx}(X, Y)x^2 + 2p_{xy}(X, Y)x\left(y - \frac{\pi}{4}\right) + p_{yy}(X, Y)\left(y - \frac{\pi}{4}\right)^2 \right]$$
$$= \frac{1}{\sqrt{2}} + \frac{1}{\sqrt{2}}x - \frac{1}{\sqrt{2}}\left(y - \frac{\pi}{4}\right) + \frac{e^X}{2} \left\{ \left[x^2 - \left(y - \frac{\pi}{4}\right)^2 \right] \cos Y - 2x\left(y - \frac{\pi}{4}\right) \sin Y \right\}.$$

【問題 19.1】（問題文は ☞ p.110）

[1] $f_x = -2x + y + 1$, $f_y = x - 2y + 1$, $f_{xx} = -2$, $f_{xy} = 1$, $f_{yy} = -2$. 臨界点は連立方程式 $f_x = -2x + y + 1 = 0$, $f_y = x - 2y + 1 = 0$ を解いて $(x, y) = (1, 1)$. $D(1, 1) = f_{xx}(1,1)f_{yy}(1,1) - [f_{xy}(1,1)]^2 = (-2)(-2) - 1^2 = 3 > 0$, $f_{xx}(1,1) = -2 < 0$ より, $f(1,1) = 1$ は極大値.

[2] $g_x = 4x + 4y - 8$, $g_y = 4x - 2y - 2$, $g_{xx} = 4$, $g_{xy} = 4$, $g_{yy} = -2$. 臨界点は連立方程式 $g_x = 4x + 4y - 8 = 0$, $g_y = 4x - 2y - 2 = 0$ を解いて $(x, y) = (1, 1)$. $D(1, 1) = g_{xx}(1,1)g_{yy}(1,1) - [g_{xy}(1,1)]^2 = 4 \cdot (-2) - 4^2 = -24 < 0$ より, $g(1,1)$ は極値でない.

[3] $h_x = 3x^2 + 3y^2 - 6x$, $h_y = 6yx - 6y$, $h_{xx} = 6x - 6$, $h_{xy} = 6y$, $h_{yy} = 6x - 6$. 臨界点は連立方程式 $h_x = 3x^2 + 3y^2 - 6x = 0 \cdots (*)$, $h_y = 6yx - 6y = 0 \cdots (\dagger)$ を満たす点である. 式 $(\dagger)$ より $(x-1)y = 0$ であるから $x = 1$ または $y = 0$. $x = 1$ のとき式 $(*)$ より $y = -1$ または $y = 1$. $y = 0$ のとき式 $(*)$ より $x = 0$ または $x = 2$. したがって臨界点は次の 4 つ

$$(x, y) = (0, 0),\ (1, -1),\ (1, 1),\ (2, 0).$$

- $D(0, 0) = h_{xx}(0,0)h_{yy}(0,0) - [h_{xy}(0,0)]^2 = (-6)(-6) - 0^2 = 36 > 0$, $h_{xx}(0,0) = -6 < 0$ であるから, $h(0,0) = 0$ は極大値である.
- $D(1, \pm 1) = h_{xx}(1, \pm 1)h_{yy}(1, \pm 1) - [h_{xy}(1, \pm 1)]^2 = 0 \cdot 0 - (\pm 6)^2 = -36 < 0$ であるから, $h(1, \pm 1)$ は極値でない.
- $D(2, 0) = h_{xx}(2,0)h_{yy}(2,0) - [h_{xy}(2,0)]^2 = 6 \cdot 6 - 0^2 = 36 > 0$, $h_{xx}(2,0) = 6 > 0$ であるから, $h(2,0) = -4$ は極小値である.

[4] $k_x = 3x^2 = 0$, $k_y = -4y^3 = 0$ より臨界点は $(0, 0)$. $k_{xx} = 6x$, $k_{xy} = 0$, $k_{yy} = -12y^2$ より $D(0,0) = 0$ だから判定法が使えない. しかし, xy 平面上の直線 $y = 0$ に沿って考えると $k(x, 0) = x^3$ であり, これは $(0, 0)$ 付近で正にも負にもなる. したがって, $k(0,0) = 0$ は極値ではない.

【問題 19.2】（問題文は ☞ p.110）

[1] $f_x = 8x^3 - 6xy = 0$, $f_y = -3x^2 + 2y = 0$ より臨界点は $(x, y) = (0, 0)$. $f_{xx} = 24x^2 - 6y$, $f_{xy} = -6x$, $f_{yy} = 2$ より $D(0,0) = f_{xx}(0,0)f_{yy}(0,0) - [f_{xy}(0,0)]^2 = 0 \cdot 2 - 0^2 = 0$ であるから判定法 (19.4),(19.5),(19.6) が使えない. しかし, $f(x, y) = (y - x^2)(y - 2x^2)$ と因数分解すると, xy 平面上の領域 $y > 2x^2$ では $f(x, y) > 0$, 領域 $x^2 < y < 2x^2$ では $f(x, y) < 0$ となっており, $f(x, y)$ の符号が定まらないことがわかる. したがって, $f(0,0)$ は極値でない.

[2] $g_x = 3x^2 + 6x - 6y = 0$, $g_y = -3y^2 - 6x + 6y = 0$ より臨界点は $(x, y) = (-4, 4)$, $(0, 0)$ の 2 点. また, $g_{xx} = 6x + 6$, $g_{xy} = -6$, $g_{yy} = -6y + 6$.

- $D(-4,4) = g_{xx}(-4,4)g_{yy}(-4,4) - [g_{xy}(-4,4)]^2 = (-18) \cdot (-18) - (-6)^2 = 288 > 0$, $f_{xx}(-4,4) = -18 < 0$ であるから, $g(-4,4) = 64$ は極大値である.
- $D(0,0) = g_{xx}(0,0)g_{yy}(0,0) - [g_{xy}(0,0)]^2 = 6 \cdot 6 - (-6)^2 = 0$ であるから, 判定法 (19.4),(19.5),(19.6) は使えない. しかし, xy 平面上の直線 $y = x$ 上では $g(x,x) = 0 = g(0,0)$ となる. したがって $g(0,0)$ は極値でない.

【問題 19.3】（問題文は ☞ p.110）

[1] $A \neq 0$ とすると, $g(h,k)$ は式 (19.9) のように変形できる. このとき, $Ah_1 + Bk_1 = 0$ を満たす $(h_1,k_1) \neq (0,0)$ については $g(h_1,k_1) = \frac{D}{A}k_1^2$ であり, $k_2 = 0$ を満たす $(h_2,k_2) \neq (0,0)$ については $g(h_2,k_2) = Ah_2^2$ となる. したがって, $A > 0$ なら $g(h_1,k_1) < 0 < g(h_2,k_2)$, $A < 0$ なら $g(h_2,k_2) < 0 < g(h_1,k_1)$ となるため $g(h,k)$ の符号は定まらない.

[2] $A = 0$, $C \neq 0$ とすると

$$g(h,k) = \frac{1}{C}[2BChk + C^2k^2] = \frac{1}{C}[(Bh + Ck)^2 - B^2h^2]$$

と変形できる. このとき, $Bh_3 + Ck_3 = 0$ を満たす $(h_3,k_3) \neq (0,0)$ については $g(h_3,k_3) = -\frac{B^2}{C}h_3^2$ であり, $h_4 = 0$ を満たす $(h_4,k_4) \neq (0,0)$ については $g(h_4,k_4) = Ck_4^2$ となる. したがって, $C > 0$ なら $g(h_3,k_3) < 0 < g(h_4,k_4)$, $C < 0$ なら $g(h_4,k_4) < 0 < g(h_3,k_3)$ となるため $g(h,k)$ の符号は定まらない.

[3] $A = 0$, $C = 0$ とする. このとき, $g(h,k) = 2Bhk$ である. したがって, $k = h$ を満たす $(h,k) \neq (0,0)$ と $k = -h$ を満たす $(h,k) \neq (0,0)$ について, $g(h,k)$ の符号は常に反対である. よって $g(h,k)$ の符号は定まらない.

【問題 19.4】（問題文は ☞ p.111）

[1] 行列の積の定義に従うと, 次のように変形できる.

$$g(h,k) = \begin{pmatrix} Ah + Bk, & Bh + Ck \end{pmatrix} \begin{pmatrix} h \\ k \end{pmatrix} = (h,k) \begin{pmatrix} A & B \\ B & C \end{pmatrix} \begin{pmatrix} h \\ k \end{pmatrix} = \boldsymbol{h}^\top H \boldsymbol{h}. \tag{31.36}$$

[2] $\boldsymbol{h} = P\tilde{\boldsymbol{h}}$ とすると,

$$\boldsymbol{h}^\top = (P\tilde{\boldsymbol{h}})^\top = \tilde{\boldsymbol{h}}^\top P^\top = \tilde{\boldsymbol{h}}^\top P^{-1}. \tag{31.37}$$

ここで, 任意の行列 A, B について $(AB)^\top = B^\top A^\top$ であること, および, 直交行列 P について $P^\top = P^{-1}$ であることを用いた. これを用いると次のように変形できる.

$$g(h,k) \overset{(31.36)}{=} \boldsymbol{h}^\top H \boldsymbol{h} \overset{(31.37)}{=} (\tilde{\boldsymbol{h}}^\top P^{-1})H(P\tilde{\boldsymbol{h}}) = \tilde{\boldsymbol{h}}^\top (P^{-1}HP)\tilde{\boldsymbol{h}} \overset{(19.11)}{=} \tilde{\boldsymbol{h}}^\top \tilde{H} \tilde{\boldsymbol{h}}. \tag{31.38}$$

[3] ベクトルの内積はベクトルを 2×1 行列と見なすことで行列の積の形に書くことができる. 即ち, $\|\boldsymbol{h}\|^2 = \boldsymbol{h} \cdot \boldsymbol{h} = \boldsymbol{h}^\top \boldsymbol{h} \cdots (*)$. よって, $\|\boldsymbol{h}\|^2 \overset{(*)}{=} \boldsymbol{h}^\top \boldsymbol{h} \overset{(31.37)}{=} (\tilde{\boldsymbol{h}}^\top P^{-1})(P\tilde{\boldsymbol{h}}) = \tilde{\boldsymbol{h}}^\top \tilde{\boldsymbol{h}} = \|\tilde{\boldsymbol{h}}\|^2$.

[4] $\tilde{\boldsymbol{h}} = (\tilde{h}, \tilde{k})^\top$ とおくと, 設問 [2] の結果より

$$g(h,k) \overset{(31.38)}{=} \tilde{\boldsymbol{h}}^\top \tilde{H} \tilde{\boldsymbol{h}} \overset{(19.11)}{=} (\tilde{h}, \tilde{k}) \begin{pmatrix} \lambda_1 & 0 \\ 0 & \lambda_2 \end{pmatrix} \begin{pmatrix} \tilde{h} \\ \tilde{k} \end{pmatrix} = \lambda_1 \tilde{h}^2 + \lambda_2 \tilde{k}^2 \tag{31.39}$$

となる. また, 設問 [3] の結果より $\boldsymbol{h} \neq \boldsymbol{0}$ なら $\tilde{\boldsymbol{h}} \neq \boldsymbol{0}$. したがって, 次が成り立つ.

- λ_1, λ_2 が共に正ならば, 任意の $\boldsymbol{h} \neq \boldsymbol{0}$ について $g(h,k) > 0$ であるから, $f(a,b)$ は極小値.
- λ_1, λ_2 が共に負ならば, 任意の $\boldsymbol{h} \neq \boldsymbol{0}$ について $g(h,k) < 0$ であるから, $f(a,b)$ は極大値.
- λ_1, λ_2 が異符号ならば, $g(h,k)$ の符号は定まらないから, $f(a,b)$ は極値でない.

【補足】 本問より，臨界点が極値点であるかどうかを判定するには，ヘッセ行列の固有値の符号を調べてもよいことがわかった．この判定法は，n 変数関数 $f(\boldsymbol{x}) = f(x_1, x_2, \cdots, x_n)$ の極値問題にも容易に拡張される．即ち，臨界点 $\boldsymbol{a} = (a_1, a_2, \cdots, a_n)$ において n 次正方行列であるヘッセ行列の固有値が全て正（負）ならば $f(\boldsymbol{a})$ は極小（大）値，正と負の固有値があるならば $f(\boldsymbol{a})$ は極値でないことになる．

【問題 19.5】（問題文は ☞ p.111）

H の**特性方程式** $\det(\lambda E - H) = 0$ は

$$\det \begin{pmatrix} \lambda - A & -B \\ -B & \lambda - C \end{pmatrix} = (\lambda - A)(\lambda - C) - B^2 = \lambda^2 - (A + C)\lambda + AC - B^2 = 0. \tag{31.40}$$

この方程式の解が λ_1, λ_2 であるから，2 次方程式の解と係数の関係より

$$\lambda_1 + \lambda_2 = A + C, \quad \lambda_1 \lambda_2 = AC - B^2 = D. \tag{31.41}$$

[1] 特性方程式 (31.40) の判別式を Δ とすると，$\Delta = (A+C)^2 - 4(AC - B^2) = (A-C)^2 + 4B^2 \geq 0$. したがって，固有値 λ_1, λ_2 は共に実数である．

[2] $D = AC - B^2 > 0$ とする．このとき，(31.41) 第 2 式より $\lambda_1 \lambda_2 = D > 0$ であるから，λ_1, λ_2 は同符号．また，$AC > B^2 \geq 0$ より，A, C も同符号．更に $A > 0$ のとき，A, C は共に正となるため，(31.41) 第 1 式より λ_1, λ_2 は共に正である．

[3] $D = AC - B^2 > 0$ とする．このとき，(31.41) 第 2 式より $\lambda_1 \lambda_2 = D > 0$ であるから，λ_1, λ_2 は同符号．また，$AC > B^2 \geq 0$ より，A, C も同符号．更に $A < 0$ のとき，A, C は共に負となるため，(31.41) 第 1 式より λ_1, λ_2 は共に負である．

[4] $D = AC - B^2 < 0$ とすると，(31.41) 第 2 式より λ_1, λ_2 は異符号．

【補足】 問題 19.4 および問題 19.5 より，判定法 (i)–(iii)（☞ p.109）における前提（D, A の符号）はヘッセ行列の固有値の符号に直結しており，判定法 (i)–(iii) と判定法 (i)′–(iii)′ は本質的に同じものであることが理解できよう．

【問題 20.1】（問題文は ☞ p.115）

[1] $\phi(x, y) := x^2 + xy + y^2 - 3$ とおくと $\phi_x = 2x + y$, $\phi_y = x + 2y$, $\phi_{xx} = 2$ であるから，連立方程式 $\phi = \phi_x = 0$ は，$x^2 + xy + y^2 - 3 = 0$, $2x + y = 0$ となる．第 2 式より $y = -2x$. これを第 1 式へ代入して $x = \pm 1$. したがって，極値点の候補として 2 点 $(\pm 1, \mp 2)$ を得るが，これらの点において $\phi_y(\pm 1, \mp 2) = \mp 3 \neq 0$ であるため，これら 2 点を除外する必要はない．y'' の符号を見ると，$y''(\pm 1) = -\dfrac{\phi_{xx}(\pm 1, \mp 2)}{\phi_y(\pm 1, \mp 2)} = \pm \dfrac{2}{3} \gtrless 0$. したがって，$y(1) = -2$ は極小値であり，$y(-1) = 2$ は極大値である．

[2] $\phi(x, y) := x^2 + y^2 - 1$, $F(x, y) := f(x, y) - \lambda \phi(x, y) = 2x^2 + 2xy + 2y^2 - \lambda(x^2 + y^2 - 1)$ とおくと，次の連立方程式の解 (x, y) が極値点の候補である．

$$F_\lambda = -(x^2 + y^2 - 1) = 0, \; F_x = 4x + 2y - \lambda \cdot 2x = 0, \; F_y = 2x + 4y - \lambda \cdot 2y = 0. \tag{31.42}$$

式 (31.42) の第 2,3 式を行列形式で書くと

$$\begin{pmatrix} 2 - \lambda & 1 \\ 1 & 2 - \lambda \end{pmatrix} \begin{pmatrix} x \\ y \end{pmatrix} = \begin{pmatrix} 0 \\ 0 \end{pmatrix}. \tag{31.43}$$

ところで，$(x, y) = (0, 0)$ は (31.42) 第 1 式と矛盾するので $(x, y) \neq (0, 0)$ である．したがって式 (31.43) 左辺に現れる 2 次正方行列の行列式が 0 である必要があるから，$(2 - \lambda)^2 - 1 =$

$(\lambda - 1)(\lambda - 3) = 0$. これより, $\lambda = 1, 3$ を得る. $\lambda = 1$ を式 (31.43) へ代入すると $y = -x$ を得るから, (31.42) 第 1 式と組み合わせると $(x, y) = \left(\pm \frac{1}{\sqrt{2}}, \mp \frac{1}{\sqrt{2}} \right)$ を得る. このとき, $f(x, y)$ の値は $f\left(\pm \frac{1}{\sqrt{2}}, \mp \frac{1}{\sqrt{2}} \right) = 1$. $\lambda = 3$ を (31.43) へ代入すると $y = x$ を得るから, (31.42) 第 1 式と組み合わせると $(x, y) = \left(\pm \frac{1}{\sqrt{2}}, \pm \frac{1}{\sqrt{2}} \right)$. このとき, $f(x, y)$ の値は $f\left(\pm \frac{1}{\sqrt{2}}, \pm \frac{1}{\sqrt{2}} \right) = 3$. 以上より, 極値の候補は $f\left(\pm \frac{1}{\sqrt{2}}, \mp \frac{1}{\sqrt{2}} \right) = 1$ および $f\left(\pm \frac{1}{\sqrt{2}}, \pm \frac{1}{\sqrt{2}} \right) = 3$.

> **【補足】** ここで求めた $f\left(\pm \frac{1}{\sqrt{2}}, \mp \frac{1}{\sqrt{2}} \right) = 1$ が最小値であり, $f\left(\pm \frac{1}{\sqrt{2}}, \pm \frac{1}{\sqrt{2}} \right) = 3$ が最大値であることを示すには様々な方法がある. 例えば, $x^2 + y^2 = 1$ であることから $(x, y) = (\cos\theta, \sin\theta), (0 \le \theta < 2\pi)$ とパラメータ θ で表すと
>
> $$f(x, y) = 2\cos^2\theta + 2\cos\theta\sin\theta + 2\sin^2\theta = 2 + \sin 2\theta$$
>
> となる. $-1 \le \sin 2\theta \le 1$ であるから, $1 \le f(x, y) \le 3$ であることや, 等号が成立する x, y の値もわかる. 別法として, $f(x, y)$ を **2 次形式**として捉え, 行列の対角化を用いる方法を問題 20.3 (p.115) で扱う.

【問題 20.2】 (問題文は ☞ p.115)

[1] 与えられた周の長さを L, 長方形の隣り合う 2 辺の長さをそれぞれ x, y とすると, 題意より $\phi(x, y) := 2x + 2y - L = 0$ が成り立つ. 長方形の面積は xy であるから, 問題は拘束条件 $\phi(x, y) = 0$ の下で $f(x, y) = xy$ の極値を求める問題となる. $F(x, y, \lambda) := f(x, y) - \lambda\phi(x, y) = xy - \lambda(2x + 2y - L)$ とおいて, 連立方程式

$$F_\lambda = -(2x + 2y - L) = 0, \quad F_x = y - 2\lambda = 0, \quad F_y = x - 2\lambda = 0 \tag{31.44}$$

を解く. 第 2, 3 式より $x = y = 2\lambda$ を得る. したがって, 隣り合う 2 辺の長さが等しいとき (即ち正方形のとき) 面積は極値をとる.

> **【補足】** 得られた $x = y = 2\lambda$ と (31.44) 第 1 式を組み合わせれば, $\lambda = \frac{L}{8}$, $x = y = \frac{L}{4}$ を得るが, 問いに答えるだけならこれらの情報は必要ない. また, 正方形のとき面積が本当に最大値をとることは, 次のようにして示すことができる. $\phi(x, y) = 0$ から $y = \frac{1}{2}(L - 2x)$. これを $f(x, y) = xy$ へ代入すると, $f(x, y) = x \cdot \frac{1}{2}(L - 2x) = -\left(x - \frac{L}{4}\right)^2 + \left(\frac{L}{4}\right)^2$. したがって, $f(x, y)$ は $x = \frac{L}{4}$ のとき, 最大値 $\left(\frac{L}{4}\right)^2$ をとる.

[2] 点 (x_0, y_0) と直線 $\alpha x + \beta y + \gamma = 0$ 上の点 (x, y) の距離の 2 乗を $f(x, y) := (x - x_0)^2 + (y - y_0)^2$ とおき, 拘束条件 $\phi(x, y) = \alpha x + \beta y + \gamma = 0$ のもとで, $f(x, y)$ の極小値を求めればよい. したがって, $F(x, y, \lambda) := f(x, y) - \lambda\phi(x, y)$ を定義して, 次の方程式を解く.

$$F_\lambda = -(\alpha x + \beta y + \gamma) = 0, \quad F_x = 2(x - x_0) - \alpha\lambda = 0, \quad F_y = 2(y - y_0) - \beta\lambda = 0. \tag{31.45}$$

(31.45) 第 2, 3 式より

$$x = x_0 + \frac{1}{2}\alpha\lambda, \quad y = y_0 + \frac{1}{2}\beta\lambda. \tag{31.46}$$

これらを (31.45) 第 1 式へ代入して, λ について解くと

$$\lambda = -\frac{2(\alpha x_0 + \beta y_0 + \gamma)}{\alpha^2 + \beta^2}. \tag{31.47}$$

式 (31.47) を式 (31.46) を代入し, それらを $f(x, y) = (x - x_0)^2 + (y - y_0)^2$ の x, y へ代入すれば, $f(x, y)$ の最小値は $f(x, y) = \frac{(\alpha x_0 + \beta y_0 + \gamma)^2}{\alpha^2 + \beta^2}$. したがって, 求める距離の最小値は $\frac{|\alpha x_0 + \beta y_0 + \gamma|}{\sqrt{\alpha^2 + \beta^2}}$.

【問題 20.3】（問題文は ☞ p.115）

[1] 行列の積の定義に注意して，$f(x, y)$ を書き換えると

$$f(x, y) = 2x^2 + 2xy + 2y^2 = (x, y)\begin{pmatrix} 2x + y \\ x + 2y \end{pmatrix} = (x, y)\begin{pmatrix} 2 & 1 \\ 1 & 2 \end{pmatrix}\begin{pmatrix} x \\ y \end{pmatrix}.$$

したがって，$A = \begin{pmatrix} 2 & 1 \\ 1 & 2 \end{pmatrix}$.

[2] E を 2 次単位行列として特性方程式は

$$\det(\lambda E - A) = \det\begin{pmatrix} \lambda - 2 & -1 \\ -1 & \lambda - 2 \end{pmatrix} = (\lambda - 2)^2 - (-1)^2 = (\lambda - 1)(\lambda - 3) = 0.$$

したがって，$\lambda_1 = 1$, $\lambda_2 = 3$ を得る．$\lambda_1 = 1$ に対する固有ベクトルを $\boldsymbol{x}_1 = (\xi_1, \zeta_1)^\top$ とすると，$A\boldsymbol{x}_1 = \lambda_1 \boldsymbol{x}_1$ より

$$\begin{pmatrix} 2 & 1 \\ 1 & 2 \end{pmatrix}\begin{pmatrix} \xi_1 \\ \zeta_1 \end{pmatrix} = \begin{pmatrix} \xi_1 \\ \zeta_1 \end{pmatrix} \quad \Rightarrow \quad \boldsymbol{x}_1 = \begin{pmatrix} \xi_1 \\ \zeta_1 \end{pmatrix} = \frac{1}{\sqrt{2}}\begin{pmatrix} 1 \\ -1 \end{pmatrix}.$$

ここで，因子 $\frac{1}{\sqrt{2}}$ は $\|\boldsymbol{x}_1\| = 1$ となるように選んである．同様に，$\lambda_2 = 3$ に対する固有ベクトルを $\boldsymbol{x}_2 = (\xi_2, \zeta_2)^\top$ とすると，$A\boldsymbol{x}_2 = \lambda_2 \boldsymbol{x}_2$ より

$$\begin{pmatrix} 2 & 1 \\ 1 & 2 \end{pmatrix}\begin{pmatrix} \xi_2 \\ \zeta_2 \end{pmatrix} = 3\begin{pmatrix} \xi_2 \\ \zeta_2 \end{pmatrix} \quad \Rightarrow \quad \boldsymbol{x}_2 = \begin{pmatrix} \xi_2 \\ \zeta_2 \end{pmatrix} = \frac{1}{\sqrt{2}}\begin{pmatrix} 1 \\ 1 \end{pmatrix}.$$

再び，因子 $\frac{1}{\sqrt{2}}$ は $\|\boldsymbol{x}_2\| = 1$ となるように選んである．また，$\boldsymbol{x}_1 \cdot \boldsymbol{x}_2 = 0$ より $\boldsymbol{x}_1, \boldsymbol{x}_2$ は直交している．

[3] $P := (\boldsymbol{x}_1, \boldsymbol{x}_2) = \frac{1}{\sqrt{2}}\begin{pmatrix} 1 & 1 \\ -1 & 1 \end{pmatrix}$ より

$$P^{-1} \overset{(31.8)}{=} \frac{1}{\sqrt{2}}\begin{pmatrix} 1 & -1 \\ 1 & 1 \end{pmatrix} = P^\top.$$

また

$$\tilde{A} := P^{-1}AP = \frac{1}{\sqrt{2}}\begin{pmatrix} 1 & -1 \\ 1 & 1 \end{pmatrix}\begin{pmatrix} 2 & 1 \\ 1 & 2 \end{pmatrix}\frac{1}{\sqrt{2}}\begin{pmatrix} 1 & 1 \\ -1 & 1 \end{pmatrix} = \begin{pmatrix} 1 & 0 \\ 0 & 3 \end{pmatrix}.$$

[4] 設問 [3] の結果 $P^{-1} = P^\top$ や任意の行列 A, B, C について $(A^\top)^\top = A$, $(AB)^\top = B^\top A^\top$, $(AB)C = A(BC)$ であることなどを用いて

$$\|\tilde{\boldsymbol{x}}\|^2 = \tilde{\boldsymbol{x}}^\top \tilde{\boldsymbol{x}} = (P^\top \boldsymbol{x})^\top (P^\top \boldsymbol{x}) = \boldsymbol{x}^\top P P^{-1} \boldsymbol{x} = \boldsymbol{x}^\top \boldsymbol{x} = \|\boldsymbol{x}\|^2.$$

また

$$f(x, y) = \boldsymbol{x}^\top A \boldsymbol{x} = (P\tilde{\boldsymbol{x}})^\top A (P\tilde{\boldsymbol{x}}) = (\tilde{\boldsymbol{x}}^\top P^\top) A (P\tilde{\boldsymbol{x}}) = \tilde{\boldsymbol{x}}^\top (P^{-1}AP)\tilde{\boldsymbol{x}} = \tilde{\boldsymbol{x}}^\top \tilde{A} \tilde{\boldsymbol{x}}.$$

[5] $\tilde{\boldsymbol{x}} = (\tilde{x}, \tilde{y})^\top$ とおくと，与えられた条件 $x^2 + y^2 = 1$ と設問 [4] の結果より

$$\tilde{x}^2 + \tilde{y}^2 = 1, \quad f(x, y) = (\tilde{x}, \tilde{y})\begin{pmatrix} 1 & 0 \\ 0 & 3 \end{pmatrix}\begin{pmatrix} \tilde{x} \\ \tilde{y} \end{pmatrix} = \tilde{x}^2 + 3\tilde{y}^2$$

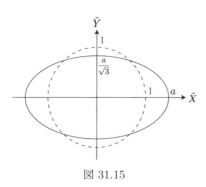

図 31.15

となる．したがって，問題は拘束条件 $\tilde{x}^2 + \tilde{y}^2 = 1$ の下で $g(\tilde{x}, \tilde{y}) := \tilde{x}^2 + 3\tilde{y}^2$ の最小値・最大値を求める問題に帰着する．$g(\tilde{x}, \tilde{y})$ は正の値をとるから，$g(\tilde{x}, \tilde{y}) = a^2$, $(a > 0)$ とおくと $\tilde{x}\tilde{y}$ 平面上における楕円 $E : \left(\frac{\tilde{x}}{a}\right)^2 + \left(\frac{\tilde{y}}{a/\sqrt{3}}\right)^2 = 1$ を得る．一方，拘束条件 $C : \tilde{x}^2 + \tilde{y}^2 = 1$ は単位円の方程式である．すると，問題は楕円 E と単位円 C が共有点をもつような a の範囲を求めることと同等になる（☞ 図 31.15）．

図から，a が最小値をとるのは C が E の外接円になっているとき（$a = 1$）である．このとき E と C の共有点は $(\tilde{x}, \tilde{y}) = (\pm 1, 0)$ であり，最小値は $a^2 = 1$ である．このときの x, y の値は，$\boldsymbol{x} = P\tilde{\boldsymbol{x}}$ より

$$\begin{pmatrix} x \\ y \end{pmatrix} = \frac{1}{\sqrt{2}} \begin{pmatrix} 1 & 1 \\ -1 & 1 \end{pmatrix} \begin{pmatrix} \pm 1 \\ 0 \end{pmatrix} = \begin{pmatrix} \pm \frac{1}{\sqrt{2}} \\ \mp \frac{1}{\sqrt{2}} \end{pmatrix}$$

と求まる．

一方，a が最大値をとるのは C が E の内接円になっているとき（$\frac{a}{\sqrt{3}} = 1$）である．このとき E と C の共有点は $(\tilde{x}, \tilde{y}) = (0, \pm 1)$ であり，最大値は $a^2 = 3$ である．最大値をとるときの x, y の値は，$\boldsymbol{x} = P\tilde{\boldsymbol{x}}$ より

$$\begin{pmatrix} x \\ y \end{pmatrix} = \frac{1}{\sqrt{2}} \begin{pmatrix} 1 & 1 \\ -1 & 1 \end{pmatrix} \begin{pmatrix} 0 \\ \pm 1 \end{pmatrix} = \begin{pmatrix} \pm \frac{1}{\sqrt{2}} \\ \pm \frac{1}{\sqrt{2}} \end{pmatrix}$$

と求まる．

【問題 20.4】（問題文は ☞ p.116）

[1] 点 (a, b, c) は拘束条件を満たすから (20.11) 第 1 式を満たす．連鎖律を用いて $\phi(x, y, z(x, y)) = 0$ の両辺を x および y について微分すると $\phi_x + \phi_z z_x = 0$, $\phi_y + \phi_z z_y = 0$．よって，$\phi_z \neq 0$ のとき

$$z_x = -\frac{\phi_x}{\phi_z}, \quad z_y = -\frac{\phi_y}{\phi_z} \tag{31.48}$$

を得る．$z(x, y)$ の臨界点が $(x, y) = (a, b)$ であるから $z_x(a, b) = z_y(a, b) = 0$ が成立するが，これらへ式 (31.48) を代入すると (20.11) 第 2, 3 式を得る．

[2] (31.48) 第 1 式の両辺を x で微分する．連鎖律 (17.7) を用い，更に (31.48) を用いて z_x を消去すると

$$z_{xx} \overset{(17.7)}{=} -\frac{(\phi_{xx} + \phi_{xz} z_x)\phi_z - \phi_x(\phi_{zx} + \phi_{zz} z_x)}{\phi_z^2} \overset{(31.48)}{=} -\frac{\phi_z^2 \phi_{xx} - 2\phi_x \phi_z \phi_{xz} + \phi_x^2 \phi_{zz}}{\phi_z^3}. \tag{31.49}$$

同様に, (31.48) 第 1 式の両辺を y で微分, (31.48) 第 2 式の両辺を y で微分し, 式 (31.48) を用いて z_x, z_y を消去すると

$$z_{xy} = -\frac{\phi_z^2 \phi_{xy} - \phi_z(\phi_x \phi_{yz} + \phi_y \phi_{xz}) + \phi_x \phi_y \phi_{zz}}{\phi_z^3}, \quad z_{yy} = -\frac{\phi_z^2 \phi_{yy} - 2\phi_y \phi_z \phi_{yz} + \phi_y^2 \phi_{zz}}{\phi_z^3} \tag{31.50}$$

を得る. 式 (31.49),(31.50) に $(x, y, z) = (a, b, c)$ を代入し, 式 (20.11) を考慮すると, 点 (a, b, c) では次式が成立していることがわかる.

$$z_{xx} = -\frac{\phi_{xx}}{\phi_z}, \quad z_{xy} = -\frac{\phi_{xy}}{\phi_z}, \quad z_{yy} = -\frac{\phi_{yy}}{\phi_z}. \tag{31.51}$$

[3] 一般に, 2 変数関数 $f(x, y)$ の臨界点 (a, b) が極値であるかの判定には (19.4),(19.5),(19.6) が有効である ($\Rightarrow$ p.109). これらを今考えている $z(x, y)$ に適応するには, (19.4),(19.5),(19.6) における D, A として

$$D = z_{xx}(a, b)z_{yy}(a, b) - [z_{xy}(a, b)]^2 \overset{(31.51)}{=} \frac{\phi_{xx}(a, b, c)\phi_{yy}(a, b, c) - [\phi_{xy}(a, b, c)]^2}{[\phi_z(a, b, c)]^2},$$

$$A = z_{xx}(a, b) \overset{(31.51)}{=} -\frac{\phi_{xx}(a, b, c)}{\phi_z(a, b, c)}$$

を用いればよい. したがって, 判定法 (20.12),(20.13),(20.14) が成立する.

[4] $\phi(x, y, z) = x^2 + y^2 + z^2 - xy - yz + zx - 6$ とおくと $\phi_x = 2x - y + z$, $\phi_y = 2y - x - z$, $\phi_z = 2z - y + x$, $\phi_{xx} = 2$, $\phi_{xy} = -1$, $\phi_{yy} = 2$ となる. $z(x, y)$ が極値をとる点は, 連立方程式 $\phi = 0$, $\phi_x = 0$, $\phi_y = 0$ の解である. 第 2, 3 式より $x = -y$, $z = 3y$ を得る. これらを第 1 式へ代入すると $y = \pm 1$ を得る. したがって, 極値点の候補は $(\pm 1, \mp 1, \mp 3)$ の 2 点である. これらの点について D, A の符号を調べると, $D = \frac{3}{16} > 0$, $A = \pm \frac{1}{2} \gtrless 0$. したがって, $z(1, -1) = -3$ は極小値, $z(-1, 1) = 3$ は極大値である.

【問題 20.5】 (問題文は $\Rightarrow$ p.116)

[1] まず, (a, b, c) では拘束条件が成立しているから (20.16) 第 1 式は明らか. 次に, $f(x, y, z(x, y))$ は x, y の関数として (a, b, c) において極値をとるから, x による微分または y による微分がこの点で 0 になる. したがって, 連鎖律を用いると

$$f_x + f_z z_x = 0, \quad f_y + f_z z_y = 0. \tag{31.52}$$

こうして (20.16) 第 2, 3 式が得られる.

[2] 設問 [1] と同様に, 連鎖律を用いて $\phi(x, y, z(x, y)) = 0$ の両辺を x または y について微分すると $\phi_x + \phi_z z_x = 0$, $\phi_y + \phi_z z_y = 0$. よって

$$z_x = -\frac{\phi_x}{\phi_z}, \quad z_y = -\frac{\phi_y}{\phi_z}, \quad (\phi_z \neq 0). \tag{31.53}$$

[3] 式 (31.53) を式 (31.52) へ代入し, $\lambda := \frac{f_z(a, b, c)}{\phi_z(a, b, c)}$ とおくと (20.15) 第 2, 3 式が得られる.

[4] 点 (x_0, y_0, z_0) と直線 $\alpha x + \beta y + \gamma z + \delta = 0$ 上の点 (x, y, z) の距離の 2 乗を $f(x, y, z) := (x - x_0)^2 + (y - y_0)^2 + (z - z_0)^2$ とおき, 拘束条件 $\phi(x, y, z) = \alpha x + \beta y + \gamma z + \delta = 0$ の下で, $f(x, y, z)$ の極小値を求めればよい. したがって, $F(x, y, z, \lambda) := f(x, y, z) - \lambda\phi(x, y, z)$ を定義して, 次の方程式を解く.

$$F_\lambda = -(\alpha x + \beta y + \gamma z + \delta) = 0, \quad F_x = 2(x - x_0) - \alpha\lambda = 0,$$
$$F_y = 2(y - y_0) - \beta\lambda = 0, \quad F_z = 2(z - z_0) - \gamma\lambda = 0. \tag{31.54}$$

(31.54) 第 2, 3, 4 式より

$$x = x_0 + \frac{1}{2}\alpha\lambda, \quad y = y_0 + \frac{1}{2}\beta\lambda, \quad z = z_0 + \frac{1}{2}\gamma\lambda. \tag{31.55}$$

これらを (31.54) 第 1 式へ代入して，λ について解くと

$$\lambda = -\frac{2(\alpha x_0 + \beta y_0 + \gamma z_0 + \delta)}{\alpha^2 + \beta^2 + \gamma^2}. \tag{31.56}$$

式 (31.56) を式 (31.55) へ代入し，それらを $f(x,y,z) = (x-x_0)^2 + (y-y_0)^2 + (z-z_0)^2$ の x, y, z へ代入すれば，$f(x,y,z)$ の最小値は $f(x,y,z) = \frac{(\alpha x_0 + \beta y_0 + \gamma z_0 + \delta)^2}{\alpha^2 + \beta^2 + \gamma^2}$．したがって，求める距離の最小値は $\frac{|\alpha x_0 + \beta y_0 + \gamma z_0 + \delta|}{\sqrt{\alpha^2 + \beta^2 + \gamma^2}}$．

第 V 部

【問題 21.1】（問題文は ☞ p.121）

[1] $\nabla(x + 2y + 3z) \overset{(21.1)}{=} \partial_x(x + 2y + 3z)\boldsymbol{i} + \partial_y(x + 2y + 3z)\boldsymbol{j} + \partial_z(x + 2y + 3z)\boldsymbol{k} = \boldsymbol{i} + 2\boldsymbol{j} + 3\boldsymbol{k}$.

[2] $\nabla(e^{xy} + \sin yz) \overset{(21.1)}{=} \partial_x(e^{xy} + \sin yz)\boldsymbol{i} + \partial_y(e^{xy} + \sin yz)\boldsymbol{j} + \partial_z(e^{xy} + \sin yz)\boldsymbol{k} = ye^{xy}\boldsymbol{i} + (xe^{xy} + z\cos yz)\boldsymbol{j} + y\cos yz\boldsymbol{k}$.

[3] $\nabla\frac{z}{x+y} \overset{(21.6)}{=} \frac{1}{(x+y)^2}[(x+y)\nabla z - z\nabla(x+y)] = \frac{1}{(x+y)^2}[(x+y)\boldsymbol{k} - z(\boldsymbol{i}+\boldsymbol{j})]$.

[4] $\nabla \cdot (x\boldsymbol{i} + 2y\boldsymbol{j} + 3z\boldsymbol{k}) \overset{(21.8)}{=} \partial_x x + \partial_y(2y) + \partial_z(3z) = 1 + 2 + 3 = 6$.

[5] $\nabla \cdot (xy\boldsymbol{i} + e^{yz}\boldsymbol{j} + \sin zx\boldsymbol{k}) \overset{(21.8)}{=} \partial_x(xy) + \partial_y e^{yz} + \partial_z \sin zx = y + ze^{yz} + x\cos zx$.

[6] $\nabla \cdot [(xy\boldsymbol{i} + e^{yz}\boldsymbol{j} + \sin zx\boldsymbol{k})\ln x] \overset{(21.11)}{=} (\nabla\ln x)\cdot(xy\boldsymbol{i} + e^{yz}\boldsymbol{j} + \sin zx\boldsymbol{k}) + \ln x\nabla\cdot(xy\boldsymbol{i} + e^{yz}\boldsymbol{j} + \sin zx\boldsymbol{k}) = x^{-1}\boldsymbol{i}\cdot(xy\boldsymbol{i} + e^{yz}\boldsymbol{j} + \sin zx\boldsymbol{k}) + (y + ze^{yz} + x\cos zx)\ln x = y + (y + ze^{yz} + x\cos zx)\ln x$.

【問題 21.2】（問題文は ☞ p.121）

[1] 勾配の定義 (21.1) に従って

$$\nabla r \overset{(21.1)}{=} \partial_x\sqrt{x^2+y^2+z^2}\boldsymbol{i} + \partial_y\sqrt{x^2+y^2+z^2}\boldsymbol{j} + \partial_z\sqrt{x^2+y^2+z^2}\boldsymbol{k}$$
$$= \frac{x}{\sqrt{x^2+y^2+z^2}}\boldsymbol{i} + \frac{y}{\sqrt{x^2+y^2+z^2}}\boldsymbol{j} + \frac{z}{\sqrt{x^2+y^2+z^2}}\boldsymbol{k} = \frac{\boldsymbol{r}}{r}. \tag{31.57}$$

[2] 式 (21.7) において，$f(\varphi) = \varphi^\alpha$, $\varphi = r$ とすれば，$\nabla r^\alpha \overset{(21.7)}{=} \frac{d}{dr}(r^\alpha)\nabla r = (\alpha r^{\alpha-1})\frac{\boldsymbol{r}}{r} = \alpha r^{\alpha-2}\boldsymbol{r}$.

[3] $\nabla \cdot \boldsymbol{r} = \nabla \cdot (x\boldsymbol{i} + y\boldsymbol{j} + z\boldsymbol{k}) \overset{(21.8)}{=} \partial_x x + \partial_y y + \partial_z z = 1 + 1 + 1 = 3$.

[4] 設問 [2],[3] の結果を用いて，$\nabla\cdot(r^\alpha\boldsymbol{r}) \overset{(21.11)}{=} (\nabla r^\alpha)\cdot\boldsymbol{r} + r^\alpha\nabla\cdot\boldsymbol{r} = (\alpha r^{\alpha-2}\boldsymbol{r})\cdot\boldsymbol{r} + 3r^\alpha = (\alpha+3)r^\alpha$. ただし，最後の等号では $\boldsymbol{r}\cdot\boldsymbol{r} = r^2$ を用いた.

【問題 21.3】（問題文は ☞ p.121）

[1] 等位線 $\varphi = r = $（一定）は原点からの距離が一定の曲線，即ち円となる（☞ 図 31.16(a)）．勾配は，$\nabla\varphi = \partial_x\sqrt{x^2+y^2}\boldsymbol{i} + \partial_y\sqrt{x^2+y^2}\boldsymbol{j} = \frac{x}{\sqrt{x^2+y^2}}\boldsymbol{i} + \frac{y}{\sqrt{x^2+y^2}}\boldsymbol{j} = \frac{\boldsymbol{r}}{r}$. これは，各点 (x,y) の位置ベクトル $\boldsymbol{r}$ に平行で，ノルムが常に一定（$\|\nabla\varphi\| = \left\|\frac{\boldsymbol{r}}{r}\right\| = 1$）のベクトル場である.

[2] 等位線 $\psi = x^2 - y^2 = $（一定）は直線 $y = \pm x$ を漸近線とする双曲線である（☞ 図 31.16(b)）．勾配は $\nabla\psi(x,y) = \partial_x(x^2-y^2)\boldsymbol{i} + \partial_y(x^2-y^2)\boldsymbol{j} = 2x\boldsymbol{i} - 2y\boldsymbol{j}$. これを用いて幾つかの点について $\nabla\psi(x,y)$ を求めると，$\nabla\psi(1,0) = 2\boldsymbol{i}$, $\nabla\psi(1,1) = 2\boldsymbol{i} - 2\boldsymbol{j}$, $\nabla\psi(0,1) = -2\boldsymbol{j}$, $\cdots$，などを得る. これらからベクトル場の様子は図 31.16(b) のようになる.

[3] $\boldsymbol{A} = -\boldsymbol{r} = -x\boldsymbol{i} - y\boldsymbol{j}$ は各点におけるベクトルが位置ベクトル $\boldsymbol{r}$ に反平行で，ノルムが $\|\boldsymbol{A}\| = \|-\boldsymbol{r}\| = r$ と原点からの距離に比例するようなベクトル場であり，その様子は図 31.16(c) のような

放射状になる. 発散は, $\nabla \cdot \boldsymbol{A} = \nabla \cdot (-\boldsymbol{r}) = \partial_x(-x) + \partial_y(-y) = -1 - 1 = -2$ となる. $\boldsymbol{A}$ が流体の速度と考えると, 図 31.16(c) のように流体は原点に向かって流れ込んでいるが, 原点に近づくほどその速さは減少し原点で 0 となる. このような流れが実現するためには, 各点で流体が外部に吸い出されているはずであり, $\nabla \cdot \boldsymbol{A} = -2 < 0$ という結果がそれを表している.

[4] $\boldsymbol{B} = -y\boldsymbol{i} + x\boldsymbol{j}$ は反時計回りの渦を表している (☞ 図 16.2(b)). 設問 [3] と同様に $\boldsymbol{B}$ が流体の速度を表すと考えれば, 各点におけるベクトルの大きさが原点からの距離に比例している ($\|\boldsymbol{B}\| = \sqrt{(-y)^2 + x^2} = r$) ため, 全ての流体粒子が原点の周りに同じ角速度で回る一様な回転である. 発散を計算すると, $\nabla \cdot \boldsymbol{B} = \partial_x(-y) + \partial_y x = 0$ となる. これは, 一様な回転は (バケツの中で回転する水のように) 各点において水の湧き出しを必要としないことを表している.

> **【補足】** 物理ではこのような一様な回転を剛体回転といい, 位置によって角速度が異なる回転を微分回転と呼ぶ.

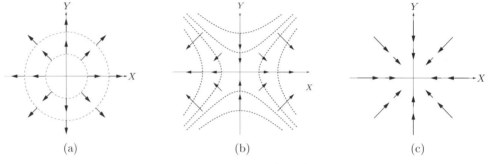

図 31.16　(a) $\varphi(\boldsymbol{r}) = r$. (b) $\psi(\boldsymbol{r}) = x^2 - y^2$. (c) $\boldsymbol{A}(\boldsymbol{r}) = -\boldsymbol{r}$.

【問題 21.4】 (問題文は ☞ p.121)

[1] 左辺の x 成分を, 商の微分法 (1.11) を用いて計算すると

$$\left[\nabla\left(\frac{\varphi}{\psi}\right)\right]_x = \partial_x\left(\frac{\varphi}{\psi}\right) \overset{(1.11)}{=} \frac{(\partial_x\varphi)\psi - \varphi\partial_x\psi}{\psi^2} = \left[\frac{(\nabla\varphi)\psi - \varphi\nabla\psi}{\psi^2}\right]_x.$$

これは (21.6) 右辺の x 成分である. 同様に, y, z 成分についても両辺が等しいことが示される.

[2] 左辺の x 成分は合成関数の微分法 (17.8) を用いて $[\nabla f(\varphi(\boldsymbol{r}))]_x = \partial_x f(\varphi(\boldsymbol{r})) \overset{(17.8)}{=} \frac{\partial f}{\partial \varphi}\frac{\partial \varphi}{\partial x} = [f'(\varphi(\boldsymbol{r}))\nabla\varphi]_x$. これは (21.7) 右辺の x 成分である. 同様に, y, z 成分についても両辺が等しいことが示される.

[3] 発散の定義 (21.8) に従って全ての成分を書き下し, 偏微分の線形性を用いる. $\nabla \cdot (\alpha\boldsymbol{A} + \beta\boldsymbol{B}) \overset{(21.8)}{=} \partial_x(\alpha A_x + \beta B_x) + \partial_y(\alpha A_y + \beta B_y) + \partial_z(\alpha A_z + \beta B_z) = \alpha(\partial_x A_x + \partial_y A_y + \partial_z A_z) + \beta(\partial_x B_x + \partial_y B_y + \partial_z B_z) = \alpha\nabla \cdot \boldsymbol{A} + \beta\nabla \cdot \boldsymbol{B}$.

[4] 発散の定義 (21.8) を用いて, 偏微分にもライプニッツ則 (1.10) が成立することを用いる. $\nabla \cdot (\varphi\boldsymbol{A}) \overset{(21.8)}{=} \partial_x(\varphi A_x) + \partial_y(\varphi A_y) + \partial_z(\varphi A_z) = (\partial_x\varphi)A_x + \varphi\partial_x A_x + (\partial_y\varphi)A_y + \varphi\partial_y A_y + (\partial_z\varphi)A_z + \varphi\partial_z A_z = (\nabla\varphi) \cdot \boldsymbol{A} + \varphi\nabla \cdot \boldsymbol{A}$.

【問題 21.5】 (問題文は ☞ p.121)

[1] 2 変数関数のテイラー展開 (18.2) は 3 変数関数にも容易に拡張される. $\varphi(\boldsymbol{r} + \delta\boldsymbol{r}) = \varphi(x + \delta x, y + \delta y, z + \delta z)$ を点 $\boldsymbol{r} = (x, y, z)$ の周りにテイラー展開し, $\delta x, \delta y, \delta z$ の 1 次まで残すと

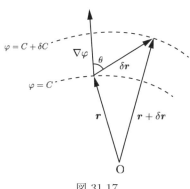

図 31.17

$$\varphi(\boldsymbol{r}+\delta\boldsymbol{r}) = \varphi(x+\delta x, y+\delta y, z+\delta z) = \sum_{n=0}^{\infty} \frac{(\delta x \partial_x + \delta y \partial_y + \delta z \partial_z)^n}{n!} \varphi(x,y,z)$$
$$= \varphi(x,y,z) + (\delta x \partial_x + \delta y \partial_y + \delta z \partial_z)\varphi(x,y,z) + \cdots \simeq \varphi(\boldsymbol{r}) + \delta\boldsymbol{r}\cdot\nabla\varphi(\boldsymbol{r}).$$

[2] $\varphi = C = (一定)$ で与えられる等位面上に 2 点 $\boldsymbol{r}, \boldsymbol{r}+\delta\boldsymbol{r}$ をとると, $\varphi(\boldsymbol{r}) = C, \varphi(\boldsymbol{r}+\delta\boldsymbol{r}) = C$ が成り立つ. 辺々引き算して設問 [1] の結果を用いると, $0 = \varphi(\boldsymbol{r}+\delta\boldsymbol{r}) - \varphi(\boldsymbol{r}) \simeq \delta\boldsymbol{r}\cdot\nabla\varphi(\boldsymbol{r})$. したがって, $\delta\boldsymbol{r} \to \boldsymbol{0}$ の極限で $\nabla\varphi$ は $\delta\boldsymbol{r}$ に垂直である. この極限で $\delta\boldsymbol{r}$ は点 $\boldsymbol{r}$ を通る等位面の任意の接ベクトルを表すから, $\nabla\varphi$ は等位面に垂直である.

[3] 2 つの等位面 $\varphi = C = (一定)$, $\varphi = C + \delta C = (一定)$, $(\delta C > 0)$ を考え, それぞれの面上の点を $\boldsymbol{r}, \boldsymbol{r}+\delta\boldsymbol{r}$ とする (☞ 図 31.17). このとき, 設問 [1] の結果を用いると, $\delta C = \varphi(\boldsymbol{r}+\delta\boldsymbol{r}) - \varphi(\boldsymbol{r}) \simeq \delta\boldsymbol{r}\cdot\nabla\varphi(\boldsymbol{r})$ が成り立つ. ここで, $\delta\boldsymbol{r}$ と $\nabla\varphi(\boldsymbol{r})$ のなす角を $\theta \in [0,\pi]$ として, 上式で $\delta\boldsymbol{r} \to \boldsymbol{0}$ とすると, $\|\delta\boldsymbol{r}\|\|\nabla\varphi(\boldsymbol{r})\|\cos\theta = \delta C > 0$ を得る. したがって, $\cos\theta > 0$ であるから $\theta \in [0,\pi/2)$ となり, $\nabla\varphi(\boldsymbol{r})$ は φ が増加する方向を向いていることがわかる.

【問題 22.1】(問題文は ☞ p.125)

[1] $\nabla \times (x\boldsymbol{i} + 2y\boldsymbol{j} + 3z\boldsymbol{k}) = [\partial_y(3z) - \partial_z(2y)]\boldsymbol{i} + [\partial_z x - \partial_x(3z)]\boldsymbol{j} + [\partial_x(2y) - \partial_y x]\boldsymbol{k} = \boldsymbol{0}$.

[2] $\nabla \times (xy\boldsymbol{i} + e^{yz}\boldsymbol{j} + \sin zx\boldsymbol{k}) = [\partial_y(\sin zx) - \partial_z e^{yz}]\boldsymbol{i} + [\partial_z(xy) - \partial_x(\sin zx)]\boldsymbol{j} + [\partial_x e^{yz} - \partial_y(xy)]\boldsymbol{k} = -ye^{yz}\boldsymbol{i} - z\cos zx\boldsymbol{j} - x\boldsymbol{k}$.

[3] $\nabla \times (\varphi\boldsymbol{A}) \overset{(22.4)}{=} (\nabla\varphi) \times \boldsymbol{A} + \varphi\nabla \times \boldsymbol{A} = (y^2z^3\boldsymbol{i} + 2xyz^3\boldsymbol{j} + 3xy^2z^2\boldsymbol{k}) \times (-y\boldsymbol{i} + x\boldsymbol{j}) + xy^2z^3(2\boldsymbol{k}) = -3x^2y^2z^2\boldsymbol{i} - 3xy^3z^2\boldsymbol{j} + 5xy^2z^3\boldsymbol{k}$.

[4] スカラー場に対するラプラシアンは, 勾配の発散 (22.7) であることに注意して, $\Delta(e^{xy} + \sin yz) = \nabla\cdot\nabla(e^{xy} + \sin yz) = \nabla\cdot[\partial_x(e^{xy} + \sin yz)\boldsymbol{i} + \partial_y(e^{xy} + \sin yz)\boldsymbol{j} + \partial_z(e^{xy} + \sin yz)\boldsymbol{k}] = \partial_x(ye^{xy}) + \partial_y(xe^{xy} + z\cos yz) + \partial_z(y\cos yz) = (x^2 + y^2)e^{xy} - (y^2 + z^2)\sin yz$.

[5] ベクトル場に対するラプラシアンは式 (22.9) で定義されることに注意して, $\Delta(x^2y\boldsymbol{i} + 2y^2z\boldsymbol{j} + 3z^2x\boldsymbol{k}) = (\partial_x^2 + \partial_y^2 + \partial_z^2)(x^2y)\boldsymbol{i} + (\partial_x^2 + \partial_y^2 + \partial_z^2)(2y^2z)\boldsymbol{j} + (\partial_x^2 + \partial_y^2 + \partial_z^2)(3z^2x)\boldsymbol{k} = 2y\boldsymbol{i} + 4z\boldsymbol{j} + 6x\boldsymbol{k}$.

[6] 例題 21.1 の結果を用いて, $\nabla \times (\nabla\varphi) = [\partial_y(3xy^2z^2) - \partial_z(2xyz^3)]\boldsymbol{i} + [\partial_z(y^2z^3) - \partial_x(3xy^2z^2)]\boldsymbol{j} + [\partial_x(2xyz^3) - \partial_y(y^2z^3)]\boldsymbol{k} = \boldsymbol{0}$.

> **【補足】** 勾配の回転は恒等的に零ベクトル (22.12) であることを用いてもよい.

【問題 22.2】(問題文は ☞ p.125)

[1] $\nabla \times \boldsymbol{r} = \nabla \times (x\boldsymbol{i} + y\boldsymbol{j} + z\boldsymbol{k}) = (\partial_y z - \partial_z y)\boldsymbol{i} + (\partial_z x - \partial_x z)\boldsymbol{j} + (\partial_x y - \partial_y x)\boldsymbol{k} = \boldsymbol{0}$.

[2] ライプニッツ則 (22.4), 設問 [1] の結果, 勾配に関する公式 (21.7) を用いると $\nabla \times [f(r)\boldsymbol{r}] \overset{(22.4)}{=} \nabla f(r) \times \boldsymbol{r} + f(r)\nabla \times \boldsymbol{r} \overset{(21.7)}{=} f'(r)\nabla r \times \boldsymbol{r} + \boldsymbol{0} = f'(r)\frac{\boldsymbol{r}}{r} \times \boldsymbol{r} \overset{(2.11)}{=} \boldsymbol{0}$. 最後から 2 番目の等号では, 問題 21.2 の結果を用いている.

[3] $\nabla\rho = \partial_x\sqrt{x^2+y^2}\boldsymbol{i} + \partial_y\sqrt{x^2+y^2}\boldsymbol{j} + \partial_z\sqrt{x^2+y^2}\boldsymbol{k} = \frac{x}{\sqrt{x^2+y^2}}\boldsymbol{i} + \frac{y}{\sqrt{x^2+y^2}}\boldsymbol{j} = \frac{x}{\rho}\boldsymbol{i} + \frac{y}{\rho}\boldsymbol{j}.$

[4] $\nabla\times[\rho^\alpha(-y\boldsymbol{i}+x\boldsymbol{j})] \overset{(22.4)}{=} (\nabla\rho^\alpha)\times(-y\boldsymbol{i}+x\boldsymbol{j}) + \rho^\alpha\nabla\times(-y\boldsymbol{i}+x\boldsymbol{j}) \overset{(21.7)}{=} \alpha\rho^{\alpha-1}\nabla\rho\times(-y\boldsymbol{i}+x\boldsymbol{j}) + 2\rho^\alpha\boldsymbol{k} = \alpha\rho^{\alpha-1}\left(\frac{x}{\rho}\boldsymbol{i}+\frac{y}{\rho}\boldsymbol{j}\right)\times(-y\boldsymbol{i}+x\boldsymbol{j}) + 2\rho^\alpha\boldsymbol{k} = (\alpha+2)\rho^\alpha\boldsymbol{k}.$

> 【補足】 ベクトル場 $\rho^\alpha(-y\boldsymbol{i}+x\boldsymbol{j})$ はベクトル場 $-y\boldsymbol{i}+x\boldsymbol{j}$ と同様,xy 平面上で原点を中心とする反時計回りの渦を表す (☞ 図 16.2(b)) が,因子 ρ^α の分だけ $-y\boldsymbol{i}+x\boldsymbol{j}$ とはノルムが異なる.本問の結果は,見かけ上は回転していても rot が零ベクトルの場合があることを示している.つまり,$\alpha = -2$ のときは原点を除き rot が零ベクトルである.流体力学において,これは原点に渦糸と呼ばれる(z 軸方向に延びた)無限に細い渦が局在する状況に相当する.

【問題 22.3】（問題文は ☞ p.125）

設問 [1],[3] における公式は両辺がベクトルであるため,成分ごとに両辺が一致することを示せばよい.ここでは x 成分のみ示す.

[1] 右辺から左辺を導く.与式の右辺第 1, 3 項の x 成分を計算すると,$[(\boldsymbol{A}\cdot\nabla)\boldsymbol{B}+\boldsymbol{A}\times(\nabla\times\boldsymbol{B})]_x = (A_x\partial_x+A_y\partial_y+A_z\partial_z)B_x + A_y[\nabla\times\boldsymbol{B}]_z - A_z[\nabla\times\boldsymbol{B}]_y = (A_x\partial_x+A_y\partial_y+A_z\partial_z)B_x + A_y(\partial_xB_y-\partial_yB_x) - A_z(\partial_zB_x-\partial_xB_z)$ を得る.与式の右辺第 2, 4 項はこの式で $\boldsymbol{A}\leftrightarrow\boldsymbol{B}$ という置き換えをしたものである.与式の右辺第 1, 2, 3, 4 項全てを加えると,左辺の x 成分 $\partial_x(A_xB_x+A_yB_y+A_zB_z) = [\nabla(\boldsymbol{A}\cdot\boldsymbol{B})]_x$ を得る.

[2] 左辺から右辺を導く.

$$\nabla\cdot(\boldsymbol{A}\times\boldsymbol{B}) = \partial_x[\boldsymbol{A}\times\boldsymbol{B}]_x + \partial_y[\boldsymbol{A}\times\boldsymbol{B}]_y + \partial_z[\boldsymbol{A}\times\boldsymbol{B}]_z$$
$$= \partial_x(A_yB_z-A_zB_y) + \partial_y(A_zB_x-A_xB_z) + \partial_z(A_xB_y-A_yB_x)$$
$$= B_x(\partial_yA_z-\partial_zA_y) + B_y(\partial_zA_x-\partial_xA_z) + B_z(\partial_xA_y-\partial_yA_x)$$
$$\quad - A_x(\partial_yB_z-\partial_zB_y) - A_y(\partial_zB_x-\partial_xB_z) - A_z(\partial_xB_y-\partial_yB_x)$$
$$= \boldsymbol{B}\cdot(\nabla\times\boldsymbol{A}) - \boldsymbol{A}\cdot(\nabla\times\boldsymbol{B}).$$

[3] 与式を $\nabla\times(\boldsymbol{A}\times\boldsymbol{B}) + (\boldsymbol{A}\cdot\nabla)\boldsymbol{B} + (\nabla\cdot\boldsymbol{A})\boldsymbol{B} = (\boldsymbol{B}\cdot\nabla)\boldsymbol{A} + (\nabla\cdot\boldsymbol{B})\boldsymbol{A}$ と変形した上で,左辺の x 成分を計算すると右辺の x 成分を得る.

$$\partial_y[\boldsymbol{A}\times\boldsymbol{B}]_z - \partial_z[\boldsymbol{A}\times\boldsymbol{B}]_y + (\boldsymbol{A}\cdot\nabla)B_x + (\nabla\cdot\boldsymbol{A})B_x$$
$$= \partial_y(A_xB_y-A_yB_x) - \partial_z(A_zB_x-A_xB_z)$$
$$\quad + (A_x\partial_x+A_y\partial_y+A_z\partial_z)B_x + (\partial_xA_x+\partial_yA_y+\partial_zA_z)B_x$$
$$= (B_x\partial_x+B_y\partial_y+B_z\partial_z)A_x + (\partial_xB_x+\partial_yB_y+\partial_zB_z)A_x.$$

【問題 22.4】（問題文は ☞ p.125）

[1] 発散に関するライプニッツ則 (21.11) において,$\boldsymbol{A} = \nabla\psi$ とおけば,$\nabla\cdot(\varphi\nabla\psi) = (\nabla\varphi)\cdot(\nabla\psi) + \varphi\nabla\cdot(\nabla\psi) = (\nabla\varphi)\cdot(\nabla\psi) + \varphi\Delta\psi.$

[2] 設問 [1] の式と,同式で $\varphi\leftrightarrow\psi$ という置き換えをしたものを辺々引くことで得られる.

[3] 与式を $\Delta\boldsymbol{A} = \nabla(\nabla\cdot\boldsymbol{A}) - \nabla\times(\nabla\times\boldsymbol{A})$ と変形した上で,右辺から左辺を導く.次のように,右辺の x 成分を計算すると左辺の x 成分が得られる.

$$[\nabla(\nabla\cdot\boldsymbol{A}) - \nabla\times(\nabla\times\boldsymbol{A})]_x = \partial_x(\nabla\cdot\boldsymbol{A}) - [\partial_y(\nabla\times\boldsymbol{A})_z - \partial_z(\nabla\times\boldsymbol{A})_y]$$
$$= \partial_x(\partial_xA_x+\partial_yA_y+\partial_zA_z) - \partial_y(\partial_xA_y-\partial_yA_x) + \partial_z(\partial_zA_x-\partial_xA_z)$$
$$= (\partial_x^2+\partial_y^2+\partial_z^2)A_x = [\Delta\boldsymbol{A}]_x.$$

【問題 22.5】（問題文は ☞ p.125）

[1] 与式で定義された φ の勾配 $\nabla\varphi$ を成分ごとに計算し，$\nabla\varphi = \boldsymbol{A}$ が成立することを示せばよい．$\nabla \times \boldsymbol{A} = \boldsymbol{0}$ であるから

$$\partial_x A_y = \partial_y A_x, \quad \partial_y A_z = \partial_z A_y, \quad \partial_z A_x = \partial_x A_z \tag{31.58}$$

が成り立つことに注意すれば，

$$
\begin{aligned}
[\nabla\varphi]_x &= \partial_x\varphi = A_x(x, y, z), \\
[\nabla\varphi]_y &= \partial_y\varphi = \int_{x_0}^{x} \partial_y A_x(\xi, y, z)d\xi + A_y(x_0, y, z) \\
&\stackrel{(31.58)}{=} \int_{x_0}^{x} \partial_\xi A_y(\xi, y, z)d\xi + A_y(x_0, y, z) \\
&= [A_y(\xi, y, z)]_{x_0}^{x} + A_y(x_0, y, z) = A_y(x, y, z), \\
[\nabla\varphi]_z &= \partial_z\varphi = \int_{x_0}^{x} \partial_z A_x(\xi, y, z)d\xi + \int_{y_0}^{y} \partial_z A_y(x_0, \eta, z)d\eta + A_z(x_0, y_0, z) \\
&\stackrel{(31.58)}{=} \int_{x_0}^{x} \partial_\xi A_z(\xi, y, z)d\xi + \int_{y_0}^{y} \partial_\eta A_z(x_0, \eta, z)d\eta + A_z(x_0, y_0, z) \\
&= [A_z(\xi, y, z)]_{x_0}^{x} + [A_z(x_0, \eta, z)]_{y_0}^{y} + A_z(x_0, y_0, z) = A_z(x, y, z).
\end{aligned}
$$

[2] 与式で定義された $\boldsymbol{B}$ の回転 $\nabla \times \boldsymbol{B}$ を成分ごとに計算し，$\boldsymbol{A} = \nabla \times \boldsymbol{B}$ が成立することを示せばよい．仮定より

$$\nabla \cdot \boldsymbol{A} = \partial_x A_x + \partial_y A_y + \partial_z A_z = 0, \quad B_z = 0 \tag{31.59}$$

が成り立つことに注意して

$$
\begin{aligned}
[\nabla \times \boldsymbol{B}]_x &= \partial_y B_z - \partial_z B_y \stackrel{(31.59)}{=} A_x(x, y, z), \\
[\nabla \times \boldsymbol{B}]_y &= \partial_z B_x - \partial_x B_z \stackrel{(31.59)}{=} A_y(x, y, z), \\
[\nabla \times \boldsymbol{B}]_z &= \partial_x B_y - \partial_y B_x = -\int_{z_0}^{z} [\partial_x A_x(x, y, \zeta) + \partial_y A_y(x, y, \zeta)]\, d\zeta + A_z(x, y, z_0) \\
&\stackrel{(31.59)}{=} \int_{z_0}^{z} \partial_\zeta A_z(x, y, \zeta)d\zeta + A_z(x, y, z_0) = A_z(x, y, z).
\end{aligned}
$$

【問題 23.1】（問題文は ☞ p.130）

[1] $\partial_t\varphi_1 = -2\varphi_1, \partial_x^2\varphi_1 = -a^2\varphi_1$ を $\kappa = 1/2$ とした式 (23.2) へ代入すると，$-2 = -\frac{1}{2}a^2$．したがって，$a = \pm 2$．

[2] $\partial_t\varphi_2 = b\varphi_2, \partial_x^2\varphi_2 \stackrel{(3.23)}{=} (4i)^2\varphi_2$ を $\kappa = 1/2$ とした式 (23.2) へ代入すると，$b = -8$．

[3] $\partial_t\varphi_3 = -6\varphi_3, \Delta\varphi_3 = -(c^2 + 2)\varphi_3$ を $\kappa = 1$ とした式 (23.5) へ代入すると，$-6 = -(c^2 + 2)$．したがって，$c = \pm 2$．

[4] $\Delta\varphi_4 = (5^2 - 3^2 - d^2)\varphi_4 = 0$．したがって，$d = \pm 4$．

【問題 23.2】（問題文は ☞ p.130）

[1] 式 (23.6) の両辺に $\sqrt{4\pi\kappa}$ を乗じて，$\sqrt{4\pi\kappa}\varphi = t^{-1/2}\exp\left(-\frac{x^2}{4\kappa t}\right)$．これを t で偏微分すると，ライプニッツ則 (1.10) を用いて

$$
\begin{aligned}
\sqrt{4\pi\kappa}\varphi_t &= -\frac{1}{2}t^{-3/2}\exp\left(-\frac{x^2}{4\kappa t}\right) + t^{-1/2}\frac{x^2}{4\kappa t^2}\exp\left(-\frac{x^2}{4\kappa t}\right) \\
&= \left(-\frac{1}{2t^{3/2}} + \frac{x^2}{4\kappa t^{5/2}}\right)\exp\left(-\frac{x^2}{4\kappa t}\right). \tag{31.60}
\end{aligned}
$$

一方，x で偏微分すると

$$\sqrt{4\pi\kappa}\varphi_x = t^{-1/2}\left(-\frac{x}{2\kappa t}\right)\exp\left(-\frac{x^2}{4\kappa t}\right) = -\frac{x}{2\kappa}t^{-3/2}\exp\left(-\frac{x^2}{4\kappa t}\right). \tag{31.61}$$

もう一度 x で偏微分すると

$$
\begin{aligned}
\sqrt{4\pi\kappa}\varphi_{xx} &= -\frac{1}{2\kappa}t^{-3/2}\exp\left(-\frac{x^2}{4\kappa t}\right) - \frac{x}{2\kappa}t^{-3/2}\left(-\frac{x}{2\kappa t}\right)\exp\left(-\frac{x^2}{4\kappa t}\right) \\
&= \left(-\frac{1}{2\kappa t^{3/2}} + \frac{x^2}{4\kappa^2 t^{5/2}}\right)\exp\left(-\frac{x^2}{4\kappa t}\right).
\end{aligned} \tag{31.62}
$$

式 (31.60),(31.62) より拡散方程式 (23.2) が満たされていることがわかる．

[2] $t = (一定)$ として，$\varphi(x,t)$ を x のみの関数と見なす．式 (31.61) より，$\partial_x\varphi = 0$ となるのは $x = 0$．式 (31.62) より，$\partial_x^2\varphi(0,t) < 0$ であるから，$\varphi(0,t) = 1/\sqrt{4\pi\kappa t}$ は極大値．また，式 (31.62) より，$\partial_x^2\varphi = 0$（変曲点）となるのは $x = \pm\sqrt{2\kappa t}$ である．また，$\displaystyle\lim_{x\to\pm\infty}\varphi(x,t) = 0$．したがって，$\varphi(x,t)$ のグラフは図 31.18(a) のようになる．

[3] ガウス積分の公式 (12.14) を用いて

$$\int_{-\infty}^{\infty}\varphi(x,t)dx = \frac{1}{\sqrt{4\pi\kappa t}}\int_{-\infty}^{\infty}\exp\left(-\frac{x^2}{4\kappa t}\right)dx \overset{(12.14)}{=} \frac{1}{\sqrt{4\pi\kappa t}}\sqrt{\frac{\pi}{1/(4\kappa t)}} = 1. \tag{31.63}$$

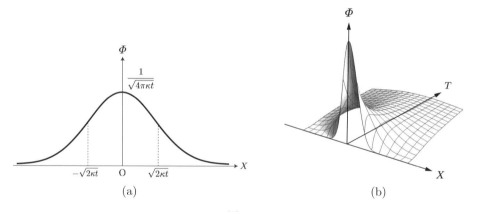

図 31.18

【補足】 参考のために，時間軸を加えた $\varphi(x,t)$ のグラフを図 31.18(b) に載せた．設問 [2],[3] の結果から，時間の経過と共に振幅が減少し，広がりが増大するが，$t = (\text{一定})$ における面積 $\int_{-\infty}^{\infty} \varphi(x,t)dx$ は一定に保たれていることがわかる．

逆に，時刻 t を正から 0 に近づけていくと，$x = 0$ を頂点とする山の高さは際限なく高くなっていき，山の広がりは際限なく小さくなることもわかる．そして，極限 $t \to +0$ においては，$x = 0$ だけで $+\infty$ をとり，$x \neq 0$ では 0 となる不思議な関数となる．そのような性質をもつ関数は**ディラックのデルタ関数** $\delta(x)$ と呼ばれ，**超関数**といわれるものの仲間である．実は，本問で考えた $\varphi(x,t)$ は初期条件が $\varphi(x,0) = \delta(x)$ で与えられる 1 次元拡散方程式の解である．

最後に，デルタ関数 $\delta(x)$ が満たす性質を書いておこう．

$$\delta(x-a) = \begin{cases} +\infty & x = a \\ 0 & x \neq a \end{cases}, \quad \int_{-\infty}^{\infty} \delta(x-a)f(x)dx = f(a).$$

ここで，a は任意の実定数，$f(x)$ は任意関数である．

【問題 23.3】 (問題文は ☞ p.130)

[1]　(a) $\partial_x u = \partial_y v = 2x, \ \partial_y u = -\partial_x v = -2y$ より，(u,v) は式 (23.7) を満たす．

　　(b) $\partial_x u = \partial_y v = e^x \cos y, \ \partial_y u = -\partial_x v = -e^x \sin y$ より，(u,v) は式 (23.7) を満たす．

[2]　式 (23.7) の第 1, 2 式をそれぞれ x, y で偏微分すると，$u_{xx} = v_{yx}, \ u_{yy} = -v_{xy}$．これらを辺々足すと，$u_{xx} + u_{yy} = 0$ を得る．また，式 (23.7) の第 1, 2 式をそれぞれ y, x で偏微分すると，$u_{xy} = v_{yy}, \ u_{yx} = -v_{xx}$．これらを辺々引くと，$v_{yy} + v_{xx} = 0$ を得る．

【補足】 複素数 $z = x + iy, (x, y \in \mathbb{R})$ の関数 $f(z)$ を考え，その実部と虚部を $f(z) = u(x,y) + iv(x,y), (u, v \in \mathbb{R})$ と分けた場合，$f(z)$ が微分可能ならば u, v はコーシー＝リーマンの方程式を満たさなければならない (☞ p.131)．すると本問 [2] で見たように，自動的に実部 u と虚部 v は調和関数になっている．本問 [1](a) の (u, v) を組み合わせて，$u + iv = x^2 - y^2 + 2xyi = (x+iy)^2$ とすると，u, v は複素関数 $f(z) = z^2$ の実部と虚部であることがわかる．また，本問 [1](b) の (u, v) を組み合わせて，$u + iv = e^x \cos y + ie^x \sin y \overset{(3.15)}{=} e^x e^{iy} \overset{(3.20)}{=} e^{x+iy}$ とすると，u, v は複素関数 $f(z) = e^z$ の実部と虚部であることがわかる．

【問題 23.4】 (問題文は ☞ p.130)

[1]　$\varphi = X(x)T(t)$ を 1 次元拡散方程式 (23.2) に代入すると，$X(x)T'(t) = \kappa X''(x)T(t)$．ここで，$X(x), T(t) \neq 0$ を仮定して，両辺を κXT で割ると $\frac{X''}{X} = \frac{T'}{\kappa T}$ を得る．ここで，左辺は x のみの関数であり右辺は t のみの関数である．したがって，これらが任意の x, t について等しくなるのは両辺が定数のときのみである．その定数を K とおくと，$X(x), T(t)$ に関する常微分方程式を得る．

$$X'' - KX = 0, \tag{31.64}$$

$$T' - \kappa KT = 0. \tag{31.65}$$

【補足】 このように，偏微分方程式を幾つかの常微分方程式に分離して解く方法を**変数分離法**という．

[2]　$K \neq 0$ のとき，$X = e^{\lambda x} (\lambda \in \mathbb{C} : \text{定数})$ と仮定して式 (31.64) へ代入すると，$(\lambda^2 - K)e^{\lambda x} = 0$ より $\lambda = \pm\sqrt{K}$ を得る．一方，$K = 0$ のとき，式 (31.64) は $X'' = 0$ となる．これらより，式 (31.64) の一般解は K の負・0・正に応じて次のようになる (☞ 14 章)．

$$X(x) = \begin{cases} \bar{A}\cos\sqrt{-K}x + \bar{B}\sin\sqrt{-K}x & (K < 0) \\ \bar{A}x + \bar{B} & (K = 0) \\ \bar{A}e^{\sqrt{K}x} + \bar{B}e^{-\sqrt{K}x} & (K > 0) \end{cases} \tag{31.66}$$

ここで，$\bar{A}, \bar{B}$ は任意定数である．ところで，境界条件 (23.8) より $X(0) = X(L) = 0$ でなくてはならないが，解 (31.66) のうち $K \geq 0$ の場合は $X(0) = X(L) = 0$ を課すと $\bar{A} = \bar{B} = 0$ となってしまうので不適である．したがって $K < 0$ のみが許され，$X(0) = X(L) = 0$ より $\bar{A} = \bar{B}\sin\sqrt{-K}L = 0$ が課される．したがって，$\sqrt{-K}L = n\pi, (n = 1, 2, \cdots)$，即ち

$$K = -k_n^2 := -\left(\frac{n\pi}{L}\right)^2, \quad n = 1, 2, \cdots$$

を満たす K だけが許される．このとき，式 (31.65) より $T(t)$ の一般解は $\bar{C}$ を任意定数として $T(t) = \bar{C}e^{-\kappa k_n^2 t}$ となる．したがって，$\varphi = XT = Ae^{-\kappa k_n^2 t}\sin k_n x, (A := \bar{B}\bar{C}, n = 1, 2, \cdots)$ が解である．しかし，重ね合わせの原理より全ての n について重ね合わせた関数も解であるから，より一般に解は式 (23.10) で与えられる．

[3] 解 (23.10) において $t = 0$ とおくと，初期条件 (23.9) より

$$\varphi(x, 0) = \sum_{n=1}^{\infty} A_n \sin k_n x = f(x). \tag{31.67}$$

この式に $\sin k_m x, (m = 1, 2, \cdots)$ を乗じて区間 $[0, L]$ で積分すると，$\int_0^L f(x)\sin k_m x dx = \sum_{n=1}^{\infty} A_n \int_0^L \sin k_n x \sin k_m x dx \overset{(23.11)}{=} A_m \cdot \frac{L}{2}$．したがって，

$$A_n = \frac{2}{L}\int_0^L f(x)\sin k_n x dx, \quad (n = 1, 2, \cdots) \tag{31.68}$$

を得る．

> 【補足】 式 (31.67) は，$f(x)$ を三角関数 $\sin\frac{n\pi}{L}x, (n = 1, 2, \cdots)$ の重ね合わせで表す式になっている．実は，$f(x)$ が区間 $[0, L]$ で連続かつ $f(0) = f(L) = 0$ という性質をもっていれば，それは可能であり，係数 A_n は式 (31.68) のように選べばよいことが知られている．このように，関数を三角関数の和で表したものを**フーリエ級数**という．フーリエ級数を用いて関数の性質を調べたり，微分方程式を解くのがフーリエ解析と呼ばれる分野である (☞ p.95)．
>
> ここで，三角関数に関する公式 (23.11) を示しておこう．$n = m$ のときは，$\int_0^L \sin^2 k_n x dx = \frac{1}{2}\int_0^L (1 - \cos 2k_n x)dx = \frac{1}{2}\left[x - \frac{1}{2k_n}\sin 2k_n x\right]_0^L = \frac{L}{2}$．一方，$n \neq m$ のときは，$\int_0^L \sin k_n x \sin k_m x dx = -\frac{1}{2}\int_0^L (\cos(k_n + k_m)x - \cos(k_n - k_m)x)dx = -\frac{1}{2}\left[\frac{1}{k_n+k_m}\sin(k_n + k_m)x - \frac{1}{k_n-k_m}\sin(k_n - k_m)x\right]_0^L = 0$．

【問題 23.5】 (問題文は ☞ p.131)

[1] $\varphi(x, y) = X(x)Y(y)$ とおいてラプラス方程式 $(\partial_x^2 + \partial_y^2)\varphi = 0$ に代入すると，$X''Y = -XY''$ を得る．$X, Y \neq 0$ を仮定して，両辺を XY で割ると $\frac{X''}{X} = -\frac{Y''}{Y}$ を得る．この式の左辺は x のみの関数，右辺は y のみの関数であり，この式が任意の x, y について成立するのは両辺が定数のときである．したがって，その定数を K とおくと，$X(x), Y(y)$ に関する次の常微分方程式を得る（変数分離法）．

$$X'' - KX = 0, \tag{31.69}$$
$$Y'' + KY = 0. \tag{31.70}$$

[2] 式 (31.69) は式 (31.64) と同じであるから，式 (31.69) は，K の負・0・正に応じて式 (31.66) で与えられる一般解をもつ．ところで，境界条件 (23.12) より $X(0) = X(L_x) = 0$ でなくてはならないが，解 (31.66) のうち $K \geq 0$ の場合は境界条件を課すと $\bar{A} = \bar{B} = 0$ となってしまうので不適である．したがって，$K < 0$ のみが許され，$X(0) = X(L_x) = 0$ より $\bar{A} = \bar{B} \sin \sqrt{-K} L_x = 0$ となる．したがって，$\sqrt{-K} L_x = n\pi$, $(n = 1, 2, \cdots)$, すなわち

$$K = -k_n^2 := -\left(\frac{n\pi}{L_x}\right)^2, \quad n = 1, 2, \cdots$$

を満たす K だけが許される．このとき，式 (31.70) より $Y(y)$ の一般解は $\bar{C}, \bar{D}$ を任意定数として $Y(y) = \bar{C}e^{k_n y} + \bar{D}e^{-k_n y}$ となる（☞ 14 章）．ここで，境界条件 (23.12) の $Y(L_y) = 0$ より $\bar{D} = -\bar{C}e^{2k_n L_y}$ を得る．したがって

$$Y(y) = \bar{C}e^{k_n y} - \bar{C}e^{2k_n L_y}e^{-k_n y} = 2\bar{C}e^{k_n L_y}\frac{e^{k_n(y-L_y)} - e^{-k_n(y-L_y)}}{2}$$
$$= \bar{E} \sinh k_n(y - L_y), \quad (\bar{E} := 2\bar{C}e^{k_n L_y}).$$

よって，$\varphi = X(x)Y(y) = A \sin k_n x \sinh k_n(y - L_y)$, $(A := \bar{B}\bar{E}, n = 1, 2, \cdots)$ が解である．しかし，重ね合わせの原理より全ての n について重ね合わせたものも解であるから，より一般には式 (23.14) が解となる．

[3] 解 (23.14) において $y = 0$ とおくと，境界条件 (23.13) より $\varphi(x, 0) = -\sum_{n=1}^{\infty} A_n \sin k_n x \sinh k_n L_y = f(x)$ を得る．この式に $\sin k_m x$, $(m = 1, 2, \cdots)$ を乗じて区間 $[0, L_x]$ で積分すると，$\int_0^{L_x} f(x) \sin k_m x dx = -\sum_{n=1}^{\infty} A_n \sinh k_n L_y \int_0^{L_x} \sin k_n x \sin k_m x dx \overset{(23.11)}{=} -A_m \sinh k_m L_y \cdot \frac{L_x}{2}$ を得る．したがって，$A_n = -\frac{2}{L_x \sinh k_n L_y} \int_0^{L_x} f(x) \sin k_n x dx$.

【問題 23.6】（問題文は ☞ p.131）

[1] φ が原点からの距離 r のみに依存するため，球座標 (r, θ, ϕ) に変換したとき，φ の θ, ϕ による偏微分は 0 となる．したがって，式 (17.10) を用いると，$\Delta \varphi = \left(\frac{\partial^2}{\partial x^2} + \frac{\partial^2}{\partial y^2} + \frac{\partial^2}{\partial z^2}\right)\varphi = \frac{1}{r^2}\frac{d}{dr}\left(r^2 \frac{d\varphi}{dr}\right) = 0$.

[2] 設問 [1] で得られた常微分方程式の両辺に r^2 を乗じてから，r で 1 回積分すると，$r^2 \frac{d\varphi}{dr} = C$. ここで，$C$ は積分定数．この式の両辺を r^2 で除してから r で積分すれば，$\varphi = \int \frac{C}{r^2}dr = -\frac{C}{r} + B = \frac{A}{r} + B$. ここで，$B$ は積分定数であり，$A := -C$.

【問題 24.1】（問題文は ☞ p.136）

[1] $\partial_t^2 \varphi_1 = -a^2 \varphi_1, \partial_x^2 \varphi_1 = -9\varphi_1$. これらを $c = 2$ とした波動方程式 (24.1) に代入すると $-a^2 + 2^2 \cdot 9 = 0$. したがって，$a = \pm 6$.

[2] $\partial_t^2 \varphi_2 = -64\varphi_2, \partial_x^2 \varphi_2 = -b^2 \varphi_2$. これらを $c = 2$ とした波動方程式 (24.1) に代入すると $-64 + 2^2 b^2 = 0$. したがって，$b = \pm 4$.

[3] $\frac{\partial u}{\partial x} = 1, \frac{\partial v}{\partial x} = 1$ と連鎖律 (17.7) を用いると

$$\frac{\partial \varphi}{\partial x} = \frac{\partial u}{\partial x}\frac{\partial \varphi}{\partial u} + \frac{\partial v}{\partial x}\frac{\partial \varphi}{\partial v} = \frac{\partial \varphi}{\partial u} + \frac{\partial \varphi}{\partial v},$$
$$\frac{\partial^2 \varphi}{\partial x^2} = \frac{\partial}{\partial x}\left(\frac{\partial \varphi}{\partial x}\right) = \left(\frac{\partial u}{\partial x}\frac{\partial}{\partial u} + \frac{\partial v}{\partial x}\frac{\partial}{\partial v}\right)\left(\frac{\partial \varphi}{\partial u} + \frac{\partial \varphi}{\partial v}\right) = \frac{\partial^2 \varphi}{\partial u^2} + 2\frac{\partial^2 \varphi}{\partial v \partial u} + \frac{\partial^2 \varphi}{\partial v^2}.$$

【問題 24.2】（問題文は ☞ p.136）

[1] $\partial_t^2 \varphi = -\omega^2 \varphi, \partial_x^2 \varphi = -k^2 \varphi$. これらを波動方程式 (24.1) に代入すると，$-\omega^2 + c^2 k^2 = 0$. したがって，$\omega = ck$. 時刻 t を固定し，x 方向に波長 λ の分だけ進んだとき位相（sin の引数）が 2π 進んでいなければならないので，$k(x + \lambda) - \omega t = kx - \omega t + 2\pi$. よって，$\lambda = \frac{2\pi}{k}$ を得る．また，位置 x を固定し，時刻 t が周期 T だけ進んだとき位相が 2π 遅れていなければならないので $kx - \omega(t + T) = kx - \omega t - 2\pi$. よって，$T = \frac{2\pi}{\omega}$ を得る．

V

解
答

> 【補足】 k を波数という. ω を角振動数, $\nu = \frac{\omega}{2\pi} = T^{-1}$ を振動数という.

[2] $\partial_t^2 \varphi = -\omega^2 \varphi$. また, $\Delta\varphi = (\partial_x^2 + \partial_y^2 + \partial_z^2)\sin(k_x x + k_y y + k_z z - \omega t) = -k^2\varphi$. ここで, $k^2 := k_x^2 + k_y^2 + k_z^2 = \|\boldsymbol{k}\|^2$ である. これらを波動方程式 (24.2) へ代入すると $-\omega^2 + c^2 k^2 = 0$. したがって, $\omega = ck = c\sqrt{k_x^2 + k_y^2 + k_z^2}$. ところで, 位相が定数 θ_0 であるとすると, $\boldsymbol{k}\cdot\boldsymbol{r} = \omega t + \theta_0$ を得る. したがって, 時刻 t を固定したとき, 位相が一定, 即ち φ が一定となるのは $\boldsymbol{k}\cdot\boldsymbol{r}$ が一定となる平面上であり, このような $\boldsymbol{r}$ は $\boldsymbol{k}$ に垂直な平面上にある (☞ 図 31.19). また, 波の進む向きについて考えるため, $\boldsymbol{k}$ 方向の単位ベクトルを $\boldsymbol{e} = \boldsymbol{k}/k$ として, $\boldsymbol{r} = r\boldsymbol{e}$, $(r := \|\boldsymbol{r}\|)$ という特別な方向を考えると, $\varphi = \sin(\boldsymbol{k}\cdot\boldsymbol{r} - \omega t) = \sin(k\boldsymbol{e}\cdot r\boldsymbol{e} - \omega t) = \sin(kr - \omega t)$ となる. すると, 設問 [1] との比較からこの波は r が増加する方向に ω/k の速さで伝播することがわかる.

> 【補足】 $\boldsymbol{k}$ を波数ベクトルという. このように位相一定面が平面で与えられる波を平面波という.

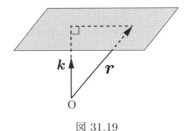

図 31.19

【問題 24.3】 (問題文は ☞ p.136)

[1] 24.2 節の考察から 1 次元波動方程式 (24.1) の解は, ある関数 ψ_1, ψ_2 を用いて $\varphi(x,t) = \psi_1(x - ct) + \psi_2(x + ct)\cdots(*)$ と書ける. このとき, $\partial_t\varphi = -c\psi_1'(x - ct) + c\psi_2'(x + ct)$ である. これらを初期条件 (24.7) に代入すると

$$\psi_1(x) + \psi_2(x) = f(x), \quad -c[\psi_1'(x) - \psi_2'(x)] = g(x) \tag{31.71}$$

を得る. (31.71) 第 2 式を区間 $[0,x]$ で積分すると, $-c[\psi_1(x) - \psi_2(x)] + c[\psi_1(0) - \psi_2(0)] = \int_0^x g(\xi)d\xi$ を得る. この式と (31.71) 第 1 式を組み合わせると, $\psi_1(x) = \frac{1}{2}f(x) - \frac{1}{2c}\int_0^x g(\xi)d\xi + \frac{1}{2}[\psi_1(0) - \psi_2(0)]$, $\psi_2(x) = \frac{1}{2}f(x) + \frac{1}{2c}\int_0^x g(\xi)d\xi - \frac{1}{2}[\psi_1(0) - \psi_2(0)]$ を得る. これらを $(*)$ へ代入することで式 (24.8) を得る.

> 【補足】 式 (24.8) をダランベールの公式という.

[2] ダランベールの公式 (24.8) において, $g(x) = 0$ とすると $\varphi(x,t) = \frac{1}{2}[f(x - ct) + f(x + ct)]$ となる. したがって, $t = 0$ における波形 $f(x)$ の半分の振幅をもつ波が, 形を保ちつつ x 軸の正の向きと負の向きに速さ c で伝播していく.

【問題 24.4】 (問題文は ☞ p.136)

[1] $\varphi = X(x)T(t)$ を 1 次元波動方程式 (24.1) に代入すると, $X(x)T''(t) = c^2 X''(x)T(t)$. ここで, $X(x), T(t) \neq 0$ を仮定して, 両辺を $c^2 XT$ で割ると $\frac{X''}{X} = \frac{T''}{c^2 T}$ を得る. この式の左辺は x のみの関数であり右辺は t のみの関数である. したがって, これらが任意の x, t について等しくなるのは両辺が定数のときのみである. その定数を K とおくと, $X(x), T(t)$ に関する常微分方程式を得る (変数分離法).

$$X'' - KX = 0, \tag{31.72}$$

$$T'' - c^2 KT = 0. \tag{31.73}$$

[2] $K \neq 0$ のとき，式 (31.72) の解を $X = e^{\lambda x}$ ($\lambda \in \mathbb{C}$: 定数) と仮定して式 (31.72) へ代入すると $(\lambda^2 - K)e^{\lambda x} = 0$. したがって，$\lambda = \pm\sqrt{K}$ を得る．一方，$K = 0$ のとき，式 (31.72) は $X'' = 0$ となる．以上より，微分方程式 (31.72) の一般解は K の負・0・正に応じて次のようになる (☞ 14 章).

$$X(x) = \begin{cases} \bar{A}\cos\sqrt{-K}x + \bar{B}\sin\sqrt{-K}x & (K < 0) \\ \bar{A}x + \bar{B} & (K = 0) \\ \bar{A}e^{\sqrt{K}x} + \bar{B}e^{-\sqrt{K}x} & (K > 0) \end{cases} \tag{31.74}$$

ここで，$\bar{A}, \bar{B}$ は任意定数である．ところで，境界条件 (24.9) より $X(0) = X(L) = 0$ でなくてはならないが，解 (31.74) のうち $K \geq 0$ の場合は $X(0) = X(L) = 0$ を課すと $\bar{A} = \bar{B} = 0$ となってしまうので不適である．したがって $K < 0$ のみが許され，$X(0) = X(L) = 0$ より

$$\bar{A} = \bar{B}\sin\sqrt{-K}L = 0$$

となる．したがって，$\sqrt{-K}L = n\pi$, $(n = 1, 2, \cdots)$, 即ち，$K = -k_n^2 := -\left(\frac{n\pi}{L}\right)^2$, $(n = 1, 2, \cdots)$ を満たす K だけが許される．このとき，式 (31.73) より $T(t)$ の一般解は $\bar{C}, \bar{D}$ を任意定数として $T(t) = \bar{C}\cos ck_n t + \bar{D}\sin ck_n t$ となる．したがって，$\varphi = XT = (A\cos ck_n t + B\sin ck_n t)\sin k_n x$, $(A := \bar{B}\bar{C}, B := \bar{B}\bar{D}, n = 1, 2, \cdots)$ が解である．しかし，重ね合わせの原理より全ての n について和をとった関数も解であるから，一般には式 (24.11) が解となる．

[3] 解 (24.11) において $t = 0$ として，初期条件 (24.10) を用いると $\varphi(x, 0) = \sum_{n=1}^{\infty} A_n \sin k_n x = f(x)$ を得る．この式に $\sin k_m x$, $(m = 1, 2, \cdots)$ を乗じて区間 $[0, L]$ で積分すると，$\int_0^L f(x)\sin k_m x dx = \sum_{n=1}^{\infty} A_n \int_0^L \sin k_n x \sin k_m x dx \overset{(23.11)}{=} A_m \cdot \frac{L}{2}$. したがって，$A_n = \frac{2}{L}\int_0^L f(x)\sin k_n x dx$, $(n = 1, 2, \cdots)$. また，式 (24.11) の両辺を t で偏微分した後に $t = 0$ として初期条件 (24.10) を用いると，$\partial_t \varphi(x, 0) = \sum_{n=1}^{\infty} ck_n B_n \sin k_n x = g(x)$. この式の両辺に $\sin k_m x$, $(m = 1, 2, \cdots)$ を乗じて区間 $[0, L]$ で積分すれば，$B_n = \frac{2}{ck_n L}\int_0^L g(x)\sin k_n x dx$, $(n = 1, 2, \cdots)$.

【問題 24.5】(問題文は ☞ p.137)

[1] φ が t と原点からの距離 r のみに依存するため，球座標 (r, θ, ϕ) へ変換したとき，φ の θ, ϕ による偏微分が 0 となる．したがって，式 (17.10) を用いると，$\frac{\partial^2 \varphi}{\partial t^2} = c^2\left(\frac{\partial^2}{\partial x^2} + \frac{\partial^2}{\partial y^2} + \frac{\partial^2}{\partial z^2}\right)\varphi \overset{(17.10)}{=} \frac{c^2}{r^2}\frac{\partial}{\partial r}\left(r^2 \frac{\partial \varphi}{\partial r}\right)$.

[2] $\varphi_r = \alpha r^{\alpha-1}\varphi + r^\alpha \varphi_r$, $\varphi_{rr} = \alpha(\alpha-1)r^{\alpha-2}\varphi + 2\alpha r^{\alpha-1}\varphi_r + r^\alpha \varphi_{rr}$ を設問 [2] で得られた微分方程式に代入し整理すると，$\psi_{tt} = c^2\left[\psi_{rr} + 2(\alpha+1)\frac{\psi_r}{r} + \alpha(\alpha+1)\frac{\psi}{r^2}\right]$ を得る．したがって $\alpha = -1$ と選ぶと与式に帰着する．

> 【補足】 このように θ, ϕ に依存しない場は球対称性をもつといわれる．設問 [2] で得られた 1 次元波動方程式の一般解はダランベールの解で与えられるから，球対称性をもつ 3 次元波動方程式一般解は，ψ_1, ψ_2 を任意関数として $\varphi(x, t) = r^{-1}[\psi_1(r - ct) + \psi_2(r + ct)]$ で与えられる．これは，時刻 t を固定したときの位相一定面が球面で与えられる**球面波**が，原点から遠ざかる向きと原点へ近づく向きに速さ c で伝播する様子を表している．

第VI部

【問題 25.1】(問題文は ☞ p.143)

[1] $I_1 = \int_0^1 dx \int_0^1 dy\, xy^2 = \int_0^1 dx \left[\frac{1}{3}xy^3\right]_0^1 = \frac{1}{3}\int_0^1 dx\, x = \frac{1}{3}\left[\frac{1}{2}x^2\right]_0^1 = \frac{1}{6}$.

[2] $I_1 = \int_0^1 dy \int_0^1 dx\, xy^2 = \int_0^1 dy \left[\frac{1}{2}x^2y^2\right]_0^1 = \frac{1}{2}\int_0^1 dy\, y^2 = \frac{1}{2}\left[\frac{1}{3}y^3\right]_0^1 = \frac{1}{6}$.

[3] $I_2 = \int_0^1 dx \int_1^{e^x} dy\, \frac{x^2}{y} = \int_0^1 dx \left[x^2 \ln y\right]_1^{e^x} = \int_0^1 dx\, x^2(\ln e^x - \ln 1) = \int_0^1 dx\, x^3 = \frac{1}{4}$.

[4] $I_2 = \int_1^e dy \int_{\ln y}^1 dx\, \frac{x^2}{y} = \int_1^e dy \left[\frac{1}{3}\frac{x^3}{y}\right]_{\ln y}^1 = \frac{1}{3}\int_1^e dy \left(\frac{1}{y} - \frac{(\ln y)^3}{y}\right) = \frac{1}{3}\left[\ln y - \frac{1}{4}(\ln y)^4\right]_1^e = \frac{1}{4}$.

[5] $1/\sqrt{y^3+1}$ の原始関数がわからないので，x から積分する累次積分に書き換えれば，$I_3 = \int_0^1 dy \int_0^y dx\, \frac{x}{\sqrt{y^3+1}} = \int_0^1 dy \left[\frac{1}{2}\frac{x^2}{\sqrt{y^3+1}}\right]_0^y = \frac{1}{2}\int_0^1 dy\, \frac{y^2}{\sqrt{y^3+1}} = \frac{1}{2}\left[\frac{2}{3}(y^3+1)^{1/2}\right]_0^1 = \frac{1}{3}(\sqrt{2}-1)$.

【問題 25.2】（問題文は ☞ p.143）

[1] y, x の順序で累次積分すると，$I_1 = \int_0^1 dx \int_0^x dy\, \frac{1}{\sqrt{1-y^2}} \overset{(8.11)}{=} \int_0^1 dx \left[\mathrm{Sin}^{-1} y\right]_0^x = \int_0^1 dx\, \mathrm{Sin}^{-1} x \overset{(8.4)}{=} \left[x\,\mathrm{Sin}^{-1} x + \sqrt{1-x^2}\right]_0^1 = \mathrm{Sin}^{-1} 1 - 1 = \frac{\pi}{2} - 1$.

> **【補足】** x, y の順序で累次積分すると，$I_1 = \int_0^1 dy \int_y^1 dx\, \frac{1}{\sqrt{1-y^2}} = \int_0^1 dy \left[\frac{x}{\sqrt{1-y^2}}\right]_y^1 = \int_0^1 dy \left(\frac{1}{\sqrt{1-y^2}} - \frac{y}{\sqrt{1-y^2}}\right) \overset{(8.11)}{=} \left[\mathrm{Sin}^{-1} y + \sqrt{1-y^2}\right]_0^1 = \frac{\pi}{2} - 1$.

[2] y, x の順序で累次積分すると，$I_2 = \int_0^1 dx \int_0^x dy\, \frac{1}{\sqrt{y^2+1}} \overset{(8.14)}{=} \int_0^1 dx \left[\sinh^{-1} y\right]_0^x = \int_0^1 dx\, \sinh^{-1} x \overset{(8.7)}{=} \left[x\sinh^{-1} x - \sqrt{1+x^2}\right]_0^1 = \sinh^{-1} 1 - \sqrt{2} + 1 \overset{(6.15)}{=} \ln(1+\sqrt{2}) - \sqrt{2} + 1$.

> **【補足】** x, y の順序で累次積分すると，$I_2 = \int_0^1 dy \int_y^1 dx\, \frac{1}{\sqrt{y^2+1}} = \int_0^1 dy \left[\frac{x}{\sqrt{y^2+1}}\right]_y^1 = \int_0^1 dy \left(\frac{1}{\sqrt{y^2+1}} - \frac{y}{\sqrt{y^2+1}}\right) \overset{(8.14)}{=} \left[\sinh^{-1} y - \sqrt{y^2+1}\right]_0^1 \overset{(6.15)}{=} \ln(1+\sqrt{2}) - \sqrt{2} + 1$.

[3] y, x の順序で累次積分して，$I_3 = \int_0^1 dx \int_0^{1/(1+x^2)} dy(2xy+2y+1) = \int_0^1 dx \left[xy^2 + y^2 + y\right]_0^{1/(1+x^2)} = \int_0^1 \left(\frac{x}{(1+x^2)^2} + \frac{1}{(1+x^2)^2} + \frac{1}{1+x^2}\right) dx = \int_0^1 \left(\frac{x}{(1+x^2)^2} + \frac{1}{1+x^2}\right) dx + [Q_2(x,1)]_0^1$（☞ p.46）．問題 8.4 の結果を用いて，$I_3 = \left[-\frac{1}{2(1+x^2)} + \mathrm{Tan}^{-1} x + \frac{1}{2}\left(\frac{x}{1+x^2} + \mathrm{Tan}^{-1} x\right)\right]_0^1 = \frac{1}{2} + \frac{3\pi}{8}$.

[4] $\sinh y^2$ の原始関数はわからないので，積分順序を交換して，$I_4 = \int_0^1 dy \int_0^y dx\, \sinh y^2 = \int_0^1 dy \left[x\sinh y^2\right]_0^y = \int_0^1 dy\, y\sinh y^2 = \left[\frac{1}{2}\cosh y^2\right]_0^1 = \frac{1}{4}(e + e^{-1} - 2)$.

[5] $\frac{\mathrm{Cos}^{-1} y}{y}$ の原始関数はわからないので，積分順序を交換して，$I_5 = \int_0^1 dy \int_0^{\sqrt{y}} dx\, \frac{x\,\mathrm{Cos}^{-1} y}{y} = \int_0^1 dy \left[\frac{1}{2}\frac{x^2\,\mathrm{Cos}^{-1} y}{y}\right]_0^{\sqrt{y}} = \frac{1}{2}\int_0^1 dy\, \mathrm{Cos}^{-1} y \overset{(8.3)}{=} \frac{1}{2}\left[y\,\mathrm{Cos}^{-1} y - \sqrt{1-y^2}\right]_0^1 = \frac{1}{2}$.

【問題 25.3】（問題文は ☞ p.143）

[1] 累次積分 (25.3) を用いて，y 積分において x は定数であることに注意すれば，$I = \iint_D f(x,y)dxdy \overset{(25.3)}{=} \int_{x_1}^{x_2} dx \int_{y_1}^{y_2} dy f_1(x)f_2(y) = \int_{x_1}^{x_2} f_1(x)dx \int_{y_1}^{y_2} f_2(y)dy$.

[2] 累次積分 (25.3) を用いると，$\iint_D dxdy \overset{(25.3)}{=} \int_a^b dx \int_0^{f(x)} dy = \int_a^b dx[y]_0^{f(x)} = \int_a^b f(x)dx$.

【問題 25.4】（問題文は ☞ p.144）

[1] xy 平面上の領域 D の面積は $\iint_D dxdy$ で与えられる．したがって，求める楕円の面積 A は $A = \iint_D dxdy = \int_{-a}^a dx \int_{-b\sqrt{1-(x/a)^2}}^{b\sqrt{1-(x/a)^2}} dy = 2b\int_{-a}^a \sqrt{1-(x/a)^2}\,dx$. ここで，$x = a\cos\theta$ と置換すると，$A = ab\int_0^\pi (1 - \cos 2\theta)d\theta = ab\left[\theta - \frac{1}{2}\sin 2\theta\right]_0^\pi = \pi ab$.

[2] 楕円体の体積 V は xy 平面と曲面 $z = c\sqrt{1 - \left(\frac{x}{a}\right)^2 - \left(\frac{y}{b}\right)^2}$ で挟まれた領域の体積の 2 倍であるから，$V = 2\iint_D c\sqrt{1 - \left(\frac{x}{a}\right)^2 - \left(\frac{y}{b}\right)^2}\,dxdy$, $D := \left\{(x,y) : \left(\frac{x}{a}\right)^2 + \left(\frac{y}{b}\right)^2 \leq 1\right\}$. これは次の累次積分の形に書ける．$V = 2c\int_{-a}^a dx \int_{-b\sqrt{1-(x/a)^2}}^{b\sqrt{1-(x/a)^2}} dy \sqrt{1 - \left(\frac{x}{a}\right)^2 - \left(\frac{y}{b}\right)^2}$. ここで，$\frac{y}{b} =$

$\sqrt{1-\left(\frac{x}{a}\right)^2}\cos\theta$ と置換すると

$$V = 2c\int_{-a}^{a}dx\int_{\pi}^{0}\sqrt{\left\{1-\left(\frac{x}{a}\right)^2\right\}(1-\cos^2\theta)}\left(-b\sqrt{1-\left(\frac{x}{a}\right)^2}\sin\theta\right)d\theta$$

$$= 2bc\int_{-a}^{a}dx\left\{1-\left(\frac{x}{a}\right)^2\right\}\int_{0}^{\pi}\sin^2\theta d\theta = 2bc\left[x-\frac{x^3}{3a^2}\right]_{-a}^{a}\cdot\frac{\pi}{2} = \frac{4\pi}{3}abc.$$

> 【補足】 楕円の面積や楕円体の体積を求めるには，ここで行なったようにデカルト座標 x, y で
> 2 重積分するよりも，適当な変数変換を行なってから 2 重積分する方が計算量が少なくて済む
> （☞ 問題 26.2）．更に，楕円体の体積に関しては，体積分（3 重積分）を用いると，よりエレガ
> ントに求めることができる（☞ 問題 27.2）．

【問題 25.5】（問題文は ☞ p.144）

[1] σ が定数であることに注意して，$M = \iint_{D}\sigma dxdy = \sigma\int_{0}^{a}dx\int_{0}^{\sqrt{a^2-x^2}}dy = \sigma\int_{0}^{a}\sqrt{a^2-x^2}dx$.
ここで，$x = a\cos\theta$ と置換すると，$M = \sigma\int_{\pi/2}^{0}\sqrt{a^2(1-\cos^2\theta)}\,(-a\sin\theta)d\theta = \sigma a^2\int_{0}^{\pi/2}\frac{1}{2}(1-\cos2\theta)d\theta = \frac{\sigma a^2}{2}\left[\theta-\frac{1}{2}\sin2\theta\right]_{0}^{\pi/2} = \frac{\pi}{4}\sigma a^2$.

[2] $X = \frac{1}{M}\int_{0}^{a}dx\int_{0}^{\sqrt{a^2-x^2}}dy\,\sigma x = \frac{\sigma}{M}\int_{0}^{a}x\sqrt{a^2-x^2}dx = \frac{\sigma}{M}\left[-\frac{1}{3}(a^2-x^2)^{3/2}\right]_{0}^{a} = \frac{\sigma a^3}{3M} = \frac{4}{3\pi}a$.
ただし，最後の等号では設問 [1] の結果を用いて σ を消去した．対称性から明らかに $Y = X = \frac{4}{3\pi}a$.

[3] I_z の定義より，$I_z = \sigma\iint_{D}x^2dxdy + \sigma\iint_{D}y^2dxdy = 2\sigma J$. ここで，対称性から明らかに $\iint_{D}x^2dxdy = \iint_{D}y^2dxdy$ であるから，これを J とおいた．累次積分を用いると $J = \int_{0}^{a}dx\int_{0}^{\sqrt{a^2-x^2}}dy\,x^2 = \int_{0}^{a}x^2\sqrt{a^2-x^2}dx$. ここで，$x = a\sin\theta$ とおくと，$J = \int_{0}^{\pi/2}(a\sin\theta)^2\sqrt{a^2(1-\sin^2\theta)}(a\cos\theta)d\theta = a^4\left(\int_{0}^{\pi/2}\cos^2\theta d\theta - \int_{0}^{\pi/2}\cos^4\theta d\theta\right) = a^4(C_2-C_4) = a^4\left(\frac{1}{2}\cdot\frac{\pi}{2}-\frac{3}{4}\cdot\frac{1}{2}\cdot\frac{\pi}{2}\right) = \frac{\pi}{16}a^4$. ここで，$C_n$ はウォリス積分である（☞ p.46）．これを用いて，$I_z = 2\sigma\cdot\frac{\pi}{16}a^4 = \frac{1}{2}Ma^2$. なお，最後の等号では再び設問 [1] の結果を用いて σ を消去した．

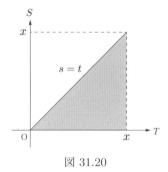

図 31.20

【問題 25.6】（問題文は ☞ p.145）

[1] $x^2 * x = \int_{0}^{x}(x-t)^2t\,dt = \int_{0}^{x}(x^2t-2xt^2+t^3)dt = \left[\frac{1}{2}x^2t^2-\frac{2}{3}xt^3+\frac{1}{4}t^4\right]_{0}^{x} = \frac{1}{12}x^4$.

[2] 式 (25.6) において $x - t = s$ と置換すると，$(f*g)(x) = \int_{x}^{0}f(s)g(x-s)(-ds) = \int_{0}^{x}g(x-s)f(s)ds = (g*f)(x)$.

[3] 定義に従えば，$f*(g*h) = \int_{0}^{x}f(x-t)(g*h)(t)dt = \int_{0}^{x}dt\int_{0}^{t}ds\,f(x-t)g(t-s)h(s)$ のように，累次積分の形に書かれる．ここで，積分順序の交換（☞ 図 31.20）を行うと，$f*(g*h) = \int_{0}^{x}ds\int_{s}^{x}dt\,f(x-t)g(t-s)h(s)$ となるが，t 積分において $t-s = u$ と置換すれば，$f*(g*h) = \int_{0}^{x}ds\int_{0}^{x-s}du\,f(x-s-u)g(u)h(s) = \int_{0}^{x}(f*g)(x-s)h(s)ds = (f*g)*h$.

【**問題 26.1**】（問題文は ☞ p.149）

[1] $u = x - y$, $v = x + y$ とおくと $x = \frac{1}{2}(u+v)$, $y = -\frac{1}{2}(u-v)$. これを D_1 を表す不等式に代入すると, D_1 は $E_1 = \{(u,v) : 0 \leq u \leq 1, 0 \leq v \leq \frac{\pi}{2}\}$ の像であることがわかる. また, ヤコビアンは $\frac{\partial(x,y)}{\partial(u,v)} = \frac{1}{2}$. したがって, $I_1 = \iint_{E_1} u^2 \cos v \cdot \frac{1}{2} du dv \overset{(25.5)}{=} \frac{1}{2} \int_0^1 u^2 du \int_0^{\frac{\pi}{2}} \cos v dv = \frac{1}{2} \left[\frac{1}{3}u^3\right]_0^1 [\sin v]_0^{\frac{\pi}{2}} = \frac{1}{6}$.

[2] $u = x - y$, $v = x + y$ とおくと $x = \frac{1}{2}(u+v)$, $y = -\frac{1}{2}(u-v)$. これを D_2 を表す不等式に代入すると, D_2 は $E_2 = \{(u,v) : 0 \leq u \leq \frac{\pi}{2}, 0 \leq v \leq \frac{\pi}{2}\}$ の像であることがわかる. また, ヤコビアンは $\frac{\partial(x,y)}{\partial(u,v)} = \frac{1}{2}$. したがって, $I_2 = \iint_{E_2} \sin(u+v) \cdot \frac{1}{2} du dv = \frac{1}{2} \int_0^{\frac{\pi}{2}} du \int_0^{\frac{\pi}{2}} \sin(u+v) dv = \frac{1}{2} \int_0^{\frac{\pi}{2}} du [-\cos(u+v)]_0^{\frac{\pi}{2}} = \frac{1}{2} \int_0^{\frac{\pi}{2}} du \left(-\cos\left(u + \frac{\pi}{2}\right) + \cos u\right) = \frac{1}{2} \left[-\sin\left(u + \frac{\pi}{2}\right) + \sin u\right]_0^{\frac{\pi}{2}} = 1$.

[3] 極座標 $x = \rho \cos\phi$, $y = \rho \sin\phi$ を導入すると, D_3 は $E_3 = \{(\rho, \phi) : 0 \leq \rho \leq 2, 0 \leq \phi \leq \pi\}$ の像であることがわかる. したがって, $I_3 = \iint_{E_3} (\rho\cos\phi)^2 \rho\sin\phi \cdot \rho \; d\rho d\phi \overset{(25.5)}{=} \int_0^2 \rho^4 d\rho \int_0^\pi \cos^2\phi \sin\phi d\phi$. ここで, ϕ 積分について $\cos\phi = t$ とおくと $-\sin\phi d\phi = dt$ より $I_3 = \int_0^2 \rho^4 d\rho \int_1^{-1} t^2(-dt) = \left[\frac{1}{5}\rho^5\right]_0^2 \left[\frac{1}{3}t^3\right]_{-1}^1 = \frac{64}{15}$.

[4] 極座標 $x = \rho\cos\phi$, $y = \rho\sin\phi$ を導入する. $E_R = \{(\rho, \phi) : 1 \leq \rho \leq R, 0 \leq \phi < 2\pi\}$ として, $I_4 = \lim_{R \to \infty} \iint_{E_R} \frac{1}{\rho^4} \cdot \rho \; d\rho d\phi \overset{(25.5)}{=} \lim_{R \to \infty} \int_1^R \frac{1}{\rho^3} d\rho \int_0^{2\pi} d\phi = \lim_{R \to \infty} \left[-\frac{1}{2\rho^2}\right]_1^R [\phi]_0^{2\pi} = \lim_{R \to \infty} \pi\left(1 - \frac{1}{R^2}\right) = \pi$.

[5] (a) 被積分関数は偶関数なので, $I_5 \overset{(7.6)}{=} \frac{1}{2} \int_{-\infty}^\infty e^{-\frac{\pi}{9}x^2} dx \overset{(12.14)}{=} \frac{1}{2}\sqrt{\frac{\pi}{\pi/9}} = 3/2$.

(b) $I_6 = \int_{-\infty}^\infty e^{-2(x-1)^2 + 2} dx$. ここで, $x - 1 = t$ と置換すると, $I_6 = e^2 \int_{-\infty}^\infty e^{-2t^2} dt \overset{(12.14)}{=} e^2 \sqrt{\pi/2}$.

【**問題 26.2**】（問題文は ☞ p.149）

変数変換のヤコビアンは

$$\frac{\partial(x,y)}{\partial(\rho,\phi)} \overset{(26.2)}{=} \det \begin{pmatrix} a\cos\phi & -a\rho\sin\phi \\ b\sin\phi & b\rho\cos\phi \end{pmatrix} \overset{(2.18)}{=} ab\rho(\cos^2\phi + \sin^2\phi) = ab\rho.$$

[1] 与えられた楕円の面積 A は $A = \iint_D dxdy$ で与えられる. 積分変数を (ρ, ϕ) に変換すると, $A = \iint_E \frac{\partial(x,y)}{\partial(\rho,\phi)} d\rho d\phi$, $E = \{(\rho, \phi) : 0 \leq \rho \leq 1, 0 \leq \phi < 2\pi\}$ である. よって, $A \overset{(25.5)}{=} \int_0^{2\pi} d\phi \int_0^1 d\rho \, ab\rho = ab[\phi]_0^{2\pi} \left[\frac{1}{2}\rho^2\right]_0^1 = \pi ab$.

[2] 楕円体の体積 V は xy 平面と曲面 $z = c\sqrt{1 - (x/a)^2 - (y/b)^2}$ で囲まれた領域の体積の 2 倍であるから $V = 2\iint_D c\sqrt{1 - (x/a)^2 - (y/b)^2} dxdy$ である. 積分変数を (ρ, ϕ) に変換すると, $V = 2\iint_E c\sqrt{1 - \rho^2} \frac{\partial(x,y)}{\partial(\rho,\phi)} d\rho d\phi \overset{(25.5)}{=} 2abc \int_0^{2\pi} d\phi \int_0^1 \rho\sqrt{1 - \rho^2} d\rho = 2abc \, [\phi]_0^{2\pi} \left[-\frac{1}{3}(1 - \rho^2)^{\frac{3}{2}}\right]_0^1 = \frac{4\pi}{3} abc$.

【**問題 26.3**】（問題文は ☞ p.149）

ガンマ関数の定義 (12.13) に従うと $\Gamma(x)\Gamma(y) = \int_0^\infty t^{x-1} e^{-t} dt \int_0^\infty s^{y-1} e^{-s} ds$ であるが, $t = u^2$, $s = v^2$ と置換すると, $\Gamma(x)\Gamma(y) = \int_0^\infty u^{2(x-1)} e^{-u^2} 2u du \int_0^\infty v^{2(y-1)} e^{-v^2} 2v dv \overset{(25.5)}{=} 4\iint_D u^{2x-1} v^{2y-1} e^{-(u^2+v^2)} du dv$, $D := \{(u,v) : u \geq 0, v \geq 0\}$. ここで, $u = \rho\cos\phi$, $v = \rho\sin\phi$ と変換すると, $\frac{\partial(u,v)}{\partial(\rho,\phi)} = \rho$, $E = \{(\rho, \phi) : 0 \leq \rho, 0 \leq \phi \leq \frac{\pi}{2}\}$ となるから, $\Gamma(x)\Gamma(y) = 4\iint_E (\rho\cos\phi)^{2x-1} (\rho\sin\phi)^{2y-1} e^{-\rho^2} \rho d\rho d\phi \overset{(25.5)}{=} 4\int_0^\infty \rho^{2x+2y-1} e^{-\rho^2} d\rho \int_0^{\frac{\pi}{2}} (\cos\phi)^{2x-1} (\sin\phi)^{2y-1} d\phi$. ここで, ρ 積分においては $\xi = \rho^2$ と置換し, ϕ 積分は問題 12.6 (p.68) の結果を用いると, $\Gamma(x)\Gamma(y) = 4 \cdot \frac{1}{2} \int_0^\infty \xi^{x+y-1} e^{-\xi} d\xi \cdot \frac{1}{2} B(x,y) = \Gamma(x+y) B(x,y)$.

【**問題 26.4**】（問題文は ☞ p.149）

[1] 変数変換 $x = x(u,v)$, $y = y(u,v)$ と $u = u(\xi, \eta)$, $v = v(\xi, \eta)$ の合成について, 連鎖律 (17.8) より

$$\begin{pmatrix} \frac{\partial x}{\partial \xi} & \frac{\partial x}{\partial \eta} \\ \frac{\partial y}{\partial \xi} & \frac{\partial y}{\partial \eta} \end{pmatrix} = \begin{pmatrix} \frac{\partial x}{\partial u}\frac{\partial u}{\partial \xi} + \frac{\partial x}{\partial v}\frac{\partial v}{\partial \xi} & \frac{\partial x}{\partial u}\frac{\partial u}{\partial \eta} + \frac{\partial x}{\partial v}\frac{\partial v}{\partial \eta} \\ \frac{\partial y}{\partial u}\frac{\partial u}{\partial \xi} + \frac{\partial y}{\partial v}\frac{\partial v}{\partial \xi} & \frac{\partial y}{\partial u}\frac{\partial u}{\partial \eta} + \frac{\partial y}{\partial v}\frac{\partial v}{\partial \eta} \end{pmatrix} = \begin{pmatrix} \frac{\partial x}{\partial u} & \frac{\partial x}{\partial v} \\ \frac{\partial y}{\partial u} & \frac{\partial y}{\partial v} \end{pmatrix} \begin{pmatrix} \frac{\partial u}{\partial \xi} & \frac{\partial u}{\partial \eta} \\ \frac{\partial v}{\partial \xi} & \frac{\partial v}{\partial \eta} \end{pmatrix}.$$

両辺の行列式をとり, 行列 A, B について $\det AB = \det A \det B$ であることを用いれば与式が得られる.

[2] 設問 [1] の結果において, $\xi = x$, $\eta = y$ とおき, $\frac{\partial(x,y)}{\partial(x,y)} = 1$ であることを用いると与式が得られる.

[3] 行列式は行の入れ替えおよび列の入れ替えに対して符号を変えるから

$$\det \begin{pmatrix} \frac{\partial x}{\partial u} & \frac{\partial x}{\partial v} \\ \frac{\partial y}{\partial u} & \frac{\partial y}{\partial v} \end{pmatrix} = -\det \begin{pmatrix} \frac{\partial y}{\partial u} & \frac{\partial y}{\partial v} \\ \frac{\partial x}{\partial u} & \frac{\partial x}{\partial v} \end{pmatrix} = -\det \begin{pmatrix} \frac{\partial x}{\partial v} & \frac{\partial x}{\partial u} \\ \frac{\partial y}{\partial v} & \frac{\partial y}{\partial u} \end{pmatrix}$$

が成り立ち, 与式が得られる.

[4] 右辺から左辺を導く.

$$\frac{\partial(x,v)}{\partial(u,v)} = \begin{pmatrix} \frac{\partial x}{\partial u} & \frac{\partial x}{\partial v} \\ \frac{\partial v}{\partial u} & \frac{\partial v}{\partial v} \end{pmatrix} = \begin{pmatrix} \frac{\partial x}{\partial u} & \frac{\partial x}{\partial v} \\ 0 & 1 \end{pmatrix} = \left(\frac{\partial x}{\partial u}\right)_v.$$

【問題 26.5】（問題文は ☞ p.150）

[1] 問題 26.4 の結果を順次用いて

$$\left(\frac{\partial z}{\partial x}\right)_y = \frac{\partial(z,y)}{\partial(x,y)} = \frac{1}{\frac{\partial(x,y)}{\partial(z,y)}} = \frac{1}{\left(\frac{\partial x}{\partial z}\right)_y}.$$

[2] 問題 26.4 の結果を順次用いて

$$\left(\frac{\partial z}{\partial x}\right)_y = \frac{\partial(z,y)}{\partial(x,y)} = \frac{\partial(z,y)}{\partial(z,x)}\frac{\partial(z,x)}{\partial(x,y)} = \frac{\frac{\partial(z,y)}{\partial(z,x)}}{\frac{\partial(x,y)}{\partial(z,x)}} = -\frac{\frac{\partial(y,z)}{\partial(x,z)}}{\frac{\partial(y,x)}{\partial(z,x)}} = -\frac{\left(\frac{\partial y}{\partial x}\right)_z}{\left(\frac{\partial y}{\partial z}\right)_x}.$$

[3] 設問 [2],[1] の結果を順次用いると

$$-1 = \left(\frac{\partial z}{\partial x}\right)_y \frac{\left(\frac{\partial y}{\partial z}\right)_x}{\left(\frac{\partial y}{\partial x}\right)_z} = \left(\frac{\partial y}{\partial z}\right)_x \left(\frac{\partial z}{\partial x}\right)_y \left(\frac{\partial x}{\partial y}\right)_z.$$

[4] 設問 [2] の関係式において, $x = T$, $y = V$, $z = p$ とすると,

$$\left(\frac{\partial p}{\partial T}\right)_V = -\frac{\left(\frac{\partial V}{\partial T}\right)_p}{\left(\frac{\partial V}{\partial p}\right)_T} = \frac{\frac{1}{V}\left(\frac{\partial V}{\partial T}\right)_p}{-\frac{1}{V}\left(\frac{\partial V}{\partial p}\right)_T} = \frac{\alpha}{\beta}.$$

【問題 27.1】（問題文は ☞ p.154）

[1] 累次積分 (27.2) および (25.3) を用いて, $I_1 \overset{(27.2)}{=} \iint_{\substack{0 \le x \le 3 \\ 0 \le y \le 2}} dxdy \int_0^1 (x + 2y + 3z)dz \overset{(25.3)}{=}$

$\int_0^3 dx \int_0^2 dy \int_0^1 (x+2y+3z)dz = \int_0^3 xdx \int_0^2 dy \int_0^1 dz + \int_0^3 dx \int_0^2 2ydy \int_0^1 dz + \int_0^3 dx \int_0^2 dy \int_0^1 3zdz = \left[\frac{x^2}{2}\right]_0^3 \cdot 2 \cdot 1 + 3 \cdot \left[y^2\right]_0^2 \cdot 1 + 3 \cdot 2 \cdot \left[\frac{3}{2}z^2\right]_0^1 = 30.$

[2] 累次積分 (27.2) および (25.3) を用いて,

$$I_2 \overset{(27.2)}{=} \iint_{\substack{0 \le x \le 1 \\ 0 \le y \le 1-x}} dxdy \int_0^{1-x-y} xdz \overset{(25.3)}{=} \int_0^1 dx \int_0^{1-x} dy \int_0^{1-x-y} xdz = \int_0^1 dx \int_0^{1-x} dy [xz]_0^{1-x-y}$$

$$= \int_0^1 dx \int_0^{1-x} \{x(1-x) - xy\}dy = \int_0^1 dx \left[x(1-x)y - \frac{1}{2}xy^2\right]_0^{1-x}$$

$$= \int_0^1 dx \left\{x(1-x)^2 - \frac{1}{2}x(1-x)^2\right\} = \frac{1}{2}\int_0^1 (x - 2x^2 + x^3)dx = \frac{1}{24}.$$

[3] 領域 V_3 は 4 つの平面 $x = 0$, $x = y$, $y = z$, $z = 1$ で囲まれた 4 面体である（☞ 図 31.21）．これを踏まえて累次積分 (27.2) および (25.3) を用いると，$I_3 \overset{(27.2)}{=} \iint_{\substack{0 \le x \le 1 \\ x \le y \le 1}} dxdy \int_y^1 xyz\, dz \overset{(25.3)}{=}$
$\int_0^1 dx \int_x^1 dy \int_y^1 xyz\, dz = \int_0^1 dx \int_x^1 dy \left[\frac{1}{2}xyz^2\right]_y^1 = \frac{1}{2}\int_0^1 dx \int_x^1 dy(xy - xy^3) = \frac{1}{2}\int_0^1 dx \left[\frac{1}{2}xy^2 - \frac{1}{4}xy^4\right]_x^1 = \frac{1}{2}\cdot\frac{1}{4}\int_0^1 dx\{2x(1-x^2) - x(1-x^4)\} = \frac{1}{8}\int_0^1(x - 2x^3 + x^5)dx = \frac{1}{48}$.

[4] $I_4 \overset{(27.2)}{=} \iint_{x^2+y^2 \le 1} dxdy \int_0^{x^2+y^2} zdz = \iint_{x^2+y^2 \le 1} dxdy \left[\frac{1}{2}z^2\right]_0^{x^2+y^2} = \frac{1}{2}\iint_{x^2+y^2 \le 1}(x^2+y^2)^2 dxdy$. ここで，$x = \rho\cos\phi$, $y = \rho\sin\phi$ とおくと，$\frac{\partial(x,y)}{\partial(\rho,\phi)} = \rho$ に気を付けて，$I_4 = \frac{1}{2}\int_0^1 \rho^5 d\rho \int_0^{2\pi} d\phi = \pi/6$.

[5] 球座標 (r,θ,ϕ) へ変換する．$W_5 = \{(r,\theta,\phi) : 0 \le r \le 1, 0 \le \theta \le \pi/2, 0 \le \phi < 2\pi\}$ として，ヤコビアンが式 (27.7) で与えられることを用いて，$I_5 = \iiint_{W_5} r\cos\theta \cdot r^2\sin\theta drd\theta d\phi = \int_0^1 r^3 dr \int_0^{\pi/2}\cos\theta\sin\theta d\theta \int_0^{2\pi} d\phi = \left[\frac{1}{4}r^4\right]_0^1 \left[-\frac{1}{4}\cos 2\theta\right]_0^{\pi/2} [\phi]_0^{2\pi} = \pi/4$.

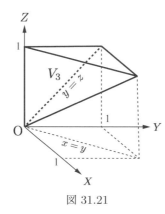

図 31.21

【問題 27.2】（問題文は ☞ p.155）

[1] 楕円体 V の点 (x,y,z) は，変数変換 $x = a\rho\sin\theta\cos\phi$, $y = b\rho\sin\theta\sin\phi$, $z = c\rho\cos\theta$ によって，領域 $W = \{(\rho,\theta,\phi) : 0 \le \rho \le 1, 0 \le \theta \le \pi, 0 \le \phi < 2\pi\}$ を xyz 空間へ写したものである．この変換のヤコビアンは

$$\frac{\partial(x,y,z)}{\partial(\rho,\theta,\phi)} = \det\begin{pmatrix} a\sin\theta\cos\phi & a\rho\cos\theta\cos\phi & -a\rho\sin\theta\sin\phi \\ b\sin\theta\sin\phi & b\rho\cos\theta\sin\phi & b\rho\sin\theta\cos\phi \\ c\cos\theta & -c\rho\sin\theta & 0 \end{pmatrix} \overset{(27.8)}{=} abc\rho^2\sin\theta.$$

したがって，体積は $\iiint_V dxdydz = \iiint_W \left|\frac{\partial(x,y,z)}{\partial(\rho,\theta,\phi)}\right| d\rho d\theta d\phi = abc \int_0^1 \rho^2 d\rho \int_0^\pi \sin\theta d\theta \int_0^{2\pi} d\phi = \frac{4\pi}{3}abc$.

[2] 円錐体 V の点 (x,y,z) は変数変換 $x = \rho\cos\phi$, $y = \rho\sin\phi$, $z = z$ によって，領域 $W = \{(\rho,\theta,z) : 0 \le \rho \le a, 0 \le \phi < 2\pi, \frac{h}{a}\rho \le z \le h\}$ を xyz 空間に写したものである．この変換のヤコビアンは

$$\frac{\partial(x,y,z)}{\partial(\rho,\phi,z)} = \det\begin{pmatrix} \cos\phi & -\rho\sin\phi & 0 \\ \sin\phi & \rho\cos\phi & 0 \\ 0 & 0 & 1 \end{pmatrix} \overset{(27.8)}{=} \rho. \tag{31.75}$$

したがって，円錐体の体積は，$\iiint_V dxdydz = \iiint_W \left|\frac{\partial(x,y,z)}{\partial(\rho,\phi,z)}\right| d\rho d\phi dz = \int_0^a d\rho \int_0^{2\pi} d\phi \int_{\frac{h}{a}\rho}^h \rho dz = 2\pi \int_0^a \rho\left(h - \frac{h}{a}\rho\right)d\rho = 2\pi\left[\frac{1}{2}h\rho^2 - \frac{h}{3a}\rho^3\right]_0^a = \frac{1}{3}\pi a^2 h$.

【補足】 よく知られた円錐体の体積公式 $\frac{1}{3} \times$ (底面積 πa^2) $\times$ (高さ h) を表している．

[3] 変換のヤコビアンは

$$\frac{\partial(x,y,z)}{\partial(\rho,\theta,\phi)} = \det \begin{pmatrix} \cos\theta\cos\phi & -\rho\sin\theta\cos\phi & -(a+\rho\cos\theta)\sin\phi \\ \cos\theta\sin\phi & -\rho\sin\theta\sin\phi & (a+\rho\cos\theta)\cos\phi \\ \sin\theta & \rho\cos\theta & 0 \end{pmatrix} \overset{(27.8)}{=} -(a+\rho\cos\theta)\rho.$$

したがって, トーラス体の体積は, $\iiint_V dxdydz = \iiint_W \left|\frac{\partial(x,y,z)}{\partial(\rho,\theta,\phi)}\right| d\rho d\theta d\phi = \int_0^b d\rho \int_0^{2\pi} d\theta \int_0^{2\pi} d\phi (a+\rho\cos\theta)\rho = 2\pi^2 ab^2$.

> **【補足】** トーラス体の体積は (大円の円周 $2\pi a$) × (小円の面積 πb^2) で与えられることがわかった.

【問題 27.3】 (問題文は ☞ p.155)

[1] 累次積分 (27.2) を用いると, $D = \{(x,y) : x_1 \le x \le x_2, y_1 \le y \le y_2\}$ として, $I \overset{(27.2)}{=} \iint_D dxdy \int_{z_1}^{z_2} dz f_1(x)f_2(y)f_3(z) = \iint_D f_1(x)f_2(y)dxdy \int_{z_1}^{z_2} f_3(z)dz$. 更に, xy 積分に問題 25.3 (p.143) の結果を適用すれば与式が得られる.

[2] 累次積分 (27.2) を用いると右辺から左辺が導ける. $\iiint_V dxdydz \overset{(27.2)}{=} \iint_D dxdy \int_0^{f(x,y)} dz = \iint_D dxdy [z]_0^{f(x,y)} = \iint_D f(x,y)dxdy$.

【問題 27.4】 (問題文は ☞ p.156)

[1] $D_z = \{(x,y) : x \ge 0, y \ge 0, x+y \le 1-z\}$ として, $I_1 \overset{(27.12)}{=} \int_0^1 dz \int_{D_z} dxdy \overset{(25.3)}{=} \int_0^1 dz \int_0^{1-z} dx \int_0^{1-z-x} dy = \int_0^1 dz \int_0^{1-z}(1-z-x)dx = \int_0^1 dz \left[(1-z)x - \frac{1}{2}x^2\right]_0^{1-z} = \frac{1}{2}\int_0^1 (1-z)^2 dz = \frac{1}{6}$.

[2] $D_z = \{(x,y) : x^2+y^2 \le a^2-z^2, x \ge 0, y \ge 0\}$ として, $I_2 \overset{(27.12)}{=} \int_0^a dz \int_{D_z} dxdy$. ここで, $x = \rho\cos\phi, y = \rho\sin\phi$ と極座標へ変数変換すると, $I_2 = \int_0^a dz \int_0^{\sqrt{a^2-z^2}} d\rho \int_0^{\pi/2} d\phi \, \rho = \frac{\pi}{2}\int_0^a dz \left[\frac{1}{2}\rho^2\right]_0^{\sqrt{a^2-z^2}} = \frac{\pi}{4}\int_0^a (a^2-z^2)dz = \frac{\pi}{4}\left[a^2 z - \frac{1}{3}z^3\right]_0^a = \frac{\pi}{6}a^3$.

【問題 27.5】 (問題文は ☞ p.156)

[1] 球座標 (r,θ,ϕ) に変換して計算すれば, $W = \{(r,\theta,\phi) : 0 \le r \le a, 0 \le \theta \le \pi, 0 \le \phi < 2\pi\}$ として $I_z = \iiint_W \rho_m[(r\sin\theta\cos\phi)^2 + (r\sin\theta\sin\phi)^2]r^2 \sin\theta \, drd\theta d\phi = \rho_m \iiint_W r^4 \sin^3\theta \, drd\theta d\phi = \rho_m \int_0^a r^4 dr \int_0^\pi \sin^3\theta d\theta \int_0^{2\pi} d\phi = \rho_m \cdot \frac{a^5}{5} \cdot 2S_3 \cdot 2\pi = \frac{8}{15}\pi\rho_m a^5$. ここで, $S_3 = \frac{2}{3}$ はウォリス積分 (☞ 問題 8.5 (p.46)) である. また, ρ_m は一定であるから, (全質量 M) = (密度 ρ_m) × (球の体積 $\frac{4\pi}{3}a^3$) が成立する. これを用いて上で求めた I_z から ρ_m を消去すると, $I_z = \frac{2}{5}Ma^2$.

[2] 円筒座標 (ρ,ϕ,z) に変換して計算すれば, $W = \{(\rho,\phi,z) : 0 \le \rho \le a, 0 \le \phi < 2\pi, -\frac{h}{2} \le z \le \frac{h}{2}\}$ として $I_z = \iiint_W \rho_m[(\rho\cos\phi)^2 + (\rho\sin\phi)^2]\rho \, d\rho d\phi dz = \rho_m \iiint_W \rho^3 \, d\rho d\phi dz = \rho_m \int_0^a \rho^3 d\rho \int_0^{2\pi} d\phi \int_{-\frac{h}{2}}^{\frac{h}{2}} dz = \rho_m \cdot \frac{a^4}{4} \cdot 2\pi \cdot h = \frac{1}{2}\pi\rho_m a^4 h$. ここで, ρ_m は一定であるから, (全質量 M) = (密度 ρ_m) × (円筒の体積 $\pi a^2 h$) が成立する. これを用いて, 上で求めた I_z から ρ_m を消去すると, $I_z = \frac{1}{2}Ma^2$. 同様に I_x についても, $I_x = \iiint_W \rho_m[(\rho\sin\phi)^2 + z^2]\rho \, d\rho d\phi dz = \rho_m \left[\int_0^a \rho^3 d\rho \int_0^{2\pi} \sin^2\phi d\phi \int_{-\frac{h}{2}}^{\frac{h}{2}} dz + \int_0^a \rho d\rho \int_0^{2\pi} d\phi \int_{-\frac{h}{2}}^{\frac{h}{2}} z^2 dz\right] = \rho_m \cdot \frac{\pi a^2 h}{12}(3a^2 + h^2) = \frac{1}{12}M(3a^2 + h^2)$.

【問題 28.1】 (問題文は ☞ p.161)

[1] 線積分の定義 (28.1) および部分積分 (8.2) を用いて, $I_1 = \int_1^2 (4t\ln t + e^t t)dt \overset{(8.2)}{=} [2t^2 \ln t]_1^2 - \int_1^2 2t dt + [e^t t]_1^2 - \int_1^2 e^t dt = 8\ln 2 - [t^2]_1^2 + 2e^2 - e - [e^t]_1^2 = 8\ln 2 - 3 + e^2$.

[2] C_2 上では, $dy = \frac{dy}{dx}dx = \frac{1}{2\sqrt{x}}dx$ であることに注意して, $I_2 = \int_0^1 \left[(x+6y) - 6xy\frac{dy}{dx}\right]dx = \int_0^1 \left[(x+6\sqrt{x}) - 6x\sqrt{x} \cdot \frac{1}{2\sqrt{x}}\right]dx = \int_0^1 (-2x + 6\sqrt{x})dx = \left[-x^2 + 4x^{\frac{3}{2}}\right]_0^1 = 3$.

[3] C_3 上では, $ds = \sqrt{1+y'(x)^2}dx = \sqrt{1+x^2}dx$ であることを用いて, $I_3 = \int_0^1 (3x+2)\sqrt{1+x^2}dx = $

$3\int_0^1 x\sqrt{1+x^2}dx + 2\int_0^1 \sqrt{1+x^2}dx \overset{(8.18)}{=} \left[(x^2+1)^{\frac{3}{2}} + x\sqrt{x^2+1} + \sinh^{-1}x\right]_0^1 \overset{(6.15)}{=} 3\sqrt{2} - 1 + \ln\left(1+\sqrt{2}\right).$

[4] $d\boldsymbol{r} = \frac{d\boldsymbol{r}}{dt}dt = (-a\sin t\boldsymbol{i} + a\cos t\boldsymbol{j})dt$ であることを用いて, $I_4 = \int_0^{2\pi}\frac{1}{2}(-a\sin t\boldsymbol{i} + a\cos t\boldsymbol{j})\cdot (-a\sin t\boldsymbol{i} + a\cos t\boldsymbol{j})dt = \frac{a^2}{2}\int_0^{2\pi}(\sin^2 t + \cos^2 t)dt = \pi a^2.$

> 【補足】 これは半径 a の面積と等しいが偶然ではない (☞ 問題 28.4 (p.162)).

【問題 28.2】（問題文は ☞ p.161）

[1] 座標変換 (16.2) を用いて全微分 (17.5) を計算すると, $dx = \frac{\partial x}{\partial r}dr + \frac{\partial x}{\partial \theta}d\theta + \frac{\partial x}{\partial \phi}d\phi = \sin\theta\cos\phi dr + r\cos\theta\cos\phi d\theta - r\sin\theta\sin\phi d\phi$, $dy = \frac{\partial y}{\partial r}dr + \frac{\partial y}{\partial \theta}d\theta + \frac{\partial y}{\partial \phi}d\phi = \sin\theta\sin\phi dr + r\cos\theta\sin\phi d\theta + r\sin\theta\cos\phi d\phi$, $dz = \frac{\partial z}{\partial r}dr + \frac{\partial z}{\partial \theta}d\theta + \frac{\partial z}{\partial \phi}d\phi = \cos\theta dr - r\sin\theta d\theta$. これらを $ds^2 = dx^2 + dy^2 + dz^2$ へ代入し, 恒等式 (1.25) を複数回用いると与式を得る.

[2] 座標変換 (16.4) を用いて全微分 (17.5) を計算すると, $dx = \frac{\partial x}{\partial \rho}d\rho + \frac{\partial x}{\partial \phi}d\phi + \frac{\partial x}{\partial z}dz = \cos\phi d\rho - \rho\sin\phi d\phi$, $dy = \frac{\partial y}{\partial \rho}d\rho + \frac{\partial y}{\partial \phi}d\phi + \frac{\partial y}{\partial z}dz = \sin\phi d\rho + \rho\cos\phi d\phi$, $dz = \frac{\partial z}{\partial \rho}d\rho + \frac{\partial z}{\partial \phi}d\phi + \frac{\partial z}{\partial z}dz = dz$. これらを $ds^2 = dx^2 + dy^2 + dz^2$ へ代入し, 恒等式 (1.25) を用いると与式を得る.

> 【補足】 設問 [1],[2] の結果はそれぞれ図 31.12(a) と (b) (☞ p.210) を用いて解釈できる. つまり, 図 31.12(a) において, ピタゴラスの定理より $\mathrm{PP}'^2 \simeq (\Delta r)^2 + (r\Delta\theta)^2 + (r\sin\theta\Delta\phi)^2$ が成り立つが, これは設問 [1] の与式に対応している. 同様に, 図 31.12(b) の PP'^2 は設問 [2] の与式に対応している.

[3] $\rho(t) = A$, $\phi(t) = \omega t$, $z(t) = v_0 t$ として, 求める曲線の長さは, $\int_C ds = \int_C \sqrt{\rho'(t)^2 + \rho^2\phi'(t)^2 + z'(t)^2}dt = \int_0^{\frac{2\pi}{\omega}}\sqrt{A^2\omega^2 + v_0^2}dt = \frac{2\pi}{\omega}\sqrt{A^2\omega^2 + v_0^2}.$

【問題 28.3】（問題文は ☞ p.161）

[1] $\nabla\varphi = (x+y)\boldsymbol{i} + (x-y)\boldsymbol{j}$ および C_1 に沿っては $d\boldsymbol{r} = (\boldsymbol{i}+\boldsymbol{j})dt$ であることを用いて, $\int_{C_1}\nabla\varphi\cdot d\boldsymbol{r} = \int_0^1[(x+y)\boldsymbol{i} + (x-y)\boldsymbol{j}]\cdot(\boldsymbol{i}+\boldsymbol{j})dt = \int_0^1[(t+t) + (t-t)]dt = 1.$ 同様に, C_2 に沿っては $d\boldsymbol{r} = (\boldsymbol{i} + 2t\boldsymbol{j})dt$ であることを用いて, $\int_{C_2}\nabla\varphi\cdot d\boldsymbol{r} = \int_0^1[(x+y)\boldsymbol{i} + (x-y)\boldsymbol{j}]\cdot(\boldsymbol{i}+2t\boldsymbol{j})dt = \int_0^1[(t+t^2) + (t-t^2)\cdot 2t]dt = 1.$ よって, $\int_{C_1}\nabla\varphi\cdot d\boldsymbol{r} = \int_{C_2}\nabla\varphi\cdot d\boldsymbol{r}.$

[2] 合成関数の微分法 (17.6) の 3 変数版および微分積分学の基本定理 (7.14) を用いると

$$\int_C \nabla\varphi(\boldsymbol{r})\cdot d\boldsymbol{r} \overset{(28.9)}{=} \int_a^b \nabla\varphi(\boldsymbol{r}(t))\cdot\frac{d\boldsymbol{r}}{dt}dt \overset{(2.10)}{=} \int_a^b\left(\frac{\partial\varphi}{\partial x}\frac{dx}{dt} + \frac{\partial\varphi}{\partial y}\frac{dy}{dt} + \frac{\partial\varphi}{\partial z}\frac{dz}{dt}\right)dt$$

$$\overset{(17.6)}{=} \int_a^b \frac{d}{dt}\varphi(x(t), y(t), z(t))dt \overset{(7.14)}{=} [\varphi(\boldsymbol{r}(t))]_a^b = \varphi(\boldsymbol{r}(b)) - \varphi(\boldsymbol{r}(a)).$$

[3] 問題 9.5[2] (p.51) で得られた式において, $\boldsymbol{F} = -\nabla U(\boldsymbol{r})$ とおくと, 本問 [2] で行なった計算と同様に

$$\frac{1}{2}m\boldsymbol{v}(t_2)^2 - \frac{1}{2}m\boldsymbol{v}(t_1)^2 = -\int_{t_1}^{t_2}\nabla U(\boldsymbol{r})\cdot\frac{d\boldsymbol{r}}{dt}dt = -\int_{t_1}^{t_2}\frac{d}{dt}U(\boldsymbol{r}(t))dt = U(\boldsymbol{r}(t_1)) - U(\boldsymbol{r}(t_2)).$$

【問題 28.4】（問題文は ☞ p.162）

[1] 図 31.22(a) のように, C を $C_1 : y = y_1(x)$ (x は a から b まで) と $C_2 : y = y_2(x)$ (x は b から a まで) に分割し, 累次積分 (25.3) を用いると

$$\iint_D \frac{\partial P}{\partial y}dxdy \overset{(25.3)}{=} \int_a^b dx \int_{y_1(x)}^{y_2(x)} \frac{\partial P}{\partial y}dy = \int_a^b dx \left[P(x,y)\right]_{y_1(x)}^{y_2(x)}$$

$$= \int_a^b \left[P(x,y_2(x)) - P(x,y_1(x))\right]dx = \int_{-C_2} Pdx - \int_{C_1} Pdx$$

$$= -\left(\int_{C_2} + \int_{C_1}\right)Pdx = -\oint_C Pdx. \tag{31.76}$$

ただし，経路（曲線）C_2 に対して，$-C_2$ とは C_2 を反対向きに進む経路であり，$\int_{-C_2} Pdx = -\int_{C_2} Pdx$ であることを用いている．同様に，図 31.22(b) のように C を C_3, C_4 に分割すると

$$\iint_D \frac{\partial Q}{\partial x}dxdy \overset{(25.4)}{=} \int_c^d dy \int_{x_1(y)}^{x_2(y)} \frac{\partial Q}{\partial x}dx = \int_c^d dy \left[Q(x,y)\right]_{x_1(y)}^{x_2(y)}$$

$$= \int_c^d \left[Q(x_2(y),y) - Q(x_1(y),y)\right]dy = \int_{C_4} Qdx - \int_{-C_3} Qdy$$

$$= \left(\int_{C_4} + \int_{C_3}\right)Qdy = \oint_C Qdy. \tag{31.77}$$

ここで，式 (31.76),(31.77) の両辺の差をとるとグリーンの定理が得られる．

[2] $P = -\frac{y}{2}$, $Q = \frac{x}{2}$ を式 (28.10) へ代入すると，$\iint_D dxdy = \oint_C \left(-\frac{y}{2}dx + \frac{x}{2}dy\right) = \frac{1}{2}\oint_C (xdy - ydx)$ を得る．左辺の $\iint_D dxdy$ は領域 D の面積であるから題意が示された．

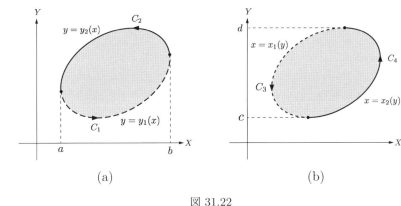

(a)　　　　　　　　　　　　　　(b)

図 31.22

[3] 線積分 $\frac{1}{2}\oint_C (xdy - ydx) = \frac{1}{2}\oint_C \left(x\frac{dy}{dt} - y\frac{dx}{dt}\right)dt$ において $x = a\cos t$, $y = b\sin t$, $(0 \leqslant t < 2\pi)$ とおくと，$\iint_D dxdy = \frac{1}{2}\int_0^{2\pi} \left[a\cos t \cdot b\cos t - b\sin t \cdot (-a\sin t)\right]dt = \frac{1}{2}ab\int_0^{2\pi} dt = \pi ab$.

> 【補足】 問題 28.1[4] (p.161) における線積分 I_4 は $a = b$ の場合に相当する．

【問題 28.5】（問題文は ☞ p.162）

[1] $f(x, y + \delta y, y' + \delta y')$ を (x, y, y') の周りにテイラー展開 (18.2) し，さらに部分積分 (8.2) を用いると

$$\delta I \overset{(18.2)}{=} \int_a^b \left(f + \frac{\partial f}{\partial y}\delta y + \frac{\partial f}{\partial y'}\delta y' - f\right)dx + O(\delta y^2)$$

$$\overset{(8.2)}{=} \left[\frac{\partial f}{\partial y'}\delta y\right]_a^b + \int_a^b \left\{\frac{\partial f}{\partial y} - \frac{d}{dx}\left(\frac{\partial f}{\partial y'}\right)\right\}\delta y dx + O(\delta y^2).$$

すると，$\delta y(a) = \delta y(b) = 0$ より右辺第 1 項は 0 となり，右辺第 2 項の積分が任意の δy について 0 でなくてはならないことより，$\frac{\delta I}{\delta y} = \frac{\partial f}{\partial y} - \frac{d}{dx}\left(\frac{\partial f}{\partial y'}\right) = 0$ が得られる．

[2] 与式の左辺を x で微分したら 0 になることを示せばよい．$\frac{d}{dx} = {}'$ として，積の微分法 (1.10) および連鎖律 (17.8) を用いて，$\left(f - y'\frac{\partial f}{\partial y'}\right)' \overset{(17.8)}{=} \frac{\partial f}{\partial y}y' + \frac{\partial f}{\partial y'}y'' - y''\frac{\partial f}{\partial y'} - y'\left(\frac{\partial f}{\partial y'}\right)' = y'\left[\frac{\partial f}{\partial y} - \left(\frac{\partial f}{\partial y'}\right)'\right] \overset{(28.12)}{=} 0$.

> 【補足】 一般に，オイラー＝ラグランジュ方程式は $y(x)$ に関する 2 階微分方程式であるのに対し，ベルトラミ恒等式は $y(x)$ に関する 1 階微分方程式であるから，$f(x, y, y')$ が陽に x を含まないときは，ベルトラミ恒等式を解く方が易しい．

[3] $f = y\sqrt{1+y'^2}$ とすると $\frac{\partial f}{\partial y'} = \frac{yy'}{\sqrt{1+y'^2}}$．これらをベルトラミ恒等式 (28.13) へ代入すると，$y\sqrt{1+y'^2} - y'\frac{yy'}{\sqrt{1+y'^2}} = \frac{y}{\sqrt{1+y'^2}} = C$．これは変数分離形微分方程式（☞ 13 章）であり，次のように変形できる．$\int \frac{dy}{\sqrt{y^2-C^2}} = \pm\int\frac{dx}{C} = \pm\frac{x-D}{C}$．ここで，$D$ は任意定数である．左辺の y 積分で $y = C\cosh\theta$ と置換すれば，$\int\frac{dy}{\sqrt{y^2-C^2}} = \int\frac{C\sinh\theta d\theta}{\sqrt{C^2(\cosh^2\theta-1)}} = \theta = \cosh^{-1}\frac{y}{C}$．したがって，一般解は $y = C\cosh\left(\frac{x-D}{C}\right)$．

> 【補足】 物理学の各分野には，その分野を代表する運動方程式があることが多い．力学におけるニュートンの運動方程式，電磁気学におけるマクスウェル方程式（☞ 研究 p.173）などである．実は，それらの運動方程式は変分問題として統一的に定式化される．つまり，各分野で適当な作用を仮定すると，運動方程式がオイラー＝ラグランジュ方程式として導かれる．例えば，ポテンシャル $U(x)$ 中を運動する質点の運動方程式は $mx''(t) = -U'(x)$ と与えられるが，これは作用 $I[x] = \int_{t_1}^{t_2}[\frac{1}{2}mx'(t)^2 - U(x(t))]dt$ を仮定すると，オイラー＝ラグランジュ方程式として導かれる．一般に，物理法則が変分問題として定式化されるという考えを**変分原理**という．変分原理に基づいて力学をはじめ様々な物理学を定式化するのが**解析力学**と呼ばれる分野であり，現代物理学の基礎となっている．

【問題 29.1】（問題文は ☞ p.167）

[1] S_1 上では $z = 1-x-y$ であるから $z_x = z_y = -1$ であり，面積要素は $dS = \sqrt{1+z_x^2+z_y^2}dxdy = \sqrt{3}dxdy$．したがって，$I_1 \overset{(29.2)}{=} \iint_{\substack{0\le x\le 1\\0\le y\le 1-x}} y\sqrt{3}dxdy \overset{(25.3)}{=} \sqrt{3}\int_0^1 dx\int_0^{1-x} dy\ y = \sqrt{3}\int_0^1 dx\left[\frac{1}{2}y^2\right]_0^{1-x} = \frac{\sqrt{3}}{2}\int_0^1(1-x)^2 dx = \frac{\sqrt{3}}{6}$.

[2] S_2 は半径 a の半球であり，その上の面積要素ベクトルは (29.5) を利用して，$I_2 \overset{(29.2)}{=} \iint_{\substack{0\le\theta\le\pi/2\\0\le\phi<2\phi}} a\cos\theta\cdot a^2\sin\theta d\theta d\phi \overset{(25.4)}{=} a^3\int_0^{\pi/2}d\theta\int_0^{2\pi}d\phi\sin\theta\cos\theta = 2\pi a^3\int_0^{\pi/2}\frac{1}{2}\sin 2\theta d\theta = 2\pi a^3\left[-\frac{1}{4}\cos 2\theta\right]_0^{\pi/2} = \pi a^3$.

[3] $z = 1-x-y$ 上では $d\boldsymbol{S} = (-z_x\boldsymbol{i} - z_y\boldsymbol{j} + \boldsymbol{k})dxdy = (\boldsymbol{i}+\boldsymbol{j}+\boldsymbol{k})dxdy$ であるから，$\iint_{S_3}\boldsymbol{r}\cdot d\boldsymbol{S} \overset{(29.7)}{=} \iint_{\substack{0\le x\le 1\\0\le y\le 1-x}}[x\boldsymbol{i}+y\boldsymbol{j}+(1-x-y)\boldsymbol{k}]\cdot(\boldsymbol{i}+\boldsymbol{j}+\boldsymbol{k})dxdy \overset{(25.3)}{=} \int_0^1 dx\int_0^{1-x} dy = \int_0^1(1-x)dx = \frac{1}{2}$.

[4] S_4 は半径 a の球面であり，その上の面積要素ベクトルは (29.5) における結果を用いて，$I_4 \overset{(29.7)}{=} \iint_{\substack{0\le\theta\le\pi\\0\le\phi<2\phi}} a^\alpha a(\sin\theta\cos\phi\boldsymbol{i} + \sin\theta\sin\phi\boldsymbol{j} + \cos\theta\boldsymbol{k})\cdot a^2\sin\theta(\sin\theta\cos\phi\boldsymbol{i} + \sin\theta\sin\phi\boldsymbol{j} + \cos\theta\boldsymbol{k})d\theta d\phi \overset{(25.4)}{=} a^{\alpha+3}\int_0^\pi\sin\theta d\theta\int_0^{2\pi}d\phi = 4\pi a^{\alpha+3}$.

> 【補足】 別解として，S_4 上の外向き単位法ベクトルは $\boldsymbol{n} = \frac{\boldsymbol{r}}{r}$ で与えられることを用いれば，$I_4 = \iint_{S_4} r^{\alpha+1}\boldsymbol{n}\cdot d\boldsymbol{S} = a^{\alpha+1}\iint_{S_4} dS = 4\pi a^{\alpha+3}$.

【問題 29.2】（問題文は ☞ p.167）　曲面 S が xy 平面上の領域 D であるとき，S 上の面積要素を xy 座標で表すと $dS = dxdy$ である．したがって，(29.2) 左辺は $\iint_S \varphi(\boldsymbol{r})dS = \iint_D \varphi(x,y)dxdy$ と書ける．また，S 上の点は $\boldsymbol{r} = x(u,v)\boldsymbol{i} + y(u,v)\boldsymbol{j}$ と表すことができるから，式 (29.2) 右辺の面積要素について

$$\left\|\frac{\partial \boldsymbol{r}}{\partial u} \times \frac{\partial \boldsymbol{r}}{\partial v}\right\| \overset{(2.17)}{=} \left\|\det\begin{pmatrix} \boldsymbol{i} & x_u & x_v \\ \boldsymbol{j} & y_u & y_v \\ \boldsymbol{k} & 0 & 0 \end{pmatrix}\right\| \overset{(27.8)}{=} \left\|\det\begin{pmatrix} x_u & x_v \\ y_u & y_v \end{pmatrix}\boldsymbol{k}\right\| \overset{(26.2)}{=} \left\|\frac{\partial(x,y)}{\partial(u,v)}\boldsymbol{k}\right\| \overset{(2.3)}{=} \left|\frac{\partial(x,y)}{\partial(u,v)}\right|.$$

したがって，(29.2) 右辺は $\iint_E \varphi(\boldsymbol{r}(u,v))\left\|\frac{\partial \boldsymbol{r}}{\partial u} \times \frac{\partial \boldsymbol{r}}{\partial v}\right\|dudv = \iint_E \varphi(x(u,v),y(u,v))\left|\frac{\partial(x,y)}{\partial(u,v)}\right|dudv$ となる．よって，式 (26.2) が得られた．

【問題 29.3】（問題文は ☞ p.167）

[1] $f(x,y) = \sqrt{a^2 - x^2 - y^2}$ に対して，$f_x = -\frac{x}{f}$, $f_y = -\frac{y}{f}$, $\sqrt{1 + f_x^2 + f_y^2} = \frac{a}{f}$. よって，$A = 2\iint_{x^2+y^2 \le a^2} \sqrt{1 + f_x^2 + f_y^2}dxdy = 2\int_{-a}^a dx \int_{-\sqrt{a^2-x^2}}^{\sqrt{a^2-x^2}} dy\frac{a}{f}$. ここで，$y = \sqrt{a^2-x^2}\sin\theta$ と置換すると，$A = 2a\int_{-a}^a dx \int_{-\pi/2}^{\pi/2} \frac{\sqrt{a^2-x^2}\cos\theta d\theta}{\sqrt{(a^2-x^2)(1-\sin^2\theta)}} = 2a\int_{-a}^a dx \int_{-\pi/2}^{\pi/2} d\theta = 4\pi a^2$.

[2] $g(\rho) = \sqrt{a^2 - \rho^2}$ とおくと，$\boldsymbol{r} = \rho\cos\phi\boldsymbol{i} + \rho\sin\phi\boldsymbol{j} + g(\rho)\boldsymbol{k}$ に対して，$\frac{\partial \boldsymbol{r}}{\partial \rho} = \cos\phi\boldsymbol{i} + \sin\phi\boldsymbol{j} - \frac{\rho}{g(\rho)}\boldsymbol{k}$, $\frac{\partial \boldsymbol{r}}{\partial \phi} = -\rho\sin\phi\boldsymbol{i} + \rho\cos\phi\boldsymbol{j}$, $\frac{\partial \boldsymbol{r}}{\partial \rho} \times \frac{\partial \boldsymbol{r}}{\partial \phi} = \frac{\rho^2\cos\phi}{g(\rho)}\boldsymbol{i} + \frac{\rho^2\sin\phi}{g(\rho)}\boldsymbol{j} + \rho\boldsymbol{k}$, $\left\|\frac{\partial \boldsymbol{r}}{\partial \rho} \times \frac{\partial \boldsymbol{r}}{\partial \phi}\right\| = \frac{a\rho}{g(\rho)}$. よって，$A = 2\iint_{\substack{0 \le \rho \le a \\ 0 \le \phi < 2\pi}} \left\|\frac{\partial \boldsymbol{r}}{\partial \rho} \times \frac{\partial \boldsymbol{r}}{\partial \phi}\right\|d\rho d\phi = 2a\int_0^{2\pi} d\phi \int_0^a \frac{\rho}{g(\rho)}d\rho = 4\pi a\left[-g(\rho)\right]_0^a = 4\pi a^2$.

【問題 29.4】（問題文は ☞ p.167）

[1] 円錐面 S 上の点は $\boldsymbol{r}(\rho,\phi) = \rho\cos\phi\boldsymbol{i} + \rho\sin\phi\boldsymbol{j} + \frac{h}{a}\rho\boldsymbol{k}$, $(0 \le \rho \le a, 0 \le \phi < 2\pi)$ と表される．このとき $\left\|\frac{\partial \boldsymbol{r}}{\partial \rho} \times \frac{\partial \boldsymbol{r}}{\partial \phi}\right\| = \left\|\left(\cos\phi\boldsymbol{i} + \sin\phi\boldsymbol{j} + \frac{h}{a}\boldsymbol{k}\right) \times (-\rho\sin\phi\boldsymbol{i} + \rho\cos\phi\boldsymbol{j})\right\| = \left\|-\frac{h}{a}\rho\cos\phi\boldsymbol{i} - \frac{h}{a}\rho\sin\phi\boldsymbol{j} + \rho\boldsymbol{k}\right\| = \rho\sqrt{1 + \left(\frac{h}{a}\right)^2}$. したがって，円錐面の面積は，$\iint_S dS = \iint_{\substack{0 \le \rho \le a \\ 0 \le \phi < 2\pi}} \left\|\frac{\partial \boldsymbol{r}}{\partial \rho} \times \frac{\partial \boldsymbol{r}}{\partial \phi}\right\|d\rho d\phi = \sqrt{1 + \left(\frac{h}{a}\right)^2}\int_0^a \rho d\rho \int_0^{2\pi} d\phi = \pi a^2\sqrt{1 + \left(\frac{h}{a}\right)^2}$.

> 【補足】 $h \to 0$ とすると半径 a の円の面積 πa^2 に帰着する．

[2] $\left\|\frac{\partial \boldsymbol{r}}{\partial \rho} \times \frac{\partial \boldsymbol{r}}{\partial \phi}\right\| = \|(\cos\phi\boldsymbol{i} + \sin\phi\boldsymbol{j}) \times (-\rho\sin\phi\boldsymbol{i} + \rho\cos\phi\boldsymbol{j} + b\boldsymbol{k})\| = \|b\sin\phi\boldsymbol{i} - b\cos\phi\boldsymbol{j} + \rho\boldsymbol{k}\| = \sqrt{\rho^2 + b^2}$. したがって面積は，$\iint_S dS = \iint_{\substack{0 \le \rho \le a \\ 0 \le \phi < 2\pi}} \left\|\frac{\partial \boldsymbol{r}}{\partial \rho} \times \frac{\partial \boldsymbol{r}}{\partial \phi}\right\|d\rho d\phi = \int_0^a \sqrt{\rho^2 + b^2}d\rho \int_0^{2\pi} d\phi \overset{(8.18)}{=} 2\pi \cdot \frac{1}{2}\left[\rho\sqrt{\rho^2 + b^2} + b^2\sinh^{-1}\frac{\rho}{b}\right]_0^a = \pi a\sqrt{a^2 + b^2} + \pi b^2\sinh^{-1}\frac{a}{b} \overset{(6.15)}{=} \pi a\sqrt{a^2 + b^2} + \pi b^2\ln\left[\frac{a}{b} + \sqrt{\left(\frac{a}{b}\right)^2 + 1}\right]$.

> 【補足】 ロピタルの定理 (10.5) を用いれば，この結果は $b \to 0$ の極限で半径 a の円の面積 πa^2 になることが示される．

[3] トーラス体 (27.11) を $\rho = b$ に制限したものが本問で考えるトーラス S である．したがって S 上の点は $\boldsymbol{r}(\theta,\phi) = (a + b\cos\theta)\cos\phi\boldsymbol{i} + (a + b\cos\theta)\sin\phi\boldsymbol{j} + b\sin\theta\boldsymbol{k}$, $(0 \le \theta < 2\pi, 0 \le \phi < 2\pi)$ と表される．このとき，$\left\|\frac{\partial \boldsymbol{r}}{\partial \theta} \times \frac{\partial \boldsymbol{r}}{\partial \phi}\right\| = \|(-b\sin\theta\cos\phi\boldsymbol{i} - b\sin\theta\sin\phi\boldsymbol{j} + b\cos\theta\boldsymbol{k}) \times [-(a + b\cos\theta)\sin\phi\boldsymbol{i} + (a + b\cos\theta)\cos\phi\boldsymbol{j}]\| = b(a + b\cos\theta)\|\cos\theta\cos\phi\boldsymbol{i} + \cos\theta\sin\phi\boldsymbol{j} + \sin\theta\boldsymbol{k}\| = b(a + b\cos\theta)$. したがって面積は，$\iint_S dS = \iint_{\substack{0 \le \theta < 2\pi \\ 0 \le \phi < 2\pi}} \left\|\frac{\partial \boldsymbol{r}}{\partial \theta} \times \frac{\partial \boldsymbol{r}}{\partial \phi}\right\|d\theta d\phi = \int_0^{2\pi} b(a + b\cos\theta)d\theta \int_0^{2\pi} d\phi = 4\pi^2 ab$.

> 【補足】 結果は (半径 a の円の円周 $2\pi a$) × (半径 b の円の円周 $2\pi b$) に等しい．

VI

解答

[4] $z^2 = 4x$ の両辺を x, y で偏微分すると $2zz_x = 4$ および $2zz_y = 0$ を得る．したがって S 上の面積要素は，$dS = \sqrt{1 + z_x^2 + z_y^2}\,dxdy = \sqrt{1 + \left(\frac{2}{z}\right)^2}\,dxdy = \sqrt{\frac{x+1}{x}}\,dxdy$．円柱の内部は $E = \{(x, y) : 0 \leq x \leq 1, -\sqrt{x(1-x)} \leq y \leq \sqrt{x(1-x)}\}$ と表せることを用いて，求める面積は，$2\iint_E \sqrt{\frac{x+1}{x}}\,dxdy = 2\int_0^1 dx \int_{-\sqrt{x(1-x)}}^{\sqrt{x(1-x)}} dy \sqrt{\frac{x+1}{x}} = 4\int_0^1 \sqrt{1-x^2}\,dx \overset{(8.16)}{=} 4 \cdot \frac{1}{2}\left[x\sqrt{1-x^2} - \mathrm{Cos}^{-1} x\right]_0^1 = \pi$．はじめの因子 2 は放物面の $z \geq 0$ の部分の面積を 2 倍することに対応している．

【問題 29.5】（問題文は ☞ p.167）

[1] 球座標を用いると，球面上の点は式 (29.4) で表される．このとき，面積要素は式 (29.5) で与えられることを用いて，$I_z = \iint_{\substack{0 \leq \theta \leq \pi \\ 0 \leq \phi < 2\pi}} \sigma[(a\sin\theta\cos\phi)^2 + (a\sin\theta\sin\phi)^2]a^2 \sin\theta\,d\theta d\phi = \sigma a^4 \int_0^\pi \sin^3\theta\,d\theta \int_0^{2\pi} d\phi = \sigma a^4 \cdot 2 \int_0^{\pi/2} \sin^3\theta\,d\theta \cdot 2\pi = 4\pi\sigma a^4 C_3 = \frac{8\pi}{3}\sigma a^4$．ここで，$C_3 = 2/3$ はウォリス積分（☞ p.46）である．この結果から，（全質量 M）=（面密度 σ）×（球の面積 $4\pi a^2$）を用いて σ を消去すれば，$I_z = \frac{2}{3}Ma^2$．

[2] 半径 a の円筒上の点は円筒座標の (ϕ, z) を用いて，$\boldsymbol{r} = a\cos\phi\boldsymbol{i} + a\sin\phi\boldsymbol{j} + z\boldsymbol{k}$ と表される．このとき，$\frac{\partial \boldsymbol{r}}{\partial \phi} = -a\sin\phi\boldsymbol{i} + a\cos\phi\boldsymbol{j}$, $\frac{\partial \boldsymbol{r}}{\partial z} = \boldsymbol{k}$, $\frac{\partial \boldsymbol{r}}{\partial \phi} \times \frac{\partial \boldsymbol{r}}{\partial z} = a\cos\phi\boldsymbol{i} + a\sin\phi\boldsymbol{j}$, $\left\|\frac{\partial \boldsymbol{r}}{\partial \phi} \times \frac{\partial \boldsymbol{r}}{\partial z}\right\| = a$．よって，$I_z/\sigma = \iint_{\substack{0 \leq \phi < 2\pi \\ -h/2 \leq z \leq h/2}} [(a\cos\phi)^2 + (a\sin\phi)^2]a\,d\phi dz = a^3 \int_0^{2\pi} d\phi \int_{-h/2}^{h/2} dz = 2\pi a^3 h$, $I_x/\sigma = \iint_{\substack{0 \leq \phi < 2\pi \\ -h/2 \leq z \leq h/2}} [(a\sin\phi)^2 + z^2]a\,d\phi dz = a^3 \int_0^{2\pi} \sin^2\phi\,d\phi \int_{-h/2}^{h/2} dz + a\int_0^{2\pi} d\phi \int_{-h/2}^{h/2} z^2\,dz = a^3 \cdot \pi \cdot h + a \cdot 2\pi \cdot \left[\frac{1}{3}z^3\right]_{-h/2}^{h/2} = \pi ah\left(a^2 + \frac{h^2}{6}\right)$．これらから，（全質量 M）=（面密度 σ）×（円筒の面積 $2\pi ah$）を用いて σ を消去すれば，$I_z = Ma^2$ および $I_x = \frac{M}{12}(6a^2 + h^2)$．

【問題 30.1】（問題文は ☞ p.172）

[1] $\nabla \cdot \boldsymbol{A} \overset{(21.8)}{=} \partial_x(xy) + \partial_y(yz) + \partial_z(zx) = y + z + x$ より，$\iiint_V \nabla \cdot \boldsymbol{A}\,dxdydz = \int_0^a dx \int_0^b dy \int_0^c dz (x + y + z) = bc\left[\frac{x^2}{2}\right]_0^a + ac\left[\frac{y^2}{2}\right]_0^b + ab\left[\frac{z^2}{2}\right]_0^c = \frac{1}{2}abc(b + c + a)$．一方，平面 $x = a, y = b, z = c, x = 0$, $y = 0, z = 0$ に含まれる直方体の面にそれぞれ $1, 2, \cdots, 6$ と番号を付けると，各々の面の面積要素ベクトルは $d\boldsymbol{S}_1 = -d\boldsymbol{S}_4 = dydz\boldsymbol{i}$, $d\boldsymbol{S}_2 = -d\boldsymbol{S}_5 = dzdx\boldsymbol{j}$, $d\boldsymbol{S}_3 = -d\boldsymbol{S}_6 = dxdy\boldsymbol{k}$ であるから，$\iint_{\partial V} \boldsymbol{A} \cdot d\boldsymbol{S} = \sum_{i=1}^6 \iint_{S_i} \boldsymbol{A} \cdot d\boldsymbol{S}_i = \iint_{\substack{0 \leq y \leq b \\ 0 \leq z \leq c}} [A_x(a, y, z) - A_x(0, y, z)]dydz + \iint_{\substack{0 \leq z \leq c \\ 0 \leq x \leq a}} [A_y(x, b, z) - A_y(x, 0, z)]dzdx + \iint_{\substack{0 \leq x \leq a \\ 0 \leq y \leq b}} [A_z(x, y, c) - A_z(x, y, 0)]dxdy = \int_0^b dy \int_0^c dz\,ay + \int_0^c dz \int_0^a dx\,bz + \int_0^a dx \int_0^b dy\,cx = \frac{1}{2}abc(b + c + a)$．

[2] $\nabla \times \boldsymbol{A} \overset{(22.1)}{=} 2\boldsymbol{k}$ および式 (29.5) を用いると，$\iint_S (\nabla \times \boldsymbol{A}) \cdot d\boldsymbol{S} = \iint_{\substack{0 \leq \theta \leq \pi/2 \\ 0 \leq \phi < 2\pi}} 2\boldsymbol{k} \cdot a^2 \sin\theta(\sin\theta\cos\phi\boldsymbol{i} + \sin\theta\sin\phi\boldsymbol{j} + \cos\theta\boldsymbol{k})d\theta d\phi = 2a^2 \int_0^{\pi/2} \sin\theta\cos\theta\,d\theta \int_0^{2\pi} d\phi = 4\pi a^2 \left[-\frac{1}{4}\cos 2\theta\right]_0^{\pi/2} = 2\pi a^2$．一方，$\partial S$ は半径 a の円であるから，∂S 上の点は $\boldsymbol{r}(\phi) = a\cos\phi\boldsymbol{i} + a\sin\phi\boldsymbol{j}$, $(0 \leq \phi < 2\pi)$ とパラメータ表示できる．したがって，$\oint_{\partial S} \boldsymbol{A}(\boldsymbol{r}) \cdot d\boldsymbol{r} = \int_0^{2\pi} \boldsymbol{A}(\boldsymbol{r}(\phi)) \cdot \frac{d\boldsymbol{r}}{d\phi}d\phi = \int_0^{2\pi} (-a\sin\phi\boldsymbol{i} + a\cos\phi\boldsymbol{j}) \cdot (-a\sin\phi\boldsymbol{i} + a\cos\phi\boldsymbol{j})d\phi = a^2 \int_0^{2\pi} d\phi = 2\pi a^2$．

【問題 30.2】（問題文は ☞ p.172）

[1] 閉曲面 S を S_1 および S_2 に分割し，分割した曲線を C とする（☞ 図 31.23）．S_1, S_2 それぞれにストークスの定理 (30.6) を適用すれば

$$\oiint_S (\nabla \times \boldsymbol{A}) \cdot d\boldsymbol{S} = \iint_{S_1} (\nabla \times \boldsymbol{A}) \cdot d\boldsymbol{S} + \iint_{S_2} (\nabla \times \boldsymbol{A}) \cdot d\boldsymbol{S}$$

$$\overset{(30.6)}{=} \oint_C \boldsymbol{A} \cdot d\boldsymbol{r} + \oint_{-C} \boldsymbol{A} \cdot d\boldsymbol{r} = \oint_C \boldsymbol{A} \cdot d\boldsymbol{r} - \oint_C \boldsymbol{A} \cdot d\boldsymbol{r} = 0.$$

【補足】 閉曲面には境界がないから，ストークスの定理を用いると 0 になると考えてもよい．

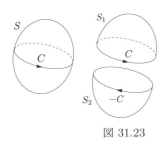

図 31.23

[2] ストークスの定理 (30.6) において, S が xy 平面上の領域 D のとき $d\boldsymbol{S} = \boldsymbol{k}dxdy$ ととれる. 更に, $\boldsymbol{A}(\boldsymbol{r}) = P(x,y)\boldsymbol{i} + Q(x,y)\boldsymbol{j}$ とおくと

$$\iint_S (\nabla \times \boldsymbol{A}) \cdot d\boldsymbol{S} = \iint_D (\nabla \times \boldsymbol{A}) \cdot \boldsymbol{k}dxdy = \iint_D (\nabla \times \boldsymbol{A})_z dxdy \stackrel{(22.1)}{=} \iint_D \left(\frac{\partial Q}{\partial x} - \frac{\partial P}{\partial y} \right) dxdy.$$

一方, $\oint_{\partial S} \boldsymbol{A} \cdot d\boldsymbol{r} = \oint_{\partial D}(Pdx + Qdy)$ である. 以上よりグリーンの定理 (28.10) が得られた.

【問題 30.3】（問題文は ☞ p.172）

[1] 領域 V 内にある物質の全質量は $\iiint_V \rho dV$ である. また, V の表面 ∂V における外向きの面積要素ベクトルを $d\boldsymbol{S}$ とすると, 単位時間当たりにその面積要素を通じて V の外部に出る物質の質量は $\boldsymbol{J} \cdot d\boldsymbol{S}$ である. したがって, V 内の質量の単位時間当たりの減少量が表面からの流出量に等しいとおくと, $-\frac{d}{dt} \iiint_V \rho dV = \oiint_{\partial V} \boldsymbol{J} \cdot d\boldsymbol{S}$. ここで, 左辺の時間微分を積分の中に入れ, 右辺にガウスの定理 (30.1) を適用すると, $\iiint_V \left(\frac{\partial \rho}{\partial t} + \nabla \cdot \boldsymbol{J} \right) dV = 0$. これが任意の空間領域 V について成り立つには被積分関数が 0 でなくてはならない. こうして連続の式が得られる.

[2] 連続の式にフィックの法則を適用すると, $\partial_t \rho = -\nabla \cdot \boldsymbol{J} = -\nabla \cdot (-\kappa \nabla \rho) \stackrel{(22.8)}{=} \kappa \Delta \rho$. これは 3 次元拡散方程式 (23.5) に他ならない.

【問題 30.4】（問題文は ☞ p.172）

[1] ガウスの法則の両辺を 3 次元領域 V で体積分し, 左辺にガウスの定理 (30.1) を適用すると

$$\varepsilon_0 \iiint_V \nabla \cdot \boldsymbol{E} dV \stackrel{(30.1)}{=} \varepsilon_0 \oiint_{\partial V} \boldsymbol{E} \cdot d\boldsymbol{S} = \iiint_V \rho_e dV. \tag{31.78}$$

ここで, 球体の中心を原点として球座標 (ξ, θ, ϕ) を考えると, $\boldsymbol{E} = E(\xi)\sin\theta\cos\phi\,\boldsymbol{i} + E(\xi)\sin\theta\sin\phi\,\boldsymbol{j} + E(\xi)\cos\theta\,\boldsymbol{k}$. したがって, 領域 V が半径 r の球とすると

$$\varepsilon_0 \oiint_{\partial V} \boldsymbol{E} \cdot d\boldsymbol{S} \stackrel{(29.5)}{=} \varepsilon_0 \iint_{\substack{0 \le \theta \le \pi \\ 0 \le \phi < 2\pi}} [E(r)\sin\theta\cos\phi\,\boldsymbol{i} + E(r)\sin\theta\sin\phi\,\boldsymbol{j} + E(r)\cos\theta\,\boldsymbol{k}]$$
$$\cdot [r^2 \sin\theta(\sin\theta\cos\phi\,\boldsymbol{i} + \sin\theta\sin\phi\,\boldsymbol{j} + \cos\theta\,\boldsymbol{k})]d\theta d\phi$$
$$= \varepsilon_0 r^2 E(r) \int_0^\pi \sin\theta d\theta \int_0^{2\pi} d\phi = 4\pi\varepsilon_0 r^2 E(r).$$

$0 \le r \le a$ のとき, 式 (31.78) 右辺は

$$\iiint_V \rho_e dV \stackrel{(27.7)}{=} \rho_e \iiint_V \xi^2 \sin\theta d\xi d\theta d\phi = \rho_e \int_0^r \xi^2 d\xi \int_0^\pi \sin\theta d\theta \int_0^{2\pi} d\phi = \frac{4\pi}{3} r^3 \rho_e = \frac{r^3}{a^3} Q$$

となり, 与式を得る. 最後の等号では, （全電荷 Q）= （電荷密度 ρ_e）× （球の体積 $\frac{4\pi}{3}a^3$）より, $\rho_e = \frac{3Q}{4\pi a^3}$ が成り立つことを用いている. 一方, $r > a$ のとき (31.78) 右辺は全電荷 Q であるから与式を得る.

VI

解答

[2] アンペールの法則の両辺を曲面 S にわたって面積分し，左辺にストークスの定理 (30.6) を適用すると

$$\iint_S (\nabla \times \boldsymbol{B}) \cdot d\boldsymbol{S} \overset{(30.6)}{=} \oint_{\partial S} \boldsymbol{B} \cdot d\boldsymbol{r} = \mu_0 \iint_S \boldsymbol{J} \cdot d\boldsymbol{S}. \tag{31.79}$$

導線の中心軸上の任意の点を原点として $\rho = 0$ の直線が導線と平行となるように円筒座標 (ρ, ϕ, z) を考えると，$\boldsymbol{B} = -B(\rho)\sin\phi\, \boldsymbol{i} + B(\rho)\cos\phi\, \boldsymbol{j}$ となる．したがって，領域 S が z 軸に垂直で原点を中心とする半径 r の円盤とすると

$$\oint_{\partial S} \boldsymbol{B} \cdot d\boldsymbol{r} = \int_0^{2\pi} [-B(r)\sin\phi\, \boldsymbol{i} + B(r)\cos\phi\, \boldsymbol{j}] \cdot r(-\sin\phi\, \boldsymbol{i} + \cos\phi\, \boldsymbol{j}) d\phi = 2\pi r B(r)$$

となる．$0 \le r \le a$ のとき，式 (31.79) 右辺は，$J := \|\boldsymbol{J}\|$ として，$\mu_0 \iint_S \boldsymbol{J} \cdot d\boldsymbol{S} = \mu_0 \iint_S J\boldsymbol{k} \cdot \rho\boldsymbol{k}d\rho d\phi = \mu_0 J \int_0^r \rho d\rho \int_0^{2\pi} d\phi = \mu_0 \pi r^2 J = \frac{r^2}{a^2}\mu_0 I$ となり，与式を得る．ただし，最後の等号では，(全電流 I) = (電流密度ベクトルの大きさ J) × (円盤の面積πa^2) より，$J = \frac{I}{\pi a^2}$ であることを用いている．一方，$r > a$ のとき式 (31.79) 右辺の積分は全電流 I であるから与式を得る．

【問題 30.5】（問題文は ☞ p.173）

[1] ガウスの定理 (30.1) を用いると

$$\oiint_S \boldsymbol{A} \cdot d\boldsymbol{S} \overset{(30.1)}{=} \iiint_V \nabla \cdot \boldsymbol{A}\, dV = \iiint_V \nabla \cdot \frac{\boldsymbol{r}}{r^3}\, dV.$$

ここで，問題 21.2 (p.121) より，$r \ne 0$ では $\nabla \cdot \frac{\boldsymbol{r}}{r^3} = 0$ である．したがって，V が原点を含まないとき上式の右辺は 0 であり，題意が示された．

[2] 原点を中心とした半径が十分小さい球体 V' を V 内にとり，その表面を S' とする（☞ 図 31.24）．V から V' を取り除いた領域を V'' とし V'' にガウスの定理 (30.1) を適用すると，V'' は原点を含まないことに注意して

$$\iint_S \boldsymbol{A} \cdot d\boldsymbol{S} + \iint_{S'} \boldsymbol{A} \cdot d\boldsymbol{S} = \oiint_{S+S'} \boldsymbol{A} \cdot d\boldsymbol{S} \overset{(30.1)}{=} \iiint_{V''} \nabla \cdot \boldsymbol{A}\, dV = 0$$

を得る．ただし，最左辺の第 2 項 $\iint_{S'} \boldsymbol{A} \cdot d\boldsymbol{S}$ における $d\boldsymbol{S}$ は球面 S' の内側を向いていることに注意する．これより

$$\iint_S \boldsymbol{A} \cdot d\boldsymbol{S} = -\iint_{S'} \boldsymbol{A} \cdot d\boldsymbol{S} = \iint_{S'} \boldsymbol{A} \cdot (-d\boldsymbol{S}) \overset{(*)}{=} \iint_{S'} \boldsymbol{A} \cdot d\boldsymbol{S}' = \iint_{S'} \frac{\boldsymbol{r}}{r^3} \cdot d\boldsymbol{S}' = 4\pi$$

を得る．等号 $(*)$ で導入した $d\boldsymbol{S}' = -d\boldsymbol{S}$ は，球面 S' の外向き面積要素ベクトルである．また，最後の等号では問題 29.1[4] (p.167) の結果を用いた．以上で題意が示された．

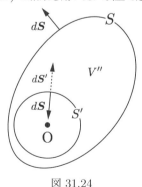

図 31.24

付表　文字・記号

表 32.1　ギリシャ文字

大文字	小文字	読み	大文字	小文字	読み
A	α	アルファ	N	ν	ニュー
B	β	ベータ	Ξ	ξ	クシー
Γ	γ	ガンマ	O	o	オミクロン
Δ	δ	デルタ	Π	π	パイ
E	ε	イプシロン	P	ρ	ロー
Z	ζ	ゼータ	Σ	σ	シグマ
H	η	エータ	T	τ	タウ
Θ	θ	シータ	Υ	υ	ウプシロン
I	ι	イオタ	Φ	$\varphi,\ \phi$	ファイ
K	κ	カッパ	X	χ	カイ
Λ	λ	ラムダ	Ψ	ψ	プサイ
M	μ	ミュー	Ω	ω	オメガ

表 32.2　論理・集合

記号	意味
$P \Rightarrow Q$	P ならば Q
$P \Leftrightarrow Q$	P と Q は同値
$X := Y$	X を Y で定義
$x \in S$	x は集合 S の元
$S \subset T$	S は T の部分集合
$\{x : x \in S, C(x)\}$	$C(x)$ を満たす $x \in S$ からなる集合
$\mathbb{N}$	自然数全体
$\mathbb{Z}$	整数全体
$\mathbb{Q}$	有理数全体
$\mathbb{R}$	実数全体
$\mathbb{C}$	複素数全体
$\mathbb{R}^n$	$\{(x_1, \cdots, x_n) : x_i \in \mathbb{R}, (i = 1, \cdots, n)\}$

表 32.3　自然数・実数

記号	呼称，意味
$0!$	0 の階乗，1
$n!$	n の階乗，$n(n-1)\cdots 2\cdot 1$
$(2n+1)!!$	2 重階乗，$(2n+1)(2n-1)\cdots 3\cdot 1$
$(2n)!!$	2 重階乗，$2n(2n-2)\cdots 4\cdot 2$
$_n\mathrm{C}_k$	二項係数，$\frac{n!}{k!(n-k)!}$
$x \leq y$	$x \leqq y$，$x < y$ または $x = y$
$x \simeq y$	$x \fallingdotseq y$，x と y は近似的に等しい
$x \ll y$	x は y より十分小さい
$\lvert x\rvert$	x の絶対値，$x,(x \geq 0)$; $-x,(x < 0)$
$x \in (a,b)$	$a < x < b$
$x \in [a,b)$	$a \leq x < b$
$x \in (a,b]$	$a < x \leq b$
$x \in [a,b]$	$a \leq x \leq b$

表 32.4　関数・積分

記号	呼称，意味	参照
e	ネイピア数，$\lim\limits_{x\to 0}(1+x)^{1/x}$	☞ p.6
$\exp x$	指数関数，e^x	☞ p.7
$\ln x$	対数関数，$\log_e x$	☞ p.6
π	円周率，単位円の円周の $1/2$	☞ p.7
$\cos x, \sin x, \tan x$	三角関数	☞ p.7
$\cos^{-1} x, \sin^{-1} x, \tan^{-1} x$	逆三角関数	☞ p.29
$\mathrm{Cos}^{-1} x, \mathrm{Sin}^{-1} x, \mathrm{Tan}^{-1} x$	逆三角関数の主値	☞ p.29
$\cosh x, \sinh x, \tanh x$	双曲線関数	☞ p.33
$\cosh^{-1} x, \sinh^{-1} x, \tanh^{-1} x$	逆双曲線関数	☞ p.35
$\Gamma(x)$	ガンマ関数	☞ p.68
$B(x,y)$	ベータ関数	☞ p.69
$\mathrm{erf}(x)$	誤差関数	☞ p.143
$Q_n(x,a)$	$\int \frac{dx}{(x^2+a^2)^n}$	☞ p.46
C_n, S_n	ウォリス積分	☞ p.46

表 32.5　複素数・行列

記号	呼称，意味	参照
i	虚数単位，$\sqrt{-1}$	☞ p.17
z^*	$\bar{z}$，z の共役複素数	☞ p.17
$\mathrm{Re}\,z$	z の実部，$\frac{z+z^*}{2}$	☞ p.17
$\mathrm{Im}\,z$	z の虚部，$\frac{z-z^*}{2i}$	☞ p.17
$|z|$	z の絶対値，$\sqrt{zz^*}$	☞ p.18
$\arg z$	z の偏角	☞ p.19
$e^{i\theta},\exp(i\theta)$	$\cos\theta + i\sin\theta,(\theta \in \mathbb{R})$	☞ p.20
e^{x+iy}	$e^x(\cos y + i\sin y),(x,y \in \mathbb{R})$	☞ p.20
$\det A$	A の行列式	☞ p.15
A^{-1}	A の逆行列	☞ p.183
$A^\top$	A の転置行列	☞ p.22
E	単位行列	☞ p.111

表 32.6　ベクトル

記号	呼称，意味	参照
$\boldsymbol{A}$	ベクトル $\vec{A}$	☞ p.12
$\overrightarrow{\mathrm{PQ}}$	始点が P，終点が Q のベクトル	☞ p.12
$[\boldsymbol{A}]_x$	$\boldsymbol{A}$ の x 成分	☞ p.180
$\boldsymbol{i},\boldsymbol{j},\boldsymbol{k}$	デカルト座標の基底ベクトル	☞ p.12
$\boldsymbol{A}\cdot\boldsymbol{B}$	$\boldsymbol{A}$ と $\boldsymbol{B}$ の内積	☞ p.12
$\boldsymbol{A}\times\boldsymbol{B}$	$\boldsymbol{A}$ と $\boldsymbol{B}$ の外積	☞ p.14
$\|\boldsymbol{A}\|$	$\boldsymbol{A}$ のノルム，$\sqrt{\boldsymbol{A}\cdot\boldsymbol{A}}$	☞ p.12
$\boldsymbol{A}^2$	$\boldsymbol{A}\cdot\boldsymbol{A}$	☞ p.13
$\boldsymbol{e}$	単位ベクトル，$\|\boldsymbol{e}\|=1$	☞ p.12
$\boldsymbol{n}$	法ベクトル	☞ p.180
$\boldsymbol{r}$	位置ベクトル，$x\boldsymbol{i}+y\boldsymbol{j}+z\boldsymbol{k}$	☞ p.48
r	原点からの距離，$\|\boldsymbol{r}\|$	☞ p.121
$\boldsymbol{v}$	速度，$\frac{d\boldsymbol{r}}{dt}$	☞ p.48
$\boldsymbol{a}$	加速度，$\frac{d\boldsymbol{v}}{dt}$	☞ p.48

表 32.7 微分

記号	呼称, 意味	参照
$f^{(0)}(x)$	$f(x)$	☞ p.25
$f^{(1)}(x),\ f'(x),\ \frac{df}{dx},\ \frac{d}{dx}f$	$f(x)$ の導関数	☞ p.3
$f^{(n)}(x),\ \frac{d^n f}{dx^n},\ \frac{d^n}{dx^n}f$	$f(x)$ の n 階導関数, $\frac{d}{dx}\left(\frac{d^{n-1}f}{dx^{n-1}}\right)$	☞ p.25
$f_x,\ \partial_x f,\ \frac{\partial f}{\partial x},\ \frac{\partial}{\partial x}f$	$f(x,y)$ の偏導関数	☞ p.97
$f_{xy},\ \partial_y \partial_x f,\ \frac{\partial^2 f}{\partial y \partial x}$	$f(x,y)$ の2階偏導関数, $\frac{\partial}{\partial y}\left(\frac{\partial f}{\partial x}\right)$	☞ p.97
df	全微分, $f_x dx + f_y dy$	☞ p.99
C^0 級	連続	☞ p.25
C^n 級	n 回連続微分可能, $f^{(n)}(x) \in C^0$	☞ p.25
C^∞ 級	何度でも微分可能	☞ p.25
$o(x^n)$	ランダウの記号, $x \to 0$ で x^n より小さい	☞ p.59
$O(x^n)$	ランダウの記号, $x \to 0$ で x^n と同程度	☞ p.59

表 32.8 ベクトル解析

記号	呼称, 意味	参照
∇	ナブラ演算子, $\boldsymbol{i}\partial_x + \boldsymbol{j}\partial_y + \boldsymbol{k}\partial_z$	☞ p.118
$\mathrm{grad}\,\varphi$	φ の勾配, $\nabla\varphi$	☞ p.118
$\mathrm{div}\,\boldsymbol{A}$	$\boldsymbol{A}$ の発散, $\nabla \cdot \boldsymbol{A}$	☞ p.119
$\mathrm{rot}\,\boldsymbol{A}$	$\boldsymbol{A}$ の回転, $\nabla \times \boldsymbol{A}$	☞ p.122
Δ	ラプラシアン, $\nabla \cdot \nabla$	☞ p.124
$\Delta\varphi$	$\mathrm{div}\,(\mathrm{grad}\,\varphi)$	☞ p.124
$\Delta\boldsymbol{A}$	$(\partial_x^2 + \partial_y^2 + \partial_z^2)\boldsymbol{A}$	☞ p.124

表 32.9　積分・2 重積分・体積分

記号	呼称, 意味	参照
$\int_a^b f(x)dx$	$f(x)$ の定積分	☞ p.37
$\int_a^x f(t)dt$	$f(x)$ の不定積分	☞ p.38
$\int f(x)dx$	$f(x)$ の原始関数全体	☞ p.40
$\int_a^b \boldsymbol{A}(t)dt$	$\boldsymbol{A}(t)$ の定積分	☞ p.49
$\int_a^t \boldsymbol{A}(\tau)d\tau$	$\boldsymbol{A}(t)$ の不定積分	☞ p.50
$\int \boldsymbol{A}(t)dt$	$\boldsymbol{A}(t)$ の原始関数全体	☞ p.50
$\boldsymbol{r} = \boldsymbol{r}(u, v)$	2 次元変数変換	☞ p.146
$\frac{\partial(x,y)}{\partial(u,v)}$	上のヤコビアン	☞ p.146
dS	面積要素, $\left\|\frac{\partial(x,y)}{\partial(u,v)}\right\|dudv$	☞ p.148
$\iint_D \varphi(x,y)dxdy$	$\varphi(x,y)$ の D 上の 2 重積分	☞ p.140
$\iint_E \varphi(\boldsymbol{r}(u,v))dS$	上の置換積分	☞ p.146
$\boldsymbol{r} = \boldsymbol{r}(u, v, w)$	3 次元変数変換	☞ p.152
$\frac{\partial(x,y,z)}{\partial(u,v,w)}$	上のヤコビアン	☞ p.153
dV	体積要素, $\left\|\frac{\partial(x,y,z)}{\partial(u,v,w)}\right\|dudvdw$	☞ p.154
$\iiint_V \varphi(x,y,z)dxdydz$	$\varphi(x,y,z)$ の V 上の体積分	☞ p.151
$\iiint_W \varphi(\boldsymbol{r}(u,v,w))dV$	上の置換積分	☞ p.153

表 32.10　線積分・面積分

記号	呼称, 意味	参照
$\boldsymbol{r} = \boldsymbol{r}(t)$	曲線のパラメータ表示	☞ p.158
$d\boldsymbol{r}$	線要素ベクトル, $dx\boldsymbol{i} + dy\boldsymbol{j} + dz\boldsymbol{k}, \frac{d\boldsymbol{r}}{dt}dt$	☞ p.160
ds	線要素, $\|d\boldsymbol{r}\|, \left\|\frac{d\boldsymbol{r}}{dt}\right\|dt$	☞ p.159
$\int_C \varphi(\boldsymbol{r})dt$	φ の C に沿った線積分, $\int_a^b \varphi(\boldsymbol{r}(t))dt$	☞ p.158
$\int_C \varphi(\boldsymbol{r})ds$	φ の C に沿った線積分, $\int_a^b \varphi(\boldsymbol{r}(t))\left\|\frac{d\boldsymbol{r}}{dt}\right\|dt$	☞ p.159
$\int_C \boldsymbol{A}(\boldsymbol{r}) \cdot d\boldsymbol{r}$	$\boldsymbol{A}$ の C に沿った線積分, $\int_a^b \boldsymbol{A}(\boldsymbol{r}(t)) \cdot \frac{d\boldsymbol{r}}{dt}dt$	☞ p.160
$\boldsymbol{r} = \boldsymbol{r}(u, v)$	曲面のパラメータ表示	☞ p.93
$d\boldsymbol{S}$	面積要素ベクトル, $\boldsymbol{r}_u \times \boldsymbol{r}_v dudv$	☞ p.166
dS	面積要素, $\|d\boldsymbol{S}\|, \|\boldsymbol{r}_u \times \boldsymbol{r}_v\|dudv$	☞ p.164
$\iint_S \varphi(\boldsymbol{r})dS$	φ の S にわたる面積分, $\iint_E \varphi(\boldsymbol{r}(u,v))\|\boldsymbol{r}_u \times \boldsymbol{r}_v\|dudv$	☞ p.164
$\iint_S \boldsymbol{A}(\boldsymbol{r}) \cdot d\boldsymbol{S}$	$\boldsymbol{A}$ の S にわたる面積分, $\iint_E \boldsymbol{A}(\boldsymbol{r}(u,v)) \cdot (\boldsymbol{r}_u \times \boldsymbol{r}_v)dudv$	☞ p.166

参考文献

[1] 小寺平治, 『テキスト微分積分』, 共立出版, 2003.

[2] 髙坂良史, 高橋雅朋, 加藤正和, 黒木場正城, 『微分積分』, 学術図書出版社, 2015.

　　[1] は筆者が大学工学部で微分積分の講義を行うときに指定教科書として使っていた本であ
り, 本書の執筆にあたり随所で参考にした. [2] は高度な内容を扱いつつも, 難しめの証明
は後半にまとめて載せるなどして, 読み手への配慮が施された良書である. 多変数関数の極
値問題に関する証明・問題選定などで参考にした.

[3] 薩摩順吉, 『微分積分』, 岩波書店, 2001.

[4] 矢野健太郎, 石原繁, 『解析学概論』, 裳華房, 1965.

　　[1] と同様, [3] も筆者が微分積分の講義を行うときに指定教科書として使っていた本であ
る. タイトルに微分積分とあるものの, ベクトル解析や偏微分方程式も扱っており, 本書に
最も影響を与えた 1 冊である. 微分積分・解析学における定評のある本や本書で省略され
た諸定理の証明などについて知りたくなった読者には, [3] の「さらに勉強するために」の
ページが参考になるだろう. [4] は常微分方程式, ベクトル解析, 複素関数, フーリエ・ラ
プラス解析の 4 分野を扱った応用数学の良書として名高い. 随所で参考にした.

[5] 戸田盛和, 『ベクトル解析』, 岩波書店, 1989.

[6] 小野寺嘉孝, 『物理のための応用数学』, 裳華房, 1988.

　　[5] はベクトル解析の初歩から物理学への応用までを学べる親切な教科書である. ベクトル
解析や重積分などについて参照した. [6] はヤコビアンの性質や熱力学への応用について参
照したが, 本書では演習問題で扱っただけの特殊関数にも詳しい.

[7] E. クライツィグ（著）, 北原和夫, 堀素夫（訳）, 『常微分方程式』, 培風館, 2006.

[8] デヴィッド・バージェス, モラグ・ボリー（著）, 垣田高夫, 大町比佐栄（訳）, 『微分方程式
で数学モデルを作ろう』, 日本評論社, 1990.

　　非斉次線形微分方程式に関する未定係数法や定数変化法については [7] を参考にした. [8]
は様々な自然・社会現象の常微分方程式を用いた数理モデルに特化した本である. 本書で
扱った人口や疫病感染者数のモデルにも詳しい.

[9] 藤原毅夫, 『線形代数』, 岩波書店, 1996.

　　物理学者によって書かれた線形代数の本である. 読み易く書かれているが, 内容・レベルは
よく知られた齋藤正彦『線型代数入門』（東京大学出版会）と似ており, 簡単ではない. 極

値問題の行列解法について参考にした.

[10] 兵頭俊夫,『考える力学』, 学術図書出版社, 2001.

[11] 長岡洋介,『振動と波』, 裳華房, 1992.

[12] 三宅哲,『熱力学』, 裳華房, 1989.

[13] 巽友正,『連続体の力学』, 岩波書店, 1995.

[14] 川村清,『電磁気学』, 岩波書店, 1994.

[10]–[14] は物理の本である. [10] はベクトルや常微分方程式など数学の解説もしてくれる非常に親切な力学の教科書である. 筆者が大学理工学部で力学の講義を行っていたとき指定教科書にしていたが, 大変評判が良かった. [11] は波動方程式とその解について参照した. [12] はヤコビアンの性質や熱力学への応用について参照した. [13] は筆者が大学理工学部で連続体力学の講義を行ったときに指定教科書としていた本である. 流体力学と弾性体力学の基礎を 1 冊で学べる名著である. 積分定理の流体力学への応用やナヴィエ=ストークス方程式に関する記述で参照した. [14] はマクスウェル方程式に関する記述で参照した.

索引

著者紹介

宮本　雲平（みやもと　うんぺい）
1975 年　千葉県松戸市に生まれる.
2000 年　早稲田大学理工学部応用物理学科卒業.
2005 年　同大学院博士課程修了.
早稲田大学理工学術院助手, 同客員講師, ヘブライ大学ラカー物理学研究所博士研究員, 立教大学先端科学計測研究センター博士研究員を経て,
現　　在　秋田県立大学総合科学教育研究センター准教授. 博士（理学）.
専　　攻　一般相対論.
著　　書　『相対論と宇宙の事典』（分担執筆, 朝倉書店, 2020）.

微分積分とその応用　—ベクトル解析・微分方程式まで
Calculus and Its Applications.
— Until Differential Equations and Vector Analysis.

2022 年 11 月 30 日　初版 1 刷発行

著　者　宮本雲平　　ⓒ2022　　　　　　　　　　　　　　（検印廃止）

発行所　**共立出版株式会社**／南條光章
　　　　〒 112-0006
　　　　東京都文京区小日向 4-6-19
　　　　電話 (03) 3947-2511 （代表）
　　　　振替口座 00110-2-57035
　　　　共立出版㈱ホームページ
　　　　www.kyoritsu-pub.co.jp

一般社団法人 自然科学書協会 会員
NDC 413.3, 421.5
ISBN 978-4-320-11480-7
Printed in Japan

印刷：加藤文明社　　製本：協栄製本

毎日コツコツ演習！ 1日1題30日でわかる！！

フロー式 物理演習シリーズ

須藤彰三・岡 真［監修］

【各巻：A5判・並製本・税込価格】

― 続刊テーマ ―

（続刊のテーマは変更される場合がございます）

www.kyoritsu-pub.co.jp

共立出版

（価格は変更される場合がございます）